과학자도 모르는 위험한 과학기술
The Dark Side of Technology

피터 타운센드 지음
김종명 옮김

동아엠앤비

옮긴이 김종명

서울대학교 공업화학과를 졸업하였으며, 미국 신시내티 대학교에서 재료공학 박사학위를 받았다. 다년간 연구소에서 근무하며, 번역에이전시 엔터스코리아에서 전문 번역가로 활동하고 있다.

과학자도 모르는 위험한 과학기술

1판 3쇄 발행   2020년 6월 5일

글쓴이	피터 타운센드
옮긴이	김종명
펴낸이	이경민

펴낸곳	(주)동아엠앤비
출판등록	2014년 3월 28일(제25100-2014-000025호)
주소	(03737) 서울특별시 서대문구 충정로 35-17 인촌빌딩 1층
전화	(편집) 02-392-6903 (마케팅) 02-392-6900
팩스	02-392-6902
전자우편	damnb0401@naver.com
SNS	🇫 🅾 🕬

ISBN 979-11-88704-32-3(03400)

여러 번 초고를 고치는 동안

날카로운 지적과 격려를 보내주고

때로는 상상력을 불어넣어준

내 친구 안젤라 구돌에게 감사를 전합니다.

차 례

저자의 말
우리는 앞으로 생존하기 위한 조건을 갖추고 있을까?

　　인간이란 동물은 지적이면서 의욕 넘치는 참으로 독특한 종이다. 한 세대가 얻은 경험과 기술을 그다음 세대로 전해주는 방법으로 인간은 말과 글을 선택했다. 동굴 생활을 하던 인류가 지금의 현대 문명을 일궈낼 수 있었던 가장 큰 이유는 바로 이것 때문이다. 고작 부싯돌 정도밖에 사용할 줄 모르던 인류가 금속, 자동차, 전자 제품을 만들어낸 것이다. 이런 눈부신 인류 발전은 어떻게 가능했을까? 이 모든 변화를 가능하게 한 것은 다름 아닌 과학기술이다. 과학기술의 발전으로 농업, 생물학, 의학 분야에서 엄청난 변화가 나타났다. 과학기술이 인류에게 준 혜택은 이루 말할 수 없다. 지구상의 많은 사람들에게 식량, 멋진 물건, 통신수단을 가져다주었을 뿐만 아니라 인류의 수명까지 크게 연장시켜주었다.

　　하지만 이제 이런 질문을 던질 시점이 되었다. 과학기술의 발전으로 과연 인류에게 좋은 일만 일어났을까?

불행히도 인류 사회를 발전시키는 데 사용되었던 것과 똑같은 과학 기술이 더 뛰어난 성능의 무기를 개발하는 데도 사용되었다는 사실을 부인할 수 없다. 이러한 무기로 인해 전쟁이 일어나고 그 결과로 많은 인간이 죽고 전쟁에서 진 쪽은 박해받는 역사가 되풀이되었다.

또 한 가지 기억해야 할 것은 인간의 본성이 매우 이기적이라는 점이다. 인간들은 개인 혹은 집단 이익을 위해 앞만 보고 질주하기 일쑤다. 이 과정에서 주변에 발생하는 파괴 현상에 대해서는 아무 관심이 없다. 오늘날 일어나고 있는 천연자원과 생태계 파괴의 주범은 다름 아닌 인간이다. 인간은 자신의 생존을 위해 농작물을 기르거나 물고기를 잡는 행위가 주변 생태계에 미치는 영향에 대해서는 아무 관심이 없다. 그만큼 무심하고 이기적인 것이 인간이다.

오늘날 인류는 매우 많은 문제에 직면해 있다. 문제를 해결하려면 먼저 무엇이 원인인지 알아야 한다. 그리고 문제를 면밀히 살펴보아야 한다. 오늘날 인류가 직면한 위험에는 어떤 것들이 있을까?

서두에서도 얘기했지만 지금까지 인류가 이룬 발전은 축적된 지식을 말과 글을 통해 널리 공유함으로써 가능했다. 하지만 지금은 지식을 기록하고 보관하는 방식이 과거와 너무 달라졌다. 돌에 새겨진 것은 수천 년의 세월을 견디지만 오늘날 인터넷상에서 교환되는 정보는 단 몇 분이면 사라질 수 있다. 우리가 사용하는 컴퓨터 하드웨어와 소프트웨어는 발전 속도가 너무 빨라 10년만 지나도 쓸 수 없는 구식이 된다. 인화된 사진은 200년이 지나도 남아 있지만 전자 이미지는 순식간에 삭제될 수 있다. 앞으로 생길 재난은 충분한 정보, 자료, 지식 그리고 이에 대한 이해를 통해 극복할 수 있지만, 요즘엔 이런 지식과 자료들이 과거와 전혀 다른 형태의 저장 매체에 보관되기 때문에 저장 매체의 특성상 재난이 일어나면 저장된 정보들이 한꺼번에 사라질 수 있다는 점도 간과해선 안 된다.

컴퓨터와 통신의 발전이 인류의 생활을 윤택하게 해주었다는 점은 누구도 부인할 수 없다. 하지만 동시에 사이버 범죄, 전자 저장된 정보에 대한 악의적 접근, 사생활 침해도 늘어났다는 점을 알아야 한다. 그리고 이와 함께 컴퓨터와 통신이 전쟁과 테러를 위한 무기로 사용될 가능성도 함께 열렸다. 또한, 컴퓨터와 첨단 통신기기를 제대로 다루지 못하는 사람들은 사회에서 뒤처지고 이로 인한 불이익을 받는 사회적 현상도 나타나고 있다. 우리 문명 발전의 원동력은 젊은 세대들이다. 그동안 우리가 이룬 발전에 대해서는 이들에게 감사해야 한다. 하지만 주로 젊은 세대들 위주로 변화가 이루어지기 때문에 구세대들은 오히려 기술 발전 이전 사회보다 훨씬 더 고립된다는 사실도 잊어서는 안 된다.

현대 농업의 문제도 있다. 현대적 농법은 수확량을 높이기 위해 단일 작물을 대규모로 재배하는 방식을 택하고 있다. 하지만 이 농법의 심각한 약점은 그 작물에 치명적인 병충해가 나타나면 한꺼번에 모조리 잃을 수 있다는 것이다.

또 유례없는 세계화와 통신수단의 발달 때문에 나타난 문제도 있다. 요즘 같은 세계화 시대에는 다른 문화권에 정보가 전달되고 새로운 스타일의 음악이 전파되는 일이 매우 쉽고 빠르게 일어난다. 이로 인해 전례 없이 빠른 속도로 세계 각지의 소수 언어가 사라지고 있다. 언어의 파괴는 그 언어와 함께 살아 숨 쉬는 그들만의 고유한 문화와 지식도 함께 소멸된다는 것을 의미한다. 전 지구적인 교통수단의 발달로 사람들의 이동 시간이 획기적으로 줄어드는 장점도 있지만 동시에 새로운 전염병이 그 교통수단을 타고 단 하루 만에 전 세계로 확산되는 문제도 있다.

현대 사회는 고도로 발전되고 상호 긴밀하게 연결된 과학기술에 지나치게 의존하고 있다. 이로 인해 과거에는 큰 영향이 없던 자연 재난 혹은 인위적 사건이 오늘날 사회에서는 심각한 재난이 될 수 있다. 예를 들어 어떤 이유로 인해 이 세상에서 통신기기, 전자 제품이 하루아침에 사라진다고 생각해보라. 아마도 극심한 혼란과 무정부 상태가 장기간 지속될 것이다. 이는 우리가 누리고 있는 문명 생활이 과학기술의 결과물에 절대적으로 의존하고 있기 때문이다. 이런 상황이 발생한다면 과학기술에 대한 의존도가 큰 선진국들일수록 더 큰 어려움에 처하게 될 것이다.

과학기술의 발전은 선진국에 수명 연장, 건강한 삶, 풍부한 물자를 가져다주었다. 하지만 이로 인해 폭발적인 인구 증가도 함께 나타났다. 인구 증가 문제는 특히 저개발 국가에서 더 심각하다. 지구상 모든 나라의 생활수준을 현재 선진국 수준으로 끌어올리기 위해 필요한 자원과 식량은 지속적으로 공급 가능한 수준을 넘어선다. 그렇다고 이런 사태를 피할 수 있는 방법은 없다. 당연히 저개발 국가들도 그들의 생활수준을 높이려 애쓸 것이기 때문이다. 그들의 요구는 매우 당연한 것이고 이를 거부할 어떤 명분도 없다. 따라서 조만간 인류가 인구 증가로 인해 큰 어려움에 봉착하게 될 것은 불을 보듯 뻔하다.

인구 과잉과 이로 인한 식량 부족은 점진적으로 진행되는 위협이다. 반면 급격하고 예측 불가능하게 일어날 수 있는 재난도 많다. 모두 가까운 미래에 발생할 수 있는 것들이다. 과학기술이 가져다준 과실을 즐기며 이에 지나치게 의존하는 구조로 사회가 변하는 사이에 우리는 점점 더 재난에 취약한 상태가 되어가고 있는 것이다. 2장에서 과거에는 별 문제가 되지 않았던 자연 현상이 어떻게 과학기술이 발달된 오늘날에는 대재앙으로 변하는지 사람들이 좋아하는 재난 영화의 시나리오 형식으로 보여주려 한다.

다행히도 우리에겐 그런 대재앙을 예측하기 위해 필요한 지식이 충분히 축적되어 있다. 이를 잘 활용하면 인류는 생존을 위한 재난 대처법을 마련할 수 있을 것이다. 사실 이런 노력은 당장 시작해야 한다. 적극적으로 방안을 마련하지 않으면 안 된다. 이 책에서는 이를 위해 우리가 무엇을 해야 할지 제안하려고 한다. 물론 준비가 잘 되어 있지 않다고 해서 인류 문명이 종말을 고하는 사태까지는 발전하지 않을 것이다. 하지만 이 과정에 많은 선진국들이 심각한 피해를 입는 일은 피하기 어려울 것이다. 이로 인해 세계 힘의 중심축이 현재 제3 세계로 분류되는 국가들로 이동할 수도 있다.

이 책에서는 과학기술이 어떻게 우리 생활의 매우 세밀한 부분까지 지배하고 있는지 낱낱이 파헤칠 것이다. 지금까지 과학기술의 발달은 인류에게 일어난 매우 멋진 사건이었다. 우리가 그 긍정적 측면을 잘 이용하고 부정적 측면을 현명하게 피할 수만 있다면 앞으로도 계속 그럴 것이다. 이 책은 과학기술의 이면에 숨어 있는 문제점들을 찾아내고 토론함으로써 문제에 대한 이해도를 높이고 궁극적으로는 해결할 방법을 찾는 데 목표를 두고 있다.

이것은 더 이상 선택 사항이 아니다. 우리가 반드시 하지 않으면 안 되는 일이다. ⁝

피터 타운센드

1장
기술이 진보하면 인류의 생존율도 올라갈까?

재난 영화 시나리오

음식, 교통, 통신, 지식, 연료에 이르기까지 오늘날 문명사회에서 우리가 누리고 있는 것 중에 과학기술과 무관한 것이 있을까? 인간이 살아남아 지금까지 번성하는 데는 과학기술의 도움이 컸다. 하지만 이제는 그 도가 지나쳐 과학기술 없이는 우리 사회의 모든 것이 붕괴될 지경에 이르렀다. 우리를 번성하게 해주었던 그 과학기술 때문에 도리어 인간은 심히 나약한 존재가 되었다. 심지어 어떤 경우에는 과학기술이 엄청난 재앙의 씨앗이 되기도 한다. 이 책에서는 과학기술이 인간에게 어떤 재앙을 가져오게 될지 짚어보고자 한다.

과학기술에 의해 나타날 재앙에 대해 살펴보기 위해 우선 갑자기 전력 공급이 끊어지는 상황을 가정해보자. 전기에 의해 움직이는 모든 시스템이 일정 기간 작동하지 않을 때 우리 사회에 나타나는 혼란에 대해 먼저 생각해보도록 하겠다. 아마도 우리의 첫 번째 반응은 전자기기와 컴퓨터에 의해 움직이던 주요 시설이 멈춘 것에 대한 걱정일 것이다. 물론 이것만으로도 엄청난 재난이다. 하지만 이는 곧 전 지구적으로 닥칠 일에 비하면 비교도 안 되는 일이다. 극장에서 상영되는 재난 영화에서나 볼 수 있는 일이 곧 현실로 눈앞에 나타나게 될 것이다. 보통 영화에서는 마지막 순간에 똑똑하고 멋진 과학자가 나타나서 극적으로 사태를 해결한다. 하지만 현실은 그렇지 않다. 잘생기거나 예쁜 과학자를 찾는 것이 어려워서가 아니다. 물론 필요한 곳에 유능한 과학자가 때맞춰 등장하기도 어렵겠지만 우리가 현실로 경험할 재난에서는 영화 같은 극적인 해결책이란 것이 아예 존재하지 않기 때문이다. 내가 재난 영화를 만든다면 현실적으로 일어날 가능성이 매우 높은 사건들만 포함시킬 것이다. 내 걱정은 영화에 나오는 장면들이 실제로 안 일어나면 어떡할까 하는 것이 아니다. 오히려 일어날 것이 너무 확실해서 걱정이다. 남은 것은 단지 상황이 어느 정도나 안 좋아질 것인가 하는 것이다. 이런 의미에서 두 가지 시나리오가 가능하다. 상황이 비교적 가볍게 끝나는 경우와 매우 심각한 결과로 이어지는 경우다.

내가 자연재해 영화를 만든다면 공룡과 지구상 대부분의 생물을 멸종시켰던 소행성 충돌과 같은 엄청난 사건은 다루지 않을 것이다. 물론 과거에도 일어났고 미래에도 언제든 일어날 수 있으며 영화상 긴박한 상황을 연출할 수 있는 좋은 소재이긴 하다. 하지만 문제는 이런 재난이 발생했을 때 우리가 살아남을 수 있는 가능성이 거의 없다는 점이다. 우리가 이에 대비하여 어떤 계획을 세운다고 해서 여기에 맞서 싸우기란 애당초 불가능하다. 슬픈 얘기지만 일단 소행성 충돌이 일어나면 우리는 힘 한번 써보지 못하고 죽을 수밖에 없다. 그나마 위안이 되는 것은 그런 재앙은 극도로 일어나기 힘든 일이라는 것 정도밖에 없다. 반면 우리가 대비해야 하는 재난은 현실적으로 가까운 시일에 언제든지 일어날 수 있는 일이다. 따라서 소행성 충돌보다는 훨씬 더 흥미로울 것이다.

인간은 매우 오만하고 자기중심적인 동물이다. 그래서 우리가 지난 수천 년간 고도의 문명을 이루며 살고 있기 때문에 앞으로 어떤 재난이 닥쳐도 잘 극복할 수 있다고 믿는 경향이 있다. 모든 상황을 낙관적으로 생각하는 것은 좋다. 하지만 아주 먼 과거에 닥쳤으면 별 문제가 아니었을 자연재해도 과학기술에 과도하게 의존하고 있는 오늘날에는 문명이 붕괴될 정도의 피해를 발생시킬 가능성이 매우 높다. 이것은 외계인이나 괴물이 등장하는 공상 영화에 나오는 허무맹랑한 이야기가 아니다. 현실적으로 당장 내일이라도 일어날 수 있는 일이다. 우리가 그동안 쌓아왔던 과학기술이 이제는 우리에게 치명적인 아킬레스건이 되어버렸기 때문이다.

새로운 재난은 누굴 공격하는가

흔하게 일어나지만 옛날에는 아무런 문제가 되지 않았던 자연현상을 예로 들어 보겠다. 1850년대와 1920년대, 태양 흑점 폭발로 인해 지구에 자기폭풍이 불어닥친 일이 있었다. 당시에는 국지적으로 단순한 전기 시스템 혼란에 그쳤고 큰 피해 없이 지나갔다. 30년 전에 이런 일이 있었다고 하더라도 별 문제 없이 지나갔을 것이다. 지금처럼 심각하게 컴퓨터, 휴대폰, 인터넷에 의존하고 있지 않았기 때문이다. 하지만 오늘날 이 일이 일어나면 어떻게 될까? 지금은 전자 제품 없이는 살 수 없는 시대이므로 자기폭풍으로 전자기기들이 마비되는 상황이 오면 매우 심각한 위험에 처한다. 특히 과학기술에 대한 의존도가 높은 선진국일수록 큰 피해를 입게 된다. 상대적으로 저개발 지역은 전자폭풍으로 인한 직접적 영향은 느끼지 못할 것이다. 불행하게도 이것은 공상과학영화에서나 나오는 이야기가 아니다. 당장 우리에게 닥칠 수 있는 심각하고 현실적인 재난에 관한 이야기다. 다행스러운 것은 아직 일어나지 않았다는 점이다. 지금이라도 취약한 부분을 잘 파악하고 대책을 마련한다면 얼마든지 피해를 최소화할 수 있는 시간적 여유가 있다.

새로운 악당의 등장, 태양

인류를 이러한 위험에 빠뜨리는 악당은 다름 아닌 태양이다. 물론 태양은 우리를 따뜻하게 해주고 빛과 에너지를 보내주어 지구상에 생명체가 살 수 있도록 해주는 고마운 존재다. 그런 태양이 왜 이런 짓을 하는 것일까? 태양의 내부는 상상을 초월하는 극고온의 플라스마가 가득 차 있는 핵융합 발전소라고 할 수 있다. 태양 표면에서는 고온으로 이온화된 가스가 회오리치고 가끔 화산처럼 폭발하는 현상도 일어난다. 태양의 강한 빛을 가리고 망원경으로 보면 태양 표면의 어둡게 보이는 부분에서 폭발로 인한 화염이 대량으로 분출되는 것을 관찰할 수 있다. 태양 표면의 이 어두운 부분을 흑점이라고 부른다. 화염으로부터는 빛만 나오는 것이 아니라 뜨겁게 이온화된 가스도 계속 분출되고 있다. 그동안의 연구로 오늘날 우리는 태양에서 일어나고 있는 여러 현상들을 비교적 잘 이해할 수 있게 되었다. 태양 표면의 폭발 현상은 태양의 자기장이 표면의 플라스마 물질을 구부려서 순환 고리 모양을 만들기 때문이라는 사실도 알아냈다. 흑점 개수는 주기적으로 변하는데, 최대 발생 주기는 대략 11년이고 예측 가능한 모양으로 태양 표면에 번져가는 것이 관찰되었다.

그동안 태양의 흑점은 인간에게는 고마운 선물 역할을 해왔다. 흑점에서 방출되는 열, 가시광선, 자외선, 엑스선과 같은 것들이 지구의 대기와 부딪히며 인간의 생명 유지에 필요한 화학반응을 일으키기 때문이다. 태양에 관해 좋은 이야기는 충분히 했으니 이제 태양 흑점으로 인해 발생할 재난에 대한 이야기를 해보자.

　태양의 표면에서 일어나는 흑점 폭발 현상으로 이온화된 화염이 분출되면 태양의 거대한 오로라를 구성하고 있던 플라스마가 탈출하게 된다. 이를 코로나 물질 방출이라고 부른다. 이때 화염방사기처럼 모든 방향으로 열, 빛, 엑스선이 방출되고 연료 물질에 해당하는 것이 전방으로 뿜어져 나오는 모양이 관찰된다. 사실 매우 극적이고 장관을 이루는 현상인데 내 묘사가 너무 단순해서 재난 영화에 어울릴 정도의 감흥을 주지 못할지도 모르겠다. 하지만 기다려보라. 아직 폭발의 규모에 대해서 설명하지 않았다. 화염방사기 역할을 하는 흑점의 크기가 어느 정도인지 알고 나면 섬뜩할 것이다. 흑점의 크기는 평균적으로 지구의 지름과 비슷하다. 2014년에 관측된 흑점 중에는 지구보다 10배나 큰 것도 있었다. 지구 크기의 화염방사기에서 불이 뿜어져 나온다고 생각해보라. 느낌이 좀 달라지지 않나?

　태양 표면의 코로나 물질 방출은 통상적으로 늘 일어나는 현상이다. 다행히 코로나는 직선 방향으로 방출되므로 대부분의 입자들은 지구를 비켜간다. 흑점 폭발과 함께 가시광선과 다량의 엑스선이 방출되는데, 작은 규모의 흑점 폭발에도 태양의 초당 에너지 방출량의 6분의 1에 해당하는 엑스선 에너지가 방출된다. 흑점 폭발로 방출된 엑스선은 빛의 속도로 이동하여 8분 정도 후에는 지구에 도착한다. 반면 흑점 폭발로 방출된 다양한 종류의 입자들은 빛보다 속도가 느려 지구궤도에 도착하는 데 18시간가량 걸린다. 빛의 속도에 비하면 느리지만, 방출된 입자 중 가장 빠른 것들의 속도는 시속 3백만 킬로미터에 달하는 것도 있으므로 결코 느리다고 볼 수 없다. 우리를 향해 맹렬한 속도로 돌진해오는 이런 입자들을 피하기 위해 우리가 할 수 있는 일은 많지 않다. 따라서 조기 경보 시스템을 가동하여 민감한 전자기기를 보호하기 위해 필요한 최소한의 조치를 취할 수 있는 시간을 벌어야 한다.

핵융합이 일어나고 있는 태양의 내부 온도는 100만 도 근처이고, 태양 표면의 온도는 섭씨 6,000도에 달한다. 또한 태양 표면의 플라스마를 휘게 만들어 흑점 폭발을 유도하는 태양 자기장의 크기는 우리가 상상할 수 있는 범위를 훨씬 넘어선다. 소규모 흑점 폭발조차 원자폭탄 수백만 개와 맞먹는 위력을 지니고 있다. 태양 표면에서 일어나는 현상들에는 모두 거대한 에너지가 동반된다. 이런 에너지를 표현하는 데 필요한 숫자는 불행하게도 인간의 경험을 초월한 영역에 있어 우리로서는 어느 정도의 크기인지 감을 잡기 어렵다.

흑점 폭발로 인한 대규모 물질 방출 현상은 발생 간격이 꽤 긴 반면 소규모 물질 방출 현상은 자주 있는 편이다. 비교적 규모가 큰 흑점 폭발은 100년에서 150년에 한 번 꼴로 일어나고 엄청나게 큰 규모의 흑점 폭발은 몇 백 년에 한 번 꼴로 일어난다. 과거에는 대규모 흑점 폭발이 일어나더라도 밤하늘에 아름다운 빛의 향연을 보여주는 것을 제외하면 일상생활에 별다른 영향이 없었다. 토착 종교들은 이를 두고 무언가 심각한 일이 일어날 불길한 징조라고 해석했지만 일반인들에게는 그냥 밤하늘의 신기하고 흥미로운 현상에 불과했다. 흑점 폭발에 대한 토착 종교들의 해석은 틀렸지만 흑점 폭발로 자기폭풍이 지구에 일으킬 재난을 생각하면 불길한 징조라는 해석이 완전히 틀린 것도 아닌 셈이다.

오늘날 우리는 흑점 폭발로 인한 종교적 계시보다는 엑스선과 전하를 띤 고에너지의 입자에 의해 민감한 전자 장비가 망가지는 것을 걱정해야 한다. 특히 인공위성에 탑재된 전자 장비는 보호막 역할을 하는 대기권 밖에 위치하고 있기 때문에 매우 취약하다. 그렇다고 대기권 내의 전자기기나 전력 공급망이 안전한 것도 아니다.

　흑점 폭발로 분출된 고에너지의 입자나 이온이 지구에 도착하게 되면 지구 자기장이 이들의 경로를 지구 쪽으로 휘어지게 만든다. 그러면 입자들은 지구의 대기와 부딪혀 공기 속 기체를 불안정한 에너지 상태로 만들게 된다. 입자들의 경로가 휘어지는 현상은 지구의 자기 극점으로 갈수록 뚜렷하게 나타난다. 그래서 고위도 지방에서 고에너지 입자들이 공기 속의 산소나 질소 분자와 부딪혀 밤하늘에 형형색색으로 빛의 파도와 장막이 물결치는 광경이 연출된다. 이 빛의 대장관을 북반구에서는 오로라 보리알리스, 남극 근처에서는 오로라 오스트랄리스라고 부른다. 보통 이 현상은 극지방과 가까운 곳에서만 보이지만 대규모 흑점 폭발시에는 극지방에서 멀리 떨어진 곳에서도 보일 만큼 큰 오로라가 만들어진다. 흑점 폭발로 태양에서 방출된 엑스선과 고에너지의 이온이 지구 대기권과 부딪히면 추가로 엑스선이 발생된다. 소규모 흑점 폭발에서도 이런 원리로 엑스선 발생 비율이 증가하므로 극지방을 비행하는 경우 평소보다 훨씬 많은 엑스선 노출을 겪는 것이다. 흑점 폭발로 대규모 오로라를 구경하는 일은 흔하게 있던 일이나 여기에 이런 과학적 원리가 있다는 것은 몰랐을 것이다.

　한편 물리학적으로 전하를 띤 이온이나 전자가 이동할 때는 그 주위로 전자기장이 형성된다. 태양에서 방출된 전하를 띤 입자들의 이동으로 형성된 전자기장은 통신장비나 전자기기가 다루는 신호와 주파수에 간섭을 일으킬 수 있는 전자기파를 발생시킨다. 마이크로웨이브, 라디오, 가시광선을 포함한 모든 주파수에서 간섭이 일어나게 되는 것이다. 그 결과 휴대폰, 라디오, TV, 레이더 등에 간섭과 노이즈가 발생한다. 피해는 그뿐이 아니다. 고에너지 입자가 지나가는 경로에 놓여 있는 전자기기는 전기적 노이즈로 인한 피해와 더불어 직접 강한 에너지의 입자와 부딪혀 물리적 손상을 입는 일도 생긴다. 이온 입자의 질량이 무거운 것은 아니나 수십만 킬로미터의 속도로 움직이는 까닭에 보유하고 있는 운동 에너지가 엄청나기 때문이다. 이것은 작은 총알이 뚫고 지나가는 것에 비유할 수 있다.

인공위성이나 우주인들이 지구의 대기권을 벗어나 우주에 있게 되면 보호막이 없는 것과 흡사한 상태에 놓이게 된다. 따라서 고에너지 입자에 노출되었을 때 매우 위험하다. 내가 본 어떤 우주인의 헬멧 사진에는 고에너지 입자가 뚫고 들어갔다 나온 흔적이 고스란히 남아 있었다. 우주인들 중에는 심지어 우주 입자들이 번쩍이며 자신의 눈을 통과하여 지나가는 것을 봤다고 증언하는 사람들도 있다.

이 외에도 큰 건물이나 구조물들은 자기폭풍으로 지구상에 순간적으로 형성된 엄청난 양의 전류를 끌어들이는 안테나 역할을 하게 된다. 이로 인해 전기적으로 큰 손상을 입는 일이 발생한다. 이런 현상은 전자기기에 고전압을 거는 것과 비슷하다. 휴대폰에 고전압을 걸었을 때 폭발이 일어나며 망가지는 것을 떠올리면 도움이 될 것이다. 따라서 흑점 폭발시에는 전자기기를 끄는 것이 좋다. 하지만 그렇다고 해서 다시 켰을 때 제대로 작동한다고 장담하기도 어렵다.

하늘을 지키는 초소, 인공위성

흑점 폭발 재난 영화 중에 먼저 조금 강도가 약한 시나리오부터 시작해보자. 실제로 많은 사람들이 일어날 가능성이 매우 높다고 주장하는 시나리오다. 현재 우주 궤도에는 수백 개의 인공위성이 지구의 대기권과 자기장의 보호를 받지 못한 채 돌고 있다. 따라서 여기에 탑재된 민감한 전자 장비들은 흑점 폭발시 몰아닥칠 자기폭풍에 언제든 큰 피해를 입을 수 있는 상태로 노출되어 있는 것이다. 인공위성에는 지구에 신호를 송신하며 GPS, TV 방송, 신용카드 승인, 인터넷, 휴대폰 네트워크에 핵심적인 역할을 하는 장비들이 실려 있다. 또한 이들은 광범위한 지역의 기상을 예측하는 데 있어서 없어서는 안 되는 장비다. 유럽에서는 현재 인공위성이 8,000만 가구를 대상으로 정보 및 오락 관련 사업용 신호를 송출하고 있다. 이중 6,600만 가구는 위성을 통해 케이블 TV를 시청한다. 짐작하겠지만 이러한 시스템을 구축하는 데는 막대한 비용이 든다. 그로 인해 벌어들이는 수익 역시 엄청나다. 인공위성을 통해 운영되는 오락 관련 사업의 매출액은 연간 3,000억 달러에 달하는 것으로 집계된다.

이런 이유로 인공위성을 안전하게 보호하는 것은 전략적으로도 매우 중요한 관심사라고 할 수 있다. 태양 흑점 폭발로 방출된 엑스선과 고에너지 이온입자로부터 인공위성을 보호하기 위해서는 대비 시간을 충분히 확보시켜줄 수 있는 조기 경보 시스템이 필요하다. 엑스선은 빛의 속도로 이동하기 때문에 엑스선 방출 수준이 비정상적으로 높다는 것을 느낀 후 전자 장비를 끌 경우에는 이미 타이밍을 놓쳤을 가능성이 높다. 뿐만 아니라 흑점 폭발 후 도달하는 고에너지 입자들은 전자 장비에 더욱 치명적인 피해를 준다.

이를 위한 대책으로, 사용 수명이 다한 구식 인공위성을 태양 흑점 폭발에 의한 입자 방출을 감시할 수 있는 위치까지 전진시켜 보초 역할을 수행하도록 하였다. 그 뒤에는 최근에 발사된 340미터 직경의 심우주 기후 변화 탐사선이 버티고 있다. 두 개의 인공위성이 다른 통신용 인공위성보다 훨씬 태양과 가까운 위치에 배치되어 있는 셈이다. 이로 인해 흑점 폭발로 인해 방출되는 입자의 양이 크게 증가할 경우 재빨리 후방 인공위성에 경고 신호를 보낼 수 있게 되었다. 보초 역할을 하는 위성들은 소위 라그랑제 1이라고 불리는 재미있는 위치에 머물러 있다. 이 지점은 지구로부터 150만 킬로미터 떨어진 지점으로, 인공위성의 연료 사용량을 최소로 할 수 있는 이상적인 장소다. 이 위치는 끌어당기는 방향이 서로 정반대인 태양과 지구의 인력이 정확히 일치하는 지점이다. 따라서 인공위성으로서는 어느 한쪽으로도 끌려가지 않고 최소한의 연료로 이 지점에 머물 수 있게 된다. 보초 역할을 하는 탐사선은 흑점 폭발로 방출된 입자를 미리 감지하여 15분에서 60분 전에 후방에 위치한 위성들에게 경보를 송출할 수 있게 되었다. 이 보초 탐사선들은 고에너지 입자에 의해 손상을 입는 것을 피할 수 없다. 이런 이유로 이 탐사선들은 과거 외부 세력의 침입을 미리 감지하기 위해 몽골 벌판에 세워졌던 초소에 비유될 수 있다. 이 초소는 중국 본토를 향해 침공해오는 적을 발견하고 후방에 알리는 임무를 띤 소수의 병사들이 지키는 조그마한 요새다. 당시 그들의 임무는 매우 숭고하게 여겨졌다. 적들의 침공을 알리는 깃발을 흔드는 것이 그들이 죽기 전 하는 마지막 행동이었기 때문이다.

인공위성이 파괴된다면?

흑점 폭발로 인해 인공위성이 고장 나거나 GPS 좌표 제공 시스템이 오류를 일으키게 되면 즉시 가장 심각한 위험에 빠질 사람들은 아마도 자동항법장치로 운항되는 비행기에 탑승한 사람들일 것이다. 비교적 작은 규모의 흑점 폭발에도 이러한 위험은 상존한다. 2014년 4월 흑점 폭발에 의해 태평양 일부에서 통신과 GPS가 마비되는 사건이 있었다. 다행히 이 지역은 항공 교통량이 낮은 곳이라 당시 별다른 사고 없이 지나갔지만 똑같은 사태가 교통량이 매우 높은 유럽이나 미국 동부에서 일어났다면 끔찍한 결과로 이어졌을 것이다. 인공위성 마비로 항공기와 지상 관제탑 간의 통신이 끊어지면 아주 심각한 재난이 발생할 수 있다. 최근 항공기 이착륙시에는 모두 GPS에 의해 조종되는 정밀 자동항법장치를 사용하고 있다. 고도로 발전된 전자 장비를 이용하여 지상 관제탑에 근무하는 직원의 숫자를 감축할 수 있기 때문이다. 이런 상황에서 인공위성이 제공하는 위치 정보가 수신되지 않으면 심각한 착륙 사고가 발생할 수 있다. 더구나 자동항법장치의 발달로 더 이상 수동 조정 훈련을 하지 않게 되면서 비전자식 장비로 운항한 경험이 있는 조종사가 드물어졌다. 인공위성이 제공하는 GPS 정보가 끊어질 경우 많은 항공기들은 원래 운항하던 경로를 이탈할 것이다.

실제로 발생 가능한 재난 규모를 예측해보도록 하자. 우선 매일 세계 주요 공항을 출발하여 대서양을 건너고 있는 항공기가 3,000대에 이르고 있다는 사실을 알아야 한다. 유럽 전역에서 운항되는 항공기는 하루 3만 대 정도다. 북미에서는 상업적 정기 운항과 비상업적 운항을 합쳐서 하루에 1만 대가량의 비행기가 움직이고 있다. 이런 상황에서 특히 허브 역할을 하는 공항의 이착륙 시스템이 마비되는 것은 실제로 치명적인 문제가 된다. 런던 히드로 공항의 경우 피크 시즌에는 공항으로 진입하는 비행기와 착륙하는 비행기가 거의 1분에 1대 꼴이 될 정도로 엄청난 적체가 일어나고 있다. 이때 통제 시스템이 마비되면 어떤 일이 일어날까? 이런 상황을 재난 영화로 만들려면 우선 장소는 자기폭풍에 자주 노출되는 북유럽으로 정하고, 시간은 깜깜한 밤에 구름이 잔뜩 끼어 있는 날로 정하면 된다. 여기에 태양 흑점 폭발이 발생하고 이로 인한 전기적 노이즈로 관제탑과 항공기 조종사 간에 통신이 불가능해지는 상황을 만드는 것이다. 사실 항공기에 탑재된 라디오 통신 장비가 고장 나거나 흑점 폭발로 통신이 마비되는 상황은 그리 극적인 장면이 아니다. 하지만 곧이어 동시다발적으로 항공기가 추락하고 사망자 숫자는 치솟고 추락 지역에서는 추가적인 사망자들이 늘어날 것이다. 런던, 프랑크푸르트, 뉴욕의 공항에서 추락 사고가 발생한다면 틀림없이 인구 밀집 지역에 비행기가 떨어질 것이다.

불행하게도 여기서 묘사하는 상황은 절대 과장된 것이 아니다. 항공기 운항에 발생되는 문제는 꼭 흑점 폭발에 의한 것이 아니어도 무방하다. 테러리스트의 공격이나 작은 고장으로도 유사한 상황이 발생할 수 있다. 2014년 12월에 남부 잉글랜드의 항공 통제 컴퓨터에 사소한 문제가 발생했을 때 그로 인해 항공기 운항 취소 등의 후유증이 수일간 계속되었다. 이를 보더라도 항공 운항 통제 시스템이란 것이 얼마나 쉽게 마비되는 것인지 잘 알 수 있다. 당시에는 전력 공급이 끊어진 것도 아니었고 수많은 오작동 방지 시스템과 백업 시스템도 정상적으로 작동되고 있었다. 그럼에도 불구하고 매우 심각한 후유증이 발생했다. 위성 통신이 마비되는 것에 비하면 이것은 매우 경미한 재난이다. 또한 재난 대처 측면에서 볼 때도 비교적 잘 대응한 케이스라고 할 수 있다. 인공위성 마비는 항공기 탑승객의 안전을 위협하는 것에만 그치지 않고 엄청난 규모의 경제적 피해를 발생시킨다. 현재 통신위성과 관련된 비즈니스는 1년에 10조 달러에 달한다. 흑점 폭발로 통신 위성을 잃게 될 경우 전 지구 경제는 곧바로 심각한 어려움에 처하게 될 것이지만 새로운 위성이 제조되어 발사되려면 짧게는 수개월에서 길게는 수년이 소요될 것이다.

흑점 폭발, 그 이후

인공위성이 마비되면 땅 위 활동에도 심각한 피해가 발생한다. 앞에서 이미 인공위성의 기능에 대해 열거한 바 있다. 신용카드를 포함한 모든 은행 거래가 정지되고 통신이 두절되며 인공위성을 이용한 항로 운항 시스템이 마비될 것이다. 실생활면에서 본다면 전화는 물론이고 금융 거래를 비롯한 모든 종류의 거래가 중지된다. 온라인이나 상점에서 물건을 구입할 수 없게 되고 교통 통제 시스템이 마비되어 다리를 통과하거나 유료 도로에 진입하기 위해 표를 사는 것이 불가능해진다. 요즘 우리는 인공위성을 이용한 내비게이션 기기에 많이 의존하고 있다. 더 이상 종이 지도가 필요 없게 된 것이다. 그래서 대부분의 운전자들이 차에 지도를 비치하고 있지 않다. 이런 상황에서 내비게이션이 작동하지 않으면 많은 운전자들이 길을 잃고 헤맬 것이다. 내비게이션이 보편화된 이후로 지도를 읽을 줄 아는 운전자가 많이 없어졌고, 이는 과학기술이 발달하면서 우리가 잃어버린 능력 중 하나라고 할 수 있다.

인터넷, 전화 등이 인공위성에 연결되어 있어 일부 위성이 마비되면 이것을 우회하기 위해 나머지 위성들에 과부하가 걸릴 수밖에 없다. 소위 전자적 체증이 일어나는 것이다. 이로 인해 전자 통신 시스템 전체의 마비가 발생할 수 있다. 다행히 인공위성이 자기폭풍으로부터 무사히 살아남아 다시 기능할 수 있게 된다면 앞에서 언급한 재난들은 며칠간 지속되는 정도로 그칠 것이다. 물론 그동안 산업과 통신 전반에 걸쳐 피해가 발생하는 것은 피할 수 없다. 소규모 흑점 폭발이 발생한다면 여러 분야에 피해가 있긴 하겠지만 국가의 대부분의 영역은 살아남을 것이다.

역사 속 흑점 폭발

이번에는 좀 더 규모가 큰 흑점 폭발에 대해 생각해보자. 긍정적인 면은 밤하늘에서 밝고 장엄한 오로라 쇼를 볼 수 있다는 것이다. 1859년의 흑점 폭발은 먼 남쪽 지방 쿠바에서도 오로라가 관찰될 정도로 큰 규모였다. 이 광경을 보도했던 사람의 이름을 따서 캐링턴 사건이라 불린다. 당시는 모스부호를 이용하여 장거리 통신을 하던 시대였다. 1859년 태양 흑점 폭발로 대기에 발생했던 막대한 전류는 모스 통신 케이블을 타고 흘렀다. 매우 높은 전압의 펄스가 갑자기 흐르는 바람에 불꽃이 튀며 근무하던 전신 교환원이 전기 충격을 경험했다는 보도도 있었다. 대규모 흑점 폭발로 인한 전자 폭풍은 이렇듯 원시적인 통신 설비에도 심각한 피해를 미쳤다. 이로 인해 전신 라인이 작동하지 않거나 장비가 파괴되는 일까지 발생하였다.

1921년경에는 발전기가 산업국가의 중요한 설비로 떠올랐다. 대부분의 경우 전국 전력망보다 자체 발전기로 직접 해당 설비에 전력을 공급했다. 그래서 다행히 흑점 폭발로 인한 큰 피해는 없었다. 1921년에도 대규모 흑점 폭발이 있었다. 이때도 1859년처럼 전신 교환원이 높은 전압으로 피해를 입었다는 보고가 있었고 통신 장비가 파괴되었으며 케이블에서 불꽃이 일어나는 일이 발생했다. 미국과 스웨덴에서는 전신 통신 건물이 화재로 소실되었고, 뉴욕에서는 중앙 철도의 신호 장비가 파괴되었으며 여러 건물에서 화재가 발생했다. 그러나 1921년까지도 자체 발전기를 주로 사용하고 있으므로 전력 라인과 통신 라인이 비교적 독립적이었다. 덕분에 1921년의 대규모 흑점 폭발도 국지적인 재난에 그쳤다.

과거보다 취약해진 현대 전력망

하지만 현재는 더 이상 자체 발전기에 의존하지 않는다. 북미와 유럽처럼 고도로 산업화된 지역에서는 태양열, 수력, 풍력, 석탄, 가스, 원자력 등 다양한 방법으로 전력을 생산하고 있다. 이러한 지역의 전력 공급망 지도를 보면 거미줄처럼 복잡하게 얽혀 있다. 광범위한 지역의 전력 수요와 공급 변화에 대응하기 위한 것이다. 일부 지역에서 전력 공급량이 변하면 이를 반영하여 전체 지역에 최대 전력량이 공급될 수 있도록 세심하게 재조정을 해야 한다. 이런 상황에서 예측 가능한 소규모 공급 변동은 그리 큰 문제가 되지 않는다. 하지만 2015년 3월 유럽에서 일식이 발생했을 때는 사정이 좀 달랐다. 일식이 일어나면 중부 유럽 전체 발전량의 약 10퍼센트를 차지하는 태양열 발전소의 전력량이 순식간에 사라지므로 이에 대비하지 않으면 안 되었다. 물론 이윤을 생각하면 예비 전력을 최소로 유지하는 대안을 선택해야겠지만 어떻게 하더라도 태양열 발전소의 전력량을 보충하는 것은 불가능하다. 보통 상황에서라면 전력 공급망은 별 문제없이 가동된다. 하지만 어떤 것도 완벽한 것은 없다. 사고, 사람의 실수, 과도한 전력 수요 등의 이유로 광범위한 지역에서 정전 사고가 셀 수 없이 일어나고 있다. 과거 수십 년간 우리 사회는 각 부문 간 상호 연결도가 급격히 증가해왔다. 따라서 정전이 일어났을 때 피해를 입는 사람의 숫자도 그에 비례하여 증가한다. 대부분의 경우, 정전 시간이 몇 시간에서 며칠에 이르는 정도지만 피해를 입은 사람들의 수는 적지 않다.

1999년 브라질에서 발생한 변전소 낙뢰 사고는 국토 면적 70퍼센트와 9,700만 인구에 공급되는 전력을 끊어놓았다. 브라질은 이후에도 2009, 2011, 2013년 계속하여 대규모 정전 사태를 겪었다. 미국 동북부에서는 2003년에 4일간 전력망이 마비된 사건이 있었다. 사람의 실수와 오작동이 결합한 사고로 당시 5,000만 명에 해당하는 사람들이 정전 사태를 겪었다. 2005년 인도네시아 자바에서는 1억 명이 정전 사태로 피해를 입기도 했다. 지금까지 일어난 정전 사고 중에 가장 많은 사람들이 어려움을 겪었던 것은 2001년 인도에서 일어난 일로 2억 2,600만 명이 피해를 입었다. 과거에도 다양한 원인으로 전력망 마비 사고를 겪었고, 확실한 것은 미래에도 이런 일은 수없이 반복될 것이라는 점이다.

대규모 정전이 일어나면 어떤 일이 생길까?

정전이 되면 바로 즉시 매우 불편한 일들이 발생한다. 엘리베이터 안에 사람들이 오도 가도 못하는 지경이 되고, 건물 고층에 있는 사람들은 많은 계단을 걸어 내려와야 한다. 걸어 내려오는 방법 외에는 건물을 벗어날 방법이 없기 때문이다. 지하철과 철도를 이용하던 이들은 그 안에 갇히게 되고 전기가 끊어지면 교통 통제 시스템이나 통신 시스템도 마비된다. 전력이 공급되지 않으면 물과 연료를 순환시키는 시스템이 정지되므로 하수를 배출하고 처리하는 시스템도 멈춘다. 다행히 휴대폰과 관련된 통신 설비가 마비되는 것은 피할 수 있다 하더라도 최신 휴대폰은 배터리 소모가 많아 이틀만 충전이 불가능해도 큰 불편을 겪게 된다. 또한 정전이 되면 경비 시스템도 작동하지 않는다. 이럴 경우 대개의 나라에서 각종 범죄가 급격히 늘어나고 경찰 출동 요청이 급증한다. 단기간에 나타날 수 있는 경제적 피해로는 산업이 마비되어 상점에 물건을 공급하지 못하게 되는 것을 들 수 있다. 일반적으로는 그 피해액이 수십억 달러에 미친다고 알려져 있다. 정전으로 인한 금전적 피해에 대해 살펴보자. 미국은 매년 국지적인 전력망에 생기는 사소한 문제로 인해 소비자 한 명당 평균 9시간가량 정전을 겪는다고 한다. 이를 금전적 손실로 환산하면 1년간 1,500억 달러에 이른다.

장시간 대규모 정전 사태가 발생하면 사람들이 집안에서 즐길 오락 거리가 없어진다. 그럴 경우 9개월 후에 갑작스럽게 출산율이 증가하는 정전 베이비붐 현상이 발생하는 것이 전혀 근거 없는 이야기가 아니다. 앞서 예로 들었던 대규모 정전 사태는 24시간이 채 되지 않는 짧은 기간 동안 발생한 사고들이지만 몇 주간 정전이 지속된다면 9개월 이후 출산율이 급증하는 현상이 뚜렷하게 관찰될 것이다.

광범위한 지역에 전력 공급망을 구축하기 위해서는 고압선 케이블을 공기 중에 노출한 상태로 송전탑과 송전탑 사이에 연결해야 한다. 이 고압선 케이블들은 흑점 폭발시 지구에 발생된 엄청난 양의 전류를 끌어들이는 크고 효율성 좋은 안테나 역할을 한다. 전력 공급망 중에는 선 하나의 길이가 1,600킬로미터에 이르는 것도 많다. 이런 고압선 케이블들은 전력 공급망 상에서 서로 복잡하게 연결되어 있기 때문에 전체 길이로 보면 안테나의 길이는 훨씬 길어지는 셈이다.

흑점 폭발에 의해 지구 대기에 오로라가 발생하면 그로 인해 지구 표면에 대량의 전류가 순간적으로 발생한다. 이 전류들은 안테나 역할을 하는 고압 케이블로 흘러들어가므로 전력선에 순간적으로 높은 전압과 전류가 흐르게 된다. 가정에서 사용되는 전압은 유럽은 240볼트, 북미는 110볼트지만 공급 과정에서 많이 손실되므로 전력을 송신할 때에는 10만 볼트에 이르는 고전압이 사용된다. 전력 손실량은 전압이 높을수록 낮아지기 때문이다. 우리가 다루는 재난 시나리오 상에서 구체적인 숫자가 중요한 것은 아니지만, 참고로 얘기하자면 어떤 전력망에서는 75만 볼트로 전력을 송신하기도 한다. 영국의 전력망 중 고전압 지역은 보통

27.5만 볼트에서 40만 볼트 사이에서 운영된다. 가정에서 사용하는 전압인 240볼트와는 차이가 크기 때문에 이것을 가정용 전압으로 낮추기 위해서는 복잡한 과정이 필요하다. 전기가 일정한 주파수를 유지하는 것도 중요한데 이를 위해서도 몹시 복잡한 과정이 필요하다. 여기에 사용되는 장비들은 고가일 뿐만 아니라 고장도 잘 나는 민감한 설비들이다. 일부라도 파손되어 작동되지 않으면 고장 난 전력망을 우회하여 전체 지역에 전력을 공급해야 한다. 이 경우 우회 경로는 곧바로 아주 높은 전력 부하에 걸릴 수밖에 없다. 현대 전력망 시스템은 고도의 엔지니어링 기술이 집약되어 있으나 일부에 과부하가 걸리면 전체가 동시에 무너질 수 있는 위험도 안고 있다. 태양 흑점 폭발로 전압과 전력이 치솟아 일부가 고장 나면 전력망 전체는 과부화 상태로 변한다. 전력망이 손상되는 시나리오에는 여러 가지가 있다. 전력선이 녹거나 땅으로 휘어져 처지면 송전탑이 무너질 수 있다. 흑점 폭발로 순간적으로 치솟은 전력이 송전소를 휩쓸고 지나가면 변압기와 주파수 제어 장치 회로가 과전력으로 인해 타버리는 일도 있다.

금세기 들어서 전력망은 훨씬 더 복잡해졌고 광범위한 지역을 서비스하고 있다. 따라서 작은 규모의 흑점 폭발에도 전력 케이블로 연결된 많은 지역에서 변압기와 기타 장비들이 파손 당할 위험이 높아졌다. 지난 15년간, 특히 스웨덴이나 캐나다처럼 위도가 높은 지역에서 이와 같은 정전 사고들이 셀 수 없이 많이 일어났다. 물론 이 나라들은 오로라가 자주 발생하는 지역에 위치하므로 이런 사고가 잦은 것은 당연하다. 하지만 극지방에서 훨씬 멀리 떨어진 곳이라도 대규모 흑점 폭발시에는 절대로 안전한 지역이 아니다. 오히려 고위도 지역에서는 자기폭풍에 대비하는 여러 예방책들이 마련되어 있지만 오로라 간섭 현상이 드문 저위도 지역에서는 적절한 보호 시스템을 구축하려는 노력이 없다. 따라서 이런 지역에서 더 심각한 전력망 피해 현상이 발생할 수 있다. 저위도에 속한 나라들 중에 전력망들이 서로 촘촘하게 연결된 지역은 자기폭풍으로 전체 전력망이 위험에 처할 수 있다.

대규모 전력 공급망에서 변압기 한 대가 고장 났을 경우에는 수리가 이루어지는 동안 전력 공급 경로를 다른 곳으로 우회하도록 변경할 수 있다. 하지만 여러 지점에서 동시에 이런 문제가 발생한다면 다른 경로를 통해 전력을 공급하는 일이 불가능하게 될 것이다. 이런 식으로 전력 공급 라인에 과부하가 걸리면 매우 넓은 지역에서 정전 사고가 일어나게 된다. 한 지점 이상에서 변압기가 파손되면 장기간의 정전 사고로 이어지게 된다. 대규모 흑점 폭발 시나리오 상에서는 충분히 가능한 일이다. 파손된 변압기 부품을 교체하는 일은 골치 아픈 작업이다. 변압기 부품이 워낙 다양하고 비싼 까닭에 제조업체에서 충분한 재고를 확보해 두지 않기 때문이다. 따라서 변압기 한 대를 잃을 경우 이를 복구하는 데 몇 개월이 걸릴 수도 있다. 여러 개의 변압기가 파손되면 그 결과는 매우 치명적이고 오래 지속될 수 있다. 전력 공급이 안 되는 지역의 범위도 매우 넓어지고 극단적인 경우에는 나라 전체의 전력 공급이 끊어지게 된다. 전력 공급이 안 되면 공장을 가동할 수 없으므로 교체할 부품 조달도 외국에 의존할 수밖에 없게 된다. 이럴 경우 국가 전체가 외부의 침략이나 그런 상황을 이용하고자 하는 세력들에 매우 취약한 상태에 빠지게 될 것이다.

역사 속 실제 정전 사례
이런 재난 영화가 실제로는 별로 흥미진진하게 느껴지지 않을 수도 있다. 흑점 폭발의 규모가 어느 정도 크기만 되어도 대규모 전력망 마비가 일어날 수 있고, 그 정도 문제를 일으킬 수 있는 흑점 폭발은 그다지 드문 일이 아니기 때문이다. 과거와 비교할 때 오늘날에는 거대한 규모의 전력 공급망이 서로 복잡하게 얽혀 있다는 점이 다를 뿐이다. 1921년의 대규모 흑점 폭발 사건과 그 이후에 발생한 크고 작은 규모의 흑점 폭발에서 국지적으로 발생한 피해는 별 차이가 없다. 전력 공급망을 운영하는 설비가 파괴되고 전기 스파크로 인한 화재가 다수 발생한다는 점에서는 동일하다. 과거에도 이와 같은 사례는 충분히 많다. 궁금한 것은 앞으로 국가 전체의 존폐를 좌지우지할 정도의 대규모 재난이 얼마나 빈번하게 일어날 것인가 하는 것이다. 발생 가능성이 매우 높은 북반구상 고위도에 위치하고 있는 유럽과 미국에서는 이런 재난이 발생했을 때의 피해 규모, 사망자 수, 경제적 피해 그리고 나라 전체가 재난으로부터 회복되는 데 걸리는 시간에 대한 연구를 이미 시작하였다. 그리고 그간 공식적으로 발표된 연구에 따르면 그 결과는 매우 비관적이다.

미국에서 발표된 연구 결과는 다른 나라에 비하면 그나마 낙관적이다. 미국의 경우 지면의 전기 전도율과 위도를 고려할 때 뉴저지나 뉴욕과 같은 북동부의 해안 지역이 이런 재난에 취약할 것으로 예상했다. 그리고 이 지역에서 재난이 발생하면 서부나 남부 지역으로부터 도움과 지원을 받을 수 있을 것으로 가정했다. 개인적으로 이러한 가정과 결론은 지나치게 낙관적이라고 생각한다. 전력 공급망의 현실적 상황을 전혀 고려하지 않는 이러한 주장은 마치 핵무기 공격을 받아도 주요 시설이 8시간 내에 다시 정상 가동될 것이라고 예측했던 1960대의 주장과 매우 흡사해 보인다. 실제로 뉴욕 같은 곳에 사소한 전력 공급망 문제가 생겼을 때 전기 공급 중단 시간은 24시간보다 훨씬 길었다. 태양 흑점 폭발에 의해 전력망이 마비되는 사태에 비하면 극히 경미한 그런 종류의 사고에도 전력 공급이 회복되는 데 많은 시간이 걸리는 것이다.

1859년 캐링턴 사태시 발생한 피해 정도를 현재의 전력 공급망 규모를 기준으로 추정해본다면 낙관적인 미국의 연구 결과 기준으로만 봐도 2,000만에서 4,000만 정도의 인구에 직접적인 타격을 줄 것으로 계산된다. 재난 기간은 짧게는 16일, 길게는 1년 혹은 2년까지 이어질 수 있고 경제적 피해액 규모는 수십조 달러에 이를 것으로 예상된다.

재난은 언제 일어날까?

지금까지 지구에는 1859년 캐링턴 사태와 비슷하거나 그보다 더 심한 재난은 아직 일어나지 않았다는 사실을 상기시키고 싶다. 2012년에 그때와 비슷한 강도의 자기폭풍이 지구 궤도를 가로질렀지만 다행히도 지구 공전 속도를 기준으로 9일 차이로 지구를 비켜 지나갔다. 이 정도의 흑점 폭발이 규모면이나 발생 주기면에서 드문 일도 아니다. 과거 기록에 의하면 이와 유사한 규모의 자기폭풍은 100년에서 150년마다 한 차례씩 지구를 덮쳤던 것으로 나온다. 그러므로 이러한 폭발이 규칙적이라고 하기는 어렵고, 평균적으로 100년에 한 번 일어난다고 말하는 것도 정확한 표현은 아니다. 짧은 시간 내에 여러 번의 폭발이 일어날 수도 있기 때문이다. 훨씬 더 큰 규모의 흑점 폭발도 있었다. 이 흔적은 빙하에 화학적 지문으로 남아 있다. 이 정도 규모의 흑점 폭발은 500년에 한 번 정도 발생한다. 1859년 사태는 벌써 100년 전의 일이다. 따라서 확률적으로 볼 때 유사한 규모의 폭발이 일어날 가능성이 급격하게 높아지고 있다고 할 수 있다. 전문가들은 수 년 내에 그때와 유사한 규모의 흑점 폭발이 일어날 가능성이 10퍼센트 정도이고, 금세기 내에 일어날 가능성은 100퍼센트라고 예상하고 있다.

　미국 연구 결과와 관련하여 유감스럽게 생각하는 부분은 일반인들은 이 연구에 사용된 대부분의 자료와 예측 결과에 접근할 수 없다는 점이다. 분석에 사용되었던 정보들이 국가 기밀로 분류되었기 때문이다. 아마도 시스템의 약점을 노출시키면 테러리스트의 목표가 될 가능성이 있고, 이러한 자료들을 공개했을 때 일반인들이 겪게 될 두려움과 공포가 우려되기 때문일 것으로 생각된다.

　인정하고 싶지 않은 결론이지만 무서운 재난이 우리 세대에 일어날 가능성이 있고 우리 다음 세대에는 거의 틀림없이 일어날 것으로 보인다. 태양 폭풍의 심각성을 고려한다면 정말 진지하게 전자 제품에 대한 우리의 무조건적 사랑에 대해 고민해보아야 한다. 지금까지 밝혀지고 있는 사실들은 모두 비관적인 것들밖에 없다. 이에 대비하여 즉각적이고도 시급한 대응책이 필요하다. 물론 여기에는 비용이 들지만 재난이 발생한 후 이를 복구하기 위해 투입될 비용을 생각하면 이 정도는 아무것도 아니다. 하지만 어떤 전력 회사도 단기간의 경영 실적 악화를 감수하며 재난 대비책에 투자하려 들지 않는다. 이것은 매우 심각한 문제다. 전력을 생산하는 회사와 이를 공급하는 회사가 다른 나라도 많다. 이럴 경우 틀림없이 각 회사의 주주들은 이러한 예방적 대책과 비용 부담의 주체는 상대방 회사라고 생각할 것이다. 이런 이유로 필요한 대책을 마련하는 데 소요되는 재원은 정부로부터 나와야 한다. 전력망이 마비되면 그 후유증이 민간 부문은 말할 것도 없고 군대와 나라 전체에 타격을 줄 것이기 때문이다.

　미국의 연구 결과에 따르면 지난 10여 년간 많은 나라에서 발생한 단전 사고 사례들을 분석해보니 생산성 감소와 보험료 청구 등으로 인한 피해가 건당 수십억 달러에 달했다. 더구나 지금까지 발생한 단전 사고들은 모두 국지적이고 사소한 사고들이었다. 대부분의 경우 사람의 실수나 장비 오작동에 의한 것이었고, 흑점 폭발과 같은 자연 재난으로 인한 경우는 없었다. 만약 한 달가량 전력 공급이 중단되는 사태가 발생한다면 그 피해액은 수십조 달러에 달할 것이고 사망자 수나 종합적인 피해 규모는 상상을 초월할 것이다. 1859년 규모의 흑점 폭발이 다시 발생한다면, 내가 예상하는 시나리오 상으로는 영국의 경우 나라 전체의 전력망이 완전히 마비될 것이다. 이런 면에서 전력망을 보호하는 대책은 중앙 정부가 나서서 시급히 추진해야 할 과제라고 믿는다. 전력망의 붕괴는 우리가 과거에 겪었던 어떤 사태보다 더 위험한 재난이 될 것이고 민간 부문과 국방 부문을 막론하고 상상하기 어려울 정도의 대혼란을 겪게 될 것이다.

피해는 얼마나 심각할까?

이러한 재난의 피해 규모를 추정할 때 우리가 먼저 고려해야 할 인자는 기후다. 또 1년 중 언제 발생할 지도 생각해야 한다. 북미 동부 지역의 몬트리올이나 퀘벡의 1월 평균 기온은 각각 섭씨 −9도와 −13도이고, 뉴욕은 이보다는 따뜻한 −3도 정도다. 전력 공급과 교통 왕래가 끊어지게 되면 기온은 더 낮아질 것이다. 이런 상황에서 2주일 정도 전력 공급이 되지 않는다면 어떻게 난방을 해결하여 생존할 수 있을지 생각만으로도 끔찍하다. 신호등이 마비되고 교통 통제 시스템이 작동하지 않으면 대도시는 교통 지옥이 될 것이고 사람들은 공포에 질려 도시를 탈출하려 할 것이다. 1921년과 마찬가지로 화재가 발생하겠지만 교통이 마비된 상태에서 화재 진압은 거의 불가능하다고 봐야 한다. 전력이 공급되지 않으므로 화재 진압용 물을 분사할 소화전 펌프도 작동하지 않을 것이다. 그러는 사이 손쓸 틈 없이 화재가 전체 도시로 번져 통제 불능 사태에 빠질 것이다.

1666년 발생한 런던 대화재 당시 도시의 대부분이 불에 타 폐허가 되었다. 지금은 그때와 달리 목조 건물이 아니므로 그 정도 피해는 발생하지 않으리라 생각할 수도 있다. 하지만 뉴욕의 쌍둥이 빌딩이 911 사태 때 무너지던 것을 생각해보라. 현대적 고층 건물도 순식간에 아비규환의 지옥으로 변할 수 있음을 보여주었던 사례다. 태양 자기폭풍으로 생겨난 고전압이 대도시에 10여 개의 화재를 동시에 발생시킨다면 그로 인해 발생될 혼란과 손실이 얼마나 될지는 상상조차 힘들다.

화재의 위험성은 도시와 변전소와 발전소에만 국한되지 않는다. 교외로 뻗어나간 전력 케이블과 송전탑이 닿는 곳이면 어디든지 고전압의 에너지로 인한 화재가 발생할 것이다. 캐나다에서 일어난 것처럼 송전 케이블에 닿은 나무들에 과전류가 흐르면서 나무들이 번개 맞은 형상으로 불타 산림 화재가 발생한다. 대규모 흑점 폭발이 일어나면 교외의 농장이나 숲에만 화재가 발생하는 것이 아니라 도심의 정원에도 화재가 발생할 수 있다. 특히 도시에 사는 사람들은 위험에 노출될 가능성이 더 높고 그에 따라 사망률도 높아진다. 도시일수록 전기에 대한 의존도가 훨씬 높아서 전기가 없으면 생존하기 힘들다. 반면에 교외에 사는 사람들은 생존에 필요한 다른 대비책을 가지고 있을 확률이 훨씬 높다.

더불어 재난시 의약품과 응급처치에 대한 접근이 어려워지면 생명에 심각한 위협이 된다. 고층 건물 숲에 고립되어 물, 전기, 가스의 공급이 끊어지고 하수 시스템이 작동하지 않고 상점이 폐쇄되고 식량 공급이 끊어진다면 며칠만 지나도 대부분의 사람들은 탈수와 배고픔에 시달릴 것이다. 이런 상황에서 위생을 생각하는 것은 사치스러운 일이 될 것이다. 음식을 먹지 않고는 꽤 오랫동안 견딜 수 있으나 물이 없다면 일주일을 넘겨 연명하긴 어렵다.

전력망 마비가 미칠 영향

지금까지 나는 재난의 직접 피해 지역에 대해서 집중적으로 다루었다. 하지만 자기폭풍은 위도가 낮은 지역을 포함하여 보다 광범위한 지역에서 규모가 작긴 하지만 여전히 파급효과가 있다. 전화선, 전력선들이 매우 장거리에 걸쳐 설치되어 있기 때문이다. 1859년 자기폭풍시 전신 시스템에 생겼던 것과 동일한 현상이 전화선, 전력선에 생길 것이다. 일반 가정에 설치된 전화선이나 전력선으로부터 화재가 발생할 것이고, 1859년과 1921년과 마찬가지로 주요 산업단지는 연속된 화재로 인해 타격을 입을 것이다.

과거에는 존재하지 않았던 발전 시설로 태양열, 풍력, 원자력 발전소가 있다. 이러한 시설들은 대개 도시에서 멀리 떨어져 있기 때문에 유휴 전력을 공급하기 위해 서로 장거리 케이블로 연결되어 있다. 이로 인해 여러 시설들이 파괴될 수 있다. 원자력 발전소의 예를 들어보자. 운이 나쁜 방향으로 우연한 사고들이 겹칠 경우 원자로를 자동으로 중지시키는 데 필요한 전력마저 공급되지 않을 수 있다. 러시아, 일본, 미국의 사례에서 보듯이 불완전한 설계, 표준 미달 재료, 예상치 못했던 자연재해가 겹치면 최악의 시나리오로 심각한 재난에 이를 수 있다. 최근 일부 원자력 발전소의 경우 설계 변경이 이루어지고 있다. 자체 전력과 외부 전력이 동시에 끊어지게 되면 더 이상 손쓸 방법이 없다는 사실을 뒤늦게 깨달았기 때문이다.

농촌 지역의 경우 대규모 농장들이 연료와 전력에 의존하여 가동되고 있다. 이런 농장들이 단전으로 피해를 입을 경우 단기적으로는 식량 공급에 문제가 생길 것이고 장기적으로는 파종과 추수에 필요한 능력을 소실할 것이다. 구체적인 피해 상황은 이런 재난이 농장 활동 기간 중 어느 타이밍에 일어나느냐에 따라 다르다. 파손된 전력망 운영 부품을 제조하여 교체할 때까지 수개월이 예상되므로 도시 거주 인구들은 할 수 없이 교외로 이동할 가능성이 매우 높다. 이러한 이동이 미국과 같은 나라에서는 질서 정연하게 이루어지겠지만, 당장 도시에서는 상상을 초월하는 혼란이 계속될 것이다. 태양 폭풍에 의해 4,000만 명의 인구가 재난 상황에 빠진다면 도시는 무법천지가 되고 계엄령이 선포될 수밖에 없다.

어떤 지역이 위험할까?

미국에서 태양 폭풍에 의해 심각한 타격을 입게 될 최저 위도에 뉴욕이 위치하고 있다면 유럽에서는 마드리드를 기준으로 북쪽 지역은 모두 동일한 정도의 위험에 노출된다고 보면 된다. 대규모 재난이 발생하면 그에 따른 혼란으로 사회구조가 붕괴하는 패턴으로 국가 전체가 부도 위기에 처하게 될 것이다. 이러한 현상은 전 유럽 대륙을 혼란의 회오리 속으로 몰아넣을 것이다. 과거 남아프리카에서도 태양 폭풍에 의해 정전 사고가 일어난 적이 있다. 하지만 나는 뉴욕 북부 지역, 마드리드, 베이징을 잇는 북위 40도 위쪽 지역에서만 심각한 재난이 일어날 것이라고 가정하였다. 남반구에서는 큰 규모의 도시가 적기 때문에 재난에 의한 피해가 그리 크지 않을 것이기 때문이다. 물론 흑점 폭발의 규모가 훨씬 커지게 되면 자기폭풍이 북반구와 남반구의 낮은 위도에 위치한 지역까지 타격을 입히게 되므로 훨씬 광범위한 지역이 영향을 받을 것이다.

고도로 발달된 우리 문명은 과학기술에 지나치게 의존하고 있기 때문에 아이러니하게도 순식간에 붕괴될 약점도 동시에 가지고 있다. 통신 수단, 식량 배급망이 마비되고 정부를 운영하기 위해 필요한 수단들이 없어지게 되면 내재되었던 문제들이 드러날 것이다. 사람들은 이런 상황이 되면 각자 살기 위해 몸부림을 치며 매우 이기적으로 변할 것이다. 외부적인 요인들도 예상하기 어려운 것은 마찬가지다. 유럽 국가들이 재난 상황으로 인해 혼란에 빠지면 태양 폭풍에 별 영향을 받지 않은 인접 나라 중 영토 확장 야욕을 가지고 있던 나라들이 침공할 수도 있다. 이럴 경우 유럽 국가들은 막아낼 국방력이 없는 상태에서 무방비로 당할 수밖에 없다. 극단적인 원리주의자들이 종교 전쟁을 위해 침략할 가능성도 있다. 15세기에 중미 지역이 영토 확장과 종교적인 이유로 인해 외세에 의해 유린당했던 것을 떠올려보라. 이런 일이 생긴다면 현재 유럽에 살고 있는 세대들의 앞날은 참담할 정도로 암울해질 것이다.

희망은 없을까?

많은 선진국들이 태양 폭풍으로 인해 붕괴될 것을 생각하면 우울해진다. 하지만 기억해야 할 분명한 사실은 인간에게는 인류애라는 것이 있다는 사실이다. 따라서 절대 희망을 버려서는 안 된다. 재난이 일어나더라도 온 지구가 다 같이 붕괴되지는 않는다. 저개발 국가들 중에는 이러한 재난에서 살아남는 지역도 있을 것이다. 또한 대륙의 외진 지역에서 세상과 떨어져서 독립적으로 살아가는 일부는 재난으로부터 살아남을 것이다. 이런 재난이 발생해도 좋은 소식이 있느냐 하는 질문에 대한 나의 대답은 조건부 '그렇다'이다. 물론 재난 이후 무역이나 과학기술이 지금까지와는 전혀 다른 패턴으로 바뀔 것이므로 다시는 과거와 동일하게 작동하지 않을 것임은 틀림없다. 그리고 전 세계적으로 사망자 수는 수천만 명에 이를 수 있다. 하지만 세계 인구에 비하면 아주 일부에 지나지 않는다. 역사가 우리에게 가르쳐준 진리는 아무리 융성했던 제국도 언젠가는 쇠퇴한다는 점이다. 이러한 재난도 전 지구적으로 보면 권력과 무역의 평형추가 단지 다른 지역으로 이동해가는 것에 지나지 않는다. 물론 산업화된 북부 국가들의 붕괴가 권력과 이데올로기, 산업, 무역의 일시적 공백을 초래하고 뒤를 이어 이를 차지하기 위한 국가들 간의 다툼은 불가피할 것이다. 그러나 어쨌든 나는 인류는 살아남을 것이라고 희망적으로 생각한다.

내가 '일시적'이라는 표현을 쓴 것은 사태를 희망적으로 보기 때문이다. 역사적으로 보면 많은 국가들이 전쟁과 전염병을 극복하고 다시 재건된 사례가 많다. 대표적인 예가 유럽에서 창궐했던 흑사병이다. 인구의 거의 3분의 1이 사망하였고 극심한 경제적, 사회적 혼란이 초래되었으며 사회의 모든 질서가 바뀌는 일이 일어났다. 하지만 유럽 문명은 사회구조가 재편되는 과정을 거쳐 결국은 오늘의 번영에 이르렀다. 운좋게 흑사병은 사라졌지만 이후 다른 종류의 질병이 생겨났고 수많은 세대를 거쳐 이어져왔다. 그래도 우리는 여전히 잘 버텨내고 있다. 20세기에 들어서는 두 번의 세계 대전이 일어나서 수천만 명이 사망했다. 1차 세계 대전 후에는 독감이 유행하여 거의 3,000만 명의 인구가 목숨을 잃었지만 결국 우리는 그 재난을 극복하고 회복하였다.

과거 특정 문명의 멸망은 여러 가지 이유로 일어났다. 자연재해, 전쟁, 침공, 종교전쟁, 다른 문명으로의 흡수 등이 그것이다. 이런 재난으로 인해 인간들은 지식과 기술을 잃었을 뿐만 아니라 대대로 전해져 내려온 그 지역의 문화까지 상실했다. 지식과 문화의 소실은 수명이 한정되어 있는 인간 개개인의 죽음보다 더 중요한 의미를 지닌다. 지금까지 엄청난 피해를 입히고 수많은 사람을 죽게 만든 재난들은 모두 하나같이 우리 인간 스스로 자초한 것들이었다. 정치적 혹은 종교적인 분쟁으로 인해 전쟁이 일어났고 발달된 과학기술은 더 파괴적인 무기를 만드는 데 이용되었다. 그럼에도 불구하고 인류는 버텨냈고 진화를 이어왔다. 이런 역사를 통해 볼 때 인류는 재난으로부터의 회복력이 매우 빠른 종임에는 틀림없다. 하지만 인간이 과거의 실수로부터 교훈을 깨닫는 동물인지에 대해서는 자신 있게 이야기하기는 힘들다.

생존을 위한 힘이자 필요조건은 무엇일까?

이번 장에서는 인간이 과학기술에 지나치게 의존하게 되면 별 것 아닌 자연재해에도 엄청나게 많은 사람들이 막대한 피해를 입게 된다는 점에 대해 설명하였다. 여기서 다룬 자연재해들은 현실적으로 얼마든지 발생 가능한 일이고 확률적으로도 매우 가능성이 높은 것들이다. 내가 우려하는 것은 피해 규모에 대한 내 예측이 너무 낙관적인 것이 아닌가 하는 것이다. 역사적 기록을 살펴보면 태양 폭풍이 그리 드문 일은 아니었다. 과거와 비교하여 유일한 차이는 현재 우리의 생활이 전자기기에 과도하게 의존하고 있다는 점이다.

우리에겐 지성, 축적된 지식 그리고 미래를 대비하여 계획을 짤 능력이 있다. 재난 시나리오상 자연재해가 초래할 위험은 명백하다. 우리가 미래를 대비하기 위해 필요한 지식과 기술을 끌어 쓰지 못할 이유도 전혀 없다. 물론 여기에는 돈과 노력이 든다. 하지만 준비가 없는 상태에서 부딪히게 될 고난에 비하면 아무것도 아니다. 사람들을 우주로 보내는 것만큼의 인기는 없을지라도 위성을 이용하지 않는 통신수단, 지하

매설 전력 케이블, 전력 공급망을 보호할 안전장치를 준비하는 것은 매우 중요한 일이다. 태양 폭풍을 감시하는 두 개의 위성처럼 우리가 볼 수 없는 곳에서 작동하겠지만 임시적이 아니라 지속적인 대책으로 더 속도가 빠른 회로 보호 장치, 보조 변압 설비, 지하에 매설된 광섬유 통신 시스템 등이 갖추어져야 하며 이를 위해 범국가적인 지원이 필요하다. 이런 것들을 미리 준비한다면 우린 살아남을 것이고 그렇지 않다면 우리에게 미래는 없을 것이다.

기술 발달의 영향을 다시 생각해야 할 때

과학기술은 수많은 편리함을 가져왔다. 하지만 동시에 우리는 지나치게 과학기술에 의존함에 따라 과학 발달에 수반되는 부정적인 영향들을 제대로 살펴볼 수 없는 상태가 되었다. 그리하여 이 독창성의 산물이 초래할 전혀 생각지도 못했던 재난에 무방비로 당할 수밖에 없다. 이것이 과거의 사례로부터 얻게 된 핵심적인 교훈이다. 따라서 이 책에서는 긍정적으로만 보이는 과학기술이 반대로 우리에게 결코 이로울 수 없는 부정적인 면들을 가져다준다는 사실을 여러 가지 예를 통해 설명하려 한다. 어떤 문제들은 단순한 무지로부터 비롯된다. 일부는 수익을 빨리 얻고자 하는 탐욕, 그리고 개인적 혹은 조직적 이익을 얻기 위해 다른 사람을 이용하려는 내재적 욕망으로부터 발생한다.

과거 인류가 다른 사람들을 물리적 혹은 경제적으로 지배하기 위해 전쟁을 일으켰던 사실을 상기해보면 우리의 본성에 이러한 욕망들이 숨어 있다는 것을 쉽게 이해할 수 있다. 별로 새로운 사실도 아니다. 돌도끼는 생존을 위해서 유용한 도구였지만 우수한 무기이기도 했다. 과거와 현대 전쟁의 차이는 무기나 선전술이 규모와 파괴력면에서 엄청나게 발전했다는 것뿐, 이면에 깔린 인간의 본성은 예나 지금이나 같다. 지금까지 이룩한 많은 과학기술들의 발달은 실은 전쟁에 사용할 목적으로 지원된 연구비 덕분이다. 전쟁을 위한 기술이 다른 목적으로 사용되어 인간이 혜택을 입게 된 것은 단지 뜻하지 않은 수확일 뿐이다. 간단한 예를 들어보자. 아는 사람은 별로 많지 않지만 햇빛 아래에서 자동으로 렌즈가 어두워지는 광변색성 선글라스의 경우 핵폭탄이 폭발할 때 발생하는 섬광 때문에 군인들의 눈이 머는 것을 방지하기 위해 개발된 기술이다. 우리는 과학기술이나 새로운 제조 공법의 세부 내용을 알아내는 것에 그치지 않고 사회적으로 과학기술의 어두운 면에 어떻게 대처해야 할지에 대해서도 깊이 있게 통찰하고 이해할 필요가 있다.

'아는 것이 힘'이라는 말이 있다. 이 말은, 인간은 늘 새로운 생각이나 과정을 배우고자 하는 욕구가 있어서 과학기술의 발전이 항상 환영받을 일이며 우리에게 언제나 이로운 쪽으로만 작용한다는 보이지 않는 가정을 바탕으로 한다. 하지만 이런 가정은 모든 면에서 틀렸다. 원래 인간은 놀랍게도 새로운 생각을 배우는 것을 주저한다. 비록 틀린 것이라도 우리는 익숙한 것들을 바꾸지 않고 유지하길 원한다. 또한 많은 과학기술이 사람들을 위해서가 아니라 상업적인 이유로 발전되어 왔다는 점도 알아야 한다.

물론 현재 기술에 문제가 있다면 새로운 아이디어를 내서 개선하는 것이 필요하다. 예를 들면 인터넷 접속량을 늘리는 문제에 관해서는 기술 발달이 꼭 필요하다. 기술 발달 없이 가능한 대안은 사용 요금을 높이거나 접속을 통제하고 강제로 사용량을 제한하는 방법밖에 없다. 인터넷 사용자가 급격하게 늘어나 기술적으로 제공 가능한 용량을 넘어서는 문제로 인해 현재 많은 시스템들이 접속량을 늘리기 위한 전쟁을 벌이고 있다.

하지만 대부분의 경우 과학기술의 발달은 문제 해결을 위해 생겨났다기보다 제품 판매를 늘리기 위한 목적에서 이루어져 왔다. 새로운 제품이 나오게 되면 이전에 사용하던 것들과 호환되지 않는 경우가 많아서 이전 제품은 자연스럽게 구식이 될 수밖에 없는 점을 이용하는 것이다. 컴퓨터라든지 휴대폰 등이 매우 좋은 예다. 이러한 일들이 지속적으로 일어나면 구식 기술에 저장되어 있던 많은 양의 정보가 사라질 뿐만 아니라 그전 제품을 쓰면서 습득했던 경험들도 같이 사라진다. 더불어 노인층이나 빈곤층을 비롯해 인구의 상당 비율이 이 변화를 좇아가지 못해서 뒤떨어지고 소외된다. 기술 발달로 인해 실제로 우리는 잃어버리는 것이 많다. 우리의 축적된 기술과 경험을 파괴하는 이런 변화들이 왜 일어나는지, 또 그런 변화들을 일으키는 힘이 무엇인지에 대해서도 앞으로 짚어볼 것이다.

과학기술의 발달로 우리의 생활 스타일이 바뀌고 종교적 혹은 정치적 생각이 변하게 되면 그와 함께 우리가 쌓아온 지식이나 역사는 조금씩 사라지게 된다. 이러한 과정은 겉으로 잘 드러나지 않지만 조용히 그리고 매우 효과적으로 진행되고 있다. 예를 들면 부싯돌을 더 이상 사용할 필요가 없어지면 부싯돌 제작 기술이 사라지는 것과 같은 현상이다. 컴퓨터가 발달하면서 기록을 저장하던 과거의 방법이 구식이 되고 문서, 기록물, 사진들이 점차 사라지는 것도 같은 현상이다.

이 책을 통해 독자들이 알게 될 한 가지 분명한 흐름은, 기술 발달의 속도가 빨라질수록 기록물과 정보의 보존 기간도 짧아진다는 사실이다. 빠른 기술 발전을 칭송하고 최대한 빨리 정보를 습득하는 시대에 살고 있는 우리는 이러한 행위가 과거 우리가 축적해놓았던 정보를 경시하게 만들고 그것들을 폐기하는 속도를 높이고 있다는 사실은 잘 알아채지 못한다. 지금도 우리는 빅토리아 시대 선조들의 사진이나 연애편지를 볼 수 있지만 최근의 흐름을 보면 현재의 디지털 이미지와 서신들은 20년 후에는 읽을 수 없을 가능성이 매우 높다. 우리의 후손들이나 미래의 역사학자들은 이것들을 볼 기회가 없을 것이다.

　전자기학은 다양한 분야에 영향을 미쳐 유래를 찾아볼 수 없을 만큼 빠른 속도의 기술 발전을 가능하게 했다. 60년 전만 하더라도 많은 사람들이 TV라고는 구경도 못하며 살았고, 30년 전에는 가정용 컴퓨터가 없었으며 이번 세기가 되기 전에는 휴대폰이라는 것이 존재하지도 않았다. 너무나 급속히 많은 것이 달라졌기 때문에 우리는 이런 변화에 완전히 압도당하고 있다. 여기서 그치지 않고 갈수록 발달된 더 많은 제품이 더 빨리 나오길 원하게 되었다. 이런 상황에서 우리에게 할아버지 세대나, 혹은 그 이전으로 돌아가서 살 수 밖에 없는 무슨 일이 닥친다면 어떤 일이 일어나게 될지 전혀 생각해본 적이 없다.

　과거 지식의 소멸이란 단순히 문서의 훼손과 파괴뿐 아니라 언어, 문화, 문학, 회화, 음악의 소멸까지 포함한다. 내가 예를 든 분야들은 단순히 개인적인 견해에 따른 것이지만 그 외의 많은 분야들이 유사한 이유로 사라질 것이다. 정량화하여 얘기하긴 어렵겠으나 새로운 기술 발전이 사회의 여러 부문을 격리하고 분리시키며 사람 간의 접촉을 대면 접촉에서 전자적 접촉으로 대신하는 현상 또한 매우 심각한 문제로 대두되고 있다. 2015년 조사에 의하면 영국의 14세 청소년들은 컴퓨터나 휴대폰 화면을 들여다보는 데 하루 8시간을 쓰고 있다. 이로 인해 청소년들의 근시 발생률이 이전과 대비하여 훨씬 높아졌다. 사람들 사이 소통 방법의 변화가 어떤 결과를 낳을 것인지 예측하기는 매우 힘들다. 당장 이러한 사회적 변화로 인해 확실하게 낙오하는 사람들은 새로운 제품을 구매할 여력이 없거나 사용 방법을 숙지하기 어려운 빈곤층과 노년층이다. 기술 발달의 시대에 그들은 점점 더 격리된 채 어려움을 겪고 있다. 이런 현상은 젊은 세대들의 특징인 무례함과 낙관적 미래관으로 인해 제대로 조명을 받지 못하고 있다. 여기에는 상업적 목적과 정부의 이해관계도 한몫을 한다. 이 문제점들이 더 심각해져 밖으로 드러날 때쯤에는 아마 돌이킬 수 없는 상황이 될 것이다.

　다음 장에서는 과학기술의 발전이 미치는 영향과 그 결과에 대해 조금 더 깊이 다루도록 하겠다. 새로운 기기를 팔기 위한 마케팅, 장난감, 꼭 가져야 할 전자 제품, 업그레이드라는 명목하에 사용을 강요받는 소프트웨어 등에 정신이 팔려 우리가 미처 알아채지 못하고 있는 기술 발전의 어두운 면에 대해 얘기해보도록 하자. ⁝

2장
문명이 진짜 자연재해를 이겨왔을까?

자연재해와 문명의 관계성

고난과 죽음은 우리 삶과 떼려야 뗄 수 없는 부분이다. 그래서 우리는 여기에 병적으로 매료되는지도 모르겠다. 특히 비극, 마법, 초자연적 힘, 외계인, 살인, 죽음을 다룬 이야기나 책, 영화, TV 등에 빠지는 것도 아마 이런 이유에서일 것이다. 물론 심리학자들이 이런 현상에 대해 많은 이론들을 연구했겠지만 내가 보기엔 한 인간이 일생 동안 겪는 경험이란 매우 빈약하기 때문에 위험을 대리 체험할 수 있는 스토리들에 더욱 매력을 느끼는 것이 아닌가 생각된다. 다만 이것들이 실제로 내 삶에 일어나지 않을 허구라고 생각하기 때문에 이야기 자체를 즐길 수 있는 것이다. 실화나 역사에서 훨씬 많은 감동과 교훈을 얻을 수 있음에도 불구하고 내 삶에 실제로 일어난 비극적인 사건이나 고통스러운 경험을 즐기는 사람은 많지 않다. 현실은 우리를 움직이게 만드는 힘이 있다. 일어날 수 있는 재앙을 직시하면 생존하기 위해 이에 맞서 행동해야만 하는 것이다. 우리가 할 수 있는 게 아무 것도 없어 그냥 받아들일 수밖에 없는 사건과, 현명하게 잘 대비하면 피해를 최소한으로 줄일 수 있는 사건을 구별할 필요가 있다. 대개 우리는 닥쳐올 일에 아무런 노력을 하지 않고 개인이 문제를 파악하거나 대처하는 것은 너무 어렵다고만 생각한다. 그런 일들은 정부나 특별한 조직에서 해야 한다고 믿는다. 그렇지 않으면 모든 것은 신의 뜻이고 우리는 삶에 있어서 어떤 것도 결정할 힘이 없다고 생각해버리는 방법을 택한다. 이 경우 종교가 개인적인 책임을 회피하기 위한 손쉬운 길이 되는 것이다.

나는 앞서 과거에는 우리의 생존을 위협하지 않았던 자연현상이 사회가 과학기술에 지나치게 의존하게 되면서 매우 큰 위험 요소가 되어버린 예를 들었다. 인공위성이 마비되거나 전력 공급이 끊겨 대도시가 붕괴되는 재난이 발생하더라도 제3 세계 국가들은 피해가 그리 크지 않을 것이다. 이런 의미에서 '온유한 자는 복이 있나니, 저희가 땅을 기업으로 받을 것임이요'라는 성경 구절이 의미심장하게 다가온다.

여기서 다룰 이론은 자연적 혹은 인위적 재난이 닥쳤을 때 발생할 피해를 예측하기 위해 사용하는 매우 기본적이고 표준적인 모델이라고 할 수 있다. 과학기술에 근간을 둔 선진국들이 자연재해로 인해 붕괴하게 되면 그 공백을 제3 세계 국가들이 차지하게 될 것이다. 이 책에서는 계속하여 농업, 통신, 의료, 교통, 과학기술, 전쟁과 같이 우리 삶의 모든 부문에서 이루어진 엄청난 기술 발전의 이면에 감춰진 어두운 면을 집중적으로 다룰 것이다. 물론 대부분의 발전이 우리 생활에 큰 혜택을 준 것은 사실이다. 하지만 눈앞의 이익에만 정신이 팔려서 장기적으로 우리에게 어떤 위험이 다가올지는 생각하지 않고 있다는 점을 잊어서는 안 된다. 이런 위험 중에는 전 지구적으로 영향을 주는 것들도 있다. 분명한 것은 이러한 자연재해가 닥쳤을 때 가장 큰 타격을 입는 지역은 기술적으로 가장 발달된 사회라는 점이다. 전 지구적으로 영향을 줄 재난이 발생하면 제일 심각하게 타격을 받는 것이 과학기술이 이루어낸 결과물들이고, 선진국들은 이런 것들에 지나치게 의존하고 있기 때문이다.

이러한 시각을 너무 비관적이라고 단순하게 비판하지는 말아야 한다. 미래를 예측하고 적절하게 계획을 세우면 다양한 자연재해가 일어났을 때 그 피해를 줄이는 데 얼마나 큰 도움이 되겠는가! 재난이 전 지구적으로 일어나지 않는다면 남은 인류의 생존을 위해서 필요한 지식과 경험이 담긴 정보가 전 세계 어디에서든 공유 가능하고 배포될 수 있는 형태로 저장되어 있어야 한다. 미래의 재난에 대비하기 위해 우리가 할 수 있는 모든 노력을 쏟아야 한다.

이러한 방어 전략의 가장 좋은 예로 모든 정보를 전자 형태로만 저장하지 않는 것을 들 수 있다. 전자 정보들을 전 세계 곳곳에서 공유하기 위해서는 위성통신을 통해야 하고 이들은 전기가 있어야 읽을 수 있는 컴퓨터에 저장되기 때문에 재난시 무용지물이다. 앞 장에서는 발생할 확률이 매우 높은 자연재난에 대해 다루었다. 비록 그로 인해 많은 사람이 죽는 일은 없겠지만 축적한 지식이나 데이터들은 복구 불가능한 상태가 될 수 있다. 우리 모두 경험해봤듯이 파일이나 문서를 전자 형태의 저장장치에 보관해두는 경우 시간이 지나면 읽을 수 없는 경우가 허다하다. 나는 개인적으로 이런 일을 당한 경험은 없지만 조심하는 차원에서 컴퓨터의 백업 드라이브에 파일을 보관했다. 이런 노력을 기울였음에도 불구하고 불행히도 백업 드라이브가 컴퓨터의 메인 드라이브 위쪽에 설치되었다는 점을 간과했다. 이로 인해 메인 드라이브가 고장 나면서 과열되자 바로 위에 설치된 백업 드라이브까지 망가져버리는 일이 일어났다! 이 사건 이후로 나는 백업 드라이브를 따로 분리해 보관하고 있다. 단순한 예지만 과학기술의 발전이 왜 위험에 빠지는 원인이 되는지 이해되었을 것이다. 문제는 컴퓨터가 발달하고 데이터 저장 기술이 발전하면 할수록 이러한 상황은 나아지는 게 아니라 더 나빠진다는 점이다.

많은 자연재해들이 과거에 일어났고 미래에도 발생할 가능성이 높다. 이 사건들이 가지고 있는 공통점은 우리가 그것을 막을 수 없다는 것, 그리고 일단 발생하면 삶에 심각한 타격을 준다는 것이다. 자연재해는 예측하기도 어렵고 피할 수도 없다. 지구라는 행성에 사는 즐거움을 누리기 위해서는 어쩔 수 없이 받아들여야 할 숙명과도 같은 것이다. 전 지구적인 재해가 발생한다면 우리가 할 수 있는 일이라고는 그 와중에 살아남는 인간이 있기를 기도하는 일이다. 그렇지 않으면 인간을 대체하는 종이 나타나 이 지구를 지배할 것이다. 지구의 역사에 비하면 인간 종이 존재했던 기간은 그리 길지 않다. 인간이 짧은 기간 동안 나타나서 번성했던 것과 같은 이유로, 우리가 쇠락하거나 멸종하는 사건도 짧은 기간 안에 일어날 수 있다. 인간이 지구의 상속자이며 영원히 살아남을 종족이라는 믿음은 우리의 상상 속에서만 가능하다. 공룡에게 생각하는 힘이 있었다면 그들도 아마 자신들이 지구상에 존재할 마지막 생물이라고 믿었을 것이다.

지질학적 시간 단위에서 본다면?

지질학적 연대기상 그동안 수많은 멸종 사건이 있었다. 그때마다 대부분의 생물이 사라졌다. 하지만 현재까지 분명한 것은 어쨌거나 일부 생물은 그 와중에도 살아남았다는 사실이다. 생물들의 유전적 다양성은 놀랄 만큼 다채롭고 인상적이다. 대부분의 생명체를 멸종시키는 자연재해에서도 살아남는 생물이 있고, 그들이 계속 진화하여 멸종된 생물들이 남긴 공백을 채우게 된다는 것은 좋은 소식이다. 가장 유명하고 자주 거론되는 예가 유카탄 반도를 강타한 소행성 충돌 사건이다. 언론의 주목을 많이 받은 이유는 아마도 6,500만 년 전에 일어난 이 사건이 공룡이 멸종되는 데 있어 직접적인 혹은 적어도 중요한 원인이 되었기 때문일 것이다. 이때 공룡 이외의 대부분의 생물도 함께 멸종되었다. 하지만 비슷한 시기에 인도 대륙판에 엄청난 화산 활동이 있었고 이것이 당시 대규모 생물 멸종의 원인이라는 주장도 있다. 공룡의 몸집은 발굴되는 뼈와 골격으로 미루어 볼 때 우리의 상상을 초월할 정도로 크다. 특히 어린이들에게는 상상 속 동화에 나오는 용의 모습과 흡사하기 때문에 공룡에 관한 이야기는 더없이 흥미로운 소재다. 하지만 이와 관련하여 우리가 잊지 말아야 할 점은 공룡의 멸종이 지구상에서 일어난 첫 번째 멸종 사건도 아니고 마지막 사건이 되지도 않을 것이라는 것이다.

지구의 역사를 통틀어 소행성 충돌은 주기적으로 일어난 사건이었다. 지금까지 발견된 대형 소행성이나 그 외 우주 물체가 충돌하여 지구상에 남긴 흔적은 적어도 10군데는 된다. 아마 충돌 흔적이 덮였거나 침식 작용으로 사라진 것들도 있을 것이다. 가장 큰 규모의 충돌 흔적은 지름이 적어도 200킬로미터에 이르고 2억 년에서 3,500만 년 전 사이에 일어난 것으로 추정된다. 그 외 다른 충돌들은 규모면에서 그다지 중요해 보이진 않지만 시기적으로 매우 최근에 일어난 것도 있다. 이런 측면에서 보면 엄청난 규모의 소행성 충돌이 미래에 다시 일어나지 않는다는 보장은 없다. 단지 그 주기가 워낙 길기 때문에 우리가 살아 있는 동안에는 일어나지 않을 것이라 미루어 짐작할 뿐이다. 10개의 대형 소행성 충돌 사건 중 바다로 떨어진 사건은 포함되지 않는다. 지구 표면의 4분의 3은 바다로 덮여 있으므로 실제로 지구가 대형 소행성과 충돌했던 횟수는 여기에 4를 곱해야 할 것이다. 이러한 사실을 주목하는 사람들이 없다는 점이 오히려 더 이상하게 느껴진다. 충돌시 대기 속으로 분출된 물에 의한 피해가 폭발한 암석과 파편들이 입히는 피해보다 약하긴 하겠지만 이로 인해 엄청난 크기의 쓰나미가 해안 지역을 덮치게 된다는 사실을 알아야 한다.

충돌 지역이 육지든 바다든 중요한 것은 소행성의 크기가 아니다. 중요한 것은 지구와 부딪힐 때의 속도다. 보통 엄청난 속도로 지구와 부딪히게 되므로 운동 에너지면에서 소행성의 크기는 그다지 중요하지 않게 된다. 유명한 유카탄 충돌의 경우 분화구의 면적이 약 5,400제곱킬로미터에 이른다. 사실 이 면적이 얼마나 큰 것인지 숫자만 듣고는 감이 잘 오지 않는다. 유럽의 웨일즈 지역만 한 크기라거나 미국의 뉴햄프셔나 뉴저지 정도의 크기라고 하면 대략 짐작될 것이다. 이렇게 바꿔 생각해보면 이 충돌로 엄청난 크기의 지역이 타격을 입었겠구나 하고 놀라게 된다.

그간 대규모 소행성 충돌이 많이 있었고 소규모 운석 충돌은 아주 흔하게 일어났다. 지구상에 존재하는 물이 사실은 충돌한 소행성에서 온 것이라는 이론도 있다. 소행성 충돌시 발생하는 주요 문제는 충돌 지점에서 발생하는 것이 아니다. 문제의 주범은 충돌로 인해 대기 중에 뿌려지는 파편들이다. 대기 중에 흩날린 파편들은 수개월 혹은 수년에 걸쳐 지구를 순환한다. 이 입자들이 성층권으로 올라가면 구름이나 비에 의해 씻겨 내려가지않는다. 이들은 햇빛을 차단하여 지구의 기온을 떨어뜨림으로써 농작물의 성장을 저해시킨다. 이 때문에 아예 농사를 지을 수 없게 되거나 농작물의 수확량이 심각하게 떨어지는 현상이 일어난다. 대규모 화산 폭발로 햇빛이 차단되고 지구의 기온이 떨어져 심각한 기근이 발생했던 것과 같은 원리다. 1870년에 일어난 아이슬란드 화산 폭발은 전 유럽의 농작물 수확을 수년에 걸쳐 감소시켰다. 또한 1878년에는 태평양 조류의 흐름이 바뀜으로써 이상 기온 현상이 나타났다. 이런 현상을 엘니뇨라고 부른다. 이로 인해 남미와 유럽 지역에서는 봄에 비가 과다하게 오고 여름에는 가뭄이 드는 현상이 나타났다. 이런 자연 현상은 식량 부족을 초래했고 이 영향으로 프랑스 대혁명이 발발하게 되었다.

소행성 충돌, 화산 폭발, 해양 조류의 변화로 인해 기후가 바뀌게 되면 가뭄이 발생하고 이는 기근으로 이어진다. 이로 인해 여러 문명과 제국이 무너졌으며 대혁명이 일어나게 되는 주요 원인으로 작용하였다. 기후 변화로 인한 가뭄은 아스텍과 잉카 문명을 붕괴시켰고 캄보디아 제국의 멸망으로 이어졌으며 사하라 지역을 사막화시켰다. 그 외에도 여러 지역에서 사회적 변화의 단초로 작용하였다.

전자기기와 위성 혹은 지상 통신에 심각하게 의존하고 있는 21세기 사회에서도 충돌 파편이 성층권으로 올라가게 되면 치명적인 결과를 불러온다. 통신 시스템의 대부분 혹은 전체를 마비시킬 수 있기 때문이다. 태양 폭풍의 경우처럼 지금 이런 재난이 닥치면 우리 사회는 과거와는 다르게 치명적인 피해를 입을 수밖에 없는 방식의 삶을 살고 있다. 다시 한 번 얘기하지만 나는 절대 우리가 피할 수 없는 '인류 마지막 날' 같은 시나리오를 말하고 있는 것은 아니다. 미리 예측하고 준비하지 않으면 통신 시스템이 마비되고 축적된 정보가 소실되어 인류가 생존하는 데 심각한 위협이 될 수 있는 상황에 대해 이야기하는 것이다. 우리의 유일한 희망은 재난에서 생존한 소수의 인류가 그들이 쓸 수 있는 간단한 기술을 이용하여 인류가 축적한 지식을 되찾을 수 있기를 바랄 뿐이다. 지금이야 인류가 종이 형태의 기록물을 보유하고 있기에 전기를 쓸 수 없게 되어도 큰 문제가 없을 것이다. 하지만 우리가 점차 고도의 기술을 이용해 모든 기록물을 전자 저장 장치에 옮겨놓을 것이고, 그럴 경우 그나마 이런 가능성도 사라질 것이다.

과거를 돌이켜보면 여러 번 심각한 자연재해로 인구가 급감한 적도 있었지만 인류는 결국 이를 이겨내고 오늘날까지 번성했다. 문명의 발달 정도가 그때와는 다르지만 오늘날 우리도 어떤 재난이든 극복할 수 있을 것이라고 희망적으로 생각해본다. 비록 인간이 신체적으로는 약하지만 과거 사례를 통해 볼 때 어려움을 극복하는 데 강한 종족임에는 틀림없다. 적어도 우리는 인간을 먹이로 삼으려는 공룡과 싸울 걱정은 안 해도 되지 않는가?

지진과 화산 폭발의 경우

안전하게 먼발치에서 바라볼 때 화산 폭발, 지진, 쓰나미, 홍수와 같은 자연재해는 짜릿하고 흥분되는 사건으로 보인다. TV나 뉴스에서 다루기에 더 없이 좋은 소재며, 사람들도 반복하여 소비한다. 하지만 직접 자연재해의 한가운데 있다면 완전히 다른 이야기가 된다. 방송에서 목격할 때는 아무래도 멀리 떨어진 곳에서 일어나는 일이고 상황을 정확히 이해하기 어려우므로 다소 편향된 시각으로 바라볼 수밖에 없다. 또한 지구 반대쪽에서 일어난 지진으로 수천 명의 사람이 희생되더라도 그 소식은 내가 살고 있는 지역 신문에는 잘 보도되지 않는다. 하지만 재난으로 다친 사람 중에 같은 지역 사람이 한두 명 정도만 끼어 있어도 지역 신문의 전면에 등장할 뉴스가 된다. 이러한 현상은 우리에게 인류애가 없어서라기보다는 구독자들과 직접적으로 관련 없는 뉴스들은 다루지 않는 언론사의 태도 때문에 나타난다.

　우리가 사는 지구는 사실 내부적으로 매우 역동적으로 움직이고 있고 이로 인해 수많은 자연재해가 발생한다. 대부분의 지진과 화산 활동은 지각판과 지각판이 부딪히며 일어난다. 지각판이란 지각을 구성하고 있는 땅덩어리로 뜨거운 지구 내부의 맨틀 위에 떠서 서서히 움직이고 있다. 지각판과 지각판이 서로 충돌하거나 미끄러질 때 지진이 일어나고 균열이 발생한다. 지각판 사이에 발생한 균열은 매우 뚜렷하게 관찰이 가능하다. 캘리포니아에서 관찰된 지각 균열에는 펜스가 쳐져 있고 균열과 균열 사이에 계단이 설치되어 있을 정도로 규모가 크다. 영국에서는 네스호가 대표적이다. 네스호는 두 개의 지각판이 서로 미끄러지며 생겨난 경계에 위치하고 있다. 양쪽 지각판에 드러난 암석 구조를 조사해 보면 두 판이 서로 미끄러지며 남긴 흔적의 길이가 대략 11.2킬로미터에 달할 정도다. 우리는 뉴스를 통해 큰 규모의 지진만 접하지만 실제로 정밀한 측정 장비를 이용하여 조사해보면 지구 전체를 통틀어 1년에 100만 건 이상의 지진이 일어난다는 것을 알 수 있다. 따라서 실제 지진 활동은 우리가 상식적으로 인지하고 있는 것보다는 훨씬 활발하게 일어나고 있는 것이다.

　지각판이 서로 미끄러지는 것 외에, 정면으로 충돌하는 경우에는 한쪽 지각판이 다른 쪽 아래로 밀려들어가는 현상이 발생하게 된다. 이렇게 되면 지진과 더불어 화산 활동까지 발생한다. 환태평양 지역은 이러한 충돌 때문에 지질학적으로 매우 불안정하다. 이 과정은 느리게 진행되지만 거대한 양의 에너지가 관여되어 있다. 이로 인해 지진이나 화산 폭발과 같은 극적인 장면이 연출되는 것이다. 지질 활동은 직접적으로 충돌이 일어난 곳만 영향을 미치는 것은 아니다. 화산 폭발에 의해 대기 중으로 뿜어진 엄청난 양의 암석 파편과 먼지는 대기권 상층으로 올라가 수년에 걸쳐 지구 상공을 떠돌게 된다. 지진 지질학은 엄밀한 의미에서 볼 때 학문적인 영역은 아니다. 하지만 지난 50년간의 경험으로 현재는 지각판과 관련된 지질 활동이 어느 곳에서 발생할지 예측할 수 있는 수준까지 와 있다. 지각판의 경계에서 활동이 활발하다는 것은 곧 환태평양대와 같은 해변을 따라 발생하는 지질 활동이 많다는 뜻이다. 이런 지역은 항구나 비옥한 토양을 끼고 있어 인구가 밀집되어 있다는 문제가 있다. 농작물을 키우려면 비옥한 땅을 찾게 되는데 인류는 화산 활동으로 인해 비옥해진 땅에 이주하면서도 화산이 절대 우리를 해칠 일이 없을 것으로 믿는다. 하지만 역사적으로 볼 때 화산 폭발로 얼마나 많은 생명체가 멸종하거나 떼죽음을 당했던가.

TV에 나올 정도 규모의 지진은 대략 매년 30에서 50회 정도 발생한다. 그중에서 규모가 매우 큰 지진은 대부분 화산 활동과 함께 일어난다. 시각적 장관을 연출하는 화산 폭발은 대개 매년 50회 정도 발생한다. 지진과는 달리 화산은 급작스럽게 발생했다가 없어지는 현상이 아니다. 대개의 경우 상당한 기간을 두고 계속된다. 평균적으로 전 지구상에 30개 정도의 화산은 항상 활동을 하고 있다. 지진의 경우 다양한 강도로 나타나지만 대부분의 지진은 땅이 흔들릴 정도는 아니므로 우리가 느끼지 못하는 사이에 일어난다.

역사상 가장 큰 규모의 지진은 1556년 중국의 산시성에서 일어났다. 당시 세계 인구가 현재보다 훨씬 적었음에도 사망자가 100만 명에 달했다. 최근 1,000년 동안 사망자 숫자가 10만 명 이상이었던 지진은 전 지구를 통틀어 10여 개 정도에 지나지 않는다. 따라서 사람들이 지진을 실제로 피부로 느끼지 못하고 막연히 흥미로운 대상으로 생각하는 것도 무리는 아니다. 특히 큰 규모의 지진이 일어날 가능성이 낮은 영국과 같이 안전한 지역의 경우에는 더욱 그렇다.

청동기 시대 산토리니 섬에서 일어난 엄청난 화산 폭발로 지중해 지역의 미노아 문명이 멸망하였다. 기원전 1600년 경에 일어난 이 화산 폭발은 인류 역사상 가장 큰 규모였다. 이 사건은 인류사적 의미로 볼 때 매우 불행한 사건이다. 잔해에서 발견된 기록물과 회화 작품은 미노아 문명이 고도로 발달된 문명일 뿐 아니라 남녀가 평등한 사회였다는 것을 보여주고 있다. 오늘날 여성 운동에 큰 도움이 될 수도 있었을 것이다. 이 정도 규모의 화산 폭발은 그 영향이 단순히 지중해 지역에만 국한되는 것이 아니다. 중국 역사에 의하면 산토리니 화산의 폭발로 하왕조가 멸망하였다. 폭발 때 대기로 방출된 화산재가 황사 현상을 일으켰기 때문이다. 그로 인한 기후 변화로 인해 여름에 서리가 내렸고 수년째 기근이 계속되어 융성했던 제국이 무너지게 되었다. 중국 달력 기준으로 이 사건은 기원전 1618년에 일어났다. 이 폭발은 사라진 아틀란티스 대륙 전설의 모티프가 되었다. 폭발로 인해 대기 중으로 뿜어진 부분을 제외한 산토리니 섬의 대부분은 해수면 아래로 가라앉았기 때문이다.

이를 TV에서 다룬다면 화산 폭발로 얼마나 어마어마한 양의 토양이 대기 중으로 분출되는지에 초점이 맞춰질 것이다. 산토리니 섬은 원래 그리 크지 않은 산이었다. 화산 폭발 후 바다 속으로 가라앉은 화산 분화구의 크기는 가로 8킬로미터, 세로 11킬로미터 정도의 크기다. 얼마만큼의 흙과 암석 파편이 대기 중으로 뿌려졌는지는 물속에 가라앉은 화산 분화구의 크기로 계산해볼 수 있다. 이때 대기 중으로 솟구쳐 올라간

마그마의 양은 추측만 가능할 뿐이다. 어떤 연구 결과에 의하면 대기 중으로 뿌려진 흙과 암석 파편이 150제곱킬로미터에 해당하는 양이라고 한다. 내 과학 지식의 짧음을 드러나는 대목이긴 하나 이 숫자만 들어서는 어느 정도의 양인지 감이 잘 오지 않고, 그저 '매우 많다'라고만 느껴진다.

다른 화산 폭발의 경우 좀 더 정확한 숫자들이 알려져 있다. 역사적인 사건 중 하나로 미국 워싱턴 주 북부에 위치한 세인트 헬렌 화산이 폭발했을 때 공중으로 사라진 물질의 양은 1.8제곱킬로미터 정도였다. 이 정도 규모의 화산 폭발을 크다고 하기는 어렵다. 예를 들면 옐로우스톤 화산 폭발과는 비교도 안 되는 규모다. 옐로우스톤 국립공원은 지름 72킬로미터 정도로서 과거 큰 규모의 화산 폭발이 주기적으로 일어났던 초대형 화산 분화구에 위치한 공원이다. 역사상 이곳의 화산 폭발이 가장 컸을 때는 세인트헬렌 화산 폭발의 2,500배에 해당하는 물질이 대기 중으로 뿜어졌다. 이 영향으로 방대한 지역에 걸쳐 표층에 화산재가 두껍게 쌓이는 현상이 발생하였다. 옐로우스톤 화산 폭발은 상상을 초월할 정도로 엄청난 규모였다. 이해를 돕기 위해 비유하자면 몽블랑 산의 흙을 옮겨 M25 고속도로가 둘러싸고 있는 런던 지역을 덮는 것과 같은 정도의 사건이다. 미국이라면 워싱턴 산의 흙을 옮겨 뉴욕 롱아일랜드를 덮는 것에 비유할 수 있을 것이다.

옐로우스톤 화산은 언제든 다시 폭발할 수 있다. 그 아래 숨어 있는 마그마는 가로세로 30×80킬로미터의 면적에 달한다는 조사 결과가 있다. 화산이 폭발하면 화산재로 인해 미국 중부 지역은 초토화가 되고, 멀리 동부 해안 지역까지 날아가 몇 센티미터는 쌓일 것이다. 미국 전역에 걸쳐 바깥에 노출되어 있던 동물들은 모두 죽을 것이고 농작물도 살아남지 못한다. 통신은 끊어질 것이며 수천만 명의 인류가 사망할 것이다.

초대형 화산 폭발은 지질학적 시간 단위로 본다면 대략 10만 년에 한 번 정도 발생하는 사건이다. 이와 같은 폭발은 지구 전체에 걸쳐 다양한 장소에서 일어났다. 보통은 화산 폭발 주기를 인류의 역사와 연관시켜 생각하지는 않는다. 동굴 벽에서 인류가 그린 그림이 처음 발견된 것은 3만 년 전 즈음이고 유인원의 뼈가 발견된 연대는 훨씬 전으로 거슬러 올라간다. 그렇게 본다면 인류의 출현과 초대형 화산 폭발 간의 상관성이 우리가 생각했던 것보다 더 밀접할 수 있다.

마지막으로 오싹한 사실은 지난 세 번의 옐로우스톤 화산의 폭발이 있었던 때가 각각 210만 년, 130만 년, 64만 년 전이라는 점이다. 폭발 주기가 규칙적이라는 가정 하에 다음 폭발이 언제일지 예측하기 위해 점들을 연결하여 그래프로 그려보면, 그래프는 굉장히 직선에 가깝게 규칙성을 보인다. 예측된 다음 폭발 시기는 20만 년 후다. 물론 이 정도 시간이면 우리가 걱정할 필요가 없다고 생각할 수 있다. 하지만 지질학적 시간 단위로 본다면 상당히 가까운 미래다.

지중해 지역에서 두 번째로 잘 알려진 화산 폭발은 서기 79년에 발생했던 베수비우스 화산 폭발이다. 규모는 산토리니 화산에 비해 훨씬 작았지만 이로 인해 폼페이와 허큘라네움이 사라졌다. 자연재난 때문에 인류가 쌓은 지식이 소멸되는 것이 가장 걱정인 나로서는 이 재난을 좀 더 밝은 측면에서 바라보고 싶다. 고고학자들에게는 이 재난이 당시 생활상을 그대로 묻어놓은 타임캡슐과 같은 역할을 한다. 당시 화산 폭발을 목격했던 소플리니우스가 자세하게 기술해놓았는데 그의 묘사에 따르면 화산재가 엄청나게 빠른 속도로 홍수처럼 산비탈을 타고 내려왔다고 한다. 그동안 그가 목격했다고 주장했던 고속의 화산재 유동 현상은 믿을 만한 것이 못된다고 생각되었다. 하지만 실제 1980년 세인트 헬렌 화산이 폭발했을 때 이와 매우 유사한 모습이 목격되었다. 고형물과 팽창하는 뜨거운 기체로 이루어진 이와 같은 화산 폭발물 유동체를 일컬어 화산쇄설류라고 부른다. 세인트 헬렌 화산 폭발 때 이 화산쇄설류가 엄청나게 빠른 속도로 움직이는 것이 관찰된 것이다. 베수비우스 화산은 활화산으로 지금 현재도 나폴리 지역을 위협하고 있다. 더 무서운 것은 베수비우스 화산이 더 큰 지질학적 구조의 작은 부분일 수 있다는 점이다. 나폴리 만 전체가 아주 오래 전 발생한 대형 화산의 결과로 남겨진 화산 분화구에 위치하고 있다는 점을 기억할 필요가 있다.

1883년 인도네시아의 크라카토아 섬에서 일어난 대규모 화산 폭발을 언급하지 않고 화산 폭발사에 대해 논할 수 없다. 이 폭발은 수 주간 여러 차례에 걸쳐 엄청난 양의 화산재를 대기권으로 뿜어 올렸다. 이때 화산재와 쓰나미로 인해 3만 6천여 명의 사상자가 발생하였다. 화산 폭발이 일어났을 때 그 충격파로 유럽에서도 폭발 소리가 들릴 정도였다고 한다. 엄청난 양의 먼지와 화산재가 지구 기온에 영향을 주었고, 이후 수년간은 공기 중에 뿌려진 화산재 때문에 석양이 매우 아름다워 보였다고 전해진다. 사실 크라카토아는 이전에도 몇 번이나 폭발한 적 있는 화산 지대의 중앙 분지 지역에 위치한 여러 화산섬들 중의 하나다. 현재 이 지역의 중앙 부분이 솟아오르며 커지고 있어 조만간 큰 화산 폭발이 일어날 조짐이 보이고 있는 상황이다.

재난에 매료되는 우리의 취향을 상업적으로 이용하고자 1969년에 화산 폭발을 모티프로 하여 영화가 만들어졌다. 영화의 제목은 〈크라카오타, 자바의 동쪽〉이었다. 불행히도 제목과는 달리 크라카오타는 자바의 동쪽이 아닌 서쪽에 위치하고 있지만 말이다.

미래의 폭발을 예측해보자

앞으로 더 잦은 지진과 화산 폭발이 일본, 터키, 캘리포니아 같은 인구 밀집 지역에서 발생하게 될 것이다. 이 지역들은 모두 지질학적 활동이 매우 활발한 지각판의 가장자리에 위치하고 있다는 공통점이 있다. 때문에 향후 지각판의 움직임이 있을 때마다 재난이 뒤따를 수밖에 없다. 정확하게 예측하기는 힘드나 지진대의 특정 장소에서 지진이 발생하여 지각에 쌓인 스트레스가 사라지면 다음 지진 발생 지역은 같은 스트레스 하에 놓인 동일 지진대 위의 멀리 떨어진 지점이 될 가능성이 높다. 실제 예로 터키 북부 지역에서 지진 발생 지역이 어렴풋하게나마 예측 가능한 패턴으로 서쪽으로 움직이는 것이 관찰되었다. 이를 통해 지질 연대기 상의 시간뿐 아니라 인류에게 의미 있는 시간 단위로도 아주 가까운 미래에 이즈미르나 이스탄불처럼 한때 서유럽에서 가장 큰 도시에서 엄청난 규모의 지진이 발생하게 될 것으로 예측할 수 있다.

이러한 재난은 세계 경제에 장기간 그리고 상상 외로 먼 지역까지 영향을 미치게 된다. 내 개인적인 경험을 이야기하자면, 옛날 사용하던 레이저 프린터는 부품이 일본의 고베 지역에서 만들어지는 것이었다. 그런데 고베 대지진이 나자 세계적으로 부품 공급이 어려워져 프린터 부품을 구하기 위해 꽤 고생했던 기억이 난다. 이런 종류의 많은 특수한 공장이 재난으로 인해 타격을 입게 되면 그 영향은 매우 광범위하게 나타난다. 이런 상황 역시 우리가 지나치게 발달된 과학기술에 의존하고 있기 때문에 생기는 문제다. 특히 아무데서나 구할 수 없는 희귀한 광물질이나 원석을 원거리에서 가져와 사용하는 경우에는 더 심각한 문제가 발생한다. 자연재해 혹은 인재로 인해 자원을 구할 수 없게 되면 그 재료를 사용하는 모든 산업에 심각한 문제가 생긴다. 자연재해뿐 아니라 정치적 이유로 이러한 희귀 자원을 통제하는 경우에도 동일한 문제가 발생한다.

　일반적으로 지진은 국지적으로는 매우 심각한 피해를 주지만 그 외의 지역에는 별 영향을 주지 않는다. 하지만 지진이 대규모 공업 지역을 강타할 경우 그로 인한 경제적인 충격은 재난이 지나간 후에도 오랜 시간 광범위한 지역에 간접적인 영향을 미치게 된다. 캘리포니아에 지진이 발생하여 실리콘 밸리가 붕괴될 경우 미국 전체에 심각한 경제적 위기가 닥칠 수밖에 없는 것과 같은 이치다. 물론 전 세계적으로는 실리콘 밸리가 했던 역할을 누군가가 대신 수행하여 그 공백을 메우게 될 것이다. 더불어 날이 갈수록 공업적으로 막강한 파워를 더해가는 중국의 경우에도 지리적으로 방대한 영토를 차지하고 있고 주기적으로 대규모의 지진을 겪고 있다는 점을 지적하고 싶다. 최악의 시나리오는 양쯔강에 위치한 삼협댐 수력 발전소가 붕괴되는 것이다. 이 수력 발전소는 22,500메가와트의 전력을 생산할 수 있는 능력을 갖춘 전 세계에서 가장 큰 수력 발전소다. 이 수력 발전소가 파손되거나 붕괴되면 엄청난 수의 사망자가 발생하는 것에 그치지 않고 중국 산업 전반의 기능이 멈추고 국토의 대부분이 마비되게 될 것이다. 지진과 홍수 같은 재해만 문제되는 것은 아니다. 댐이 건설되면서 수위가 변함에 따라 표토층이 불안정해져서 2010년 댐이 완공되고 난 후 지금까지 거의 100건에 달하는 산사태가 보고되고 있다. 물론 그렇다고 댐이 완전히 붕괴되는 일은 일어나지는 않을 것이다. 공사의 규모나 혁신성 측면에서 이 댐에는 엔지니어링 분야에서 가장 앞선 기술이 사용된 것이 틀림없다. 댐의 완공으로 인해 홍수 재해가 줄었다는 긍정적인 측면도 있다. 하지만 이러한 대규모 엔지니어링 사업에서는 우리가 전혀 예상치 못했던 문제가 발생할 수 있고 이로 인한 피해는 장기간에 걸쳐 이어질 수 있다.

피할 수 없는 자연재해 중에 가장 심각한 피해가 예상되고 일어날 가능성이 매우 높은 것이 중간 규모의 화산 폭발이다. 이 정도 규모의 화산은 지구 전역에 엄청난 수가 존재하고 따라서 전 세계적으로는 거의 매일 화산 폭발이 일어나고 있다고 해도 무방하다. 금세기 초에 일어난 아이슬란드 화산 폭발의 경우 규모면에서 그다지 큰 화산도 아니었고 지속 기간은 대략 몇 주에 지나지 않았다. 그 결과로 부식성 있는 화산재가 항공기에 피해를 미치는 정도였다. 반면 옐로우스톤 화산이 다시 폭발하는 사태가 일어난다면 지금 현재 우리가 알고 있는 지식에 근거할 때 북미 지역은 완전히 붕괴될 것이다. 장기적인 영향에 대해서는 예측하기 매우 힘들지만 세계의 문명 지도가 바뀌고 경제적 군사적 힘의 구도가 급격하게 변화될 것임이 틀림없다. 화산재가 지구 대기권을 순환하면서 햇빛을 가리면 특히 북반구에서 농작물의 수확량 감소와 기근이 발생하고 나라들이 붕괴하면서 적어도 둘 이상의 강대국이 사라지게 되는 일이 발생할 것으로 예측된다.

아이슬란드 화산이 폭발한다면?

영국 입장에서 볼 때 국지적으로 피해를 입을 가능성이 매우 높은 것은 아이슬란드 화산 폭발이다. 따라서 이 화산 폭발이 전 유럽에 어떤 영향을 미쳤는지 최근의 경우를 살펴보겠다. 아이슬란드는 적어도 30개의 독립적인 화산이 활동하는 지질학적으로 매우 불안정한 지역이다. 1783년에 라키 화산의 대규모 폭발로 짙은 안개와 화산재가 유럽 전역을 뒤덮었고 이로 인해 기온이 내려가고 작물이 자라지 못해 기근이 발생하는 일이 있었다. 앞서 언급한 대로 이 때문에 폭동이 일어나서 프랑스 혁명으로 이어지는 도화선 역할을 하기도 했다. 2010년 폭발한 아이슬란드의 또 다른 화산인 이야프얄라요쿨에서 나온 화산재로 북유럽의 항공기 운항이 모두 멈춘 일도 있었다. 항공기 운항이 중지된 이유는 화산 폭발 시 분출된 화산재가 물, 얼음과 부딪히며 미세한 입자로 변했기 때문이다. 수분과 증기로 인해 굵은 화산재가 매우 미세한 입자로 쪼개지게 되고, 이렇게 만들어진 고운 입자의 화산재는 대기 중에 오랫동안 부유하게 된다. 그중 특히 항공기가 운항되는 고도에 떠 있는 입자들이 문제를 일으킨다. 입자가 너무 작기 때문에 감지하기가 극히 힘들고, 연기나 구름처럼 눈에 보이지도 않는다. 이 미세한 화산재가 제트엔진으로 빨려 들어가면 2000도에 가까운 화염과 만나 녹으면서 미세한 유리 물방울이 된다. 이 유리 물방울이 엔진을 빠져나와 1000도 정도로 냉각되면 엔진 부품에 들러붙게 된다. 이런 식으로 엔진에 유리 성분이 쌓임으로써 발생한 고장으로 항공기가 추락하는 비극적인 사건이 실제 여러 건 있었다.

이렇게 대기 중에 흩어진 마그마 입자는 워낙 미세하기 때문에 별 영향이 없을 것이라 믿는 경향이 있지만 실상은 다르다. 최신 제트엔진의 경우 시간당 6만 킬로그램에 해당하는 공기를 분출하도록 설계되어 있다. 항공기가 점점 더 무거워지면서 기체를 공중에 떠 있게 하기 위해 더 많은 에너지가 필요하게 되었기 때문이다. 이때 공기 중 화산재의 농도가 0.1퍼센트 정도라고 가정하고 그것의 1퍼센트만이 엔진 표면에 부착된다 하더라도 이 정도 양의 공기를 분출하면 시간당 수 킬로그램의 유리가 누적된다. 엔진 고장을 피할 수 없게 되는 것이다. 흥미롭게도 이런 현상 또한 기술 발달의 결과로 나타난 것이라 할 수 있다. 과거에는 항공기 엔진의 내부 온도가 그다지 높지 않아 화산재가 녹아 유리로 변하는 일이 일어나지 않았기 때문이다. 2010년에 발생한 북유럽의 항공기 운항 중단 사태는 겉으로 볼 때는 아무런 피해가 없었던 것처럼 보일 수 있으나 실제로는 세계 경제에 50억 달러에 해당하는 피해를 입혔다. 하지만 항공기가 추락했다면 직간접적인 영향까지 모두 고려하여 이보다 훨씬 더 큰 액수의 피해가 발생했을 것이다.

최근 항공기 운항 규정이 변경되었다. 2010년 항공기 운항이 중단되었을 때에 비해 화산재에 의한 위험도를 훨씬 낮게 보는 시각을 반영한 결정이다. 다분히 경제적 파급 효과를 고려한 결정이라고 할 수 있다. 하지만 이런 항공기 운항 규정 중 화산 폭발이 계속 일어난다면 아마도 많은 사람들이 비행기 대신 유로스타 같은 기차를 이용하게 될 것이고 나 역시 그중 한 명이 될 것이다.

또 하나의 흥미로운 아이슬란드 화산이 바로달붕가이다. 이 화산은 얼음으로 덮여 있는데, 문제는 화산을 덮고 있는 얼음이 지구 온난화로 기온이 계속 상승하면서 녹아내리고 있다는 점이다. 지역에 따라서 표면 얼음이 매년 30센티미터 정도씩 녹아 없어지고 있다. 이 말은 화산을 덮고 있는 빙하의 무게가 점점 가벼워지고 있다는 의미다. 이로 인해 당연히 국지적으로는 빙하가 녹은 물에 의해 홍수가 발생하고 화산을 누르고 있던 무게가 가벼워지면서 화산 폭발이 더 잦아지게 된다. 이럴 경우 더 많은 미세한 화산재가 대기권으로 뿌려지게 된다. 이러한 현상에 대해서는 지속적으로 주목할 필요가 있다. 인류가 역사를 기록한 이래로 아이슬란드의 화산 활동이 약 30배 정도 증가했기 때문이다.

쓰나미와 홍수의 문제

쓰나미와 홍수는 항상 국지적인 문제였다. 이들은 거의 예측이 불가능한 재난으로, 제한된 지역에는 엄청난 피해를 입히지만 다른 곳에는 별다른 영향을 주지 못하는 특성을 가지고 있다. 쓰나미는 해저에서 일어난 지진에 의해 발생하기도 하지만 수면 아래에서 발생한 산사태가 원인이 되기도 한다. 따라서 꼭 지각판 경계선에서만 일어나는 것은 아닌 것이다. 몇 천 년 전 노르웨이의 피오르 지역에서 발생한 산사태로 인해 쓰나미가 북해를 건너와 영국의 평원을 덮쳤던 적이 있었다. 이때 밀려온 모래와 쓰나미 잔해가 내륙으로 80킬로미터까지 들어와 쌓였다. 이러한 현상은 욕조의 한쪽 끝에 무언가를 떨어뜨리면 물이 출렁거리며 다른 쪽 끝까지 이동하는 것과 비슷하다. 더 극적인 사례로 하와이 화산의 해저에서 일어난 산사태로 인해 발생한 엄청난 높이의 쓰나미가 호주 북부에 위치한 산의 비탈까지 올라와 덮친 일을 들 수 있다.

몇몇 TV 방송에서 흥행을 위해 현실적으로 일어남직한 자연재해 중에 엄청난 규모의 사건들을 골라 프로그램을 제작한 일이 있었다. 그런 방송을 보면 재난의 위력에 놀라며 흥미롭게 시청을 하지만 마음 깊은 곳에서는 우리에게는 절대 그런 일이 일어나지 않을 것이라는 믿음이 있다. 하지만 한번 이렇게 생각해보자. 아프리카의 케이프 버드 섬은 산사태가 일어날 확률이 매우 높은 섬이다. 미래의 어떤 기간 안에 케이프 버드 섬에서 산사태가 일어날 확률은 100퍼센트에 가깝다. 이 섬에서 발생한 산사태로 인해 상상을 초월하는 규모의 거대한 쓰나미가 발생하여 대서양을 건너면 미국 동부 해안 지역의 도시들은 초토화될 것이다. 이때 발생할 파도의 높이는 수십 미터에 달하고 쓰나미는 수 시간에 걸쳐 미국 동부 해안을 타격하게 될 것이다. 엄청난 에너지의 쓰나미가 여러 시간 계속된다면 그 지역은 그야말로 쑥대밭이 될 것이다. 쓰나미가 덮친 도시에서 수많은 사람들이 사망하게 될 것이고, 이로 인해 겪게 될 경제적인 혼란은 상상을 초월하는 것이 될 것이다. 쓰나미가 수심 깊은 대양을 건널 때는 특별히 눈에 띄지 않는다. 쓰나미의 파괴력은 수심이 얕은 해안가 근처에 와서 그 파고가 높아질 때에야 비로소 나타난다. 쓰나미가 이동하는 속도는 시속 약 1,200킬로미터 정도다. 이 정도 속도라면 몇 시간 전에 쓰나미 경보 시스템을 작동시킬 정도의 시간적 여유는 있겠지만 많은 사람들을 대피시키기에는 턱없이 부족하다. 대규모 쓰나미 파도의 선단이 도달할 곳은 미국의 동부 해안선이 될 것이고 대서양과 접해 있는 연안 지역에는 작은 규모의 쓰나미가 도달할 것이다. 영국 해협의 경우 그 독특한 형태로 인해 쓰나미 파도가 도버와 칼라이스 사이의 좁은 해협에 도착할 즈음에는 파고가 훨씬 더 높아지게 된다. 이럴 경우 이 해협의 양쪽 해안에 위치한 도시들은 큰 피해를 입을 수밖에 없다. 하지만 당장 겁에 질려 다른 곳으로 이사를 갈 필요는 없다. 실제 이런 일이 일어나는 데 수백 년이 걸릴 수도 있기 때문이다.

폭풍우의 경우

과학기술과 기상학의 발전으로 우리는 홍수에 대해 훨씬 많은 것을 이해할 수 있게 되었다. 덕분에 대기권 상층에 존재하는 제트기류 내에 대규모 호우를 유발하는 '강'이 존재할 수 있다는 사실이 밝혀졌다. 사실 '강'이라는 단어는 방송에서 극적으로 보이기 위해 사용한 표현이고 기상학적인 관점에서 정확한 표현은 아니다. 제트기류의 '강'으로 인해 최근에 발생했던 대규모 홍수는 1862년이었다. 북극 제트기류를 따라 흐르고 있던 이 '강'이 지극히 예외적인 경우지만 먼 남쪽까지 밀려내려옴에 따라 40일가량 지독한 폭우가 내려 발생한 재난이었다. 이로 인해 사크라멘토와 인접한 캘리포니아의 계곡들이 물에 잠기게 되었고 접경 주들이 비슷한 피해를 입었다. 애리조나에서는 길이 120킬로미터, 폭 50킬로미터나 되는 호수가 생겨날 정도였다. 만약 비슷한 규모의 홍수가 요즘 일어났다면 그 피해는 훨씬 더 심각할 것이다. 지난 200년간 사크라멘토 계곡의 지반이 계속 침하했기 때문에 홍수 발생시 그 깊이는 훨씬 더 깊을 것이기 때문이다. 여기서 다시 한 번 자연 재난에 대한 위험도가 과학 기술의 발전으로 더욱 증가하게 되었다는 점을 지적하고 싶다. 사크라멘토 계곡의 지반 침하 역시 농업용수로 쓰기 위해 대량으로 끌어 쓴 지하수 감소가 그 원인이기 때문이다. 1862년에 발생한 홍수는 지역 전체 경제를 황폐화시켰다. 이와 비슷한 홍수가 미래에 일어난다면 그때보다 훨씬 더 큰 피해가 발생하게 될 것이다.

지금까지 내가 예로 들었던 자연재해들은 재난이 지속되는 기간은 짧지만 그로 인한 피해는 장기간에 걸쳐 계속되는 것들이다. 이미 가뭄에 따른 기근 같은 것이 얼마나 무서운 결과를 초래하고 이것이 미국이나 아시아에서 존재하던 여러 문명의 붕괴를 가져온 원인이 되었다는 점에 대해 설명한 바 있다. 기후 패턴이 점진적으로 변하는 것처럼 비교적 덜 급격한 변화조차도 엄청난 파괴력과 장기간에 걸친 후유증을 낳을 수 있다. 5천 년 전 나타난 크지 않은 평균 기온의 변화로 몬순이라는 계절성 장마의 패턴이 흐트러지자 북부 아프리카에 많은 양의 호우가 내리고 그에 따라 이 지역의 토양이 비옥해지는 일이 발생했다. 하지만 한때는 비옥한 사바나 지역이었던 사하라가 급격하게 황무지의 모래사막으로 변하는 일도 동시에 일어났다. 이러한 사례로부터 기후 변화가 우리에게 미치는 영향도 어떤 의미에선 균형이 잡혀 있음을 알 수 있다. (사하라 사막이라는 말은 어원적으로 볼 때 좀 중복의 면이 있다. 원래 사하라라는 말의 뜻이 사막이기 때문이다.)

이러한 기후 변화에 인간도 상당 부분 원인을 제공했다. 농경지를 개간하기 위해 삼림을 파괴하게 되면 강우량이 줄어들기 때문이다. 남미의 열대우림이 사하라 사막과 같은 황무지로 변할 수도 있다는 시나리오는 지금으로선 말도 안 되는 이야기로 들릴 수 있다. 하지만 과거 급격하게 사하라 사막이 생겨난 것과 똑같은 일이 우리가 생각하는 것보다 훨씬 가까운 미래에 일어날 수 있다.

빙하기가 온다고?

과거, 현재, 미래의 자연 재난에 대해 다루면서 빙하와 빙하기에 대해서 언급하지 않을 수 없다. 지구 기후 변화의 역사상 빙하기는 이전에도 여러 번 반복된 적이 있는 현상이다. 다행히 지금 우리는 간빙기의 따뜻한 기온을 즐기고 있을 뿐이다. 빙하시대에 생성된 빙하 심부의 얼음을 분석해보면 완벽하진 않지만 빙하기가 반복되는 주기를 어느 정도 예측할 수 있다. 빙하기가 시작되는 이유에는 여러 가지가 있다. 태양 흑점 활동의 변화나, 지구의 공전궤도가 조금 달라져서 지구가 태양으로부터 약간 멀어지는 것도 이유가 될 수 있다. 잘 알려진 대로 주기적으로 틀어지는 지구 공전 궤도의 변화 폭, 혹은 세차운동이라고 불리는 지구 자전축 각도의 규칙적인 움직임도 이유가 될 수 있다.

세차운동은 새롭게 밝혀진 사실은 아니다. 이미 수천 년 전부터 천문학적인 관측을 통해 알고 있던 사실이다. 이러한 사실은 북극성의 방향이 고정되어 있지 않다는 사실을 관찰하면서 발견되었다. 하지만 세차운동에 의해 자전축의 각도가 변하는 현상은 급격하게 진행되지는 않는다. 따라서 이런 현상이 지구 기후에 미치는 영향도 당장 걱정해야 할 정도로 다급한 일은 아니다. 다음 빙하기가 시작될 시점에 대한 예측은 지구가 움직이는 궤도상에 발생하는 다양한 불규칙성들을 다 조합해야 가능한 일이므로 쉽지 않은 일이다. 비관적인 예측에 의하면 다음 빙하기가 시작되는 시점은 2천 년 후가 될 것이고 좀 더 낙관적인 예측에 의하면 3만 년 후가 될 것이다. 둘 중에 어떤 것이 되더라도 우리 세대에서 걱정할 일은 아니다.

　대신 우리가 걱정해야 할 일은 거꾸로 지구의 기온이 계속해서 오르고 있는 상황에서 어떻게 살아남을 것인가의 문제다. 지구의 기후에 영향을 미치는 복잡한 요인들을 고려한 계산 모델 중에 지구의 기온이 상승하여 빙하가 녹으면 지구 자전축이 이동하고 각도가 변하므로 더 빨리 빙하기가 올 수 있다는 주장도 있다. 이러한 예측 모델 중에 어떤 것이 옳으냐에 상관없이 분명한 것은 시기의 문제일 뿐 빙하기가 다시 도래한다는 점은 확실하다는 사실이다. 체계적으로 잘 준비한다면 인류 문명은 빙하기를 극복하고 살아남을 수 있을 것이다. 하지만 그러기 위해서는 인구수를 인류 전체가 지속적인 생존이 가능한 수준까지 대규모로 줄여야 한다는 전제조건이 있다. 이상적인 생각이긴 하지만 전쟁이나 재난에 의해서가 아니라 계획에 의해 의도하는 목표를 달성할 수 있을 것이다.

　다음 번 빙하기에 대해 걱정하기보다는 당장 극지방에서 발생하고 있는 빙하 감소 문제에 대해 고민하는 것이 더 건설적이라 할 수 있다. 빙하 감소는 가까운 미래에 우리 생활에 영향을 줄 것이 확실하기 때문이다. 하계 시즌에 촬영된 위성사진과 직접적인 관측 결과, 인간이 관찰을 시작한 이래 수 년 동안 극지방 빙하의 양이 계속 줄어들고 있음이 명백하다. 북극곰에게는 심각한 소식이 아닐 수 없다. 하지만 캐나다와 러시아를 잇는 여름 항로가 다시 열린다는 점에선 기대하지 않았던 선물을 받았다고 생각할 수 있다.

　기후 변화와 지구 온난화가 어느 정도까지 심각할지에 관해서 많은 토론과 의견, 편견들이 난무하고 있다. 하지만 많은 경우 이런 주장들이 과학적 훈련을 받지 않았으나 논리적 사고를 하는 사람들이 충분히 이해할 수 있을 정도로 잘 정리된 증거들에 기반하고 있지 않다는 점이 문제다. 모델링에 의한 예측 작업은 훨씬 더 어렵다. 고려해야 할 요인과 주장이 너무나 다양하고 많기 때문이다. 심지어 기상학자들 사이에서도 세부적인 항목에 대해서는 의견이 모두 다르다. 따라서 여기서는 예측 모델에 대해서 다루지 않겠다. 단지 이미 의심의 여지없이 증명된 데이터를 토대로 논의를 끌어가겠다. 위성사진을 보면 북극해를 덮고 있는 여름 얼음의 양이 매년 줄어들고 있음을 알 수 있다. 온난화 현상이 진행되고 있음은 명백한 사실이다. 이러한 판단을 내리는 데는 어떠한 과학적 훈련도 필요 없다. 원인에 대해서는 논란의 여지가 있지만 매년 위성사진의 변화를 보면 직관적으로 알 수 있는 사실이기 때문이다.

지구의 반대쪽 끝인 남극 대륙 위에는 거대한 빙하가 존재하고 있고, 이들은 얼어붙은 바다를 향해 뻗어져 나와 있다. 재미있는 것은 빙하 밑의 수온이 올라가 빙하들이 불안정해지면 조류의 영향을 받아 빙하의 얼음판이 구부러지기 시작한다는 점이다. 이로 인해 큰 얼음 덩어리와 빙하 조각이 떨어져 나와 바다를 향해 움직이게 된다. 빙하 감소와 관련하여 과거와 현재의 차이점은 감소 규모, 속도, 그리고 떨어져 나온 빙하 조각의 크기다. 빙하 조각은 다양한 유빙으로부터 떨어져 나오는데 특히 남극 대륙의 서쪽 지역에 많다. 위성사진으로 볼 때 빙하가 없어지는 속도는 1년에 1,500억 톤이다. 이렇게 들으면 매우 많은 양의 얼음이 없어지는 것 같으나 바다 역시 엄청나게 크므로 이 정도로는 유럽의 해수면이 1년에 1밀리미터 미만으로 상승하는 정도로 영향이 미미하다.

그러나 빙하가 녹는 속도는 점점 더 빨라지고 있다. 다음 세기에는 틀림없이 해발고도가 낮은 많은 지역에 피해가 생길 것이다. 여기에는 섬 지역과 베니스를 포함한 네덜란드 대부분 도시가 해당될 것이다. 런던은 벌써 침수와 지하철 보호를 위해 해안 방벽을 설치할 필요성이 대두되었다. 현재와 같은 패턴으로 남극의 빙하가 녹는다면 200년 내에 아문센 해의 얼음이 다 녹아 해수면은 1미터 이상 상승할 것이다. 그 뒤를 다른 대규모 빙하 지역들이 따르게 될 것이다. 남극만 놓고 볼 때 혼란스러운 부분은 남극 대륙 본토 위의 얼음은 지역에 따라 오히려 증가하고 있다는 사실이다. 지구 온난화 현상에 대해 부정적인 사람들이 대표적 근거로 삼고 있는 현상이다.

대중 언론매체에서 다루고 있지 않지만 빙하를 연구하는 과학자들이 어려움을 겪고 있는 것 중에 하나는 얼음의 두께를 표면뿐만 깊은 내부까지 정확히 측정하는 일이다. 남극 대륙 전체는 빙하의 무게에 눌려 있는 상태이다. 따라서 빙하가 이동하거나 녹으면 하부에 있던 암반층이 천천히 위로 올라오게 되고, 이 경우 마치 표면 얼음 층의 두께가 증가한 것과 같은 착각을 일으킬 수 있다. 그러나 이는 단지 지표면의 고도만 상승한 것이고 실제 얼음의 두께는 감소했을 수 있다. 더 복합적이고 상세한 데이터가 있어야 실제로 일어나고 있는 현상이 어떤 것인지 알 수 있다. 이 예는 언론이 과학 정보를 다루는 데 있어 지나치게 단순화하여 발생한 일이 아니다. 심지어 체계적인 과학 교육을 받은 사람들조차도 간과하던 부분이다.

기후 변화 예측하기

기후 변화를 정확하게 예측한다는 것은 결코 쉬운 일이 아니다. 100년 전만 하더라도 기후 변화의 원인이 무엇인지 그로 인해 어떤 결과가 발생할지에 대해 인류가 아는 것이 많지 않았다는 사실을 기억해보라. '밤에 하늘이 붉으면 양치기가 기뻐하고 아침에 하늘이 붉으면 양치기가 불안해한다' 같은 속담은 실제와 잘 맞아 떨어지긴 하지만 그 정도가 날씨 예측의 한계였다. 그에 비해 지금은 많은 데이터가 축적되어 있고 훨씬 더 기후 변화에 대해 잘 이해하게 되었다. 특히 정교한 컴퓨터 모델링을 통해 일주일 후 날씨 정도는 꽤 정확하게 예측할 수 있는 수준이 되었다. 하지만 이러한 예측 모델을 더 발전시켜 보다 먼 훗날의 변화를 예측하는 일은 여전히 쉽지 않다. 물론 대략적인 장기 기후 변화의 패턴을 예측하고 이를 근거로 위험을 경고하는 것은 가능하지만 단기적인 기후 변화를 보다 세세하고 정확하게 예보하는 것은 여전히 힘들다. 1987년만 하더라도 컴퓨터 계산 능력이 지금에 훨씬 못 미치는 수준이었고, 당시 기상학자들은 같은 해 10월쯤 소규모 허리케인이 영국을 지나갈 것이라는 사실을 예보할 능력을 가지고 있지 않았다. 이와 비교하면 2013년 기준으로 영국의 기상 전문가들은 대서양에서 태풍이 발달할 것을 미리 예측할 수 있을 뿐 아니라 적어도 수일 전에 태풍 경보 발령을 내보낼 수 있는 수준에 이르렀다. 또 미국 해안에 허리케인이 상륙할 장소, 시간 그리고 얼마나 강력할 것인지에 대해서도 정확히 계산할 수 있게 되었다. 슈퍼컴퓨터와 발달된 컴퓨터 예측 모델로 인해 날씨를 예측하는 능력은 갈수록 더 정교해질 것으로 생각된다. 하지만 여기에는 막대한 경비가 소요된다. 2014년 컴퓨터의 계산 능력을 13배 향상시키기 위해 영국에서 책정된 예산은 9천 7백만 파운드에 달했다.

우리는 대부분 지구의 평균 기온이 몇 도 올라가는 것이 그렇게 심각한 일인지 깨닫지 못한다. 영국만 하더라도 지역적으로 혹은 전국적으로, 매일 혹은 매달 매우 심한 기온 변화가 1년 내내 나타난다. 지난 50여 년간 1월에서 7월까지의 기온 분포는 평균 4~17도 사이였고 어떤 해에는 장기 평균치에서 몇 도씩 벗어나기도 했다. 많은 국가에서 이 정도의 기온 변화는 통상적으로 있는 일이고, 특히 미국처럼 영토가 큰 나라의 경우 지역에 따른 계절 변화 패턴과 기온 변화의 차이는 엄청나게 크다. 따라서 사람들이 장기간에 걸쳐 발생하는 평균 기온의 변화를 피부에 닿게 인식하지 못하는 것은 놀라운 일이 아니다. 특히 경제적인 타격이 예상될 때에는 지구 온난화 현상을 인정하지 않고 거부하는 경향이 있다. 현재 지구 온난화는 우리가 살아 있는 동안 약 1도 상승하는 속도로 진행되고 있다. 여름과 겨울의 기온차가 심한 나라들에서는 이렇게 장기간 느리게 일어나는 변화를 알아차리기는 더욱 힘들 것이다. 장기간에 걸친 온도 변화를 체감하기는 어렵고, 자세한 데이터를 바탕으로 그래프 분석을 해보아야 시각적으로 느낄 수 있다. 이때 그래프에 나타나 있는 것이 무엇을 의미하는지 이해하기 위해서는 어느 정도 훈련이 필요하다.

지구 온난화 논쟁이 그렇게 격렬한 주요 원인 중 하나는 일반 대중과 정치인들이 과학적 데이터를 이해하는 훈련이 덜 되어 있기 때문이다. 일상생활에서 늘 과학기술의 덕을 입으며 살고 있음에도 불구하고 과학이라는 이름이 붙기만 하면 오히려 적극적으로 이해하려는 노력을 거부한다. 아무리 그래프나 표를 이용하여 분석하고 결과를 보여준다고 하더라도 일반인들이 어떤 정보나 깨달음을 얻기란 거의 불가능하다.

두 번째 문제는 기후 변화의 속도와 크기를 예측하는 것과 같은 매우 복잡한 작업을 할 때 나타난다. 결과에 영향을 미치는 수많은 변수들이 존재하고, 같은 사건을 바라보는 견해가 매우 다를 수 있기 때문에 자기중심적인 특성을 가진 과학자들로부터 공격이 이어지게 마련이다. 대부분의 경우 과학적 사고를 하는 훈련이 되어 있는지 여부와 상관없이 사람들이 가장 쉽게 선택하는 길은 문제의 존재 자체를 부정하고 현실에 안주하는 것이다. 그렇지 않으면 사람들은 자기가 지지하고 싶거나 듣고 싶은 결과만 골라서 듣는다. 일반적으로 좀 더 부유한 사람들은 직장이나 개인적인 삶에서 기후 변화에 따른 영향을 덜 받는다. 그런 사람들은 이 현상이 자신의 부에 영향을 미치는지에만 관심을 갖는 경향이 있다. 역사적으로 볼 때 항상 산업적으로 동력이 더 많이 필요할 때마다 더 많은 공해가 발생한 것도 이런 이유에서 비롯된다.

개인적인 경험을 바탕으로 지구 온난화 현상이 일어나고 있는지 추측하기는 어렵다. 보다 확실하게 체감하기 위해서는 일상적으로 나타나는 변화 폭을 넘어서는 큰 변화가 필요하다. 큰 변화가 나타나면 과학적 자료를 자세히 검토해볼 필요도 없다. 그동안 태풍의 강도와 강우량이 변해온 패턴을 잘 살펴보면 지구 온난화 현상을 더 실감할 수 있다. 체감보다 시각적으로 훨씬 더 실감나게 느낄 수 있기 때문이다. 하지만 이러한 태풍과 강우량의 변화도 알고 보면 기온 변화와 밀접하게 관련 있다. 지구 온난화로 인해 기온이 올라가면 바닷물의 증발량이 증가하기 때문이다. 이로 인해 더 많은 양의 수분이 공급되므로 태풍은 더욱 강한 에너지를 얻게 되고 강우량도 증가하는 결과로 이어진다.

먼저 중부 대서양의 평균 해수면 온도인 21도를 기준으로 살펴보자. 해수면 온도가 여기서 2도 정도 더 상승할 때를 가정하자. 이 정도 온도 상승은 실제로 자주 일어나는 일이다. 그러나 단지 2도 정도만 해수면 온도가 올라가더라도 더 많은 수증기가 대기권으로 유입된다. 그리고 이로 인해 발생된 태풍은 더 강한 에너지와 강수량을 보유하게 된다. 해수면 온도가 2도 올라가면 전체 강수량은 13퍼센트 증가한다. 확실히 태풍과 홍수의 통계를 살펴보는 편이 단순히 기온 상승에 대해 논하는 것보다 직접적으로 지구 온난화의 영향을 피부에 닿게 느낄 수 있다. 훨씬 심각하게 지구 온난화가 진행되는 시나리오로 대서양의 수온이 5도 정도 올라가는 상황을 가정해보자. 대서양은 영국뿐 아니라 미국 동부 해안 지역의 기후에도 영향을 준다. 해수면의 온도가 5도 상승하면 그에 따라 강수량이 35퍼센트 증가한다. 이렇게 되면 늘어난 수증기의 양으로 인해 더 많은 폭풍우가 발생하고 바람도 강해지며 훨씬 빈번하게 허리케인이 불어닥칠 것이다. 허리케인 시즌 자체도 몇 달은 더 길어질 것이다.

이로 인한 기상 변화를 예측하는 것이 쉬운 일은 아니다. 해수면의 온도 상승이 대기권 상층에서 휘몰아치고 있는 제트기류의 흐름에도 똑같이 영향을 미치기 때문이다. 최근에 나타난 기상 현상을 보면 해수면의 온도가 상승할 때 미국에서는 폭설이 내리고 영국에서는 변화무쌍한 일기 변화가 나타났다. 이로 인해 지역적으로 기습적인 폭우와 홍수가 발생하였고 영국 기상 관측 기록이 남아 있는 270년 역사상 가장 많은 일간, 연간 강수량을 기록하였다. 강가에 위치한 도시 제방이 무너져 범람이 일어나는 것은 도시의 위치가 강을 따라 건설되었거나 주요 수로들이 합쳐지는 지점에 있기 때문이기도 하다.

적어도 지난 몇 십 년간 기후가 눈에 띄게 변했다는 것을 증명할 수 있는 명백한 증거들이 많이 있다. 예를 들면 2015년 버지니아에서는 크리스마스 때 기온이 20도에 육박했었다. 이런 온도라면 산타가 썰매를 끌고 다니기 어려울 것이다. 반면 2016년 1월에 워싱턴 DC에서는 수십 센티미터의 눈이 쏟아지고 허리케인 급의 강풍이 강타하였다. 이 지역에서 관찰된 비슷한 시기의 날씨 중 최악이었다. 이런 예를 보더라도 우리의 개인적인 경험에 의존하여 변화 폭이 큰 기후 변화의 장기적 추이를 알아낸다는 것은 극히 힘든 일이다. 따라서 기상 자료를 좀 더 면밀하게 분석할 수 있는 수단이 필요하다.

전염병이라는 변수

이렇게 우리가 통제할 수 있는 범위를 벗어난 문제들을 다룰 때에는 생물학, 식물학적인 요인들을 같이 고려해야 한다. 역사적으로 전 세계에 유행했던 많은 전염병들 중에 가장 잘 알려져 있는 두 건의 사례에 대해 간단히 언급하고자 한다. 1347년에서 1353년 사이에 유행했던 림프절 페스트의 일종인 흑사병과 1차 세계 대전 말기에 유행했던 스페인 독감이 그것이다. 1918년의 세계 인구는 14세기와 비교할 때 엄청나게 증가했다. 그와 동시에 전염병이 퍼져 나가는 속도 역시 매우 빨라졌다. 주로 20대에서 40대에 이르는 비교적 젊은 사람들이 스페인 독감과 관련된 합병증으로 사망하였다. 이때 사망자 수는 2천만 명에서 4천만 명 사이로 추산된다. 독감으로 인해 사망한 사람들의 수가 1차 세계 대전으로 인해 전사한 사람들보다 훨씬 많았을 정도였다. 사실상 거의 영국 인구에 해당하는 사람들이 사망한 것이다.

흑사병으로 사망한 사람들의 숫자를 추산하는 데 있어서는 꽤 큰 편차가 있다. 어떤 역사학자들은 전 연령대를 통틀어 5천만 명에 달하는 사람들이 사망했다고 주장한다. 당시 유럽 인구의 거의 반에 해당하는 숫자다. 육로를 이용한 전염병의 이동은 비교적 느린 편이다. 통상적으로 고속도로를 통해서는 하루 2킬로미터를 이동하는 것으로 보고 있다. 물론 도시를 벗어난 지역의 경우 더 느리다. 배를 이용한 전염병의 이동 속도는 더 빠르다. 하루 60킬로미터 정도 이동할 수 있는 것으로 보고 있다. 따라서 전염병의 유입 경로에서 항구는 매우 중요한 위치를 차지하고 있다. 이 때문에 베니스와 같은 항구 도시에서는 선박이 입항하면 배에 탑승한 선원들을 검사하여 전염병이 없다는 것을 확인할 때까지 40일간 하선 허가를 내주지 않는다. 이러한 역사적인 배경으로 인해 '검역(quarantine)'이라는 단어의 어원에 '40일'이라는 뜻이 내포되어 있는 것이다. 이 정도 규모의 사망자가 발생하면 사회의 전 분야에 엄청난 후유증을 남긴다. 이때만 하더라도 지식이 구전으로 전해질 때였으므로 사람들이 사망하면 그들이 기억하고 있는 많은 역사적인 정보들이 같이 사라질 수밖에 없었다. 기술자들이 사망하면 그들의 경험 역시 같이 사라진다.

그동안 지구상에 수없이 많은 질병과 전염병이 발발하였고, 사망자 수에서 볼 때 훨씬 더 많은 사망자를 낳은 병들도 많았으나 어떤 것도 흑사병이나 스페인 독감만큼 극적으로 느껴진 것은 없었다. 최근에 유행하는 전염병이 과거와 확연히 다른 점은 그 확산 속도에서 찾아볼 수 있다. 요즘은 전염병이 과거와 달리 항공기를 이용하여 퍼져나가기 때문에 전례를 찾아볼 수 없이 빠른 속도로 확산되게 된다. 요즘 세계의 주요 도시들은 항공기를 이용하면 거의 하루 만에 갈 수 있다. 기내에서는 에어컨이 작동되므로 공기 순환이 항공기 전체로 퍼지고 좌석도 밀집되어 있다. 이런 점을 고려할 때 항공기야말로 한 사람의 보균자에 의해 많은 사람이 감염될 수 있는 가장 이상적인 환경이다. 항공편을 이용한 전염병의 빠른 확산 속도는 대개의 경우 병이 확진되는 속도보다 훨씬 빠르다. 감염이 된 상태에서 증상이 나타날 때까지의 잠복 기간이 긴 경우가 많기 때문이다.

사람들간의 접촉에 의해 전염되는 병 중에 가장 끔찍한 전염병으로 에볼라 바이러스를 들 수 있다. 이 병의 잠복기는 사람마다 큰 차이가 있다. 가장 긴 경우 21일이 걸렸다. 다행스러운 점은 증상이 나타나기 전까지는 사람들끼리 접촉해도 병이 전염되지 않는다는 것이다. 또한 위생에 신경 쓰고 감염자를 잘 격리하면 충분히 피할 수 있는 병이다. 지금까지는 지구상의 극히 제한된 지역에서만 유행했다. 하지만 안심해서는 안 된다. 일단 에볼라 바이러스는 감염되면 사망할 확률이 80퍼센트에 이를 정도로 치명적인 전염병이기 때문이다.

　이런 종류의 전염병과 관련하여 가장 큰 문제는 전염병을 일으키는 세균이 끊임없이 진화한다는 점이다. 또한 비행기를 이용한 여행이 보편화되어 전염병이 세계적으로 확산되는 속도가 매우 빨라졌다. 따라서 갈수록 이러한 치명적인 바이러스에 의한 사망률이 높아지는 현상을 피하기는 어려울 것이다. 변종 바이러스가 나타나 증상이 나타나기 전인 잠복기에도 전염을 시킬 수 있다면 그야말로 무시무시한 재난이 발생할 것이다.

그래서 우리의 미래는 암울한가?

　뉴스의 헤드라인을 장식할만한 질문이긴 하지만 실은 사실을 너무 단순하게 보는 것이다. 인간의 수명은 보통 백년을 넘기지 못한다. 가까운 미래에 급격하게 늘 전망도 보이지 않는다. 우리의 수명을 결정하는 여러 요인들 중에 통제 범위를 벗어난 것도 많다. 전쟁, 박해, 재난, 질병 등 다양한 재해들에 의해 뜻하지 않게 사망할 수 있다. 따라서 제대로 된 질문이 되려면 '인류는 이런 종류의 어려움을 얼마나 잘 극복해나갈 수 있을 것인가?'로 물어야 한다. 물론 대형 운석과의 충돌이나 새로운 빙하기의 도래 같은 재난이 닥친다면 인구수는 급감할 것이다. 하지만 그렇다고 인류가 멸종한다는 얘기는 아니다. 이런 재난에도 운 좋게 살아남는 사람이 있을 것이고 과거의 기록물도 함께 살아남는다면 인류가 쌓아온 지식과 기술은 계속해서 후세로 전해질 것이다. 소행성 충돌과 같은 재난이 일어난다면 모든 것이 사라질 것이므로 사람들이 입에서 입으로 전하는 정도의 지식 공유밖에는 가능하지 않을 것이다. 기록물의 형태로 지식과 기술이 전해지는 것은 매우 중요한 의미를 지닌다.

지질학적 시간대를 기준으로 보면 인간이라는 종족은 매우 새롭게 등장한 종이고 현재도 계속해서 진화해가고 있는 종이다. 따라서 우리 앞에 존재했던 영장류인 네안데르탈인처럼 언젠가는 인류도 사라질 수 있다. 점진적인 진화가 계속해서 일어난다면 현재 인류는 더 이상 존재하지 않을지도 모른다. 크게 보면 인류가 멸종되는 것은 다른 종에 의해 대체되는 지극히 자연적인 현상이라고도 볼 수 있다. 이것이 진화이다. 인류가 운이 좋다면 이 진화는 멸종이 아니라 발전이라는 형태로 유지될 것이다.

우리가 알고 있는 문명의 모습은 어떤 형태로든 틀림없이 바뀔 것이다. 그러므로 꼭 해야 할 중요한 일은 이러한 변화를 우리가 제어할 수 있도록 노력하는 것이다. 개인적인 의견은 우리 모두 성별, 인종, 종교에 의해 부당하게 대우받지 않고 누구나 평등한 기회를 누릴 수 있는 사회가 되도록 노력해야 한다는 것이다. 또한 지금의 문명이 가져다준 혜택이라고 부를 수 있는 장점들을 잘 유지하고 보존해야 한다. 이러한 시도는 매우 중요한 변화가 될 것이며 이를 위해서는 지구에 존재하는 자원의 소중함을 깨달아야 한다. 더불어 우리와 함께 생존하고 있는 지구상의 모든 생명체를 소중하게 여기는 노력도 뒤따라야 한다. 이러한 내 주장이 이상주의적으로 들린다는 것을 잘 알고 있다. 지금 현생 인류가 누리고 있는 고도로 발달된 과학기술이 인간이 가진 지능에 의한 것이 아니라 인간의 본능적인 특징인 공격성, 권력지향성, 이기주의에 의해 이루어졌다는 점도 잘 알고 있다. 인간의 본성을 이루고 있는 특성들이 쉽게 바뀌지는 않을 것이다. 앞으로도 과학기술은 더 발전을 거듭하겠지만, 그것이 장기적으로 볼 때 인간에게 정말 유리한 기술인지에 대해서는 진지하게 생각해볼 필요가 있다.

물론 낙천적인 나는 인류를 멸종시킬 만한 규모의 자연재해가 오더라도 인류는 기필코 살아남을 것임을, 데이터가 아니라 본능적인 직감으로 믿어 의심치 않는다. 더구나 인류는 지난 수만 년을 그래 왔듯이 꾸준히 진화를 거듭하여 지금의 현생 인류와는 전혀 다른 인류로 변화할 것이다. 우리의 지적 능력과 기술적 발전의 결과물들이 이러한 진화 과정에 많은 도움이 될 것이다. 우리가 살아남기 위해서는 앞으로 닥칠 재난을 미리 파악하고 이에 대한 대책을 마련하여 인류 전체의 생존을 위해 전 지구적인 협력을 해야 한다. 하지만 이런 협력적 노력은 인간의 본성과는 완전히 배치되는 행위다. 인간은 원래 권력에 대한 욕망이 남다르고 다른 사람을 지배하고자 하는 의지도 강하다. 영토에 대한 욕심도 과하고 그야말로 탐욕스러운 존재다.

역사적으로 인류가 어떻게 탐욕과 이윤과 권력을 추구했는지 사례를 하나 들어보겠다. 과학기술의 발전으로 기계화가 이루어지기 이전 시대에 생산성을 높여 이익을 극대화하는 가장 좋은 방법은 노예를 쓰는 것이었다. 대부분의 강대국들이 이런 착취에 동참했다. 내가 영국 사람이기 때문에 영국이 역사적으로 비난받아 마땅한 예를 들었지만 전 세계 어떤 나라든 이와 비슷한 비인간적인 역사가 없는 나라는 없을 것이다. 여기서 주목할 것은 당시 기업가, 정치인 특히 교회의 위선적이고 야비한 행태 등 노예제도에 대한 우리의 태도다. 기독교의 교리는 형제자매들을 사랑하고 보살피라고 분명하게 설파한다. 하지만 영국은 300만 명에 달하는 사람들을 아프리카에서 데려와 배에 실어 미국과 카리브해 국가들로 보내 노예로 만들었다. 이러한 이윤 추구 행위는 교묘하게도 그들에게 기독교를 선교하기 위함으로 포장되어 행해졌다. 노예제도로 만들어진 제품과 부유함을 즐겼던 영국 본토 사람들은 절대 그 사실을 인정하지 않았으며 노예제도는 대영제국에 막대한 부를 안겨주었다. 노예제도가 아니었다면 영국이 19세기에 전 세계를 지배하는 강국으로 떠오르지 못했을 것이고 심지어 지금 누리고 있는 부유함도 없을 것이다. 내가 분노하는 점은 이러한 노예제도의 횡행에 있어 영국 교회가 탐욕스럽고도 적극적인 동업자로서 참여했다는 것이다. 카리브해 지역에서 수백 명의 노예들의 가슴에 'Society'라는 글자를 인두로 지졌다는 것은 국립기록물보관소에 보관된 문서에 잘 나타나 있다. 이 낙인은 노예들이 '복음전도회(Society for the Propagation of the Gospel)'의 소유물임을 나타내는 표식이었다. 복음전도회는 노예들을 채찍으로 때리고 쇠사슬로 묶어 관리하였다. 채찍에 맞아 죽는 노예들도 부지기수였다. 어떻게 이러한 행위가 기독교의 교리에 부합하는지 이해하기 어렵다. 단지 막대한 경제적 이윤 추구를 위해 양심의 소리를 무시한 것이 아니라면 어떻게 설명할 수 있단 말인가?

영국의 노예제도는 300년 넘게 지속되었다. 1830년대에 기독교인들의 적극적인 노력 덕분에 노예제도가 폐지되고 불법화되는 역사적인 진보가 이루어졌다. 하지만 노예들이 풀려날 때 주인들에게는 배상이 이루어졌지만 정작 당사자인 노예들은 한 푼도 받지 못했다. 인도주의에 대한 또 다른 모욕이라 하지 않을 수 없다. 노예 한 명당 20파운드에 해당하는 배상이 노예주에게만 지급되었다. 1830년대에 이루어진 법 개정에도 처벌 규정은 경미하였으며 2010년에 와서야 노예를 소유하는 것이 형사법상 불법이 되었다. 노예제도와 관련된 위선적인 행태는 과거에도 그러했고 지금도 만연해 있다. 미국 독립선언문이 선포되었을 때 노예제도에 대한 반성과 후회를 표현한 문장이 있다. 그 문장은 지금도 많이 인용되고 있다. 하지만 미국 독립선언서의 서명자 57명 중 41명은 당시 노예를 거느리고 있었고 나머지 16명은 상속받은 노예를 과거에 거느리고 있었던 사람들이었다. 노예제도가 계속될 수밖에 없었던 이유는 노예가 가진 재산적 가치 때문이었다. 오늘날의 화폐가치로 따졌을 때 노예 1인당 가치는 2만~20만 달러에 해당한다. 16명의 서명자들이 노예를 소유하지 않았던 것은 단순히 노예를 거느릴 돈이 없었기 때문이었다.

우리가 살고 있는 세상의 많은 곳에서는 이러한 진보를 위한 노력들이 성공하지 못하고 있다. 조사 결과에 의하면 현재 세계적으로 3천만 명에 달하는 사람들이 사실상 노예 생활을 하고 있다고 추산되고 있고 그 숫자는 갈수록 증가하고 있다. 주요 종교에서는 이러한 행태를 묵과하거나 당연한 것으로 여긴다. 이 숫자는 유럽의 일부 국가의 총인구와 맞먹는다. 이러한 비인도적인 행위들이 난무하고 있음에도 인간은 스스로 문명화 되었다고 자부한다. 이러한 일들은 가장 선진화되었다는 나라에서 지금도 일어나고 있다. 언론에서는 2016년 현재 전 유럽에 걸쳐 불법 이민자들이 단순 노무직이나 성노예로 전락하고 있음을 보도하고 있다. 사회의 암적인 현상들을 없애기 위해서는 우리의 탐욕스러움과 착취적 행태를 바꾸어야만 한다. 경제적 이윤 추구에 눈이 멀어 이런 것들을 도외시한다면 아무리 앞으로 자연재난이 닥쳐 인류가 위태로워진다 하더라도 다음 세대를 보호하기 위하여 미리 공동으로 대책을 세우는 행동 변화를 할 리가 만무하다.

대량 살상 무기의 의미

인류는 자연재난뿐 아니라 스스로의 행위에 의해서도 멸망할 수 있다. 전쟁이나 테러 행위에 대량 살상 무기가 사용될 경우가 이에 해당한다. 지금부터 다루는 내용은 현실적으로 볼 수도, 혹은 염세적이라고 볼 수도 있다. 전쟁에서 사용할 무기 기술이 극도로 발달함으로써 많은 잠재적 위험이 생겼다. 이중에는 핵무기와 생화학 무기가 포함되어 있다. 현재 엄청난 양의 가공할 만한 위력의 무기들이 쌓여 있다. 만약 실제로 사용된다면 우리 모두를 파괴할 것임은 분명하다. 이는 새삼스럽게 등장한 새로운 위협이 아니다. 많은 합리적인 국가들은 이로 인해 생길 결과에 대해 잘 알고 있다. 그 때문에 무기들을 통제하고자 노력하는 것이다. 이것들이 정말 위험한 이유는 불행하게도 일단 개발되고 나면 다시 되돌릴 수 없기 때문이다. 비이성적인 리더나 테러리스트 혹은 정신이상자의 무책임한 행동으로 무기들이 사용된다면 전 지구적으로 불행한 일이다. 많은 사람들이 이런 무기 때문에 우리의 미래가 비관적이라고 전망하였다. 미래에 대한 이런 시각은 단지 음모론자들에 국한되지 않는다. 매우 균형 있고 깊이 있는 사고의 결과로 봐야 한다. 왕실 천문학자인 마틴 리스 경이 2002년 발간한 『인간생존확률 50:50』에도 이러한 견해가 잘 나와 있다.

어떤 식으로 재난이 발생할지에 대한 생각은 현실에서 발생하는 사건에서 영향을 받는다. 전통적인 무기를 사용한 소규모 테러일 수도 있고 자살 테러 사건일 수도 있다. 만약 테러리스트들이 핵무기를 사용한다면 결과는 끔찍할 것이다. 인구 밀집 지역으로 폭탄을 옮기는 것은 간단하다. 실제로도 많은 사람들이 핵무기를 만드는 데 필요한 지식을 이미 가지고 있다. 폭파시킬 지역으로 핵무기를 옮기는 방법이 고도의 기술이 필요한 미사일만 있는 것이 아니다. 배나 열차 혹은 큰 화물 트럭으로도 손쉽게 옮길 수 있다. 그러나 핵무기를 사용했을 때만 보면 지역적으로 방사능과 정치적 후유증이 엄청나겠지만 그 영향이 전 지구적인 것은 아니다.

핵무기보다 훨씬 더 피해 정도를 예측하기 힘든 것이 생화학 무기다. 이를 다룬 책들은 대부분 피해 규모를 좁은 범위에서 고려하였다. 대상이 된 화학적 혹은 생물학적 무기 또한 우리가 익히 들었던 것들만 포함시켰다. 사린, 천연두균, 에볼라 바이러스를 비롯하여 이미 과거에 경험해본 병균들을 위주로 다루고 있다. 이런 점에서 뚜렷한 한계를 가지고 있다. 지난 10년간 화학적, 생물학적 무기로 사용될 수 있는 물질에 대한 지식과 제조기술이 눈부시게 발달했기 때문이다. 개발 목적은 뚜렷하다. 매우 우려되는 부분은 이렇게 진보한 생화학 무기에 관한 지식을 바탕으로 어떠한 백신이나 치료 방법도 없는 생화학 무기를 개발하는 것이 가능하다는 점이다.

현재 이런 무기가 사용되지 않는 이유는 간단하다. 사용했을 경우 감염자가 증상이 나타나기 전에 비행기를 이용하면 전 세계로 매우 빠르게 전파될 것이고, 그 후에는 전 지구상에 퍼지는 것을 막을 방법이 없다. 그렇게 되면 생화학 무기로 공격한 나라까지 거꾸로 전염병이 전파되는 일이 발생한다. 일단 사용하게 되면 지역을 가리지 않고 퍼져 본인들까지 엄청난 피해를 입을 수 있는 것이다. 이런 이유로 적어도 국가나 종교 집단이 다른 국가나 종교를 공격할 목적으로 사용하는 것은 힘들다고 생각한다. 하지만 가장 큰 문제는 이러한 무기가 정신이상자나 광신적 종교 집단의 손에 들어가게 되는 경우다. 그들은 적과 동지를 가리지 않고 오로지 무조건 많은 사람들을 죽이는 것이 목적이기 때문이다.

물론 그런 일들이 발생하지 않도록 모든 노력을 하지만, 현실적으로는 일단 사건이 터지면 엄청난 자연재해가 일어난 것과 똑같은 후유증에 시달리게 될 것이다. 이 문제를 공개적으로 논의하는 것조차 좋은 생각이 아닐 수 있다. 우리가 피하기를 원하는 시나리오를 오히려 그런 자들에게 정확히 알려주는 것일 수도 있기 때문이다.

그러나 좋은 소식도 있다

다음 장에서는 과학기술의 발달이 불러온 문제점 중에 우리가 미리 깨닫고 준비하면 피할 수 있거나 제어가 가능한 것들에 대해 다루도록 하겠다. 이번 장을 읽으면서 아마 우리가 할 수 있는 게 아무 것도 없는 것이 아닌가 하는 무기력함이나 절망감을 느꼈을 것이다. 특히 노예제도와 관련된 인간의 본성을 생각하면 더욱 그런 생각이 들 것이다. 이제 좀 더 희망적인 이야기를 해보도록 하자. ⋮

3장
선한 과학기술이 긴 그림자를 드리울 때

과학기술의 변화

　앞에서는 흔히 발생하는 자연재난이 과학기술이 발달된 나라들에 미치는 영향에 대해 설명하였다. 이러한 재난은 미리 인지하고 예방 대책을 강구하지 않으면 언제라도 당할 수 있는 일이다. 차라리 모두 멸종할 정도의 엄청난 자연재해의 경우에는 우리가 걱정할 이유가 없다. 극히 발생하기 드문 일이고 노력한다고 해도 막을 수 있는 방법이 없기 때문이다. 그러나 이제부터 다룰 내용은 그런 종류의 재해와는 완전히 다르다. 충분히 예상하고 우리 능력으로 제어할 수 있었으나 미리 그 위험을 깨닫는 데 실패했던 사건들을 중심으로 살펴보려 한다. 더 나쁜 경우는 미리 부작용을 인지하고 있었음에도 당장 눈앞의 이익과 경제적 이윤 추구를 위해 무시할 때다.

내가 힘들었던 것은 사례를 찾기 어려워서가 아니었다. 사건의 재발률과 영향 범위를 비교하여 적절한 예를 골라내는 일이 힘들었다. 많은 과학기술들이 현실화되었을 때 가져다줄 혜택만을 바라보며 개발되고 있다. 장밋빛 미래에 눈이 멀어 그 기술이 몰고 올 예상치 못한 부작용과 재난을 제대로 바라보지 못하고 있는 것이다. 처음에는 훌륭해 보였던 아이디어가 시간이 지나고 보니 어처구니없는 것이었고 명백하게 부작용이 있다는 사실을 뒤늦게 깨닫게 되는 경우도 많다. 보통 새롭고 가슴 뛰는 혁신적인 아이디어를 앞에 두면 그 속에 숨겨진 위험이나 부정적인 요소들을 깊게 생각하지 않는다. 따라서 이번 장에서는 우리가 역사적으로 어떤 실수를 저질렀는지 살펴봄으로써 똑같은 실수를 미래에도 되풀이할 수 있다는 점을 일깨우고자 한다. 대개 우리가 눈부신 혁신이라고 생각하는 발전은 항상 그에 걸맞은 엄청난 부작용의 가능성을 내포하고 있다. 요즘 기술 발전 속도는 상상을 초월할 만큼 빨라지고 있다. 그만큼 우리는 멋지게 보이는 기술들이 전혀 예상치 못한 불행한 결과를 가져다주지는 않을지 더욱 정신을 바짝 차리고 감시해야 한다.

아름다움, 스타일, 패션

인류 역사가 시작된 이래 만여 년 동안 인간은 끊임없이 외모를 가꾸거나 스타일리시한 옷을 입거나 사회가 원하는 이상적인 이미지에 따르고자 하는 강박과 동기를 유발하는 요인을 지니고 있었다는 자세한 기록과 유물이 있다. 이러한 경향은 시대가 선호하는 기호에 따라 자신의 본 모습보다 더 멋져 보이거나, 더 호전적으로 보이거나, 더 마초적으로 보이게 노력하도록 부추겼다. 이는 모두 밖으로 드러나는 이미지 때문이다. 우리는 이런 행동이 건강에 해롭거나 장기적으로 수명이 단축되는 위험이 있더라도 이를 무릅쓰고 시대가 선호하는 이미지를 추구하고자 한다. 과거 평균 수명이 짧았을 때는 그다지 중요하지 않은 일일 수 있지만 평균 수명이 길어진 오늘날에는 깊이 생각해봐야 할 점이다.

가장 간단하면서도 자주 사용했던 방법이 몸이나 얼굴에 페인트를 칠하는 것이다. 자신을 더 어둡거나 화려하게 혹은 창백하게 보이도록 하기 위함이다. 이를 위해 페인트는 매우 효과적이지만 속에 들어가는 안료의 성질과 이것이 장기적으로 인체에 미치는 영향에 대해서는 생각하지 않았다. 들에서 일하는 소작농처럼 보이지 않기 위해 바르기 시작한 크림은 피부를 밝게 보이도록 해주지만 매우 유독한 물질인 산화납이 들어 있다. 빨간색과 까만색을 내는 안료에도 마찬가지로 유독한 물질이 포함되어 있다.

이런 일이 과거에만 존재하는 것이 아니다. 현재에도 여전히 유효하다. 단지 창백한 피부색을 원했던 과거와 달리 지금은 햇빛에 그을린 구리빛 피부를 선호한다. 특히 서양 사람들의 눈에 멋져 보이기 때문에 사람들은 빠른 시간에 그을린 피부색을 가지기 위해 급속히 자외선에 노출되는 방법을 택하였다. 이를 위해 인위적으로 자외선 램프를 쬔다. 단기간에 그을린 피부색을 갖는 데는 효과가 있겠지만 피부에 손상이 생겨 특히 젊은 층의 경우 피부암과 밀접한 연관이 있는 것으로 나타났다. 미국에서는 어린이와 젊은 사람들이 선탠 숍에 출입하지 못하도록 하는 법안이 통과되었다. 뿐만 아니라 노인층이 증가하면서 검버섯이나 주름을 가리기 위해 수많은 크림이 사용되고 있다. 여기에 들어간 새로운 화학약품이 우리 인체에 어떤 부작용을 미칠지에 대해서 아직 잘 알려진 바가 없다.

선탠과 피부암과의 관계에 대한 논의는 매우 복잡하다. 암이라는 단어가 관련되어 있는 만큼 다분히 감정적으로 접근할 수밖에 없고 관련된 정보도 부족하다. 일반 사람들은 피부암에 두 가지 종류가 있다는 사실을 잘 알지 못한다. 하나는 멜라노마라고 불리는 것으로 매우 치명적인 암이고, 다른 하나는 흔하게 발생하지만 생명을 위협하는 종류는 아니다. 선탠 숍에 비치된 선베드에 누워 있든 지중해의 해변에 누워 있든 급속하게 피부를 태우는 것은 멜라노마의 발병 가능성을 높인다. 반면에 천천히 진행되어 축적된 선탠의 경우는 인체에 해를 덜 끼친다. 이 경우에도 피부암이 나타날 수는 있으나 생명에 위협이 되는 경우는 거의 없다. 햇볕을 쬐게 되면 우리 몸에 필요한 비타민 D가 생성되는 것을 다들 알고 있으나 부작용도 명백히 존재한다. 최근 통계에 의하면 천천히 진행되는 선탠을 하는 사람들은 비록 피부암에 걸릴 가능성은 있으나 선탠을 전혀 하지 않는 사람들보다 훨씬 더 기대 수명이 긴 것으로 보고되었다. 의학적인 자료와 지식은 증가하고 있으나 신문이나 TV에서는 헤드라인이나 짧은 기사로만 다루기 때문에 자세한 내용은 전달되지 않는다. 언론에서는 내용을 흥미 위주로 단순하게 다루기 때문에 실제 연구 결과는 애매하게 취급되는 경우가 많다. 위험한지 혹은 이로운지에 대한 언급이 모호하거나 아니면 아예 없는 경우도 많다. 더 나쁜 영향은 비록 이후에 어떤 사안에 대한 의학적인 견해가 바뀌어도 대중들의 머릿속에 잘못 각인된 단편적인 지식은 단단히 자리 잡고 변하지 않는다는 점이다.

문신에 사용되는 피부 염색제는 특정 연령의 사람들에게 대유행을 일으키고 있다. 대량 소비시장에서 그래왔듯이 산업계의 표준은 항상 가변적이다. 일부 국가에서는 장기적으로 암을 유발할 수 있는 염색 물질을 사용한다. '마리를 사랑해' 같은 열정적 문구의 문신은 마리와 헤어지기 전에는 괜찮으나 그녀와 헤어지고 나면 문제가 된다. 문신의 단점은 지우기가 쉽지 않다는 것이다. 좋은 소식은 마리라는 이름은 흔하므로 마리와 헤어지고 또 다른 마리와 만날 확률이 높다는 점이다. 문신과 관련된 다른 문제점은 젊은 피부는 단단해서 그 위에 문신을 하면 멋있어 보이지만 나이가 들고 노화가 진행되면 주름이 생겨 더 이상 멋져 보이지 않을 수 있다는 것이다. 문신은 특정 연령 집단을 표현하는 수단일 수 있다. 하지만 문신과 관련한 스타일이나 패턴도 세월이 흐르면서 계속 진화하기 때문에 유행이 바뀌고 나면 오히려 마치 흘러간 세월의 표식처럼 보인다. 어울리는 사람들의 부류가 바뀌면 과거에는 예술성을 드러내던 그 문신이 이후에는 과거에 어떤 생활을 해왔는지를 나타내는 표식처럼 작용하게 된다.

피어싱으로 피부를 뚫고, 부족의 상징을 흉터로 표시하고, 목이나 귓불을 인위적으로 늘이는 등 신체를 극단적으로 변화시키는 관습은 몇천 년 동안 이어져 왔다. 이런 신체적 변화는 특정 사회에서는 매우 멋진 것으로 인식된다. 하지만 오늘날처럼 사람들이 먼 거리를 자유롭게 이동하고 완전히 다른 문화를 가진 사회로 이주할 수 있는 시대에는 특정한 지역에서만 통용되는 이러한 관습이 적절하지 않을 수 있다. 신체의 모양을 바꾸기 위해 발이나 머리를 묶어서 변형시키는 행위도 있다. 이 역시 그것이 통용되는 사회에서는 아름답게 보이거나 사회적 지위를 상징할 수 있겠으나 인체의 성장이라는 측면에서는 매우 심각한 후유증을 낳는다. 예를 들면 어릴 때 발이 자라지 않도록 묶여서 자란 여자아이는 커서 정상적인 보행이 힘들 정도의 심각한 장애를 갖게 된다.

심지어 현대적인 보디빌딩 역시 너무 과하지 않게 근육을 키우면 멋져 보일 수 있으나 운동을 더 이상 하지 않게 되면 원래 상태보다 더 추해 보이는 원인이 되기도 한다. 하지만 중요한 것은 바깥으로 보이는 이미지이므로 사람들은 멋진 몸매를 얻을 수만 있다면 이를 위해 먹는 음식, 약, 건강 보조 식품, 그리고 각종 시술들이 건강에 해를 끼쳐도 그다지 주의를 기울이지 않는 경향이 강하다. 몸매를 가꾸기 위해 먹는 약들은 대부분의 경우 불법이다. 하지만 여전히 통용되는 것은 그런 약들이 처음에는 매우 좋은 효과를 나타내기 때문이다. 하지만 장기적으로 사용하게 되면 심각한 부작용을 가져온다. 예를 들면 아나볼릭 스테로이드와 같은 근육 강화제는 우울증, 콩팥 손상 외에 다른 심각한 부작용을 동반한다. 심하게는 불임, 성기능 불구를 가져오고 남성의 유방이 커지는 현상도 나타날 수 있다.

몸매를 바꾸기 위해 과다한 음식을 섭취하거나 과도하게 굶는 행위역시 앞서 예를 들었던 것과 비슷하게 몸에 부작용을 불러올 수 있다. 이상적인 몸매나 얼굴형을 얻기 위해 사람들은 끝없이 급격한 변화를 시도한다. 이러한 사람들의 약점을 이용하여 병원들은 장삿속을 차린다. TV에서 방영되는 몇몇 프로그램을 보면 시청자의 입장에서 뭐가 뚜렷하게 변했는지도 잘 모르겠고 변화 후의 모습이 더 나은지도 분명치 않은 경우가 많다. 물론 성형외과 의사들에게는 이러한 성형수술이 엄청나게 수익이 많이 남는 훌륭한 비즈니스임에 틀림없다. 나이든 것을 숨기기 위한 많은 시도들도 실제로는 별 효과가 없는 것들이 대부분이다.

또한 역사적으로 보면 패션을 위해 엄청난 양의 가발을 사용했었다. 하지만 가발은 위생적으로 좋지 않아 이가 들끓었다. 이와 함께 이상적인 몸매에 대한 기준은 시대에 따라서 변했다. 허리를 잘록하게 만들고 가슴을 크게 하거나 혹은 납작하게 보이기 위해 코르셋을 사용하였다. 이 때문에 골격이 틀어지고 내부의 장기가 변형되어서 심지어 기절하는 경우도 종종 있었다. 그동안 미용과 관련해서 많은 신기술이 개발되어 사용되어 왔다. 코르셋 구성 물질로는 뼈나 플라스틱을 사용하였고 유방 성형을 위해서는 실리콘을 주입하였으며 얼굴 성형을 위해 보톡스나 필러를 주사하는 방법까지 등장하였다. 미래에도 역시 타고난 외형을 바꾸려고 하는 갈망은 계속될 것이다. 단지 시대에 따라서 어떤 이미지가 이상적으로 보일 것인가는 예측하기 어려운 문제다. 이러한 외모 변화에 도움을 주는 의사나 엔지니어들은 계속 돈을 벌 것이고 사람들은 계속해서 장기적인 부작용에 대해서는 미리 생각하지 않을 것이다. 건강에 미치는 영향은 물론이고 나이가 들어 인생의 말년에 본인이 어떤 모습을 하고 있을지에 대해 미리 걱정하는 사람은 많지 않을 것이다. 이처럼 우리 자신의 건강이나 외모에 직접적인 영향을 줄 수 있는 것에 대해서도 별다른 관심을 가지지 않는데 어떻게 우리가 일상적으로 경험하지 못하는 곳에서 일어나는 과학기술의 후유증에 대해 걱정할 수 있을까 싶다.

그래도 진보한다

최근 10년간 인류는 새로운 아이디어, 혁신적이고 더 다양한 소비재, 컴퓨터 게임, 우리를 둘러싼 온갖 현란한 제품들을 출시하기 위해 엄청난 창의성을 보여주었다. 이것은 동시에 빨리 이익을 내고 성과를 내서 만족감을 얻고자 하는 인간적 욕망이 있었기에 가능한 일이었다. 물론 이런 욕망은 인간의 고유한 본성에 해당하겠지만 여기에 의지하는 것은 너무 부정적인 결과를 가져오게 된다. 욕망 충족을 위해 너무 많은 희생을 감수해야 하기 때문이다. 인간 욕망 충족의 부정적인 결과를 크게 세 가지 범주로 나누어보자. 첫 번째 범주는 여러 종류의 물질과 관련된 활동이다. 인간은 광물과 사람을 포함한 자원을 전 세계적으로 착취하고 파괴한다. 많은 종류의 동물과 식물을 먹어 없애고 그들이 사는 생태계를 파괴하여 멸종시키거나 멸종 위험에 빠뜨렸다. 이러한 피해는 회복할 수 없는 변화를 가져왔다. 또한 코뿔소의 뿔, 호랑이의 가죽, 코끼리의 상아, 거북 껍질, 고래 기름을 이용하여 많은 제품을 만들기도 했다. 인간이 존재하는 동안에는 절대로 회복되지 못할 정도로 계속하여 삼림이 파괴되고, 공급이 유한한 석유와 광물과 같은 자연 자원이 계속하여 소진되고 있다. 뿐만 아니라 다른 인간들의 생명도 파괴하고 있다. 많은 문명국에 의해 침략, 집단 학살, 원주민 토지 약탈이 지속적으로 자행되었다. 두 번째 범주는 겉으로 보기에는 멋진 아이디어나 발명이었던 것이 이후에 역사적으로 커다란 재앙과 부작용을 낳았던 경우들이다. 세 번째 범주는 기술 발전이 사회의 특수한 구성원에게만 맞춰지는 경우다. 기술이 발전될수록 사회는 그것을 가진 자와 가지지 않은 자로 구분될 수밖에 없다. 사회 계층 간의 단절은 언론과 인터넷이 발달하면서 더 심화되었다. 부자와 가난한 자는 정보와 이미지를 전달받는 과정에서 불평등할 수밖에 없다. 몇 세대 전만 하더라도 그 정도로 민감한 정보들은 공유되지 않았다. 따라서 지금과 같은 심각한 계층 간 단절 현상은 없었다. 컴퓨터 기술이 우리 삶에 있어서 실질적인 힘과 영향력을 행사하기 시작했던 1990년대 중반부터 한 세대가 지나기도 전에 전자공학은 우리 사회를 전자기기를 다룰 수 있는 계층과 그것에 접근하기 어려운 계층으로 나누었다. 이러한 사회적 계층 분리는 이미 뚜렷하게 나타나고 있고 불행하게도 미래에는 더 심화될 것이다.

　이제부터 우리가 미리 예측하는 데 실패했던 일들에 대해서 집중적으로 다루어보겠다. 일이 일어나고 나서 뒤늦게 깨닫는 것은 쉽다. 그것보다는 발전 속도를 조금 늦추더라도 현명하게 이것저것 살펴보고 앞으로 나아가는 것이 더 바람직하다. 거북이와 토끼 사이에 일어난 경주 이야기를 명심하면 좋겠다. 또한 인구의 상당 부분이 어떻게 기술 변화와 발전에 의해 사회로부터 격리 되었는지에 대해서 자세히 살펴보도록 하겠다. 대부분의 경우 소외 계층들은 가난하거나 아니면 나이든 사람들이다. 혁신적인 기술들은 대부분 부유한 젊은 계층에서 개발되었고, 기술을 개발할 때 나이든 세대나 실업자들은 고려하지 않았다. 하지만 점점 기대 수명이 늘어나면서 노인층의 비율이 높아지는 인구 구조가 되었다. 따라서 이제는 그들을 고려하지 않으면 안 된다. 현재 잘 나가고 있는 젊은 층들도 놀랄 만큼 빠른 시간 내에 노년 세대에 합류하게 될 것이기 때문이다. 주의 깊게 미래를 생각하지 않으면 우리 문명의 미래는 암울해질 것이다.

새로운 아이디어 수용하기

인간 본성 중에서 놀라운 특성은 새로운 아이디어와 발전에 대한 태도다. 항상 상충되는 두 가지 반응이 있다. 첫 번째 반응은 완전히 새로운 아이디어가 제안될 때다. 이럴 때 보통 우리는 새로운 아이디어에 대해 부정적이 되고 이해할 수 없다거나 원하지 않는다는 반응을 보인다. 두 번째 반응은 새로운 제품이나 제조 기술이 개발되었을 때 나타난다. 이때 우리는 대단히 열광적인 태도로 그것을 받아들이며 장기적인 부작용이 일어날 가능성에 대해서는 눈을 감아버린다. 이러한 두 가지 태도에 대해 설명하기 위해서 먼저 전염병 백신 사례를 살펴보겠다. 그다음 두 번째로는 새로운 기술, 제품, 장난감이 발명되었을 때를 예로 들어 보겠다.

많은 사람들의 이익을 위해 개발된 제품의 경우 이를 환영하기보다 그 사용을 막으려 하는 경향이 있다. 새로운 아이디어를 받아들이기 꺼려하는 대표적인 예로, 천연두를 치료하거나 면역력을 높여주려 한 시도에서 찾아볼 수 있었다. 지금은 전염병을 예방하기 위하여 예방 접종을 주기적으로 하고 있다. 하지만 전염성이 매우 강한 천연두에 대해 예방 접종을 무척 꺼려하던 시기가 있었다. 천연두는 한때 인구의 약 60퍼센트가 감염되고 치사율이 최소 20퍼센트에 이를 정도로 심각한 전염병이었으며 생존자들에게는 흉측한 흉터가 남았다.

첫 번째 예방 접종은 1721년 터키에 파견된 영국 대사의 부인을 대상으로 했다는 보고가 있다. 하지만 당시 이 보고는 고려할 가치가 없는 것이라고 생각되었다. 왜냐하면 대상이 여성이었고 당시 의료업계는 남성 중심의 사회였으므로 보고가 무시되었을 가능성이 높다. 이 당시 천연두와 유사한 병인 우두에 걸리면 천연두에 대한 면역력을 얻을 수 있다는 사실이 이미 농부들에게는 알려져 있었다. 하지만 의료업계는 이 사실을 심각하게 검토하지 않았다. 의사들과 농부들 사이에 사회적 신분 격차가 컸기 때문으로 생각된다. 에드워드 제너가 살아있는 우두균을 이용하여 예방 접종을 한 후에야 의료계의 시각이 바뀌기 시작하였다. 그의 시도는 성공하였으나 의료계에 즉각적으로 받아들여진 것은 아니었다. 심지어 예방 접종 시도를 금지하고자 하는 법안이 제안되기도 했었다. 예방 접종 반대편의 이유는 그들뿐만 아니라 제너도 천연두가 발병하는 생물학적 원인을 알지 못했고 백신이 어떻게 기능하는지 알지 못한다는 것이었다. 그러나 지금은 천연두를 치료하기 위해 예방 접종을 시행한 일이 의료 역사상 가장 성공적인 사례로 여겨지고 있고, 이로 인해 1979년 천연두는 전 세계에서 자취를 감추게 되었다.

불행을 가져온 과학기술

빅토리아 시대에는 흥미롭고 깜짝 놀랄 만한 다양한 기술들이 개발되었지만 불행히도 많은 부작용이 있다는 사실이 밝혀졌다. 물론 역사적으로 모든 시대에서 비슷한 예를 찾을 수 있겠지만 특히 19세기는 분명히 위대한 혁신, 상상력, 그리고 새로운 아이디어를 시도하려 했던 용기의 시대로 볼 수 있다. 그런 연유로, 당시 세상에 나온 많은 제품들을 다시 돌아보니 소비자들에게 위험할 수 있는 많은 결함들이 있었다는 사실이 밝혀졌다. 빅토리아 시대의 사례로 이야기를 시작하는 것은 여러 가지 장점이 있다. 현재 진행되고 있는 논쟁이나 견해 그리고 상업적인 압력과 무관하기 때문에 감정을 배제한 채 사실을 객관적으로 보고 편견 없이 판단할 수 있기 때문이다.

이 시대에 시도되었던 많은 혁신적인 제품들은 그 자체로 매우 창의적이고 훌륭한 아이디어였다. 하지만 그런 아이디어를 뒷받침할 수 있는 물질이나 제조 방법이 부족하였기에 결과적으로 만들어진 제품들은 안정성이 떨어지는 결함을 안게 되었다. 21세기적인 관점에서 바라볼 때 이런 제품들이 화학, 생물학, 물리학적 기초 없이 만들어졌다는 사실이 놀랍다. 또한 당시 행해졌던 의료 행위를 보면 끔찍하기까지 하다. 가스와 전자기기를 이용한 설비들의 경우 사고율이 특히 높았다. 제품이 만들어진 원리에 문제가 있었던 것이 아니라 설치하는 사람과 사용하는 사람의 무지에서 비롯된 것이었다. 심지어 냄비를 가열하듯 욕조를 가스로 바로 가열하는 제품이 물을 끓인 후 주전자에 담아 욕조에 붓는 방식에 비해 더 고급스러운 방식으로 인식되었다. 이러면 목욕을 하면서 화상을 입을 가능성이 당연히 높아질 것이다. 물이나 금속 욕조가 과도하게 가열되거나 가스가 폭발하는 사고가 종종 일어났고 신문에 빈번하게 보도

되었다.

가정에 도입된 전기도 비슷했다. 그전까지 전혀 접하지 못했기에 전기에 대한 이해가 너무 부족해서 생기는 사고들이 많았다. 설치하는 인부들도 전기 사고에 대한 훈련과 경험이 부족했다. 전기에 대한 열성적 마케팅에 비해 스위치, 절연체, 전기선의 디자인은 형편없었다. 빅토리아 시대에 출시된 전기 스위치의 덮개가 번쩍이는 금속 재질의 황동으로 만들어졌다는 것은 믿기 어렵겠지만 사실이다. 외관상으로는 요즘 쓰는 플라스틱 제품보다 훨씬 멋있고 좋아 보이겠지만 전기장치에 금속을 사용하는 것이 얼마나 위험한 짓인지 잘 알 것이다. 실제로 이로 인해 많은 사망자가 발생하였다.

빅토리아 시대의 부자들은 초록색을 매우 좋아했던 것 같다. 벽지도 초록색 무늬가 들어 있는 제품을 열광적으로 선호하였다. 여기에는 보이지 않는 치명적인 위험이 도사리고 있었다. 당시 벽지의 초록색을 내기 위해 비소 화합물을 사용했기 때문이다. 비소 화합물은 공기 중의 수분과 반응하여 비소 가스를 발생한다. 그 결과 많은 사람들이 멋진 초록 방에 숨어 있던 살인자로 인해 병들거나 사망에 이르렀다. 벽지 제조회사는 물론 벽지로 인해 그런 문제가 발생했다는 점을 부인했다. 대형 벽지 제조사 중 적어도 한군데는 비소를 생산하는 광산을 소유하고 있었다. 따라서 비소와 관련된 이러한 문제에 대해 눈 감았을 가능성이 높다.

색깔 있는 유리를 제조할 때도 녹색은 인기 있는 색이었다. 유리에 색을 내기 위해 사용되는 금속 중 하나가 우라늄이다. 우라늄이 들어간 유리는 멋있는 녹황색을 띠며 매력적으로 보인다. 깜깜한 밤에 우라늄이 들어간 유리는 천상의 빛같이 희미하게 빛난다. 당시만 하더라도 원자핵의 존재를 인지하지 못했고, 원자가 붕괴하여 강력한 에너지를 지닌 방사선을 낸다는 사실도 몰랐다. 우라늄 함유 유리는 장식품으로 쓰기에는 매우 좋았으나 사용자는 자신도 모르는 사이 방사선에 노출되었다. 시간이 흐르고 물리학도 발전했지만 여전히 같은 일이 일어나고 있다. 내가 아는 어떤 수집가는 유색 유리를 수집하고 있었는데 꽤 많은 양의 유리를 모은 것으로 알고 있다. 또 어떤 물리학자가 방사선 검출기를 가지고 직장 상사의 사무실을 들렀을 때 갑자기 방사선 검출기에서 매우 강한 신호가 잡힌 일도 있었다. 그 상사는 휴식을 취하는 소파 밑에 자신이 수집한 유리를 보관하고 있었다. 그가 자주 피곤함을 호소했던 이유가 다 있었던 것이다. 시계 앞면에 형광 숫자를 칠하던 사람들에게도 방사선은 소리 없는 살인자였다. 붓끝을 뾰족하게 하기 위해 직공들은 혀의 침을 붓에 발랐다. 이런 방식 때문에 라듐이 혀로 옮겨졌고 이것이 후에 암을 발병시키는 원인으로 작용했다.

19세기 말, 엑스선을 발생시키는 장치가 개발되었다. 이 장치를 이용하면 깨끗한 뼈 이미지를 얻을 수 있었다. 이 장치로 멋진 뼈 모양의 음영 사진을 얻을 수 있어 매우 만족했다. 하지만 강한 엑스선에 노출되는 사람에게 어떤 심각한 문제가 생기는지에 대해선 지식이 전혀 없었다. 후에 알게 된 사실이지만 많은 엑스선 발생 장치를 다루던 사람들이 암으로 사망하였다. 방사선을 사용한 장치에 대한 만족감은 20세기 중반까지도 계속 이어졌다. 내 기억으로 어릴 때 구두 가게에서 엑스선을 이용하여 신발이 발과 얼마나 잘 맞는지를 보여주었던 것으로 기억된다. 고객들도 많은 양의 방사선에 노출되었겠지만, 불쌍한 점원은 매번 고객들의 발을 찍을 때마다 방사선에 노출되었을 것이다. 이후에 암이 생겼다면 그리 놀랄 일도 아니다.

1950년대 사람들은 방사선에 노출되는 것이 건강에 매우 좋다는 생각을 가지고 있었다는 얘기를 요즘 젊은이들이 들으면 깜짝 놀랄 것이다. 당시 사람들은 방사선에 노출되면 좋은 에너지를 흡수하는 것이라고 믿었다. 광천 온천이나 식수병에는 방사능 수치가 자랑스럽게 새겨져 있었다. 수치가 높을수록 인기도 좋았다. 당시에는 직장에 지원할 때 흉부 엑스레이 사진이 필수적이었다는 점도 기억해야 한다. 그 시절에는 방사능에 노출되면 어떤 위험이 있는지에 대해 정말 무지했었다. 원자 폭탄 시험을 다룬 뉴스의 동영상을 본 사람이라면 당시 시험에 참여했던 사람들이 방사능으로부터 보호받기 위한 어떤 조치도 취하지 않았다는 사실을 발견했을 것이다. 폭탄이 터지고 나서 인부들은 즉시 시험을 했던 지역을 방문해서 빌딩이나 차량이 얼마나 파괴되었는지를 체크하였다. 점차 방사능 안전 표준상 최저 허용 노출량이 정해지기 시작하였고 그 후 50년에 걸쳐 10년에 10분의 1의 비율로 떨어졌다. 방사능이 안전하다고 여겨졌던 때의 노출량과 비교해 본다면 엄청난 차이라는 것을 알 수 있을 것이다.

냉전시대 원자 폭탄 시험을 거치면서 방사능 혹은 원자력이라는 단어와 관련 있는 제품에 대한 사람들의 태도가 180도 달라졌다. 멋진 것에서 혐오스러운 것으로 바뀐 것이다. 이러한 과정은 사실에 관한 정확하고 논리적인 이해와는 무관하게 진행되었다. 또한 이런 이유로 '핵자기 공명'이라는 신기술이 개발되어 뚜렷한 인체의 영상을 보여주는 의료 분야의 발전이 이루어졌음에도 불구하고 의사나 환자들은 이 기술을 거부하였다. 이름에 '핵'이라는 단어가 들어가 있었기 때문이다. 인체에 아무런 해도 없고 질병을 진단하는 데 있어 매우 도움이 되는 정보를 주는 장치였음에도 불구하고 그랬다. 그러나 많은 홍보와 함께 장비 이름을 MRI(자기 공명 영상)로 바꿨더니 갑자기 별 거부감 없이 받아들이게 되었다.

이와 반대로 엑스레이 촬영에 대해서는 과거 60년 동안 어떤 우려도 없었다. 엑스레이 촬영을 하기 위해서는 이온화 과정이 필요하고, 이 과정에서 피해가 발생할 수밖에 없다. 엑스레이에 노출되면 세포의 돌연변이가 발생한다. 엑스레이 검사를 하게 되면 이러한 위험을 피할 수 없다. 가장 흔하게 발생하는 것이 암이다. 엑스레이 촬영에 대한 선호도는 현재도 여전히 계속되고 있어 고품질 엑스레이 영상, 치과용 엑스레이, 유방암 검사, CT 촬영(컴퓨터를 이용한 단층 촬영)에 대한 계속적인 수요가 있다. CT 촬영과 같이 고해상도에 상세한 정보를 담고 있는 영상을 얻으려면 많은 양의 엑스레이에 노출되는 것이 불가피하다.

엑스레이를 이용한 진단기기가 암을 유발한다는 사실은 여전히 많은 의사와 환자들에게 심각하게 인지되지 않는다. 사소하게 생각할 부작용이 아니다. 많은 의학계의 연구 결과에 의하면 전체 암의 2퍼센트 정도는 엑스레이 촬영으로 인해 발생하는 것으로 추산되고 있다. 나에게는 2퍼센트가 매우 높은 수치로 느껴지지만 거꾸로 이 수치는 최첨단 고감도 엑스레이 장비를 안전한 것으로 옹호하는 증거로도 사용되고 있다. 수십 년 전에는 이보다 상황이 훨씬 더 안 좋았을 것이다. 지나고 보니 과거에는 이 수치가 수십 퍼센트에 달했었음을 깨닫게 되었다. 그러니 어떤 사람들에게는 2퍼센트 정도의 수치는 감수할 만한 수준으로 들릴 수도 있을 것이다. 하지만 다른 각도에서 살펴보자. 매년 100만 명 정도의 유럽 여성들이 유방암에 걸리는데 그중 2퍼센트는 2만 명에 해당된다. 2만 명이 단지 엑스레이 검사로 인해 암에 걸릴 수 있다는 뜻이다. 이렇게 본다면 이 숫자는 절대 받아들일 수 없는 수준이다. 병을 진단하기 위해 다른 위험하지 않은 검사 방법이 얼마든지 있기 때문이다.

방사선에 노출되는 것을 최소화하기 위해서는 영상의 해상도를 낮추는 방법도 있다. 이렇게 되면 방사선 노출량은 확실히 줄어들지만 다른 두 가지 문제가 있다. 첫 번째는 영상의 해상도가 떨어지면 초기 단계의 작은 암을 놓칠 수 있다. 두 번째는 낮은 해상도로 인해 영상을 잘못 해석하여 실제로는 존재하지 않는 암이 발병한 것으로 진단할 수 있다. 이럴 경우 환자는 더 많은 검사를 하게 되고 불필요한 수술을 함에 따라 의료 서비스 비용이 엄청나게 증가하는 결과를 낳게 된다.

다시 빅토리아 시대로 돌아가보자. 당시 사람들은 실내에 화장실을 가지고 있다는 사실을 매우 자랑스러워했다. 하지만 화장실 배관 공사를 할 때 배설물에서 발생하는 메탄이나 황화수소와 같은 가스를 배출시켜야 한다는 사실은 간과했다. 이로 인해 발생된 가스는 배관에 갇힌 채로 농도가 짙어지고 압력이 올라가게 된다. 농축된 가스가 촛불이나 가스불과 접촉하면 대규모 폭발이 발생하게 된다. 당시 이런 가스 폭발 사고가 심심치 않게 신문에 이야기꺼리로 등장하곤 했다. 또 다른 문제는 화장실과 집안의 수도관이 물을 오염시키는 납으로 된 파이프로 이루어져 있었다는 점이다. 요즘은 납이 의학적으로 어떤 유해성이 있는지 잘 알고 있다. 뿐만 아니라 심각한 증상이 나타나기 전에 납 중독으로 인한 여러 가지 전조를 보인다는 사실도 알고 있다. 고대 로마시대에 부자들은 납 파이프로 된 배관을 가지고 있었고 가난한 소작농들은 그렇지 못했다. 이렇게 훌륭한 배관 시스템을 가지고 있었던 것이 양날의 칼이었다는 사실은 분명하다. 부자들은 납으로 인해 수많은 질병에 걸렸을 뿐만 아니라 정신이상, 불임까지 나타났다. 납 파이프를 이용한 배관기술로 인해 1,600년 전의 문명에 수많은 비정상적인 일들이 발생했고 결국 붕괴에 이르렀다는 견해도 있다.

빅토리아 시대의 사람들은 플라스틱의 일종인 셀룰로이드라고 하는 재료를 발명하였다. 이 재료는 상아보다 싸고 외관도 훌륭하긴 하지만 노화되면 불안정해져서 폭발하거나 스스로 불이 붙는 성질이 있다. 셀룰로이드가 옷에도 사용되었기 때문에 이로 인한 사고 기사를 신문에서 쉽게 찾아볼 수 있었다. 쉽게 부스러지고 불이 나는 셀룰로이드의 성질 때문에 초기 영화 산업이 큰 타격을 입었었다. 영화 필름이 모두 불안정한 셀룰로이드로 만들어졌기 때문이다. 영화를 상영할 때 뜨거운 필름 영사기에 필름이 감겨 돌아가고 뒤에선 강렬한 램프가 비추고 있기 때문에 화재가 잦았다. 심지어는 보관함에 넣어두고 있는 상태에서도 간간히 화재가 발생했다. 이러한 화재의 위험 때문에 오래된 많은 영화 필름들이 역사적 기록으로 보존되지 못하고 모두 폐기되었고 필름 내의 은 성분은 회수되었다.

또 하나의 예로 19세기에 건축자재로 널리 사용되었던 석면을 들 수 있다. 석면은 우수한 내열성을 가지고 있어서 단열재와 건축자재로 안성맞춤이었다. 오랜 시간이 지난 후에야 석면 가루가 폐에 치명적인 손상을 입힌다는 사실이 밝혀졌다. 석면의 유해성이 밝혀지기 전까지 거의 100년 이상 사용되었다. 경제적 이익이 건강보다 우선했기 때문이다.

이와 비슷한 숨겨진 공포 스토리는 수없이 많다. 내가 말한 몇 가지 예로부터 우리는 기술 발전에도 부작용이 있을 수 있고 특히 신기술이 개발되어 처음 사용될 때는 그 유해성을 제대로 알지 못하는 경우가 많다는 사실을 깨달았을 것이다. 석면과 같은 경우는 워낙 싸고 성능도 우수했기 때문에 몇 십 년 동안 일부러 모르는 척한 측면도 있다. 최근의 예를 하나 들어보자면 플라스틱이나 폴리우레탄 충전제의 표면을 알루미늄으로 코팅한 복합 재료가 있다. 이 재료는 매우 우수한 물성을 보유하고 있어서 고층빌딩의 외관을 초현대적으로 보이도록 하는 용도로 많이 사용되었다. 불행하게도 이 재료는 가연성이라서 고층빌딩에서 화재가 나면 불길이 바깥으로 나온 다음 외벽을 타고 위로 올라가 번지게 한다. 아마도 20년쯤 지나서 돌아보면서 이런 재료를 선택한 우리가 바보 같았다고 회상하지 않을까.

빅토리아 시대의 부엌

물을 끓이고, 요리를 하고, 가열하는 등과 같은 각종 자질구레한 집안일을 위한 기구들의 디자인에도 위험한 요소가 감춰져 있다. 더불어 발전된 것이라고 믿었던 19세기의 많은 식품 기술에도 문제점이 숨겨져 있다. 가장 잘 알려진 예는 빵과 우유의 외관을 개선하기 위해 시도했던 노력에서 찾을 수 있다. 당시 빵의 무게와 부피를 늘리는 방법으로 백반을 빵에 첨가하는 것이 유행이었다. 이런 방법은 좋은 곡물을 쓰는 것보다 이윤이 많이 남고 빵의 색깔도 훨씬 보기 좋아지게 하는 장점이 있었다. 백반은 알루미늄 화합물로서 빵의 영양가를 떨어뜨리고 소화시 장에 문제를 일으키는 물질로서 특히 어린이들에게 치명적이다. 과거처럼 유아 사망률이 높았던 시절에는 빵에 들어 있던 유해 성분이 사망의 직접적 원인이었음을 증명하기가 쉽지 않았을 것이다. 오늘에 와서야 이 성분이 어린이들에게 매우 치명적이었음이 밝혀졌다.

우유의 경우 철도망이 발달하여 산지에서 도시로 수송이 쉬워졌다고는 하지만 전체적으로 소요되는 시간은 여전히 길었다. 이로 인해 우유가 소결핵증 균에 오염되기 쉬웠고 도시에 도착했을 때는 신맛이 나게 되었다. 우유에서 나는 신맛을 감추기 위해 사람들은 당시 요리책으로 유명했던 비톤 여사가 추천했던 붕산을 첨가했다. 하지만 붕산은 메스꺼움과 구토를 동반한 설사를 유발하였다. 더군다나 붕산은 소결핵증 균의 감염을 막지도 못했다. 오늘날의 통계로 보면 빅토리아 시대에 적어도 50만 명의 영국 어린이들이 소결핵증 균에 감염되어 사망한 것으로 추산된다.

식품과 관련해서는 오늘날이라고 안심할 수 있는 것이 아니다. 우리가 구입하는 식품들이 '개선'이라는 이름으로 수많은 첨가제에 의해 처리되고 있기 때문이다. 물론 식품의 포장지에는 성분표와 설탕 함량을 비롯한 칼로리가 표시되어 있지만 우리들은 대부분 거기에 표시된 첨가제, 방부제, 미각 증진제의 이름으로는 어떤 성분인지 모른다. 나 역시 그중에 어떤 성분이 유해할지 전혀 알지 못하는 대부분의 사람 중 하나다. 또한 지방, 설탕, 콜레스테롤의 함량에 대해서도 식품업계 전문가들마다 어떤 측면을 강조하느냐에 따라서 유해한 수준에 대한 주장이 모두 다르다. 이로 인해 대중들은 혼란스러울 수밖에 없다. 또한 유럽에서 첨가제들을 E 넘버로 구분하는 것도 혼란스러움을 가중시키는 요소 중의 하나다. 국가마다 첨가제를 사용하는 규정이 다 틀리기 때문이다. 이로 인해 식품 전문가들조차도 실제로 어떤 화합물인지 파악하기 매우 힘들게 되었다.

추가적으로 제공되는 정보가 별로 도움이 안 되기도 한다. 최근에는 분석 기술이 매우 발달하여 우리의 구강이나 위에 존재하는 여러 종류의 박테리아까지 분석이 가능해졌다. 우리는 어떠한 단어라도 박테리아와 관련이 있으면 무조건 나쁜 것으로 받아들인다. 본능적으로 박테리아라는 말에 감정적이 되어 모든 박테리아를 없애려 노력하게 된다. 하지만 실제는 그렇지 않다. 박테리아는 우리가 건강하게 살아가기 위해 꼭 필요하다. 원래 MRI의 이름이었던 '원자력'이란 단어와 유사한 이유로 박테리아 대신 다른 단어가 필요할지 모른다. 유해하다는 인상을 주는 단어 대신 좋은 느낌을 주는 새로운 단어를 생각해내야 할 것이다. 하지만 이런 제안도 사실은 너무 단순화시킨 제안이다. 똑같은 박테리아가 환경에 따라서 사람에게 좋을 수도 있고 나쁠 수도 있기 때문이다.

역사에서 얻은 교훈

내가 여기서 들었던 과거의 예들은 아주 좋은 사례다. 지식이 축적된 후에 뒤돌아보니 지난 세대에 나타난 혁신적 제품들에 대해 놀라움과 흥미로움이 뒤섞인 감정을 가지게 되었다. 인상 깊은 것은 정확한 과학적 이해 없이도 그동안 엄청난 발전을 이룩해왔다는 점이다. 물론 이로 인해 새로운 아이디어나 제품이 가지고 있는 많은 문제점들을 전혀 파악하지 못했다는 점도 놀랍다. 하지만 우리가 그들보다 낫다고 우쭐댈 필요는 없다. 세월이 지나면 우리 손자 손녀들도 우리 세대에 대해 똑같은 평가를 내릴 것이기 때문이다. ⁝

4장
기차에서 반도체까지, 혁명은 계속된다

산업혁명

　빅토리아 시대와 19세기의 기술에 대해 이야기하다 보면 우리의 생각은 자연스럽게 산업혁명으로 이어진다. 산업혁명은 대규모 공장, 노동자, 인상 깊은 혁신적 기술, 제조 기술의 발전, 대량 생산과 같은 단어들과 떼려야 뗄 수 없는 관계에 있다. 새로운 기술에 의해 세상에 모습을 드러낸 것으로는 철도, 증기선, 철교 등을 들 수 있다. 그보다 작은 것으로는 자전거가 있고 비행기, 자동차, 탱크 그리고 더 강력한 전쟁 무기가 뒤를 이어 등장하였다. 이러한 것들은 눈에 보이고 만질 수 있는 물건들이고, 어떻게 만들어지는지 알고 있기 때문에 필요하다면 수리하거나 더 좋게 개선할 수도 있다. 하지만 이런 물건들을 만드는 데 어떤 재료를 사용했는지는 그다지 중요한 사항은 아니었다. 강철의 경우 철과 소량의 탄소를 함유하고 있다는 사실은 많이 알려져 있었다. 하지만 다른 여러 종류의 철에 어떤 성분이 더 들어 있는지에 대해서는 전혀 아는 바가 없다. 19세기 대부분의 철강 제조 회사들 역시 사정은 비슷했다. 마찬가지로 동과 아연으로 이루어진 황동의 경우 구체적인 성분과 제조 방법은 일반인들이 쉽게 알 수 있는 지식이 아니다.

일반인들이 생각하는 기술은 구성 성분에 그리 민감하지 않고 수리가 필요할 때 직접 고칠 수 있는 제품에 한정되어 있다. 그 이후에 이루어진 모든 발전은 원래 제품에 조금 수정이 가해진 유사품 정도로 생각하는 경향이 있다. 하지만 이 부분을 다시 생각해볼 필요가 있다. 20세기 후반에 이르러서는 새롭고도 완전히 다른 종류의 산업혁명이 일어났기 때문이다. 금속학이나 화학에서 이루어진 진보에 의해 예전과는 비교할 수 없을 정도로 발전된 종류의 기술들이 출현했다. 이러한 기술로 인해 매우 특이한 금속이나 재료들이 만들어졌고 제트엔진이나 특수 플라스틱과 같은 분야에 사용되었다. 특히 반도체 전자 소재와 광섬유 통신에 사용되는 재료들을 개발하는 데는 지금까지와 전혀 다른 기술적 접근 방법이 필요했다. 우리가 익히 알고 있던 방법과는 전혀 다른 방법을 써야 했다.

전자공학, 컴퓨터, 통신 혁명에 필요한 기술이 이전 기술과 가장 큰 차이는 제품이 요구하는 순도를 얻기 위해 특별한 노력이 필요하다는 것이다. 더구나 특별히 선정된 원소를 매우 정확한 양만 첨가하는 기술이 있어야 한다. 어림짐작은 허용되지 않는다. 철강 산업에서 자주 쓰는 방법처럼 대체 첨가제를 사용하는 것은 불가능하다. 여기서 필요한 순도 제어 기술은 ppb(part per billion, 10억분의 1) 단위다. 10억 개의 원자당 한 개의 오차만 허용되는 범위다. 게다가 매우 정확한 위치에 100만분의 1에 해당하는 농도의 새로운 원소를 첨가해야 한다. 이런 정밀도는 우리가 일상적으로 경험하는 범위를 벗어나 있다. 50년 전만 하더라도 이 정도의 성분 차이를 검출하는 기술조차 없었다. 어떤 전자기기는 고도의 정밀도에 더하여 60종의 각기 다른 원소를 매우 다양한 위치에 자유자재로 배치시킬 수 있어야만 만들 수 있는 것도 있다. 산업혁명 당시 발견된 원소의 종류를 다 합해도 60종이 안 되었다는 것을 생각하면 격세지감이다.

내가 이 책을 통해 하고자 하는 일은 과학기술 발전의 부정적인 측면을 살펴보는 매우 평범하지 않은 일이다. 이를 위해서는 기술 발전이 우리에게 가져다준 즐거움과 기쁨을 잊어버려야 한다. 19세기에서 20세기 초에 발명되었던 인상적인 증기기관차, 기계화된 농기구, 놀이공원의 놀이 기구 등은 이미 낡아서 부식되었을 것이다. 하지만 이 놀라웠던 발명품들은 조금 노력하면 수리되고 복원될 수 있다. 실제로 수백 명의 사람들이 이런 활동을 하는 데 자신의 시간을 쓰고 있다. 그 결과로 복원된 증기기관차와 선로로 테마파크가 만들어져 가족들이 즐겁게 놀러갈 수 있는 장소가 되었다. 만약 미래의 어떤 세대들이 원시적인 컴퓨터 게임을 다시 즐기기 위해 구식 컴퓨터를 복원할 가능성이 있는지를 물어본다면 내 대답은 '노'이다. 이런 것들로는 복원된 증기기관차가 가족들에게 주는 것과 같은 종류의 기쁨을 줄 수는 없기 때문이다.

이번 장에서 나의 목표는 우리의 생각을 바꾸는 것이다. 극소량의 물질이 우리의 환경을 변화시키기도 하고, 방대한 물질의 성능과 보존에 지대한 영향을 미치기도 한다. 그 증거가 오늘날 우리가 쓰고 있는 전자기기나 광섬유 통신 속에 있다. 문제는 우리가 이런 제품들이 어떻게 작동하는지에 대해 별로 신경을 안 쓴다는 것이다. 이렇듯 작은 양의 물질이 큰 시스템의 성능을 좌우한다는 사실을 깨닫고 나면 현대적 기술에 대해 새로운 시각을 가질 수 있다. 더불어 사용하는 물질의 다양한 면과 그를 둘러싼 환경에 우리가 얼마나 영향을 받는지에 대해서도 이해할 수 있게 된다. 그 결과 우리는 관심의 초점을 왜 환경을 보호해야 하는지로 돌릴 수 있다.

다음으로 이산화탄소가 기후에 미치는 영향에 대해 살펴보자. 우리가 극미량의 물질에도 민감하게 반응한다는 증거를 이미 익숙한 생화학적 현상을 통해 제시하려 한다. 이런 사례들은 이미 그 효과에 대해 잘 알고 있으므로 이해하기 훨씬 쉬울 것이다. 예를 들면 모기에 물리면 말라리아에 걸려 죽을 수 있다. 이 경우 모기가 물었을 때 우리 체내에 투입되는 유독한 물질의 양은 보통 사람의 체중의 100만분의 1도 안될 만큼 극미량이다. 공기 중에 떠도는 눈에 보이지도 않는 병원균에 의해 감기에 걸리는 것만 보아도 얼마나 우리가 극소량의 물질에 민감할 수 있는지 잘 알 수 있다. 페로몬의 경우도 마찬가지다. 페로몬은 공기 중 농도가 10억분의 1 정도밖에 되지 않는데도 불구하고 우리에게 성적인 끌림 반응을 일으킬 만큼 효과적이다. 페로몬이 성공적으로 작용되면 그다음 단계로 생식을 위한 수정이 일어난다. 이 단계에 대해서는 조금 더 과학적인 숙고가 필요하다. 생식의 마지막 결과물인 아기에 비하면 난자를 수정시키는 정자의 크기는 10억분의 1 정도밖에 되지 않는다. 그러나 그 작은 정자 안에 들어 있는 정보는 지구상에 존재하는 도서관 전체가 보유하고 있는 정보량보다 많다. 이러한 사실을 깨닫고 나면 우리가 이룬 정보화 기술이 얼마나 보잘것없는 것인지 한계를 절감할 것이다. 겸허한 마음을 가지게 되면 신기술이나 아이디어를 맹목적으로 받아들인 결과에 대해서도 객관적으로 돌아볼 수 있게 되지 않을까?

작은 변화 큰 영향, 음식

음식은 인간이 살아가는 데 있어 매우 중요한 항목이다. 인간은 생존을 위해 충분한 양의 음식을 섭취하고자 할 뿐만 아니라 동시에 음식을 즐길 수 있기 원한다. 이를 위해 요리사는 소금이나 허브 같은 것을 소량 첨가하여 향이나 맛에 미묘한 변화를 일으킨다. 양으로만 본다면 이런 소량의 첨가물들은 한 끼 식사량의 수천분의 일도 안 될 것이다. 하지만 그럼에도 불구하고 매우 중요한 역할을 한다. 잘 알려지지 않았지만 우리 몸은 적당한 조절 기능을 유지하기 위해 미량의 화학물질과 복합물을 필요로 한다. 어떤 경우에는 섭취하는 음식의 총량 기준으로 100만분의 1에 해당하는 정도의 양일 경우도 있다. 믿을 수 없을 만큼 소량이지만 인체에서 얼마나 큰 역할을 하는지 알고 나면 놀랄 것이다. 사실 이 정도 양도 최근 반도체나 광섬유 같은 기술 분야에서 본다면 많은 양이다. 최근 반도체나 광섬유 제조 분야는 불순물의 양을 ppb 단위까지 떨어뜨리고 있다. 20세기 말이 되기 전까지 이 정도 수준의 양을 측정하고 조사한다는 것은 상상조차 하기 힘든 일이었다. 이것은 마치 한 사람을 찾기 위해 중국이나 인도 전체를 뒤지는 것과 비슷한 난이도를 가진 일이다.

음식에 향미를 더 하는 일, 반도체 기술, 생화학 작용을 제어하는 일, 생물의 성장 등은 모두 한 가지 공통점이 있다. 매우 극미량의 다양한 물질에 의해 민감하게 영향을 받는다는 점이다. 과학적 배경이 없는 내 친구들은 그렇게 적은 양의 물질이 그토록 중요한 역할을 한다는 사실에 모두 하나같이 놀란다. 하지만 과학기술의 부작용은 많은 경우 이렇게 극미량의 물질에 의해 나타나는 것도 사실이다. 그래서 나는 기회가 있을 때마다 여러 상황을 예로 들어 반복하여 강조한다. 과학계 동료들조차도 이런 사실을 알면 놀라곤 한다. 특히 약품이나 농약의 경우 미량 잔존물이 일으킬 문제를 예측하기는 극히 어렵다. 식물이나 인간을 포함한 동물속에 오랫동안 축적된 후에야 후유증이 나타나기 때문이다.

앞으로 제시할 많은 예에서 명확히 알 수 있겠지만 우리는 새로운 기술에 대해 매우 개방적인 태도를 보이면서 때로는 최소한의 경계심까지 무너뜨려버린다. 지난 50년간 극미량의 물질을 검출할 수 있게 된 것은 과학자들에게 큰 발전이다. 하지만 이런 미량의 물질들이 포함된 제품을 사용하게 될 사람들에게 그 물질의 중요성을 깨닫게 하는 일은 쉽지 않다. 더구나 가장 최근까지 우리는 이런 미량의 물질이 건강과 생존에 엄청난 영향을 미친다는 사실을 알지 못했다. 심지어 그런 위험성이 알려졌음에도 불구하고 상세한 정보에 대해서는 의학이나 기술 문헌에서 감춰지는 경향이 있다. 대중이 읽을 가능성이 전혀 없음에도 말이다. 보통 기존의 생각과는 배치되는 아이디어는 심지어 전문가들에게도 무시되는 경향이 있다. 더구나 관련 문헌이 기하급수적으로 늘어남에 따라 전문가들조차 중요하고 관련성 높은 정보들을 놓치는 경우가 많다.

어떤 제품을 사용함에 따라 나타나는 부작용의 직접적인 영향을 받는 사람들은 첫 번째로는 그 제품을 만드는 회사에 근무하는 사람들이다. 그런 사람들은 자연스럽게 제품의 단점보다는 장점에 집중한다. 그것이 인간의 본성이기도 하지만 제품의 단점이 외부로 알려지는 것을 회사에서 원하지 않기 때문이다. 많은 근무자들이 맺고 있는 계약에 따르면 회사와의 협의 없이 어떠한 정보도 밖으로 노출시켜서는 안 된다. 극단적인 경우 이런 것을 무릅쓰고 내부 고발자가 나오기도 한다. 하지만 그들은 법적으로 처벌 받을 수 있을 뿐만 아니라 동종 업계에는 취직하기가 어려울 것이다. 만약 폭로한 정보가 정부 부처와 관련된 것이면 그 결과는 더 나쁠 수 있다. 또한 과학 잡지나 일반 언론에서는 제조 공정이나 새롭게 제시된 아이디어가 잘못되었다는 뉴스를 잘 다루려 하지 않는 경향이 있다. 이전 헤드라인을 장식한 기술이 더 이상 옳지 않다는 이야기를 하고 싶어 하지 않기 때문이다.

개인적으로도 나는 이러한 경험을 여러 번 했다. 이전에 특정 종류의 실험을 행하고 분석하는 방법에 심각한 오류가 있음을 발견한 적이 있었다. 이러한 실수는 나를 포함한 수백 명의 학자들이 흔하게 범하고 있던 실수였다. 내가 이 점을 지적했을 때 오랫동안 진행되어 오던 일에 오류가 있음을 모든 사람들이 인정하였다. 하지만 정작 이것을 논문으로 발표하려 했을 때 큰 어려움에 봉착했다. 학술지 편집자들은 자신들이 관여한 이전 논문의 검증 절차가 제대로 이루어지지 않았다는 사실에 대해 비난 받을 것을 두려워했다. 또한 학술지에 발표된 수많은 논문들이 오류를 포함하고 있다는 점도 문제였다. 일단 나는 발표를 보류해야 했다. 하지만 결국은 관련 자료들을 모아 발표하였고 사람들에 의해 매우 많이 인용되는 논문이 되었다.

산업혁명의 그림자

지난 250년 동안은 인류 역사상 산업면에서 전례 없는 발전이 이루어져 왔다. 특히 영국은 풍부한 석탄과 광물뿐 아니라 혁신적 아이디어, 기업가 정신, 산업의 확장을 지지하는 문화적, 정치적 환경이 조성되어 있어 이러한 발전을 이루는 데 큰 혜택을 입었다. 덕분에 제조기술, 아이디어, 제품 개발에서 영국은 선도적 역할을 할 수 있었고 그로 인해 자부심을 느낄 수 있었다. 하지만 산업화 과정에서 여러 후유증들이 나타난 것을 보면 '고통 없이는 얻는 것도 없다'는 표현이 참으로 적절한 것 같다. 도자기, 철강, 가스와 전기 에너지, 직물을 이용한 제품 발전으로 인해 동력에 대한 수요가 급증했다. 산업화 초기에는 주로 석탄으로 동력을 공급하였기 때문에 석탄 광산과 철 광산의 수가 급격하게 늘어났다. 또한 산업이 발전함에 따라 많은 인구가 시골에서 도시로 대거 유입되었다. 산업 단지와 공장을 가동하는 데 많은 인력이 필요했기 때문이다. 기술 발전이 이루어지면서 해당 세대의 국부가 증대되었고 영국의 영향력은 세계로 확대되었다. 이러한 과정에서 예측하지 못했던 많은 부작용이 나타났다. 노동 인력에 대한 착취는 영국에만 국한되지 않고 식민지 국가까지 번져갔다. 전 세계에 걸쳐 천연자원은 파괴되고 환경오염이 가중되어 갔다.

특히 환경오염이 심각해졌다. 산업의 중심지였던 영국의 중공업 단지는 '블랙 컨트리'라고 묘사되었고, 시적 언어로는 '어두운 사탄의 공장'이라고 표현되었다. 석탄을 태울 때 발생한 매연, 화염, 유독가스로 도시와 시골의 대기가 오염되는 값비싼 대가를 치르면서 산업이 발전하였다. 오염의 영향을 직접 받는 큰 공장에서 일하는 작업자들이나 광부는 물론이고 그와 무관한 일반 사람들의 수명까지 단축되는 결과로 이어졌다. 화공약품으로 까맣게 변한 부식된 빌딩과 광산에서 나온 처리물 더미, 그리고 쓰고 버린 제품 폐기물들이 산업화 후유증의 뚜렷한 증거물로 남았고 아직까지도 완전히 없어지지 않고 있다.

대기오염은 공장과 도시뿐만 아니라 멀리 떨어진 숲에도 영향을 미칠 만큼 심했다. 보통 나방들은 종류에 따라 밝은 색에서 어두운 색까지 다양한 색을 띠고 있다. 환경오염으로 나무가 까맣게 변하자 색이 밝은 나방들은 눈에 쉽게 뜨여 새들에게 잡아먹히고, 색이 어두운 나방들만 살아남는 결과로 이어졌다. 이 과정에서 자연 선택 현상이 뚜렷하게 나타나 매연이 심한 생태계에서는 색이 짙은 나방만 살아남아 번성하게 되었다. 산업 구조가 매연이 덜 나오는 쪽으로 변한다면 이에 따라 공기가 깨끗해지고 밝은 색의 나방이 살아남을 수 있는 가능성이 높아지게 될 것이다. 맛 때문에 색이 짙은 나방을 선호하는 새들에게는 별로 안 좋은 소식이겠지만 말이다.

산업이 발달하면서 광산 처리물 더미 때문에 생긴 오염과 폐수로 인해 강물의 산도가 높아졌고, 버려진 채 방치되는 산업 폐기물도 같이 늘어났다. 이와 함께 밀집된 도시의 생활환경은 날이 갈수록 악화되었다. 전염병이 창궐하고 유아 사망률은 치솟았다. 지금도 마찬가지지만 생식 기능과 건강한 개체 생존에 심각한 영향을 끼치는 화학약품의 영향은 그리 분명하게 드러나지 않는다. 금세기 들어 영국에서는 공장의 큰 굴뚝이 사라지고 시커먼 하늘은 맑아졌다. 하지만 눈에 보이지 않는 각종 오염 물질에 의한 후유증은 여전히 사라지지 않았다. 방직공장, 도자기 공장, 철강 공장이 사라지고 나서도 런던의 공해는 여전히 심각한 수준이었다. 템스 강은 실제로 개방된 하수구나 마찬가지였다. 악취가 코를 찌르고 항상 콜레라나 다른 전염병이 만연했다.

산업이 발전하면서 가장 문제가 되었던 것 중 하나는 노동 인력에 대한 착취였다. 많은 산업 분야에서 노동자는 소모품처럼 취급당했다. 예로부터 노예제도는 그리스나 로마의 문명이 번성하는 밑거름이 되었고 근대에 이르러서도 대영제국의 식민지에서 막대한 부를 축적할 수 있는 토대가 되었다. 그러므로 근로 환경에 대한 태도가 식민지뿐 아니라 영국 본토에서도 크게 다르지 않았다는 것이 그리 놀라운 일도 아니다. 말로만 자유시민이라고 불리고 임금이 지급되는 형식이었지만 대부분은 어쩔 수 없이 일자리를 받아들여야 했고 일의 노예가 될 수밖에 없었다. 그 당시 일자리라고 하면 대부분 방적공장이나 광산이었다. 광산일은 늘 위험했다. 빅토리아 시대에 수천 명의 광부들이 광산에서 일어나는 사고나 폐질환으로 사망하였으나 그런 상황을 사용자나 근로자 모두 당연하게 받아들였다. 항상 경제적 이윤 추구가 최우선이었고 산업재해에 대한 보상은 늘 뒷전이었다. 그 시대에는 건강이나 안전에 대한 법률이 발전을 저해하는 걸림돌로 여겨졌다. 어쩌다 사고에 대한 보상이 이루어져도 금액은 보잘 것 없었다. 브리튼 근방에 1858년부터 사용하기 시작한 우물이 있었다. 사람이 판 우물로는 세계에서 가장 깊은 우물이라고 한다. 우물에 새겨진 팻말에는 이 우물을 파다가 많은 인부가 사망했다고 적혀 있다. 빅토리아 시대에는 사망한 인부의 부인에게 12실링 6펜스가 보상금으로 지급되었다. 오늘날 화폐 가치로는 62.5펜스에 해당하고 이는 1달러가 안 되는 금액이다. 당시로 보면 고작 일주일치 임금에 해당하는 돈이었다.

산업혁명 시대에는 모든 분야에 위험한 근로 환경이 존재했다. 그 당시에는 이런 사실이 언론에 잘 알려지지 않았다. 위험한 직업들에서는 늘 사망 사고가 발생했고 뉴스거리도 되지 못했다. 대표적인 예가 1883년에서 1890년 사이에 지어진 포스브리지 건설 현장에서 57명의 인부가 사망한 사건이다. 100년이 지나고 이를 기념하기 위한 기념비 제작을 준비하면서 발견한 사실은 사망자의 이름을 기록한 어떤 문서도 남아 있지 않다는 것이었다. 그만큼 당시에는 아무것도 아닌 일로 생각했다는 뜻이다. 다리 건설 현장은 늘 위험해서 1960년에 이 다리를 다시 지었을 때도 7명의 인부가 사망했다. 광산이나 방적공장, 건설 현장과 농업 분야에서의 사망률은 매우 높았다. 병에 걸리거나 귀머거리가 되거나 심지어 사지가 절단되는 사고가 일어날 확률은 그보다 훨씬 높았다. 근로자의 안전에 대해 유일하게 영국만 무관심한 국가였던 것은 아니었다. 최근까지도 여전히 많은 나라에서 근로자의 근로 환경은 그다지 크게 개선되지 않고 있다. 이는 회사의 이윤 추구 욕망과 밀접하게 연결되어 있기 때문에 쉽게 바꾸기 어려운 문제이기 때문이다.

다만 긍정적으로 평가할 수 있는 부분은 그동안 영국이 주택, 하수 처리, 생활환경, 안전 분야에 대한 문제점을 인식하고 해결하기 위한 노력을 계속해왔다는 점이다. 이로 인해 오늘날 영국은 전 세계 어느 나라보다 건강과 안전에 관한 법률이 발달해 있고, 산업재해에 대한 보상율도 높은 편이다. 따라서 근로자와 제품 모두 100년 전에 비해서 훨씬 안전해졌다고 할 수 있다. 하지만 우리가 안전에 있어서 충분히 합리적인 수준의 기준을 가지고 있는지는 분명치 않다. 안전과 관련된 산업이 성장하기 위해서는 관련 공무원들이 더 자세하고 엄격한 검사, 시험을 거쳐 인증서를 발행해야 한다. 때문에 합리적이고 필요한 수준을 넘어선 지나친 규제를 강제하는 법을 제정하라는 요구가 산업계로부터 항상 있어 왔다. 많은 경우 지나친 규제는 일하는 데 심각한 방해가 될 뿐만 아니라 엄청난 비용 증가도 동반되므로 적용에 신중을 기해야 한다. 법규에 의한 규제가 과도하게 되면 기술 발전에도 심각한 장애를 초래한다. 개발 단계에서부터 미래의 법률 분쟁을 걱정해야 한다. 도전과 혁신에 방해가 되는 과도한 법규 적용의 폐해에 대해 어떤 법률 전문가는 다음과 같이 말했다. '만약 비행기, 에어컨, 항생제, 자동차, 염소, 홍역백신, 심장수술, 냉장고, 천연두 백신, 엑스레이 등을 오늘날의 법 체제에서 개발하려 했다면 그 어떤 것도 성공하지 못했을 것이다.'

오염 물질에 대한 이해

오염 물질과 관련된 문제는 그리 간단하지 않다. 오염 물질과 관련된 우리 경험과 지식은 영국, 미국의 국제 표준과 심심치 않게 충돌하고 있다. 이러한 충돌은 국제 표준과 상업적 이익이 상충되기 때문이기도 하지만, 많은 경우 공무원들이 문제의 단편적인 일면만 고려하기 때문에 일어난다. 다양하게 넓은 범위의 요인들을 모두 고려해서 전체적인 관점에서 합리적 판단을 내릴 수 있는 능력을 가지고 있는 사람이 매우 드문 것이 현실이다. 최근에 대두된 좋은 예가 경유 대신 가솔린을 쓰라고 하는 압력이다. 약 10년 전만 하더라도 디젤의 연비가 가솔린보다 좋기 때문에 경유를 쓰는 것이 더 좋다고 하는 주장이 있었다. 반면 경유 사용에 반대하는 측에서는 경유에서 훨씬 많은 오염 물질이 배출되고 소음이 심하다는 점을 지적한다. 양쪽의 주장 모두 일리가 있다. 하지만 지난 10년 동안 과학자들은 경유를 사용하는 디젤 엔진의 소음과 배출가스를 엄청나게 줄이는 데 성공했다. 그 결과 최근 개발된 청정 디젤 엔진은 배출가스 오염에 있어서 가솔린보다 60퍼센트나 적은 수치를 보이고 있다. 짧은 기간 동안 이루어낸 매우 인상적인 발전이다. 하지만 상황이 디젤 엔진에 유리하게 돌아가기 시작한 시점에 새로운 주장이 등장하였다. 가솔린에서 발생하는 배출가스보다 경유에서 발생하는 질소산화물과 미세 입자가 더 유해하다는 견해다. 물론 인구가 밀집된 도시에서 이들의 유해성에 대해서는 반론의 여지가 없다. 연구 결과에 따르면 매년 약 2만 5,000명이 이로 인해 사망한다는 보고가 있다. 이를 근거로 연료비 부담의 증가나 배기가스 오염이 더 악화될 것임에도 불구하고 가솔린으로 전환해야 한다는 주장이 제기되고 있는 것이다.

이에 관련된 논쟁은 매우 복잡하고 장기간 계속될 것이다. 결론이 내려지면 그 결과로 비싼 경제적 대가를 치르게 될 수도 있다. 차량 사용 정도에 따라 다르겠지만 대부분의 사람들은 연료비가 적게 드는 쪽을 선호할 것이다. 파리에서 논의되고 있는 주요 도시에서의 디젤 차량 운행 금지 법안은 많은 사람들에게는 경제적 부담으로 작용할 것이다. 매년 영국에 팔리는 신차의 50퍼센트가 디젤 차량이다. 이런 상황에서 EU의 법안이 통과하여 시행된다 하더라도 영국에서 디젤 차량의 사용 규제는 큰 경제적 피해로 이어질 것이므로 실현 가능성은 희박해 보인다.

이런 논란은 계속 이어질 전망이다. 가솔린이 완벽한 연료가 아니기 때문이다. 가솔린에는 벤젠도 포함되어 있다. 가끔 주유소에서 나는 냄새 성분에서 벤젠이 검출되는 경우도 있다. 벤젠은 발암성 물질임에도 불구하고 간과되고 있다. 벤젠이 가솔린에 함유되어 있다는 것은 잘 알려진 사실이다. 심지어 이탈리아에서는 가솔린을 벤젠이 들어있다는 뜻으로 벤지나(Benzina)라고 부른다. 향후에는 언론에서 벤젠이나 다른 미량 화학물질의 유해성을 부각시켜 가솔린을 규제하고 경유를 사용하자고 할 수도 있다. 두 경우 모두 좋은 점과 나쁜 점이 동시에 존재하는 것은 분명하다.

대부분의 경우 문제를 해결하고자 할 때 한 가지 측면으로 접근해서 결론을 이끌어내는 경우가 많다. 하지만 이렇게 도출된 결론은 그 문제에 관해서는 합리적으로 보이나 다른 문제에는 적용할 수 없다. 비록 이런 결론을 끌어내기 위해 고려한 데이터가 옳다 하더라도 상황은 동일하다. 한 예로 자동차에 의해 발생되는 먼지 문제를 생각해보자. 물론 자동차가 대기의 질을 떨어뜨리는 주범임에는 틀림없다. 하지만 여기에는 고려해봐야 할 점이 두 가지 있다. 첫 번째는 믿을 만한 방법으로 오염도를 정량적으로 측정하고 있느냐 하는 점이다. 이 질문에 대해서는 보통은 그렇다는 대답을 할 것이다. 두 번째는 그로 인해 발생하는 피해를 정량적으로 측정했느냐 하는 점이다. 이 질문에 대해서는 그렇지 않다고 답할 수밖에 없다. 피해도를 추산하는 과정 자체가 합리적인 추측에 근거할 수밖에 없기 때문이다. 여기에 딜레마가 있는 것이다. 비록 오염 수준에 대해서는 세심한 측정을 통해 신뢰성 있는 데이터를 얻을 수 있다 하더라도, 두 번째 고려사항인 병에 걸린 사람의 숫자와 사망자 숫자에 대해서는 절대 정확한 값을 얻을 수 없다. 사람과 그들의 삶이란 각자의 출신 배경, 지역적 특성, 유전적 요인, 작업 조건, 출퇴근 횟수 등이 복잡하게 얽혀 결정되는 것이기 때문이다. 이런 상황에서 값을 추정하는 작업은 더 이상 과학이라 부를 수 없어진다. 같은 사람이 환경오염이 없는 상태에서 살면 어떻게 되는지를 알아야만 정확한 비교를 할 수 있다. 하지만 이것은 불가능한 일이다.

그렇다면 현실적으로 가능한 차선책은 그동안 수집된 통계를 조사하거나 합리적인 추론을 통해 질병이나 사망 요인 중에 환경오염에 의한 것의 비율이 어느 정도인지 추측하는 것이다. 이 과정은 반드시 어떤 특별한 이해관계에도 연루되어 있지 않은 사람이 맡아서 편견 없이 수행해야 한다. 하지만 대부분의 경우 조사 용역을 수주하는 쪽과 용역을 의뢰하는 쪽 간에 이해관계가 있기 때문에 이 역시 거의 불가능한 일이다. 따라서 조사 결과와 무관하게 보고서는 다른 결론으로 제출될 수 있다. 예를 들면 런던 시내에 거주하는 사람들은 공해로 인해 '시골에 거주하는 사람들에 비해 사망률이 4배나 높다'라는 식으로 발표될 수 있다. 이것은 물론 사람들마다 생활 방식이 다른 것에 따른 영향을 고려하지 않은 결과다. 매스컴에서는 지역구당 연평균 100명 정도는 대기오염으로 인해 사망한다고 떠들 것이다. 보통 연구 결과 보고서에는 모호하게 '어떤 것이 원인일 가능성이 있다'라는 식의 표현을 쓰게 되지만 이에 대해 나는 일부러 분명하고도 자극적인 단어를 사용하여 지적하고자 한다. 언론,

정치인, 모든 이익 집단들은 자신들의 주장을 뒷받침하기 위해 연구 보고서에 포함된 숫자들을 인용하여 쓸 것이다. 이 순간부터 연구 보고서에 포함된 숫자들은 의심할 여지없는 진실로 믿어지게 된다.

　런던의 경우 디젤차로 인한 먼지 발생은 50퍼센트 정도가 택시, 7퍼센트 정도는 버스, 그리고 개인 승용차의 비중은 20퍼센트 미만이다. 논리적으로만 따지면 가장 시급히 이루어져야 할 조치는 택시와 버스의 운행을 금지시키는 것이다. 하지만 이런 정책은 결코 환영받지 못할 것이고 이러한 정책을 제안하는 정치인들이 선거에서 당선되기는 어려울 것이다. 따라서 시정부에서는 택시나 버스를 전기 자동차로 대체하여 문제를 해결하자고 제안할지도 모른다. 단지 그 지역에 국한해서 본다면 이러한 생각은 합리적으로 보일지도 모른다. 하지만 이렇게 되면 늘어난 전기 자동차를 움직이기 위한 전력을 추가로 다른 곳에서 끌어와야 하는 문제가 발생한다. 따라서 이런 대책은 단순히 환경오염을 다른 곳으로 재배치하는 것일 뿐이라는 지적도 충분히 가능하다. 더구나 전기 자동차와 이에 필요한 재료를 공급하기 위해 소요되는 자원과 막대한 재원을 어떻게 마련할 것인가 하는 문제도 해결해야 한다. 전기 자동차용 배터리에 필요한 자원은 매우 한정되어 있기 때문이다.

　대기오염을 줄이려는 합리적 노력을 하는 것처럼 보이기 위해서 많은 도시들이 시도하고 있는 정책으로 자전거 사용을 장려하는 것이 있다. 하지만 건강과 안전의 관점에서 본다면 측정된 각종 수치에 의거하여 런던에서는 남자들이 자전거를 타는 것을 금지해야 마땅하다. 통계에 의하면 자전거 관련 사고의 80퍼센트는 남자들에 의해 일어나고, 그중 심각한 사고는 대부분 대도시에서 일어나기 때문이다. 영국 통계에 따르면 2013년에 발생한 심각한 자전거 사고는 2만 건에 달한다. 자전거로 인해 사고가 날 확률과 자동차 매연과 직접 관련 있는 사망자의 숫자를 비교한다면 자동차 대신 자전거를 이용하라고 신문의 헤드라인으로 홍보하진 못할 것이다.

전기 자동차와 같은 새로운 교통수단으로 전환하려면 이를 제조하기 위해 필요한 자원의 채굴, 운송, 제조 과정 중에 일어나는 사망자 수도 면밀히 비교해 보아야 한다. 하지만 대개 이런 계산은 하지 않는다. 아마도 배터리 제조를 위해 필요한 니켈, 카드뮴, 리튬 광산이 다른 국가에 존재하기 때문일 것이다. 자기중심적이고 좁은 시야로 볼 때에는 이런 대책으로 우리 도시에서 일어나는 공해와 연관된 사망자 수는 줄일 수 있을 것이다. 하지만 전 지구적으로 시야를 옮겨서 본다면 그 때문에 다른 곳에서는 훨씬 더 많은 사람들이 죽고 있을 수도 있다. 물론 양심에 가책을 느끼지 않으려면 시야를 좁히는 것이 더 나을 것이다.

전기 자동차를 늘려 도시에서 기름을 사용하는 자동차를 줄이자는 주장에도 숨겨진 함정이 있다. 전기 자동차의 배터리를 충전시키기 위해 전기를 사용하는 것이 에너지 사용면에서 훨씬 비효율적이라는 고려가 들어가 있지 않기 때문이다. 에너지가 한 가지 형태에서 다른 형태로 바뀔 때는 반드시 손실이 발생한다. 태양열을 이용하든 풍력을 이용하든 발전소에서 사용하는 발전기의 효율은 20~40퍼센트 정도에 지나지 않는다. 따라서 전기 자동차를 움직이려면 경유나 가솔린 연료를 자동차에서 직접 태워서 운행할 때보다 거의 3배에 달하는 에너지를 더 생산해야 한다. 도시 공기를 깨끗하게 하고 싶은 측과 지구 온난화를 줄이고 싶은 측 사이에 큰 갈등이 일어날 수밖에 없다.

자전거를 자주 이용하는 나로서는 이러한 논쟁에서 자전거 편을 드는 입장에 서게 된다. 하지만 주말에 쇼핑을 하러 가거나 날씨가 좋지 않을 때에도 자전거를 이용해야 한다고 생각하지는 않는다. 내가 사는 지역의 매우 혼잡한 길을 운전하다 보면 차로 옆에 자전거 다닐 길은 텅 비워 놓고 왜 차선은 한 개만 만들었는지 이해가 되지 않는다. 자전거 사용을 장려하여 대기오염을 줄이려는 의도겠지만 오히려 이 때문에 대기오염 수준이 더 악화될 수 있다. 차로를 일방통행 시스템으로 만들어 놓으면 자동차 주행거리가 두 배로 늘어난다. 바로 연결될 수 있는 길을 우회해서 돌아가야만 하고 이럴 경우 늘어난 주행거리로 대기오염은 심해질 수밖에 없는 것이다. 또한, 일차로 일방통행 시스템에서는 경미한 사고나 차량 고장이 발생하면 일대 교통이 완전히 마비되는 약점도 가지고 있다. 이런 이유에서 자동차 사용을 억제시키려고 차로를 줄이고 자전거 도로를 늘리는 친환경 정책은 다양한 측면에서 면밀한 검토가 이루어지지 않은 매우 이상주의적 정책이라는 점에 동의하는 사람들이 많을 것이다. 교통 문제에 간단하고 쉬운 대책은 없다. 어쩌면 아예 해법이 없는지도 모르겠다.

앞에서 편협한 시각에 대한 비판을 했지만 나 역시 런던만 예로 들어 공해 문제를 논하고 있기 때문에 똑같이 현상의 일면만 본다는 비판에서 자유롭지 못하다. 전 세계적으로 환경오염의 수준을 비교한다면 런던의 경우는 오히려 매우 경미한 수준이라 할 수 있다. 내가 방문했던 많은 대도시들은 몇 분 만에 입과 폐에서 공해 물질이 느껴질 정도의 환경오염에 시달리고 있다. 현지인들이 얼굴에 마스크를 쓰고 있는 데는 다 이유가 있었던 것이다. 연구 결과에 의하면 전 세계적으로 도시의 환경오염이 원인이 되어 사망하는 사람들의 숫자는 연간 100만 명에 이른다.

환경오염과 기후 변화

과학기술의 어두운 면을 보여주는 보다 극적인 예를 기술 개발이 기후에 미치는 영향에서 찾을 수 있다. 산업화로 인한 환경오염이 기후 변화에 미치는 영향과 우리가 지구 온난화를 극복하기 위해 무엇을 해야 하는지에 대해서는 지금도 뜨거운 논쟁이 이어지고 있다. 나는 데이터의 측정과 해석에 신중을 기해야 하는 과학자라는 직업을 가지고 있다. 그런 입장에서 볼 때 지구 온난화와 같이 매우 많은 요인이 관여되는 복잡한 문제의 경우 대부분의 사람들은 제공되는 정보를 충분히 이해하지 못하고 있는 상태에 있음을 잘 알고 있다. 심지어 문제를 이해하기 위해 어떤 정보가 필요한지조차 모르고 있다고 할 수 있다. 이런 상황에서 이산화탄소와 같은 오염 물질의 배출을 줄이기 위한 규제에 많은 비용이 든다는 것은 매우 나쁜 소식이다. 당장 경제적 타격을 입게 될 산업계에서는 지구 온난화 문제를 해결하기 위해 필요한 여러 조치에 저항함과 동시에 지구 온난화의 주범이 인간이 아니라는 주장에 매달릴 수밖에 없게 된다. 보통은 이러한 논쟁과 관련된 쟁점이나 증거들은 상당한 수준의 과학적 이해를 필요로 한다. 하지만 대부분의 일반인이나 정치 지도자, 그리고 심지어 많은 기상학자들까지도 합리적이고 정확한 판단을 할 수 있는 전문성이 없다는 점이 문제다. 그들에 대해 비판을 하는 것은 아니고 단지 매우 복잡한 문제를 다룰 때 나타나는 일반적인 경향에 대해 얘기하려 하는 것이다. 이런 종류의 문제에 대해 전문적인 과학자들이라고 해서 더 나으리라고 생각하는 것은 흔히 범하기 쉬운 오류라는 점을 분명히 해두고 싶다. 자기 전문 분야가 아닌 경우 과학자들이나 일반인들이나 크게 다를 바 없기 때문이다.

편향된 생각을 방지하기 위하여, 지구 온난화가 진행되고 있다는 매우 뚜렷한 증거들을 살펴보면서 이 논의를 시작하려 한다. 나에게는 해마다 줄어들고 있는 여름철 북극해의 얼음 양이 그 어떤 것보다도 지구 온난화에 대한 분명한 증거로 보인다. NASA에서 제공한 인공위성 사진을 보면 지난 20년간 여름철 얼음의 양이 현저하게 감소되고 있음을 알 수 있다. 그 사진을 보면 얼음의 양이 점진적으로 줄어들고 있다는 사실을 이해하는 데 별다른 과학적 훈련이 필요 없다. 이것은 단지 여름에만 관찰되는 현상은 아니다. 북극해의 얼음 면적은 11월을 기준으로 비교해도 지속적으로 줄어들고 있다. 위성사진이 가장 먼저 촬영되었던 1980년에 비하면 150만 제곱킬로미터가 줄어들었음을 알 수 있다. 줄어든 면적은 프랑스 크기의 세 배, 텍사스 크기의 두 배에 해당하고 북극해 전체 면적의 3분의 1에 해당한다. 북극해는 전 세계 해양의 4퍼센트에 해당하는 면적을 가지고 있다. 우리가 북극해의 중요성을 낮게 평가하고 있는 이유 중의 한 가지는 현재 지도의 표현 방법 때문이다. 지도를 제작할 때 3차원의 지구를 2차원의 종이 위에 나타내는 방법으로 투영도법이라는 것을 사용한다. 메르카토르식 투영도법은 미국과 비슷한 위도에 위치한 나라들을 표시하는 데는 유용하지만 북극해를 표시하는 데는 매우 부적절한 방법이다. 다른 식의 투영도법 역시 북극 지역은 실제 크기보다 매우 줄어든 모습으로 왜곡되어 표현될 수밖에 없다. 북극 주위에는 바다밖에 없기 때문에 이러한 왜곡 현상이 나타나더라도 이를 경시하는 경향이 있다.

따라서 현실적으로 모든 투영도법에 의해 제작된 지도에는 오류가 포함되어 있다. 유일하게 의미 있는 방법은 3차원 지구본을 이용하는 것이다. 투영도법은 원래 유럽의 지도 제작사에 의해 개발되었기 때문에 지도의 초점이 유럽에 맞춰져 있다. 따라서 아프리카의 경우 실제 면적보다 훨씬 작게 표현된다. 사실은 우리가 흔히 접하는 세계지도상에 보이는 것보다 훨씬 더 큰 대륙이다. 실제로 아프리카 대륙의 크기는 중국, 유럽, 인도, 미국 대륙을 다 합친 것과 비슷하다. 아마도 미래에는 이러한 약점을 극복하기 위해 3차원 홀로그래피 지도를 만들지 않을까 생각한다. 대륙의 실제 크기를 고려한다면 금세기가 끝날 즈음엔 아프리카의 인구가 나머지 세계 인구의 합을 능가할 것이라는 예측이 전혀 불가능해 보이지 않는다.

지구 전체를 통틀어 각 지역에서 측정된 상세한 온도를 보면 지구 온난화 현상이 확실하게 드러난다. 물론 온도 데이터의 정확도는 나라마다 차이가 있고 조금 이상해 보이는 수치도 포함되어 있을 수 있지만 적어도 영국의 경우에는 1777년부터 250년간 측정된 체계적인 자료가 있다. 이를 도표화하면 전체적인 경향에서 기온이 어떤 패턴으로 변하고 있는지에 대해서 어느 정도 신뢰성 있는 결론을 내릴 수 있다. 물론 영국의 데이터가 전 지구적인 값은 아니다. 하지만 많은 지역의 경우 영국과 유사한 경향을 보이고 있다. 우리가 측정을 시작한 이래로 느리지만 분명하게 조금씩 온도가 상승하고 있는 것이다. 우연히도 측정을 시작한 시점이 산업혁명 시점과 일치한다는 사실이 흥미롭다. 지금까지 기록된 수치를 살펴보면 가장 더웠던 때는 21세기이며 정점은 2015년이었다. 이렇게 온도 데이터베이스를 이용하여 변화 양상을 살펴보지 않고서는 개인이 지구 온난화를 체감하기는 매우 어렵다. 영국이나 미국의 경우 같은 국가 내에서도 지역에 따라 온도의 차이가 매우 크기 때문이다. 특히 영국의 경우 국지적으로 하루를 기준으로 해도 매우 빠르고 예측하기 힘든 온도 변화가 있다. 뿐만 아니라 사람들은 중앙난방, 에어컨, 온도에 맞는 의복 착용 등으로 인해 실제 온도 변화를 잘 느끼지 못하는 경우가 많다. 여행이 잦은 사람들의 경우 지역별로 혹은 나라별로 날씨와 기온이 바뀌어 더 혼란스럽게 된다. 이런 면에서는 한 지역에만 머무르면서 매일 바뀌는 기후 변화에 그대로 노출되는 사람들이 기후 변화 패턴을 체감할 수 있을 것이다. 농부들이 좋은 예다. 이들은 기후 변화를 직접 몸으로 느끼는 있는 사람들이고 또한 장기적인 기후 변화에 대해서도 예민하다. 기온이 상승하면 봄이 더 빨리 찾아오므로 씨를 뿌리는 시기와 철새가 이동하는 시기가 변하기 때문이다.

이미 언급한 것과 같이 농부와 같은 사람들을 제외한 나머지 일반인들은 호우나 태풍이 찾아오는 횟수나 그 강도를 통해서 기후 변화를 느낄 수 있다. 분명한 것은 태풍의 횟수가 잦아지고 강도는 더 높아졌다는 사실이다. 바람이 세지고 강우량이 많아지면서 홍수도 잦아졌다. 지구 온난화가 진행되고 있다는 반증인 것이다. 영국에 내리는 비는 카리브해 근처의 대서양 중부에서 발생한 수증기에 의한 것이다. 얼음이 어는 0도에서는 수증기 발생량이 매우 적다. 그 이상으로 온도가 상승하면 수증기 발생량도 급격하게 증가한다. 세계적으로 통용되는 온도의 과학적 단위는 섭씨이다. 미국의 정치인들이나 산업계에서 지구 온난화 현상을 부정하는 이유 중의 하나가 경제적 비용뿐만 아니라 관습적으로 사용하고 있는 온도의 기준이 화씨이기 때문이라는 게 내 견해다. 영국의 나이든 세대들 역시 이런 의미에서 어려움을 겪고 있다. 지구 온난화와 관련된 과학적 자료와 분석 결과는 모두 섭씨로 표현되어 있으므로 그들에게는 마치 이해하기 힘든 외국어처럼 들릴 수 있기 때문이다. 이를 위해 이 책에서는 온도에 따른 수증기의 압력 변화를 섭씨와 화씨 모두 표시하도록 하겠다. 이해를 돕기 위해 10도(~화씨 50도) 때 대기 중의 수증기압을 기준으로 상대 비교하는 방법을 사용하겠다. 즉 10도가 기준이므로 10도에서의 상대 수증기압은 1로 표시되는 것이다. 이런 방법을 사용하면 상대 수증기압이 15도(~화씨 60도)에서는 1.4, 20도(~화씨 70도)에서는 1.9, 25도(~화씨 80도)에서는 2.6, 30도(화씨 90도)에서는 3.5가 된다. 이렇게 보면 워싱턴의 경우 봄에서 여름으로 바뀔 때 기온 상승으로 대기 중 수증기압이 250퍼센트까지 치솟는 것을 알 수 있다.

추운 날씨에는 공기가 건조하고 날씨가 더워지면 수증기 발생으로 습도가 상승한다는 사실은 과학 공부를 하지 않아도 체감적으로 잘 알고 있다. 주전자에서 물을 끓이면 물이 수증기로 변하는 것을 잘 볼 수 있다. 같은 원리로 햇빛에 의해 바닷물이 증발하면 대기 중 수증기의 양이 증가된다. 영국과 미국 대부분 지역의 날씨는 카리브해 근처의 해수면 온도에 의해 영향을 받는데, 이 온도가 지난 50년간 3~4도(~화씨 7도) 상승하였다. 온도로만 보면 큰 변화가 아닌 것처럼 보일 수도 있으나 수증기 압력면에서 보면 28퍼센트나 상승하였다. 이 때문에 지난 50년간 강수량이 증가하였고 호우나 태풍의 에너지가 상승하게 되었다. 온도 상승치보다 수증기 압력 상승치가 훨씬 가파르기 때문에 앞으로도 지금까지의 온도 상승치와 유사한 속도로 기온이 높아진다면 향후 50년간 수증기압은 60퍼센트 가량 상승하게 된다. 이런 식의 비유가 너무 과장되게 들릴 수도 있다. 하지만 온도에 따른 수증기압의 변화는 과학적으로 증명된 사실이다. 곧 이로 인한 변화가 우리 눈앞에 현실로 닥칠 것이다.

이런 논쟁에서 종종 우리는 대양의 크기가 워낙 어마어마하고 수심도 깊기 때문에 태양에서 전달된 에너지로 인해 기온이 올라간다 하더라도 바다에 미치는 영향은 별로 크지 않을 것이라고 미루어 짐작하는 경향이 있다. 하지만 태풍의 원인이 되는 기후 변화는 비교적 좁은 영역인 적도 지방에서 일어나고 물의 증발 현상은 해수면 1미터 정도 깊이에서 나타난다. 따라서 중요한 것은 해양의 표면 온도라고 할 수 있다. 이런 측면에서 본다면 바다의 표면 온도에서 이미 보고된 정도의 온도 상승이 일어나는 데는 대기 중 태양에너지가 1퍼센트 정도만 증가해도 충분하다는 결론에 다다른다.

앞에서도 언급한 바 있지만 지구 온난화로 인한 기온 상승을 체감하는 것은 어렵다. 밤 기온의 변화보다 주로 활동하는 낮 기온의 변화가 적기 때문이기도 하고, 다른 지역의 온도는 상승할 때 강력한 태풍의 지배를 받는 지역은 오히려 온도가 내려갈 수 있기 때문이다. 2015년 9월의 평균 기온은 20세기 평균 기온에 비해 미국에서 2.1도(화씨 3.7도) 그리고 캐나다에서 5도(화씨 9도) 상승한 반면 스페인에서는 0.8도(화씨 1.4도) 내려갔다.

앞서 살펴본 상대 수증기압 변화와 같은 예는 매우 간단한 물리학에 근거한 계산 값이다. 여기에 오래된 빙하의 심층부에 축적된 기후 변화 증거를 더한다면 지구 온난화에 대해 훨씬 더 확실한 데이터를 확보할 수 있게 될 것이다. 빙하의 심층부에는 공기 중 이산화탄소의 농도와 기온이 동반하여 꾸준히 상승했음을 보여주는 증거가 남겨져 있다. 두 가지 수치는 증가하는 속도가 유사했다. 특히 이산화탄소 증가량은 수천 년 동안 보여 왔던 패턴과는 완전히 다른 속도로 증가하고 있음을 알 수 있다. 이런 문제를 고려할 때 우리의 직관은 별 다른 도움이 되지 않는다. 직관적으로는 화석 연료를 태울 때 발생하는 오염 물질의 양은 대기 전체에 비하면 극히 적어 보인다. 그러나 이 책에서 계속 강조하고 있듯이 매우 적은 양의 오염 물질이나 어떤 목적을 위해 많은 과학기술 분야에서 의도적으로 첨가되는 미량의 화합물로도 매우 심각한 결과가 나타날 수 있다. 즉 우리의 직관이 항상 옳은 것은 아니라는 것이다.

우리는 산업혁명으로 인해 이산화탄소의 발생량이 급증했다는 사실을 잘 알고 있다. 대기 중의 온실가스 증가 속도와 기온의 상승 속도가 화석 연료 소비의 증가율과 같은 경향을 보이고 있으므로 이들의 연관성에 대해 살펴보아야만 한다. 이를 통해 기온 증가의 원인이 되고 있는 요인과 이를 억제할 수 있는 인자를 동시에 찾아낼 수 있을 것이다. 가장 뜨거운 논쟁이 되고 있는 것은 온실가스라고 불리는 메탄과 이산화탄소의 영향이다. 대기권 상층부에 이와 같은 화학물질층이 생기면 태양 광선과 열은 흡수하고 지구 표면으로부터 빠져나가는 에너지는 막게 되므로 지구로 유입되는 열량이 빠져나가는 열량보다 많아져서 지구가 마치 거대한 온실과 같아지는 효과가 발생하게 된다. 온실은 우리가 상상할 수 있는 형체를 띤 구조물이고 어떤 원리로 작동하는지도 잘 이해하고 있다. 온실에서는 유리가 내부와 외부 공기의 분리막 역할을 한다. 하지만 지구를 대상으로 했을 때 이산화탄소가 온실의 유리와 같은 기능을 하고 있다는 설명은 눈에 보이지 않는 현상이므로 훨씬 이해하기 어렵다. 공기 중에서의 이산화탄소 농도가 180ppm(parts per million, 100만 분의 1을 의미)에서 360ppm으로 두 배 정도 증가했고 이 정도면 오늘날과 같은 기후 변화를 일으키기에 충분한 양이라는 주장도 그리 쉽게 피부에 와닿지는 않는다. 일반인들이 쉽게 이해할 수 있는 개념은 아니다.

빙하의 심부에는 매우 오랜 기간 동안의 이산화탄소 변화 추이가 기록되어 있다. 매년 새로운 얼음이 얼 때 얼음 내부에 갇힌 공기를 분석하면 그 당시 공기의 조성을 알아낼 수 있기 때문이다. 이런 방법으로 분석해보면 100만 년 전쯤에는 이산화탄소의 농도가 지금보다 훨씬 더 높았고 평균 기온 역시 높았다는 사실을 알아낼 수 있다. 당시에는 우리는 물론이고 오늘날 우리가 보고 있는 식물들도 살 수 없었을 것이다. 산업혁명이 시작되고 나서 이산화탄소의 농도는 지속적으로 증가해왔고 이것은 지구 평균 기온의 증가 패턴과 일치한다. 이러한 증거로부터 우리가 생각할 수 있는 논리적인 결론은 이 두 가지 현상이 서로 긴밀하게 연결되어 있을 것이라는 것이다.

대기 중에 존재하는 이산화탄소는 대기권 상층부에서 온실의 유리와 같은 역할을 하게 된다. 석탄을 태울 때 발생하는 가스 중에 큰 비중을 차지하는 것이 이산화탄소다. 또한 우리가 선사시대에 만들어진 자원을 채굴하는 과정에 엄청난 양의 이산화탄소가 공기 중으로 누출된다. 순수하게 물질의 부피 측면에서 계산하면 현재 대기 중에 증가해 있는 이산화탄소는 모두 석탄과 석유의 연소로 발생한 것이다. 현재 전 세계적으로 매년 90억 톤의 화석 연료를 태우고 있다. 시기별로 어떤 국가들에서 더 많은 화석 연료를 소비했는지는 다를 수 있으나 전체적인 소비량이 꾸준히 늘고 있다는 점은 변하지 않는다. 중국의 경우 지난 10년간 1년에 50기 정도의 석탄 화력발전소를 건설해 왔다. 거의 일주일에 하나씩 세운 셈이다.

현재 많은 다양한 압력 단체들이 각자 자기들이 내세우는 신재생 에너지가 오염 문제를 해결할 수 있으니 채택해야 한다고 주장하고 있다. 물론 이들의 주장 모두 바람직한 방향이기는 하지만 그렇다고 가까운 미래에 실현될 가능성은 그리 높지 않다. 또한 특정한 종류의 신재생 에너지에 대해서는 아직 논란이 있고 간과하고 있는 요소들도 있다. 예를 들면 원자력 발전의 경우 방사능 물질로 인한 오염에 대해 우려의 목소리가 높고 이는 매우 합리적인 두려움이라 할 수 있다. 하지만 석탄 발전소에서 발생되는 방사능 물질이 원자력 발전소보다 100배 높은 경우도 많다는 사실은 간과한다. 석탄에는 다양한 방사능 물질이 함유되어 있다.

석탄을 태우고 난 뒤 재에 남아 있을 수도 있으나 대부분은 대기로 방출된다. 믿기 어렵겠지만 석탄에 함유된 방사능 물질이 100배나 높다는 사실은 엄연한 사실이다. 우리가 사용하는 화석 연료가 애초에 방사능 물질이 함유된 물질로 만들어졌기 때문이다. 한 가지 염두에 둘 점은 우리가 방사능 물질 없이 산다는 것은 불가능하다는 것이다. 지구의 내부 온도가 유지되고 있는 것도 지구 내부에 존재하는 방사능 물질의 반응열 덕분이다. 자연계에 방사능 물질이 없다면 지구는 얼어붙은 행성이 되고 말 것이다.

회의론자들을 위한 계산

산업화로 인한 석탄 및 석유 소비량의 증가와 방대한 규모의 삼림을 다른 용도로 사용하기 위해 숲을 태우는 과정에서 발생되는 이산화탄소가 지구 온난화 현상과 밀접한 관련이 있다는 것은 명백한 사실이다. 이산화탄소는 자외선은 통과시키는 반면 파장이 긴 빛은 대부분 흡수한다. 지표면에서 반사되는 복사열이 바로 긴 파장의 빛이다. 우리 눈은 적외선처럼 긴 파장의 빛을 볼 수 없기 때문에 이산화탄소 가스가 복사열을 흡수한다는 개념을 직관적으로 이해하긴 어렵다. 그래서 우리가 볼 수 있는 아주 간단한 예로 설명하려 한다.

수 밀리미터 두께의 산화알루미늄 결정을 보면 그냥 투명한 유리처럼 보일 것이다. 실제로도 매우 단단한 물질이라 시계의 강화유리로 쓰인다. 우리가 매우 흔하게 접하는 물질이다. 여기에 200ppm 정도의 불순물을 첨가하면 투명했던 산화알루미늄이 색을 띠면서 빛을 흡수하는 물질로 변한다. 이때 어떤 물질을 불순물로 첨가하느냐에 따라서 색이 달라진다. 크롬을 첨가하면 빨간 루비색으로 변하게 되고 티타늄을 첨가하면 파란 사파이어색이 된다. 니켈은 산화알루미늄을 노란 사파이어색으로 만든다. 이렇듯 어떤 물질이 빛을 흡수하도록 만들려면 단지 100만 분의 1 수준의 불순물만 첨가해도 충분하다.

산업화로 인해 우리가 지구 온난화라는 심각한 기후 변화를 일으킬 정도의 공해 물질을 배출했느냐 아니냐의 논쟁은 매우 답하기 어려운 질문이다. 지구 온난화에 대한 이산화탄소의 역할은 정치적으로나 과학적으로 매우 뜨거운 쟁점이다. 이로 인해 수많은 학회, 학설, 전문가가 등장했다. 그들의 주장은 대부분 우리가 한 번도 본 적 없는 데이터를 사용하고 있다. 또한 절대 틀리지 않을 것처럼 보이는 컴퓨터 모델링 기술을 이용하고 있다. 나는 모든 것을 믿지 않는 불신론자는 아니지만 지금까지 봐온 바로는 누군가의 명성이 걸려 있는 문제에 대해서는 많은 경우 그 주장이 지나치게 과장되는 경향이 있다. 먼저 산업화가 대기 중 이산화탄소 증가의 직접적인 원인이라고 주장할 수 있을지에 대해 직접 살펴보겠다. 내 계산 방법은 매우 단순하다. 지구의 표면적과 지표면에서의 대기압은 이미 우리에게 잘 알려져 있다. 이 두 숫자를 곱하면 지구상에 존재하는 공기 전체의 무게를 얻을 수 있다. 계산 결과 얻어진 값은 56억 톤의 100만 배에 해당하는 엄청나게 큰 수치이다. 과학적으로 표현하면 56×10^{14}톤으로 표시할 수 있다. 1톤의 탄소를 태우면 타는 과정에 산소가 더해지기 때문에 결과적으로는 2.8톤의 이산화탄소가 대기 중에 방출된다. 실제로 석탄을 1톤 태우면 재가 남기 때문에 이 수치는 2.8톤보다는 조금 작을 것이다. 현재 우리는 연간 90억 톤의 석탄을 연소하고 있다. 석유를 연소할 때 발생하는 이산화탄소의 양에 대해서도 살펴보아야 한다. 현재 연간 석유 소비량은 240억 배럴이다. 약 50억 톤에 해당하는 양이다. 가스로 변하는 양은 이것보다는 조금 적을 것이다. 삼림을 태우면서 발생하는 이산화탄소량은 계산하기 좀 어렵다. 공기 중으로 발생하는 이산화탄소의 양과 삼림이 타지 않았으면 흡수했어야 할 이산화탄소 양까지 더해야 하기 때문이다. 이런 여러 요소들을 더하여 계산해본 결과 우리가 매년 발생시키고 있는 이산화탄소는 적게 잡아도 지구 전체 공기 무게의 약 2ppm에 해당하는 양이다. 왜 산업혁명 이후로 지금까지 이산화탄소의 농도가 180ppm에서 360ppm으로 증가했는지 좀 이해될 것이다.

계산에 의해 나는 공기 중의 이산화탄소 양 증가에 원인을 제공한 것은 다름 아닌 우리 자신이라고 확신한다. 오히려 내가 놀란 것은 이산화탄소 증가 속도가 계산했던 것보다 빠르지 않다는 것이다. 이것은 지금까지 운이 좋아서 여러 자연적인 과정에 의해 대기권의 이산화탄소가 일부 제거되고 있었다는 것을 뜻한다. 하지만 이렇게 제거된 이산화탄소가 해양의 산도를 증가시킴으로써 산호를 비롯한 해양 생태계를 교란시키고 나아가 심각한 파괴 현상으로 이어질 수 있기 때문에 반드시 좋은 소식은 아닐 수 있다. 이런 간단한 계산으로도 산업혁명 이후로 우리가 화석 연료 연소로 인한 충분히 많은 양의 이산화탄소를 대기권으로 방출시키고 있다는 사실을 확인할 수 있다. 하지만 이산화탄소의 증가로 인해 실제로 지구의 기온이 얼마나 올라갈 것인지는 훨씬 더 복잡하고 다른 차원의 문제이다. 분명한 사실은 영국만 해도 지속적으로 평균 기온 상승이 기록되고 있다는 것이다. 이러한 추이는 대기 중 이산화탄소 농도의 증가와 일치하는 패턴이다. 이를 바탕으로 우리가 내릴 수 있는 결론은 우리가 계속하여 오염 물질을 배출하면 지구의 평균 기온이 지속적으로 상승하리라는 것이다.

지구의 역사를 살펴보면 이산화탄소의 농도가 매우 높았던 시기가 있었다. 온실 효과로 당시 지구의 기온 역시 매우 높았었다. 이 시기는 인류를 포함하여 지금 존재하고 있는 식물과 동물들은 도저히 생존할 수 없는 환경이었다. 온실 효과는 행성의 진화 역사에서 거쳐가야 할 하나의 과정이라고 생각할 수 있다. 하지만 문명 세계와 인류 생존의 관점에서 본다면 엄청난 재난과 생명체 멸종이 일어날 것이다. 만약 이런 일이 일어난다면 부디 인류가 사라지고 나서 등장할 지적 생명체는 우리보다는 좀 더 잘 해나가길 바랄 뿐이다.

온실 효과 가스, 왜 우리는 온실 효과 문제에 미온적인가?

적외선을 흡수하여 온실 효과를 일으키는 물질로 이산화탄소만 유일한 것은 아니다. 메탄 역시 이산화탄소와 같은 문제를 일으킨다. 하지만 메탄의 경우 영구 동토와 심해 저온층에 갇혀 있는 양이 엄청나기 때문에 훨씬 예측하기 어렵다. 지구 온난화가 계속되면 여기에 갇혀 있던 메탄이 방출될 것이다. 만약 메탄에 의한 영향이 더해진다면 지구의 온도 상승 속도는 훨씬 빨라져 엄청난 기온 상승이 이어질 것이고 그 이후로 일어나는 일은 우리가 손을 써볼 수 있는 범위 밖이 될 것이다.

온실을 설계하는 데 필요한 과학기술에 대해서는 이미 잘 알려져 있고 지금까지 100년 이상 계속 사용되고 있다. 그 원리는 간단하다. 태양은 뜨겁고 넓은 범위의 파장을 갖는 빛을 방출한다. 이 빛은 가시광선뿐 아니라 우리가 열의 형태로 느끼는 적외선 같은 긴 파장의 빛도 포함하고 있다. 태양이 배출하는 대부분의 에너지는 가시광선을 통해 지구에 도달하고 가시광선은 온실의 유리를 통과하여 온실 내부를 덥히게 된다. 하지만 온실의 내부 지표면에서 방출되는 빛은 가시광선보다 훨씬 더 긴 파장의 적외선인데 문제는 적외선은 유리를 통과하지 못한다는 점이다.

이로 인해 가시광선에 포함되어 있던 에너지가 온실을 빠져나가지 못하고 갇혀 온실 내부를 뜨겁게 만드는 것이다.

물론 우리가 지구에서 살아남기 위해서는 태양열을 지구 내에 가두어 물을 액체 상태로 유지하고 충분히 따뜻한 기온을 보존하는 것이 필수적이다. 지구로 보면 온실의 유리 지붕 역할을 하는 것이 대기권 상층부에 존재하는 이산화탄소다. 가시광선은 통과시키고 지표면에서 방출되는 열이 이산화탄소에 의해 갇힌다는 측면에서 보면 온실의 원리와 정확히 동일하다. 이산화탄소가 없으면 모든 열이 다 빠져나갈 것이므로 지구 온도가 너무 내려갈 것이고 이산화탄소가 너무 많으면 열이 과도하게 갇혀 지구가 과열될 것이다. 물리학 관점에서 보면 매우 간단한 원리다. 그동안 발전소에서 태운 화석 연료로 인해 많은 이산화탄소가 대기 중으로 방출되었고 이로 인해 지구의 열 균형이 깨지면서 기온이 상승하는 결과로 이어졌다고 볼 수 있다. 대기가 가열되면서 축적된 에너지가 우리가 현재 겪고 있는 기후 변화의 원인이 된 것이다. 이렇게 기온이 지속적으로 상승하면 더 이상 이산화탄소가 문제가 아닌 시점이 오게 된다. 지구 온난화로 북반구의 영구 동토가 녹게 될 것이기 때문이다. 이렇게 되면 영구 동토에 갇혀 있던 메탄이 대기 중으로 방출되는 사태가 일어난다. 앞에서 언급했지만 메탄은 이산화탄소보다 훨씬 더 강력한 효과를 발휘하는 온실가스다. 일단 공기 중 메탄의 농도가 높아지면 지구 온도는 손쓸 수 없는 속도로 급격하게 치솟을 것이다.

이미 원인이 무엇이며 문제가 얼마나 심각한지는 잘 알려져 있다. 즉시 조치를 취하지 않으면 안 된다. 현재 우리가 보유하고 있는 기술을 사용할 수도 있고 이산화탄소 발생량을 최소화하거나 대기 중에서 제거할 수 있는 새로운 기술을 찾아야 할 수도 있다. 정말로 시급한 문제다.

지구 온난화에 대해서는 오랫동안 의심만 해오다가 최근에 와서 문제의 주범을 확신하게 만드는 결정적 증거들이 속속 발견되고 있다. 그럼에도 불구하고 우리는 왜 진지하게 이 문제에 대해 조치를 취하지 않는가? 많은 토론이 있고 국제적인 학술회의가 열리고 열띤 논의가 이어지고 있지만 정작 행동으로 옮겨지는 것은 거의 없다. 실험 과학자들은 더 많은 연구가 필요하다고 주장하고 있다. 다시 말해 자기들의 연구에 더 많은 자금을 지원해달라는 것이다. 이론 과학자들은 50년 이후 나타날 결과에 대해 각자 다른 컴퓨터 시뮬레이션을 사용하여 얻은 결론으로 논쟁하고 있다. 세부적인 내용은 중요하지 않다. 어차피 지구 온난화가 진행된다는 점에는 모두 동의하기 때문이다. 반면 기업들은 모든 증거들을 부정하려 한다. 지금까지 해왔던 방식을 바꾸면 단기적으로 이윤에 막대한 영향을 받게 되고 이로 인해 특히 최고 경영층의 연봉이 심각하게 타격을 입을 것이기 때문이다. 이와는 별도로 어쩌면 사람들이 과학적인 증거들을 이해 못하거나 20년이나 30년 후에 일어나게 될 일에는 별 관심이 없는 것이 그 이유일 수도 있다. 그때쯤이면 자신들은 죽고 없을 테니 말이다. 어떤 사람들은 정치적인 이유로 이 모든 것이 허구라고 주장한다. 아마도 과학적 증거에 대한 이해 부족과 과학이라고 이름 붙여진 것에 대한 거부감, 그리고 지지자들의 경제적 이익을 대변하고자 하는 이유들이 뒤섞여 있을 것이다. 게다가 우리는 본능적으로 우리가 원하지 않는 것에 대해서는 관련 정보들을 받아들이지 않으려는 경향이 있기도 하다.

위에서 나는 지구 온난화에 대한 대응이 미온적인 이유에 대해 여러 가지 가능성을 열거했다. 그동안 많은 사람들이 행동하지 않는 이유에 대해 여러 관점에서 다루었다. 하지만 단지 경제적 이유만이 전부가 아니라는 점은 공개적으로 이야기하지 않고 있다. 물론 경제적인 문제는 가장 중요한 고려 사항이긴 하다. 많은 책들이 이점에 대해 길고 자세하게 잘 다루고 있다. 불행히도 이것들을 처음부터 끝까지 읽는 사람들은 많지 않다. 그럼에도 불구하고 왜 우리가 행동하지 않는지에 대해 실체적 진실을 알고 싶어 하는 사람들을 대상으로 많은 서적과 논문들이 나와 있다. 여기서는 정치적 혹은 상업적 압력이 어떻게 우리의 행동을 방해하고 있는지 주로 다룬다. 그중 하나가 나오미 클라인의 『이것이 모든 것을 바꾼다 : 자본주의 대 기후』다.

온실가스의 효과를 눈으로 확인할 수는 없다. 가시광선은 투명하기 때문이다. 따라서 그것의 중요성을 실감하기는 어렵다. 다른 각도에서 한 가지 비유를 들어보겠다. 환상적인 경치가 바라보이는 가파른 언덕에 멋진 집이 하나 있다. 부유한 집 주인은 집을 관리하는 기술자로부터 단위 면적당 월 평균 물 사용량이 지속적으로 증가하고 있다는 보고를 받았다. 관리 기술자와 배관공은 아마도 화려한 욕실의 바닥에 깔린 배관에서 누수가 발생하고 있기 때문이라고 추측했다. 누수로 인해 물 사용량이 더 늘어나기 때문에 누수는 더 악화될 것이라고 예상했다. 집주인은 기술자가 제시한 계산 방법과 지적된 문제점을 이해할 수 없었다. 집주인은 값 비싼 욕실을 매우 소중하게 생각하고 있었다. 눈에 안 보이는 누수를 찾기 위해 아끼던 욕실바닥을 뜯고 막대한 돈을 지불하고 싶지는 않았다. 물 사용료는 별것 아니었으므로 집주인은 결국 수도세로 늘어나는 돈을 감수하는 쪽으로 결론을 내렸다. 불행하게도 누수는 계속되었고 결국 어느 날 밤 싱크홀이 생겨 집 전체가 무너지면서 비탈을 따라 쓸려가는 일이 일어났다. 그 집에 살고 있던 모든 사람들은 죽음을 맞았다. 돌이켜 보면 문제를 조기 발견했을 때만 하더라도 그들은 살 수 있는 기회가 있었다. 하지만 문제를 무시하고 탐욕과 욕망에 눈이 멀어 문제가 있다는 사실조차 받아들이지 않는 태도는 어떻게 보면 너무나도 인간다운 반응이었다. 지구 온난화와 관련하여 문제점을 알면서도 아무런 행동을 하지 않는 지금 상황을 잘 설명해주는 예라고 할 수 있다.

우리의 방패, 오존층

다음은 ppm 단위로 소량 존재하면서 우리의 생활에 막대한 영향을 주는 오존에 대해 살펴보고자 한다. 지구 대기층의 가장 상층부인 성층권은 지면으로부터 15~30킬로미터 정도 떨어져 있으며 대기의 밀도는 매우 낮다. 이런 지구 성층권에는 불안정 상태의 산소화합물인 오존이 존재한다. 우리가 호흡하는 산소 분자는 산소 원자 두 개로 이루어져 있지만 오존은 산소 원자 세 개로 이루어져 있다. 오존이 매우 불안정한 상태로 존재하는 것은 우리에겐 다행스러운 일이다. 오존 분자가 태양으로부터 방출된 자외선에 노출되면 자외선의 에너지를 흡수하여 산소 원자 하나가 쪼개져 나온다. 분리된 산소 원자는 불안정한 상태로 존재하다 다시 산소 분자와 합치면서 오존으로 변하는데 이때에도 자외선으로부터 에너지를 흡수하게 된다. 이러한 화학 반응은 강력한 자외선 에너지를 막는 방패 역할로서 매우 효과적인 역할을 해왔다. 이런 원리로 자외선의 95퍼센트 이상이 지구 상층부에 존재하는 오존층에 의해 제거되는 것이다. 지구에 이와 같은 방패막이 없다면 자외선 에너지는 지구 표면에 그대로 닿게 될 것이고, 이는 인간을 포함한 많은 동물들에게 매우 해로운 작용을 한다. 자외선은 암과 백내장을 비롯한 많은 질병의 원인이 되고 있다. 또한 동물뿐 아니라 곡식과 식물에도 해를 입힌다.

이렇게 지구의 방어막 역할을 하는 오존은 불행히도 대기 중에 존재하는 염소에 의해 매우 효율적으로 파괴된다. 염소는 촉매반응을 통해 오존을 파괴한다. 염소 원자 하나는 오존을 파괴하는 반응에 수없이 재사용된다. 하나의 염소 원자가 파괴하는 오존 분자는 10만 개에 달한다고 한다. 과거 대기 중에 존재하던 염소는 큰 문제가 아니었다. 자연 상태에서는 성층권까지 염소가 올라가지 않았기 때문이다. 하지만 과학기술이 발전함에 따라 엄청나게 많은 양의 염소가 화학물질의 대량 생산에 따른 부산물로 대기에 유입되었다. 오존을 파괴하는 염소 화합물은 1928년경 미국에서 개발된 훌륭한 화학 기술로 인해 이 세상에 출현했다. 가정과 사업장에서 사용하는 냉장고에 냉매로 사용할 수 있는 매우 탁월한 화학물질을 미드글리-케터링사에서 개발하면서부터다. 이 물질이 바로 CFC(프레온)이다. 프레온은 냉매로서는 매우 훌륭한 물질이었으나 냉장고가 낡아 버려지게 되면 대기로 방출되는 문제가 있다. 이렇게 방출되어 높은 고도까지 올라간 프레온 증기는 자외선에 의해 분해되는 과정에서 염소를 방출한다. 이렇게 방출된 염소가 성층권에 존재하는 오존 분자를 무자비하게 파괴하는 것이다. 지금까지 통틀어 수백 만 톤의 프레온이 생산되었다. 이러한 문제를 깨닫게 되자 정부는 프레온 사용을 금지했고 비슷한 원리로 분해 과정에서 염소가 배출되는 수많은 유사 화학물질도 금지시켰다. 비록 원인이 되는 물질은 금지시켰으나 손상된 오존층을 회복하는 것은 매우 시간이 많이 걸리는 과정이다. 성층권에 존재하는 염소는 없어지기 매우 어렵기 때문이다. 프레온을 개발한 미드글리 사는 매우 불운한 편이다. 이 회사에서는 당시 연료에 첨가하여 엔진의 노킹 현상을 방지하는 납 화합물을 성공적으로 개발하여 출시했다. 하지만 세월이 흘러 연료에 첨가한 납 화합물이 공기 중으로 퍼져 건강에 심각한 문제를 초래한다는 사실이 밝혀져 이 역시 사용이 금지되었기 때문이다.

오존은 대기권의 상층부에서는 태양으로부터 오는 자외선을 막기 위해 꼭 필요한 물질이다. 하지만 지표면 근처에서 화학 반응에 의해 오존의 농도가 높아지면 건강에 매우 해롭다. 지상에 존재하는 오존은 산소 분자보다 50퍼센트 이상 무게가 나가는 무거운 물질이어서 중력에 의해 지표면에 분포하게 되고 대기권 전체로 확산되어 나가는 속도는 매우 느리다. 다행히 우리가 살아가는 데 꼭 필요한 산소의 경우도 이와 동일한 원리가 적용된다. 지구의 중력이 대기에 작용하여 산소를 붙들어두는 힘이 생긴다는 점에 감사할 뿐이다. 지구보다 작은 행성인 화성에서는 지구 무게의 11퍼센트 정도 밖에 되지 않는 중력 때문에 한때는 존재했었던 것으로 생각되는 대기를 계속 붙들어두기 역부족이었을 것이다.

21세기 기술과 극미량 물질

염소와 오존 사이에 일어나는 파괴 반응에서의 문제는, 염소가 반응을 촉진시키는 활성화제의 역할은 하지만 그 반응에 의해 소비되지 않는다는 점이다. 따라서 염소는 끊임없이 반응에 참여할 수 있게 된다. 화학자들은 염소와 같이 반응에는 참여하지 않고 반응을 촉진시키는 물질을 가리켜 촉매라 부른다. 생화학에서는 이러한 역할을 하는 것이 효소이다. 촉매반응이 중요한 이유는 매우 적은 양의 물질로 많은 양의 물질을 반응하게 만들 수 있기 때문이다. 하지만 과거에는 이런 물질의 특성을 정확히 모르고 넘어가는 경우가 많았다. ppm 단위로 존재하는 이런 물질들을 검출하는 것은 20세기 후반기에 들어서야 가능해졌다.

100만분의 1이란 양은 일반적인 시각에서는 극미량으로 보일 수 있다. 하지만 실제로 오늘날 반도체 산업에서 요구되고 있는 물질의 순도인 10억분의 1에 비하면 매우 큰 양이다. 화학 산업에서 고순도라는 것은 곧 고비용을 뜻한다. 물질이 순수할수록 비용이 많이 들고 개발하는 데 시간도 많이 든다. 따라서 경제학적인 측면에서 볼 때 제조 과정 중에 극도로 높은 순도와 청결도를 요한다면 그것은 곧 근본적으로 매우 비싼 물건을 제조한다는 말과 같은 뜻이다. 이러한 예로 가장 잘 알려진 두 가지 물질은 반도체를 만들 때 필요한 물질과 광섬유에 사용되는 유리를 만들 때 필요한 물질이다. 두 가지 모두 필요한 양은 매우 적지만 단위 무게당 가격이 매우 높은 제품에 사용된다. 따라서 극도로 순도 높은 물질을 만들기 위한 노력과 높은 제조단가는 높은 가격을 받음으로서 경제적으로 보상받는 행위가 되는 것이다.

이 과정에 두 가지 어려운 점이 있다. 하나는 물질의 조성이나 불순물의 양을 측정하고 정량화하는 것이다. 측정 범위가 10억분의 1까지 내려가야 하기 때문이다. 또 다른 어려움은 그 정도로 순도 높은 물질을 제조하는 것이다. 지난 20년간 우리의 측정 기술은 눈부시게 발전했다. 그로 인해 10억분의 1 수준으로 존재하는 극미량의 많은 물질들을 검출할 수 있게 되었다. 또한 산업적으로도 중대한 기술 발전이 진행되어 순도 높은 원료를 제조하고 여기에 첨가되는 불순물의 양을 완벽하게 제어하여 제품을 생산할 수 있게 되었다.

고순도로 정제된 원료에 정확한 양의 불순물을 첨가한다는 아이디어는 근대에 와서 발견된 것은 아니다. 빅토리아 시대에 철강을 베세머 용광로에서 만들어낼 때부터 이미 이 아이디어가 사용되었다. 철강의 강도와 경도는 철에 함유된 탄소의 함량에 극히 민감하게 좌우된다. 초기 철강 산업에서는 자연 상태에서 혼합물로 섞여 있는 철광석과 탄소를 같이 녹인 후, 슬래그라고 부르는 불순물을 제거하는 공정을 거쳤다. 철강 제조업자들은 그때마다 원료로 사용하던 광물의 조성이 균일하고 좋은 철강이 나올 수 있는 성분 비율이기를 기도했다. 물론 매우 주먹구구식 접근 방법이었다. 원재료의 성분이 변하므로 결과물인 철강의 품질도 같이 변할 수밖에 없는 제조 방법이었다. 그 결과 제조된 철강의 품질이 들쭉날쭉하여 철도의 선로나 다리가 붕괴하는 일이 종종 일어났다. 이런 일이 반복되다 철광석에서 모든 탄소를 완전히 제거하여 대기 중에 이산화탄소의 형태로 방출하는 방법을 찾아냈을 때 철강 산업에서 엄청난 진보가 이루어졌다. 이런 방법으로 철광석 내의 탄소를 제거한 후 정확히 측정된 양의 숯을 첨가함으로써 최종 혼합물의 조성을 정확하게 예측할 수 있게 되었다. 철강의 최종 물성을 성공적으로 제어할 수 있는 길이 열리게 된 것이다.

정확히 같은 접근 방법이 반도체 전자공학에서 필요하다. 여기에서는 실리콘과 같은 물질에 의도적으로 인이나 붕소와 같은 불순물을 첨가해야 한다. 이러한 극미량의 불순물 없이는 반도체로 이루어진 전자기기가 만들어질 수 없다. 전자공학 산업은 그들이 사용하는 기술을 불순물이나 오염물과 같은 부정적 감정을 자극하는 용어를 사용하여 설명하지 않을 만큼 마케팅적으로 영리했다. 그들은 이런 불순물들을 '도펀트'라는 신조어로 바꾸어 명명했다. 이 용어는 그들이 매우 의도적으로 미량의 첨가물을 실리콘에 삽입했다는 것을 강조하는 데 사용되었다. 광섬유 제작에 사용되는 유리 역시 정확히 동일한 기법을 쓰고 있다. 광섬유를 통해 흐르는 빛을 흡수해버리는 불순물을 제거하기 위해 엄청난 노력이 투입되었다. 광섬유의 불순물 역시 10억분의 1수준으로 제어되고 있다. 이러한 공법으로 인해 창문에 사용되는 유리보다 100만 배는 더 투명한 유리가 제조될 수 있다. 나아가서 광섬유 제조회사들은 더 다양한 도펀트들을 첨가하여 광섬유의 물성을 조절하고 있다.

10억분의 1 화학물질과 생화학적 반응

우리가 생활 속에서 10억분의 1과 같은 숫자를 쉽게 체감할 수 있는 방법이 없기 때문에 이해하기 쉬운 일상적인 예로 설명하려 한다. ppb수준의 감도는 소금 1킬로그램 속에서 소금 결정 하나를 찾는 것과 유사하다. 과거에도 있었고 현재에도 존재하는 예로는 정치 지도자나 종교 지도자가 10억 명의 사람들에게 대단한 영향력을 미치는 경우를 들 수 있을 것이다. 주요 종교를 보면 모두 한 사람의 선지자의 가르침에 기초하고 있다. 또한 교황이나 인도, 중국의 지도자들 같은 종교적 혹은 정치적 지도자들이 발표하는 성명서는 10억 명 이상 되는 사람들의 삶에 지대한 영향을 미친다. 비록 우리가 극단적이라고 생각하지만 이렇게 보면 10억분의 1이 중요한 예는 그리 드문 것도 아니다.

10억분의 1에 지나지 않는 극미량의 물질로 인해 중요한 어떤 변화가 발생한다는 사실이 믿기 어려울 수도 있으나, 많은 동물들은 실제로 이 정도 수준의 극미량의 불순물에 반응하고 있다. 미래에 우리의 측정 기술이 발전할수록 극미량에 의해 영향 받는 것들이 계속해서 밝혀질 것이다. 첫 번째 좋은 예가 암컷 나방이 분비하는 페로몬이 어떻게 감지되는지에 대한 연구다. 수컷 나방은 암컷 나방이 분비하는 페로몬의 농도가 공기 중에 10억분의 1만 되어도 알아차릴 수 있다. 농도가 짙어지는 쪽으로 날아가면서 암컷을 쫓아갈 수 있는 것이다. 1킬로미터 밖에서도 페로몬을 감지할 수 있다. 이러한 예는 드물지 않다. 연어나 거북 혹은 다른 종류의 어류들이 특정한 장소로 돌아가서 알을 낳는 회귀 본능은 물속에 존재하는 극도로 희박한 냄새나 극미량의 불순물을 감지하는 능력에 의존하는 것이다.

동물에서 극미량에 반응하는 두 번째 예로 개를 들 수 있다. 개의 후각의 예민함은 인간에 비해 믿을 수 없을 만큼 발달되어 있다. 100미터 밖에서 다른 개들, 고양이, 인간의 냄새를 맡을 수 있다. 그들의 후각 능력은 매우 발달하여 우리는 개들을 훈련시켜 사람을 쫓는 추적 용도로 이용하고 있다. 그 외에도 공항에서 마약이나 폭발물을 찾는 용도로, 또 의료적인 목적으로도 이용한다. 환자들이 방출하는 미세한 화학물질을 감지하도록 개를 훈련시켜서 암, 당뇨, 간질 같은 질병을 탐지하도록 한 예도 많다. 이 정도의 감도로 병을 정확히 진단하는 것은 우리의 현재 기술로는 불가능하다. 동일한 정도의 변별력을 낼 수 있는 센서를 만드는 일 또한 지금은 무리다.

개와 비교할 때 인간이 가지고 있는 후각 능력은 매우 열등하다. 그 나마도 기술 발전에 의해 인구가 도시로 몰리고 인간이 밀집된 공간에 거주하면서 훨씬 더 감퇴했다. 시골에서 거주하는 사람들은 도시인들보 다 냄새나 미세한 향기를 훨씬 잘 감지할 수 있다. 새들의 울음소리를 연 구하는 조류학자들에 의하면 같은 종이라도 도시에 사느냐 시골에 사느 냐에 따라 인간의 사투리처럼 지역적인 차이가 관찰된다고 한다. 하지만 그보다 더 분명한 것은 도시 새들이 더 크게 운다는 것이다. 시골 새에 비해 거의 두 배 정도로 울음소리가 크다. 명확한 것은 인간을 포함한 모 든 동물들이 과학기술이 집약된 도시에서 생활을 하게 되면 자연적으로 원래부터 지니고 있던 능력을 상당 부분 잃어버린다는 사실이다. 그 결 과 소리, 시각, 후각에 대한 민감도가 떨어지게 된다.

극미량의 물질을 감지할 수 있는 고도로 발달된 분석 방법에 도움을 받아 많은 과학적 기법들이 가능해졌고 생각지도 못했던 분야에서 유용 하게 사용되고 있다. 예를 들면 북부 이탈리아에서는 마약 복용 경향을 감시하기 위해 근처 포강에서 마약 성분의 농도 측정을 하고 있다. 하수 처리 시스템이 작동해도 극미량의 마약 성분은 살아남아 강에 도달한다. 이로 인해 그 지방에서의 마약 복용량 변화를 강물에서의 마약 성분 측정으로 밝혀낼 수 있게 되었다. 또 마약을 복용하지 않는 사람들이 단순히 수돗물을 사용함으로 인해 어느 정도의 마약을 섭취하게 되는지도 알 수 있다.

미래에 겪을 어려움

의학, 생화학, 화학, 농업을 비롯한 여러 과학 분야가 발전할수록 보다 다양한 화학제품과 약품이 사용된다. 하지만 문제는 이러한 물질들이 폐기되었을 때 꼭 분해가 된다는 보장이 없다는 점이다. 이탈리아 포강의 사례는 전 세계에서 발생하고 있는 이와 같은 일의 단편적인 예다. 런던의 경우에도 여러 번 정화 과정을 거침에도 불구하고 여전히 음용수에서 미량의 마약 성분과 화학물질이 검출되고 있다. 이러한 물질들이 옥스포드의 수질 정화 시스템으로 유입되었기 때문이다. 분석 기법의 발달로 인해 현재 극미량의 오염 물질의 농도를 측정할 수 있다. 하지만 그러한 극미량의 오염 물질을 완전히 제거하는 것은 큰 비용이 들기 때문에 사실상 비현실적일 뿐만 아니라 기술적으로도 거의 불가능한 일이다. 많은 화학물질들이 인체 내 장기에 축적되어 생화학 반응에서 촉매로 작용하게 된다. 이러한 경우가 워낙 많기 때문에 후에 농약의 폐해에 대해 다룰 때 다시 이 문제로 돌아와서 이야기할 필요가 있다. 하지만 실제로 심각한 일은, 극미량은 인체에 별다른 해가 되지 않는다고 간주되던 물질이 후에 매우 적은 양으로도 심각한 문제를 일으킬 수 있는 것으로 판명될 경우다. 최근에는 유전자에 돌연변이를 일으키는 물질 중에 당대나 자녀들에게는 영향이 없으나 손자 세대나 그 이후에 가서야 후유증이 나타나는 물질들도 발견되기 시작했다. 돌연변이가 발생하여 유전자가 심각한 문제를 일으킬 시점이 되었을 때는 무엇이 원인 물질인지 역추적하기 힘들다. 가장 문제는 일단 유전병이 발생하고 나면 되돌릴 방법이 없다는 점이다.

어떻게 통제할 것인가?

한 주제를 끝맺는 문구로는 좀 부정적일 수 있겠다. 특히 생화학적으로 활성을 지니고 있는 물질과 접촉하게 되는 경우가 점점 늘고 있는 시점이기 때문이다. 이럴수록 우리가 화학물질 및 약품의 성질에 대해 잘 이해하고 생체 내에서 혹은 환경과 어떻게 상호작용하는지 더 잘 알게 되면, 이로 인한 부작용을 억제하기 위해 필요한 행동을 취하는 데 있어 유리한 고지에 설 수 있다. 어떤 약이 정말 필요한지 알면 통제가 가능하므로 사용하는 약의 양을 줄일 수 있게 될 것이다. ⋮

5장

과학은 우리를 먹여 살릴 수 있을까?

우리 안의 원시인 길들이기

안정적으로 식량이 공급되지 않으면 번성할 수 없다는 점에서 인간도 다른 동물과 다를 바 없다. 이러한 본질적 필요조건은 인류가 원래 태어난 따뜻한 아프리카를 벗어나 세계의 여러 곳으로 퍼져나가는 동안 인간의 모든 행동 양식을 결정하는 요인이 되었다. 굶주림이 우리로 하여금 살아남기 위해 행동하지 않을 수 없게 만들었고, 이 싸움을 이겨낸 개체는 식량을 차지하고 자식들을 길러낼 수 있었다. 생존을 위한 본능은 현재는 문명이라는 포장 아래 숨겨져 잘 드러나지 않게 되었으나 한때는 인간을 규정짓는 가장 기본적인 특징이었다. 끊임없는 진화를 거치는 동안에 생존 본능은 욕심과 탐욕이라는 이름으로 바뀌었다. 애초에 인간은 살기 위해 식량을 구하는 일이 가장 큰 관심사였으나 발전된 현대에 이르러서는 대부분의 지역에서 먹고사는 문제 이상의 것을 추구하게 되었다. 더 이상 먹고사는 일에 연연하지 않을 수 있다는 것은 분명 좋은 변화이긴 하다. 대신 많은 이들이 건강을 해치며 일에 중독되는 결과를 낳았다.

식량 생산 기술은 먼 옛날 활과 화살로 사냥하던 시대부터 현재 위성항법장치를 장착한 트랙터로 사람의 손을 빌리지 않고 땅을 갈아 곡식을 수확하는 단계까지 발전하였다. 또한 우리에게는 전 세계에서 수급되는 진기한 식품들을 맛보려는 경향이 생겼고 일 년 중 어느 때라도 원할 때 맛볼 수 있길 기대하게 되었다. 하지만 이런 욕구가 충족된다고 해서 우리가 더 행복해지는 것은 아니라고 생각한다. 옛날 사람들은 제철 음식이 나오기를 고대하고 그것밖에 먹을 것이 없었음에도 충분히 행복감을 느꼈다.

인류의 번성으로 세계 인구는 점차로 늘어났고 증가세는 꾸준하게 계속되고 있다. 여기에 의학 발전으로 수명도 크게 연장되었다. 덕분에 식량 수요는 계속하여 증가하고 있다. 특히 제3세계에서는 자신들도 선진국 수준의 생활과 영양 상태를 누릴 수 있기를 열망하고 있다. 과거 인력만으로 농사를 지어 사람 손이 많이 필요했던 시기에는 유아 사망률이 높아서 인구 증가율이 자체적으로 제어되었다. 하지만 지금은 급격한 인구 증가로 현존하는 인구를 먹여 살리기 위해 필요한 식량을 생산하고 수송하여 분배하는 것조차도 매우 힘든 상황에 직면해 있다. 현재는 근근이 생존하고 있지만 지금 수준 이상으로 식량 수급 상황을 향상시키고 생산량을 늘리는 일은 또 다른 문제다.

이와 같이 통제가 힘든 상황에서는 앞으로 어떤 방향으로 일을 진행해 나가야 할지에 대해 의견이 충돌하기 쉽다. 지금 현재 70억인 세계 인구는 계속 팽창하여 한 세대 정도인 25년 후에는 두 배로 증가할 것이다. 하지만 이러한 경향은 지역마다 양상이 매우 다르게 나타난다. 남자와 여자 모두 좋은 교육을 받는 선진국에서는 인구가 더 줄고 주로 종교적인 이유로 여자들이 교육받지 못하는 나라에서는 인구가 늘 것이다. 세계의 대부분 국가에서 출산율, 즉 여성 1인당 태어나는 자녀의 수는 줄고 있다. 1950년대의 출산율을 현재와 비교해보면 다음과 같은 수치로 꾸준히 감소하고 있음을 알 수 있다. 아프리카 7명→5명, 오세아니아 7명→2.5명, 아시아 7명→2명, 라틴 아메리카 6명→2명, 북미 3.5명→2명, 유럽 2.8명→1.8명. 하지만 이 통계가 모든 경우에 다 맞는 것은 아니다. 아프리카 내에서도 인구가 많은 몇 국가들의 경우 여성 1인당 출산 자녀의 숫자가 8명으로 오히려 증가했기 때문이다. 만약 전 세계 인구수를 현재 수준으로 유지하려 한다면 출산율 목표치는 2.1명 근처가 되어야 할 것이다. 단 우리의 평균 수명이 큰 폭으로 연장되지 않는다는 가정이 전제될 경우에 말이다.

충분한 식량을 생산할 수 있을까?

나는 이런 질문을 던지길 좋아한다. 좋은 답을 찾을 가능성이 있기 때문이다. 내가 내세우는 논리는 다음과 같다. 선진국의 경우 식량 소비량이 많지 않다. 생산되는 식량의 반 정도만 소비하고도 별 문제 없이 행복하게 살고 있다. 따라서 강한 의지를 가지고 사람들의 체중을 줄이고 비효율적으로 버려지는 음식을 줄이려는 노력을 한다면 지금보다 다소 많은 세계 인구도 별 문제없이 유지해 나갈 수 있을 것이다. 이 방법이 실현된다면 한 세대 정도의 짧은 기간 내에 세계의 기아를 해결할 수 있을 것으로 생각된다. 그러면 우리는 일단 한숨 돌릴 여유를 가질 수 있게 되고, 교육을 강화시켜 인구를 현재 수준보다 더 낮게 줄일 수 있다. 더불어 저개발국가의 생활수준도 향상될 것이다.

세계 인구가 줄어드는 것을 원하지 않는 쪽도 있다. 회사들은 항상 매출을 끊임없이 늘리고 싶어 하고, 이것이 가능하려면 인구는 계속하여 증가해야 한다. 인구가 늘고 계속하여 새로운 시장이 등장해야 달성할 수 있는 목표인 것이다. 시장이 커져야 매출이 늘어나고 이윤도 많이 얻을 수 있게 된다. 갑자기 우리의 행동 방식을 바꾸기는 힘들다. 이런 시각에서 본다면 위에서 제시했던 식량 소비를 줄이는 접근 방법은 인간의 본능적인 욕구와 반하는 행동이다. 더불어 지구 자원을 지속 가능한 수준으로 유지할 수 있는 대책도 아니다. 대신 식량 생산을 줄이고자 하는 노력이 필요하다. 매우 급진적인 생각이라고 느낄 수 있으나 전 인류가 함께 생존해 나가기 위해서는 꼭 필요하다. 역사적으로 우리는 사회적인 요인들은 고려하지 않고 과학기술의 힘을 빌려 앞으로 발전해 나가는 데만 관심을 가졌다. 특히 선진국의 경우 짧은 기간에 성과를 얻기 위해 과학기술의 발전에 더 열성적으로 매진했다. 설령 이로 인해 전 세계 많은 지역이 빈곤으로 석기시대보다 못한 환경에서 살게 되는 일이 벌어지더라도 눈 하나 깜짝하지 않을 것이다. 물론 자기밖에 모르는 편협한 생각이지만 지극히 인간적인 생각이다.

얼마나 많은 식량이 필요한가?

선진국의 경우 식량 소비가 너무 많다는 것이 나의 주장이다. 이러한 주장이 옳은지 그리고 어느 정도의 식량이 실제로 필요하고 어디에 낭비되고 있는지를 살펴보도록 하자. 현재는 과학기술의 발전으로 식량 생산이 늘고 식량 시장도 글로벌하게 조성되어 있다. 저개발국가의 노동력과 자원으로 식량을 값싸게 생산할 수 있게 된 것이다. 과거와 비교할 때 현재 우리에게 어느 정도의 식량이 꼭 필요한지에 대해서는 논란의 여지가 많다. 먼저 관련된 데이터가 많은 육류 소비량에 대해 살펴보자. 육류 소비량은 공급량뿐만 아니라 그 사회를 지배하고 있는 문화, 종교에 의해서도 영향을 많이 받는다. 국가별 2002년 데이터를 보면 아프리카에서는 1인당 연간 육류 소비량이 25킬로그램 미만이고, 영국은 80킬로그램 그리고 미국은 125킬로그램이다. 선사시대에 소비했던 1인당 육류 소비량은 현재 아프리카와 유사했을 것이라고 추측하는 것이 합리적일 것이다. 과학기술과 농업의 발달로 인해 선진국에서는 선사시대에 비해 5배에 가까운 육류를 소비하고 있다. 우리가 건강하게 살기 위해 필요로 하는 것보다 훨씬 많은 단백질을 섭취하고 있는 것이다.

1인당 식량 소비량이 늘어난 것은 문제의 일부분일 뿐이다. 더 큰 문제는 실제로 땅에서 길러진 식량의 많은 수량이 소비자에 의해 소비되지 못하고 있다는 점이다. 식량이 버려지는 경우를 살펴보자. 첫 번째는 수확기에 지역적으로 가격에 채산성이 없을 때 농부들이 농작물을 수확하지 않고 그냥 내버려두는 경우다. 두 번째는 슈퍼마켓에서 팔리기 힘든 외형이라는 이유로 버려지는 경우다. 세 번째로 슈퍼마켓에서 팔리는 식품은 모두 유통기한이 있는데 이것이 너무 짧기 때문에 많은 양의 식품들이 유통기한을 넘겨 버려지는 일이 발생한다.

슈퍼마켓에서는 당근, 파스닙 같은 야채의 경우 큰 백에 넣어서 진열하고 있다. 이렇게 진열해 놓으면 양이 많고 저렴해 보이기 때문이다. 하지만 혼자 사는 사람들이나 가족이 많지 않은 경우 상하기 전에 다 먹기 힘들다. 30퍼센트의 음식이 쓰레기로 버려지는 것이 드문 일도 아니다. 미국에서 조사된 데이터는 음식 쓰레기가 특별히 많이 발생하는 나라를 대표하는 수치겠지만, 현재 추산되기로는 음식물의 40퍼센트 가량이 버려지고 있는 것으로 집계된다. 세부적으로 나누어 보면 이중 7퍼센트는 수확되지 않은 채 경작지에서 썩는 양이고, 어떤 작물의 경우는 50퍼센트 가까이 상품에 적합하지 않은 외형으로 분류되어 버려지고 있는 실정이다. 소비자에게 팔린 것 중에서도 적어도 33퍼센트 정도는 소비되지 않은 채 버려지고 있는 것으로 추정된다. 합산해보면 식품의 종류에 따라서 조금씩 다르기는 하나 실제로 소비자가 먹어 소비하게 되는 양은 3분의 1 정도에 지나지 않고 나머지는 이런 저런 이유로 버려지는 것이다.

하지만 이러한 조사 결과와 그에 따른 추산으로는 실제 현실에서 발생하는 식량 폐기량을 정확히 알 수 없다. 슈퍼마켓의 진열대에 올려놓을 수 있을 정도의 이상적인 외형을 갖지 못했다는 이유로 많은 작물들이 버려지고 있는 것을 농부들이 인정하지 않도록 슈퍼마켓이 적극적으로 혹은 암묵적으로 압력을 넣고 있기 때문이다. 내가 보았던 한 TV 프로그램에서는 먹는 데 아무 문제없는 작물들이 매일 농장에서 트럭 단위로 버려지는 경우와 수확하지도 않은 작물들을 땅과 함께 갈아엎는 장면을 방영했다. 슈퍼마켓에서 원하지 않는 수준의 외형인 작물들이었기 때문이다. 농부들의 입장에서 보면 이런 일은 그야말로 재앙이라 할 수 있다. 이런 일들이 쌓여 수많은 농부들이 농촌을 떠나거나 파산하고 있다. 이런 식의 의도적인 식량 폐기는 매우 비경제적인 모델이다. 지금 현재 전 세계의 많은 지역에서 식량 부족으로 사람들이 영양실조에 시달리고 있는 상황에서 이러한 행태는 비도덕적일 뿐만 아니라 도저히 받아들일 수 없는 짓이다. 더구나 농부들의 자살률이 매우 높다는 사실은 참으로 슬픈 현실이 아닐 수 없다.

다양한 이유가 있겠지만 실제로 음식에 대한 이러한 낭비적 접근 방식은 비단 미국 사회에만 국한되는 것은 아니다. 물론 미국이 매우 심한 것은 사실이다. 미국에서 뷔페식 식당에 가본 적이 있다. 입장료가 10달러 정도였는데 간판에 '무한 리필'이라고 쓰여 있었다. 많은 손님들이 첫 번째 접시는 정상적으로 담아가서 다 먹고 두 번째 접시까지도 깨끗이 비운 후 세 번째 접시에 담아간 음식은 대부분 남겼다. 결과적으로 엄청난 양의 음식 쓰레기가 발생하고 많은 사람들은 과체중으로 고생하게 된다.

비만은 건강을 해칠 뿐만 아니라 이를 치료하기 위해 고비용의 정교한 의술과 의사, 간호사, 그리고 수많은 제약회사의 도움이 필요하다. 식량의 과다 공급으로 인한 비만은 과학기술 발전의 결과물이 아니다. 단지 기술 개발이 몰고 온 부작용일 뿐이다. 굳이 긍정적인 면을 찾으라고 한다면, 부유한 국가가 필요량보다 더 많은 식량을 생산할 능력이 있다는 것을 보여주는 증거로 볼 수 있다는 정도다. 이렇게 남는 식량을 잘 배분하면 다른 곳에서 일어나고 있는 식량 부족 문제를 상당히 해소할 수 있을 것이다. 현재로서는 이상주의자의 현실성 없는 주장처럼 들리겠지만 미래 세대들에게는 현실적인 문제로 다가올 것이다.

국가마다 식량이 폐기되는 이유는 다양하다. 예를 들면 사람들에게 먹을 수 없는 상태로 작물이 운송되는 경우가 있다. 정치적 이데올로기에 의해 집단농장이 만들어질 경우 많이 발생하는 문제이다. 집단농장은 보통 도시에서 멀리 떨어진 곳에 엄청나게 큰 규모로 개발된다. 그곳에서 경작된 작물은 열악한 운송 체계, 부적합한 포장 방법, 냉동 트럭 부재와 같은 비효율적 배송 체계로 인해 많은 양이 버려지게 된다.

대개 식량 부족 현상은 자연 파괴와 밀접하게 관련되어 있다. 남미나 태평양의 정글에서는 소를 키우기 위해 필요한 사료를 경작할 목적으로 삼림들을 파괴해 왔다. 더 심각한 문제는 이렇게 삼림을 파괴하고 만든 땅에서 작물 경작 대신 바이오 연료를 생산하는 것이다. 효율성 측면에서 심히 의심되는 결정이 아닐 수 없다. 또 다른 경우는 국외로 수출할 고가 작물을 경작하는 것이다. 이런 경우 해당 지역 사람들의 식량 부족 문제 해결에는 전혀 도움이 되지 않는다.

기술 발전과 비만은 무슨 관계가 있을까?

앞서 식량 폐기 문제와 관련하여 특별히 미국의 예를 들었다. 비만 문제가 가장 두드러진 나라 중 하나가 미국이긴 하나, 거의 모든 선진국이 비슷한 문제를 안고 있다고 보면 된다. 여기에는 여러 가지 원인이 있겠지만 대부분은 어떤 결과를 가져올지 충분히 고려하지 않은 채 발전된 과학기술을 무분별하게 사용하기 때문이다. 인간 고유의 본성인 탐욕과 쾌락 추구를 이 모든 폐해의 원인으로 지목할 수 있을 것이다.

급격하게 팽창하고 있는 인구에 대응하기 위해 우리들이 가장 흔하게 범하는 실수는 대량 생산을 위해 방대한 토지에 단일 작물을 경작하는 것이다. 미국 중서부의 거대한 옥수수밭이나 밀밭이 좋은 예이다. 이는 기계화된 농기구를 이용하여 방대한 면적을 빠른 속도로 경작할 수 있게 되었기 때문에 가능했다. 이러한 농법에 의해 매우 높은 생산량은 얻을 수 있지만, 한 가지 작물을 반복하여 경작하다 보니 결과적으로 토양에서 핵심 양분이 고갈되는 문제가 발생한다. 뿐만 아니라 토양이 유실되는 심각한 문제도 발생한다. 경작지의 토양은 대개 부드러운 경토로 처음에는 강수량이 적은 지역에서 번식하는 풀들의 깊은 뿌리로 인해 서로 뭉쳐져 있다. 하지만 땅을 개간하는 과정에 이런 뿌리들이 제거되고 이렇게 드러난 토양은 겨울철 강한 바람에 부서지면서 1930년대에 일어난 것과 같은 엄청난 모래바람의 원인이 된다.

또한 높은 작물 생산성을 위해서는 토양에 화학 비료 처리가 요구되었다. 처음에는 매우 효율적이었고 효과도 좋았으나 동일 경작지에 특정 작물을 재배할 목적으로 반복해서 화학 비료를 처리하게 되면 상황은 달라진다. 또 다른 문제는 인산염과 같은 화학물질이 고농도로 축적된 토양에서 흘러나온 표층수다. 이러한 물질은 하수 처리 시설에 심각한 문제를 일으키고 나아가 해양 생물과 바다를 오염시킨다.

또한 방대한 지역에 단일 작물을 경작하면 그 과정에 주변 생태계가 심각한 타격을 입는다. 특히 이런 피해는 작물 결실에 필수적인 벌이나 곤충에 영향이 크다. 뿐만 아니라 단일 작물에 의존하는 농법은 그 작물에 심각한 피해를 초래하는 특정 병에 감염되는 순간 그 해 모든 수확량을 잃는 위험도 내포하고 있다. 이러한 위험은 병충해에 강하고 수확량이 높아지도록 유전적으로 개량한 작물뿐만 아니라 자연 진화된 작물에게도 똑같이 적용된다. 농업기술의 진보라고 여겨지는 새로운 기술이 적용되었을 때, 처음에는 좋은 효과를 얻을 수 있지만 장기적으로는 갈수록 수확량이 떨어지게 되고 결국엔 새로운 기술을 적용하기 전 수준보다 더 낮아지게 되는 결과가 나타난다.

발전된 기술을 적용했을 때 성공적인 결과와 함께 부정적인 효과도 함께 나타나게 되는 좋은 예를 어류 양식에서 찾을 수 있다. 양식장 안에서 많은 생선을 기를 경우 협소하고 폐쇄된 공간에서 키우기 때문에 어쩔 수 없이 질병이 발생하게 된다. 이에 대한 가장 손쉬운 해결책은 항생제 같은 생화학적 수단을 동원하는 것이다. 하지만 이런 종류의 단기 대응책에는 심각한 장기적 부작용이 뒤따른다. 호르몬제, 항생제, 성장촉진제와 같은 약품이나 약제를 동물에게 사용할 때 생기는 장기적인 부작용은 결국 그 폐해가 인간을 포함한 동식물들에게 다시 돌아오는 것이다. 이런 약품들은 음식이나 사료에 포함되어 섭취될 수 있고 비료의 형태로 공급될 수도 있다. 많은 경우 문제가 생긴 생선이나 닭만 선택해서 치료할 수 없으므로 사육하고 있는 동물 전체에 약품을 공급하는 방법을 사용한다. 병을 앓고 있는 동물이나 식물만 가려서 약이나 살충제 처치를 할 수 없는 경우에 쓰는 이와 같은 방법의 특징은 개체 전체에 과도한 약품을 공급하는 것이다. 이렇게 공급된 약품은 무작위로 분산되어 병이 없는 동물이나 식물에게도 영향을 미친다. 항생제를 남용하게 되면 이에 내성을 가지는 변종이 진화 과정을 통해 출현하고 이것이 지배종이 되어 더 이상 항생제가 듣지 않는 부작용이 나타난다. 이러한 현상은 지금도 진행되고 있고 계속하여 늘어나는 추세다.

　약품의 남용으로 인한 폐해가 인간에게 이전되는 시나리오를 보면 첫 번째 일어나는 일은 직접적인 접촉을 하게 되는 농부나 근로자에게 증상이 나타나는 것이다. 그 뒤를 이어서 그 외의 사람들에게로 전달되는 단계가 따라온다. 몹시 우려스러운 사실은 이미 사람에게 사용되는 것보다 훨씬 더 많은 양의 약물이 동물에게 남용되고 있다는 점이다. 어떤 국가에서는 동물에게 뿌려지거나 주입되는 약물의 종류나 양에 대해 아무런 규제가 없는 경우도 있다. 이렇듯 약물 오남용으로 인한 부작용은 충분히 예상할 수 있는 일이나 농부들에게는 약물 사용이 짧은 시간에 효과를 볼 수 있는 매우 경제적인 방법으로 인식되어 있는 것이 현실이다. 이 모든 부작용과는 별개로 동물이나 식물에 오남용된 약물로 인해 이후에 사람에게 질병이 발생했을 때 치료약 개발이나 치료 비용을 누가 지불해야 하느냐 하는 복잡한 문제가 생긴다.

　현재 엄청난 양의 호르몬제가 동식물의 성장 촉진과 생산량 증가를 위해 사용되고 있다. 당장은 약품 비용이 높아지더라도 식품을 생산하는 데 필요한 총비용은 낮아진다는 단기적인 장점이 있기 때문이다. 하지만 이렇게 생산된 식료품의 향이나 질감이 괜찮을지는 의문이다. 외관상으로는 완벽해 보이는 슈퍼마켓의 사과가 맛없고 식감이 형편없는 경우가 많다. 벌레 먹은 흔적이 없는 것은 어떻게 보면 벌레가 자기 보호 본능으로 몸에 좋지 않은 사과를 구분하여 먹지 않았기 때문에 일어난 일이다. 반면 내가 직접 기른 사과는 보기엔 안 좋아 보일 수 있으나 향과 식감은 훌륭할 것이다. 근교에서 직접 길러진 닭이나 돼지에서도 정확히 같은 일이 벌어진다. 슈퍼마켓에서 팔리는 것과 확연히 차이 나는 우수한 품질을 보이게 되는 것이다.

  불행히도 우리가 식품을 고를 때 맛이나 식감은 중요한 선택 기준이 아니라는 점에 문제가 있다. 우리는 대부분 도시 거주자들이고 실제 생산자에게 직접 구입할 수 있는 경우가 흔하지 않다. 뿐만 아니라 슈퍼마켓에는 수입된 식료품이 많고 할인 행사를 하는 경우가 흔하다. 많은 양을 사면 20퍼센트를 할인해주거나 2개 가격에 3개를 주기도 한다. 이전에 경험해본 적 없는 수입 식료품의 경우에는 원래 바람직한 맛이 어떤 것인지 알 수 없다는 문제가 있다. 슈퍼마켓에서 팔리기 위해서는 외관이 중요하다. 맛이나 질감은 더 이상 중요한 고려사항이 아니다. 많은 농작물들이 슈퍼마켓에서 사람들의 선택을 받을 수 있도록 길러지거나 육성된다. 내가 깜짝 놀란 것은 요즘 영국의 작물들에 들어 있는 영양분이 1940년대와 비교했을 때 미처 반도 안 된다는 점이다. 당시에는 전쟁으로 인해 식료품 수입도 불가능한 상황이었으므로 사람들은 살아남기 위해 집 마당이나 공터에 작물을 기를 수밖에 없었다. 대형 슈퍼마켓에서 식료품을 구입하는 것이 쉽고 편리하지만 맛과 식감면에서 본다면 이렇게 집에서 기른 작물이 훨씬 우월하다.

판매를 할 때는 식품이 진열대에서 얼마나 오래 있을 수 있느냐 하는 점이 중요하다. 하지만 그 기준은 맛이 없어지는 시점이 아니라 외관이 변하는 시점이다. 또한 보관 기간을 정하는 것이 많은 경우 합리적이지 않다는 문제도 있다. 예를 들면 파마산 치즈나 세라노 햄과 같은 식품의 경우 애초에 제조 과정에서 1년 이상을 숙성한 후 출시해야 먹기 알맞은 정도가 된다. 오랜 보관 기간을 통해서 좋은 풍미를 발산하는 제품이 되는 좋은 예다. 하지만 식품마다의 고유 특성이 일반적으로 유효기간에는 반영되지 않는다. 판매 유효기간이나 가장 맛있을 것이라고 표기된 날짜가 현실적으로 너무 짧아서 식료품의 불필요한 폐기의 주요 원인이 된다. 꿀과 와인에 2년 유효 기간을 붙인 것을 본 적이 있다. 이는 매우 적절하지 못한 경우다. 통조림 형태로 판매되는 음식의 유효기간이 짧은 것도 마찬가지다. 다음은 통조림과 관련되어 어떤 가정에서 일어난 재미있는 에피소드다. 혼자 사는 아버지가 있었는데 어쩌다 딸들이 아버지 집을 방문하면 그때마다 찬장을 모조리 열어보고 샅샅이 뒤져 유효기간을 넘긴 통조림을 다 쓰레기통에 버리고 가는 것이었다. 아버지는 아무런 불평도 하지 않고 있다가 딸들이 떠나고 나면 다시 통조림을 쓰레기통에서 꺼내 찬장에 넣어두는 일을 반복했다고 한다.

통조림으로 만든 음식들은 유효기간을 탄력적으로 적용하여도 괜찮다. 심지어 1차 세계 대전 때 만들어진 소고기 통조림을 열어서 먹어봤더니 여전히 맛이 훌륭했다는 얘기도 있다. 어떤 식품이냐에 따라 폐기 일자가 달라야 한다는 점에 동의하면서도 보통은 소비자들의 일반 상식과 동떨어져 유효기간이 적용되는 경우가 많다. 초기에는 통조림을 만들 때 뚜껑을 납땜으로 밀봉하여 음식이 납에 오염이 되는 일도 있었다. 이는 심각한 결과를 초래했다. 과거 북극해를 지나가는 북서 항로를 개발하기 위해 파견된 프로비셔 탐험대는 불행히도 이런 납땜된 통조림을 가져갔다. 그로 인해 극도의 추위 속에서 납 중독으로 정신이상이 발생하여 전원 사망하였다고 한다.

이런 이유로 인해 식료품의 외관을 유지하는 것은 매우 중요한 일이다. 이를 위해 특이한 처리 방법들이 나타났다. 그중 하나가 식품에 고속 전자선이나 감마선을 쬐는 것이다. 이러한 고에너지 조사(照射) 방법이 식품의 외형 유지 기간을 늘려주는 효과는 틀림없이 있다. 하지만 썩거나 무르는 것을 방지하기 위해 필요한 조사량을 훨씬 초과해서 처리하기 때문에 식품이 가진 고유의 향을 바꾸거나 영양소를 파괴하는 일도 일어난다. 더 이상한 점은 영국에서는 식품에 방사선 처리하는 것이 허가되지 않기 때문에 식료품들을 일부러 해외로 실어가서 방사선 처리를 한 후 다시 영국으로 가져와 진열대에 올리는 일이다. 이런 과정이 식품의 보존에 어떤 도움이 되는지 쉽게 이해되지 않는다. 해외로 운송한 후 방사선 처리를 하고 다시 돌아오는 데 많은 시간이 소요되고 이 동안 식품은 점점 나이 들어갈 수밖에 없기 때문이다.

우유 생산 부문에서 기술 발전으로 여겨질 수 있는 생화학 변화를 살펴보자. 지난 10년간 우유 생산량은 거의 두 배로 증가하였다. 하지만 이는 동물들에게 엄청난 스트레스를 주면서 얻어진 것이다. 이로 인해 동물들의 일생 중 우유 생산 가능 기간이 짧아졌다. 이러한 낙농법이 소들에게 분명 좋지 않은 영향을 줄 것임은 쉽게 짐작되지만 우유의 질과 향까지 저해시킬 수 있다는 사실은 잘 드러나지 않는다. 호르몬제 사용이나 다른 생화학적 처리를 하게 되면 이 성분들이 우유를 통해 인간에게 바로 전달될 수 있고 동물 배설물을 통해 하수처리 시설을 거친 후 인간에게 도달할 수도 있다. 설사 이런 성분들이 우유를 통해 우리에게 직접 전달되지 않더라도 많은 다른 경로를 거쳐 영향을 줄 수 있다. 내 입맛이 변했을 수도 있겠으나 슈퍼마켓에서 20년 전과 같은 맛의 우유를 사는 것은 불가능해졌다.

이러한 오염 물질들이 사람의 건강과 성장에 미치는 영향을 찾아내기란 쉬운 일이 아니다. 그 과정에 수많은 인자들이 작용하기 때문인데 그럼에도 불구하고 몇 가지 사실들은 분명하게 밝혀졌다. 과거 닭을 사육할 때 지나치게 많은 성장호르몬을 사용한 적이 있었다. 비슷한 시기에 유럽 남부 지방에서 남자들의 유방이 발달하는 일이 있었는데 원인으로 지목된 것이 그 지역에서 요리에 사용된 성장호르몬이 과다 투입된 닭이었다. 최근 미국에서 보고된 바에 의하면 일부 지역에서는 어린 소녀들의 유방 발달이 과거보다 몇 년 빨라진 것으로 나타났다. 이에 대한 분석 결과 가장 가능성이 있는 이유로는 다이어트와 호르몬 처리된 음식의 섭취가 꼽혔다. 직접적인 원인이 밝혀지지는 않았으나 이러한 생리학적 변화가 갑자기 나타나게 된 원인으로 충분히 의심해 볼 수 있는 사항이다.

문제를 해결하려 할 때 우리는 본능적으로 한 가지 관점에만 집중해서 해결책을 찾는다. 그리고 그 문제가 해결되면 매우 훌륭한 방법이었다고 생각하게 된다. 하지만 그로 인해 다른 부분에서 나타날 수 있는 부작용은 여러 해가 지나는 동안 관찰되지 않을 수도 있다. 장기적인 부작용에 대해서는 상업적인 이유로 무시하는 경우가 빈번하다. 이런 부작용이 발생하여 고착화되면 이것을 막거나 상황을 변화시키기 매우 힘들게 된다. 예를 들면, 농업이나 의약 부문에서 이러한 부작용을 인지하게 되는 데는 불행하게도 상당한 시간이 필요해서 어린 시절에 화학물질이나 약품에 노출되게 되면 그 후유증이 성인이 되거나 노년이 되어서야 나타날 수도 있다. 뒷부분에서 이에 대해 자세히 다루도록 하겠다.

미량 물질에 민감한 몇 가지 예—촉매, 효소, 다이어트 그리고 건강

우리는 종종 믿을 수 없을 정도로 극미량의 화학물질에도 반응한다. 그런 물질들로 인해 부정적인 혹은 긍정적인 효과가 나타나는지 정량적으로 파악하기는 매우 어렵다. 그 정도의 극미량을 검출하는 기술은 최근에 들어서서야 가능해졌으므로 제조사와 소비자 모두 극미량 물질에 의한 부작용에 대해서는 계속 무지한 상태일 것이다. 나는 지금 적은 양의 화학물질이 심각한 결과로 이어질 수 있다는 점을 계속 반복하여 강조하고 있다. 매우 중요한 사실임에도 대부분의 사람들이 모르고 있다는 것은 심각한 상황이다. 이러한 사안이 과학과 관련되어 있다고 생각하면 사람들은 자동으로 자기들은 이해하지 못하는 일이라고 생각하고 아예 들으려고도 하지 않는 경향이 있다.

지난 세기 동안 화학자와 생물학자들이 알아낸 사실은 화학적 혹은 생물학적 반응은 에너지가 적게 소요되는 중간 단계를 통해 진행된다는 것이었다. 화학에서는 이러한 작용을 하는 물질을 촉매라고 부르고 생화학에서는 효소라고 부른다. 촉매는 화학반응을 촉진시키는 역할만 하고 반응에 의해 소모되지는 않는다. 화학반응이 끝나게 되면 촉매는 다시 원래 상태로 돌아간다. 따라서 다음 반응에 다시 사용될 수 있다. 매우 적은 양으로도 효과적으로 반응을 촉진시킬 수 있는 것이다. 앞부분에서 대기권 상층부에서 프레온이 어떻게 오존을 파괴하는 반응의 촉매로 작용되는지 설명했다.

사실 촉매라는 개념을 이해하기 위해 화학을 깊이 알 필요도 없다. 비유해서 설명하자면 학교 밖 복잡한 도로를 아이들이 건널 때를 생각해 보자. 아이들이 건널 수 있을 만큼 차량 통행이 뜸해질 때를 기다린다면 절대 건널 수 없다. 이럴 때 우리는 학교 건널목에서 아이들이 길을 건널 수 있도록 도와주는 교통경찰을 배치한다. 경찰은 아이들이 길을 천천히 건널 수 있도록 안전 깃발을 들고 차들을 막아준다. 아이들이 길을 건너고 나면 경찰은 다시 제자리로 돌아가서 다음 번 아이들을 기다린다. 이렇게 하면 교통경찰이 없을 때보다 아이들이 길을 건너기가 훨씬 쉬워진다. 교통경찰은 이러한 과정을 수백 번도 더 되풀이할 수 있다.

촉매는 화학반응에 직접 참여하지 않고 반응이 시작되는 것만 도와준다. 그 이후로는 반응이 스스로 진행될 수 있게 해줌으로써 매우 효율적으로 반응을 제어하는 역할을 한다. 교통경찰이 일단 차들을 정지시키면 아이들이 줄서서 길을 건너게 되고 이후에는 교통경찰 없이도 아이들은 스스로 길을 건널 수 있게 되는 것과 비슷하다. 우리 주위에 이러한 예를 많이 찾아 볼 수 있다. 예를 들면 사과나 토마토가 익는 경우를 생각해보자. 이미 익은 과일 틈에 안 익은 과일을 넣어두면 익은 과일들이 에틸렌을 내뿜어서 과일이 빨리 익을 수 있게 해준다.

우리가 기억해야 할 중요한 사실은 촉매 역할을 하는 화학물질이 배출되면 그것들이 아무리 미량이라도 우리의 생활, 건강, 환경에 미치는 영향은 매우 심각할 수 있다는 것이다. 촉매에 관해 부정적인 예만 들었으나 사실은 촉매들이 수많은 기술 발전에 대단히 중요한 역할을 해왔다는 것도 똑같이 강조될 필요가 있다. 촉매반응은 그 과학적인 원리가 알려지기 훨씬 전부터 다양한 산업계에서 사용되고 있었다. 포도를 발효시켜 와인을 만드는 것부터 식초, 비누 제조, 발효된 빵을 만드는 것까지 다양하게 쓰인다. 경제적으로도 매우 큰 역할을 한다. 대량으로 염료, 암모니아, 질산, 황산 등을 만드는 화학 산업들은 모두 이러한 촉매반응에 의존하고 있기 때문이다.

촉매는 화학반응에 사용되는 물질들 내에 존재할 수도 있다. 100년 전 식물성 기름에 있는 니켈 입자가 오일에 수소를 첨가하는 반응의 촉매로 작용하는 것이 발견되었다. 대부분의 사람들은 이러한 화학반응의 존재를 모를 것이나 이로 인해 마가린이 만들어진다. 연 2백만 톤에 달하는 수소 첨가 물질이 이런 원리로 만들어지고 있다. 다른 용도로는, 물체의 표면에 촉매 물질을 코팅함으로써 접촉하는 가스나 액체를 제거하는 반응을 일으키기도 한다. 자동차 배기 시스템을 통해 배출되는 엔진의 유독가스를 백금 입자나 다른 금속 입자가 분해하는 원리가 바로 이것이다. 또한 원유를 분해하여 디젤, 가솔린, 항공유 등 다양한 화합물을 만드는 정유공장에서도 촉매반응은 없어서는 안 될 과정이다.

이와 비슷한 원리로 생화학 반응에서 촉매 역할을 하는 효소는 체내에서 생체반응을 조절한다. 보통 효소 반응에는 금속이온 성분이 관여하게 된다. 우리의 건강을 지키기 위해서는 이러한 미량 원소를 섭취하는 것이 매우 중요하다. 아마도 이러한 미량 원소 중에 우리 몸에서 가장 중요한 역할을 하는 것이 아연일 것이다. 우리 체내에 존재하는 200여 종에 달하는 주요 효소에는 아연이 포함되어 있다. 따라서 아연이 결핍되면 많은 건강상의 문제가 발생한다. 아연이 포함된 효소에 의해 일어나는 생체 반응에 대해 기술하자면 아마도 책 한 권은 써야 할 것이다. DNA와 RNA를 만들어내는 생체 반응에도 아연이 필수적이다. 또한 바이러스나 곰팡이 균, 악성종양으로부터 우리 몸을 보호하는 데도 필수적이고 성장호르몬이나 생식호르몬을 생성하는 데도 반드시 필요한 원소다.

특히 임신 중에는 많은 양의 아연 섭취가 필요하다. 일상적인 생활에는 하루 15밀리그램 정도가 필요하고 임신 중에는 20~25밀리그램 정도가 필요하다. 물론 마늘, 다크 초콜렛 그리고 다양한 씨앗에 아연이 들어 있기는 하나 보통 채식 위주의 식사로는 충분한 양을 섭취하지 못한다. 비유적으로 설명하자면 15밀리그램은 1파운드 무게의 스테이크보다 3만 배 정도로 적은 양이며, 보통 사람들이 하루에 섭취하는 음식의 총량과 비교하면 100만분의 1보다 적다. 15밀리그램은 어림잡아 소금 한 티스푼의 1,000분의 1 정도 되는 무게다. 이렇게 적은 양임에도 불구하고 많은 사람들이 적정한 아연 섭취를 못하고 있다. 아연 결핍으로 일어나는 많은 문제들 중에 한 가지는 편집 망상이나 공격적인 성향이다. 실제로 노벨상 수상자 중에 한 사람은 중동 같은 지역에서는 음식물 중에 아연 함량이 적어서 분쟁이 많이 일어날 수 있으므로 아연 함량이 높은 식량을 보급해야 한다는 주장을 한 적도 있다. 매우 통찰력 있는 제안이라고 생각되며 실제로 한번 시도해볼 가치가 있다고 본다. 일반적인 환경에서는 아연 섭취량이 늘었을 때 나타나는 효과가 명확하지 않다. 아연과 같은 미량 원소들의 역할에 대해 의학적으로 이해하기 시작한지는 50여 년 정도 되었다. 그때부터 이를 이용한 식이요법과 합리적인 식생활 통제가 이루어졌으므로 곧 사람들의 건강 증진으로 나타날 가능성도 있어 보인다.

두 번째 중요한 미량 원소는 마그네슘이다. 마그네슘이 관여하는 생화학 반응은 아연과 비슷하다. 마그네슘은 인체 내에서 4번째로 많이 존재하는 원소다. 뼈뿐만 아니라 적혈구, 근육, 신경, 심혈관계 조직에 골고루 분포하고 있다. 최소량의 마그네슘을 섭취하는 것이 식생활에서 필수 조건이긴 하지만 너무 많이 섭취하게 되면 심각한 부작용이 발생하게 된다.

종종 이야기되는 미량 성분으로 납이 있다. 납 중독으로 인해 생기는 끔찍한 결과로는 불임과 정신이상이 있다. 우리가 알고 있듯이 고대 로마시대나 영국 빅토리아 시대의 납 중독은 경제적 발전과 문명화가 가져다준 불행한 재앙이었다. 그 당시 납으로 된 배관 시스템을 사용했기 때문이다. 납은 또한 매우 우수한 첨가제로 가솔린에 사용되었다. 하지만 배출된 배기가스에 포함된 납으로 인한 대기오염으로 심각한 건강상의 문제를 야기했다. 지금은 많은 나라에서 가솔린에 납을 첨가하는 것을 금지했다.

납이나 수은과 같은 중금속들은 인체에 심각한 부작용을 일으킨다. 심지어 뇌 손상까지 일으키는 물질들이다. 메틸수은 형태의 수은이 인체에 흡수된다는 것은 이미 잘 알려져 있는 사실이다. 과거에는 모자를 만들 때 수은을 사용했기 때문에 영어 표현 중에 '모자장수처럼 미친'이란 표현이 있는 생긴 것이 아닐까 생각한다. 모자를 만드는 과정에 발생되는 수은 증기를 장기간 흡입하면 신경학적으로 후유증이 나타날 수밖에 없었을 것이다. 수은에 의한 문제는 지금도 완전히 없어지지 않았다. 일부 치과용 재료로 사용되어 왔던 아말감에 함유된 수은도 인체에 유해한 것으로 알려져 있다.

우리가 먹는 음식을 통해 다양한 종류의 원소가 인체 내로 들어올 수 있다. 어떤 경우는 생각지도 못한 경로를 통해 유입된다. 20세기 말에는 유약을 바르지 않은 도자기 용기에 오렌지 주스 같은 건강 음료를 담는 것이 유행했던 시기가 있었다. 불행히도 오렌지 주스는 매우 강력한 산성용매이므로 유약 처리가 안된 도자기에 담을 경우 도자기에 함유된 중금속과 기타 다른 원소들을 녹일 수 있다는 점을 그때는 미처 깨닫지 못했었다.

촉매는 산업계나 생화학적 반응에만 중요한 것은 아니다. 촉매반응은 천문학적으로 별의 생성 과정에서도 핵심적인 역할을 하는 것으로 보고되었다. 분자나 화합물을 만드는 데 있어 가장 기초적인 반응이 바로 두 개의 수소 원자를 묶어 하나의 수소 분자를 만드는 것이다. 우주에 흩어져 있는 수소 원자의 밀도는 상상할 수 없이 희박하다. 이런 상황에서 두 개의 수소 원자가 서로 부딪힐 확률은 극히 낮아진다. 더구나 주위 온도가 매우 낮은 상태에서 수소 분자가 생성되는 반응에 필요한 에너지를 얻는다는 것은 거의 불가능에 가깝다. 그럼에도 불구하고 우주에 수소 분자는 존재하고 이러한 물질들이 축적되어 별이 생성되게 된다. 어떻게 이런 일이 가능할까? 이와 관련하여 제시된 가설 중 한 가지는, 수소 원자가 먼지 입자와 부딪히면 약한 인력으로 먼지 입자의 표면에 붙어 있게 되고 그런 상태로 꽤 긴 시간을 체류하다 두 번째 수소 원자가 다가오게 되면 먼지 표면의 도움으로 두 개의 수소 원자가 합쳐져 하나의 수소 분자가 탄생하게 된다는 것이다. 비유하자면 오늘날 온라인 데이트 사이트가 먼지 표면에 해당하지 않을까 싶다.

부작용의 지연

우리가 흡수하는 대부분의 화학물질은 식품을 통하거나 호흡하는 공기를 통해서 인체 내로 유입된다. 따라서 식품을 살펴볼 때 미량 원소의 촉매적인 역할과 그로 인해 발생할 부작용에 대해 이해하는 것은 매우 중요하다. 식품을 길러내는 토양과 경작 과정에 투입되는 비료, 농약 등에 미량 원소들이 존재하고 이들은 결국 우리 몸에 유입되게 된다. 우리가 마시는 액체류에도 이러한 미량 원소들이 존재한다. 수돗물에는 정제 과정에 투입된 화학약품들이 미량 존재하고 있을 뿐만 아니라 정제 과정을 거쳤음에도 이전에 물을 마신 사람이 배출한 배설물에 포함된 약물이나 의약품이 남아 있게 된다. 와인과 같은 액체류들은 포도의 종류와 토양뿐 아니라, 숙성 과정을 거치는 데 사용된 배럴과 비료, 첨가제

등이 와인마다 지니고 있는 고유한 향에 영향을 준다. 이렇게 와인마다 고유한 향을 풍부하게 해주는 물질들은 불순물로 볼 것이 아니라 상품 가치를 높여주는 향미제로 봐야 할 것이다.

미량의 핵심 화학물질이 우리의 삶에 주는 영향에 대해서는 비교적 최근에야 자세히 밝혀지고 있다. 물리학과 생화학의 발달로 이러한 물질을 더 정확하게 검출할 수 있게 되면서 점점 더 많은 물질에 대한 연구가 진행되고 있다. 하지만 불운하게도 이런 미량 물질들이 사람에 미치는 영향 중 많은 부분이 매우 심각하고 심지어는 치명적이라는 사실이 밝혀지고 있다. 어떤 종류의 부작용은 발현되는 데까지 많은 시간이 걸린다. 하지만 인체에 유해한 화학물질들을 환경에서 제거하거나 사용 금지시키는 것은 실제로 매우 어렵고 경제적으로도 환영받지 못하는 일이라는 데 문제가 있다. 이런 이유로 우리가 점점 더 빨리 새로운 화학물질을 개발할수록 우리도 모르는 사이 인간, 동물, 농업, 기후 변화에 치명적인 영향을 미칠 수 있는 시한폭탄을 만들어내고 있다고 말할 수 있다. 문제는 이 시한폭탄이 터지는 데 얼마나 오랜 시간이 걸릴지 알 수 없다는 점이다.

현재까지 화학물질이 관여된 기술 개발에는 비교적 우리가 그 원리를 잘 이해하고 있는 물질만을 사용해왔다. 하지만 최근에 의약, 생화학, 제약, 농업, 유전자 조작 분야에서 이루어진 급격한 발전은 우리를 좀 더 복잡한 상황으로 끌고 들어가고 있다. 계속해서 지금까지 경험하지 못했던 물질들이 새롭게 만들어지고 있기 때문에 우리로서는 이것들이 향후에 나타나게 될 변화와 어떻게 연결될지 예측하기가 매우 힘든 상황에 놓여 있다. 새로 출시한 제품이 처음에는 매우 훌륭해 보일 수 있으나 향후 예기치 못한 부작용이 발생하면 되돌릴 수 없는 상황에 이를 수도 있다. 물론 제조사들이 이러한 원치 않는 부작용을 예방하기 위해 개발 단계에서부터 세심히 살피고는 있다. 하지만 개발 단계에서 행해지는 동물 실험 결과가 테스트에 사용된 동물 이외의 종이나 나아가서 인간에게 끼칠 영향까지 가려낼 수는 없다는 점이 문제이다.

더 까다로운 부분은 모든 사람들 혹은 동물들이 개체마다 고유성을 가지고 있다는 점이다. 많은 경우 표준적인 패턴에 맞지 않는 사람이나 종들이 나타난다. 약에 내성을 가진 질병이 발생하는 이유가 바로 이런 것이다. 또한 대부분에게는 무해한 화학물질이 소수에게는 치명적인 부작용을 끼칠 수도 있다. 우리가 기술이 발전되는 것을 막을 수 있는 방법은 없다. 하지만 특히 아주 미량만 존재해도 안 좋은 결과를 낳을 수 있는 물질에 대해서는 어떤 부정적 결과가 나타날지에 대해 미리 인지하고 있어야 한다. 그리고 그러한 결과가 발생될 때 즉각 조치를 취할 수 있어야 할 것이다.

우리가 먹는 음식은 얼마나 깨끗할까?

미량의 물질이나 약품이 우리에게 어떤 미묘한 영향을 끼칠지에 대해서는 정확한 파악이 힘들다. 자세한 과학적 연구 결과에도 불구하고 워낙 미량이므로 일반적인 사람들은 별로 중요하지 않게 생각하는 경향이 있다. 이런 질문을 던져보고 싶다. "우리가 일상생활에서 흡수하고 있는 환경오염 물질의 양은 어느 정도일까?" 불순물 허용치의 경우 법으로 정해져 있고 특히 식품의 경우 규정이 잘 제정되어 있다. 법적으로 어느 정도의 오염 물질이나 청결도가 표준으로 허용되어 있는지를 살펴보면 흥미롭다. 예를 들면 학교의 화학 실험 수업에 사용하는 화학 약품은 보통은 몇 퍼센트 수준에 해당하는 불순물을 포함하고 있다. 반면 우리 생활의 대부분 영역에서는 불순물 혹은 오염치에 대한 허용 한계가 매우 크고 그마저도 무시하는 경우가 흔하다. 식품 포장재나 음료수 병에 붙어 있는 성분표를 보면 원래는 깨끗했던 천연 물질에 향을 증진하고 보관기간을 늘이기 위해 혹은 우연히 포함된 여러 첨가물들이 몇 퍼센트 함유되어 있음을 알 수 있다. 많은 경우 이러한 첨가제들은 논의의 대상이 된 적이 없으므로 많은 사람들은 그것들에 대해 잊어버리거나 암묵적으로 그 존재를 받아들인다.

이러한 무의식적인 회피는 우리의 자기방어적인 기제 때문일 수도 있다. 우리가 매일 먹는 빵이나 밥이 순수한 밀이나 쌀로만 만들어지지 않았을 수도 있다는 사실에 대해 별로 생각하고 싶지 않기 때문이다. 농부들이나 제빵 업자들은 곡식을 보관하는 저장고에 흙, 잡초, 쥐의 배설물, 심지어 죽은 쥐의 사체까지 섞여 있다는 것을 잘 알고 있다. 물론 설치류에 의한 곡식의 오염은 우리가 절대 피하고 싶은 일이다. 하지만 전 세계적으로 우리에게 공급되는 식량의 20퍼센트에 해당하는 양을 설치류가 먹거나 오염시키고 있는 것이 현실이다. 음식을 조리하는 과정에서 식품들이 멸균되길 희망할 뿐 오염물 자체를 없앨 수는 없다.

이런 식으로 어쩔 수 없이 포함되는 오염물에 대한 허용 기준은 국가마다 다르다. 초콜릿과 같은 제품에 대해 한번 살펴보자. 카카오 원두는 초콜릿으로 가공되기 전에 발효를 위해 일정 기간 동안 방치된다. 이로 인해 카카오 원두는 많은 동물이나 곤충의 표적이 된다. 생존 사이클의 일부를 카카오 원두 내에서 보내는 생물도 있다. 이를 막기 위해 과량의 살충제를 사용하면 해충은 없어질 것이나 그로 인해 초콜릿이 맛없어지게 될 것이고 나아가서 인간에게 해로울 수도 있다. 따라서 어느 정도 오염을 인정하는 것이 현실적으로 유일한 해결책이라 할 수 있다. 초콜릿의 순도와 관련된 기준은 100그램 초콜릿당 허용된 곤충 조각이 최대 50~75

개이다. 쥐에서 나온 털 같은 것들은 100그램당 4개만 허용하고 있다. 다음에 초콜릿이나 다른 음식을 먹을 때 이런 사실을 상기하면 어떨까?

일반적으로 우리는 현실적으로 이와 같은 일이 일어나고 있다는 사실을 생각하고 싶어 하지 않는다. 기업들은 깨끗하고 건강한 식품이라는 설명이 붙은 번지르르한 광고를 하고 있다. 우리가 이러한 오염 물질들을 심리적으로 거부하기 때문에 자연적으로 식품에 들어 있는 불순물들에 포함된 필수 미량 원소의 장점도 함께 망각할 수 있다. 광고에서 완벽한 상태임을 강조하는 것은 현실에 대한 왜곡임과 동시에 우리로 하여금 현실에서는 불가능한 어떤 상태를 열망하도록 만들고 있다. 이것은 일반 소비자들이 사용하는 제품에 국한된 것은 아니다. 우리 체형에 대해서도 마찬가지 현상이 발생하고 있다.

독자들이 너무 우울해지기 전에 먼지나 오염물에도 좋은 점이 있다는 사실을 알려줘야겠다. 아주 어릴 때부터 이러한 오염 물질에 노출되면 우리가 살아가면서 노출되는 많은 질병과 맞서 싸울 수 있는 항체를 갖게 될 확률이 매우 높아진다고 한다. 실제로 흙이나 오염 물질에 노출된 채 자라면 이후에 알레르기 증상이 나타날 확률이 줄어든다는 연구 결과가 있다. 애초에 인간은 야생에서 생활하도록 설계되었다. 지나치게 깨끗하고 보호된 환경 속에 우리를 가두는 것이 결과적으로는 이롭지 않게 작용할 수 있다. 오늘날 현대 의학에서는 이러한 발견으로 얻어진 경험을 면역력을 높이는 의료 프로그램에 포함시키고 있다.

그래서, 과학은 우리를 먹여 살릴 수 있을까?

인간은 품질이 의심되거나 별로 중요하지도 않은 작물을 생산하느라 대규모로 삼림을 파괴하고 토양을 훼손함으로써 결국 지구 환경을 망치고 있다. 이는 장기적으로 볼 때 매우 심각한 부작용을 불러올 것이다. 나의 바람은 독자들이 이러한 점들을 기억하는 것이다. 그러면서도 여전히 다음 번 식사를 즐기고 초콜릿 바를 맛있게 먹길 바란다. ⋮

6장
'침묵의 봄'이 다시 찾아오다

식량, 생존 그리고 과학기술

식량과 물은 생명체가 살아가는 데 없어서는 안 될 필수적인 요소다. 따라서 인간들이 발전된 기술을 이용하여 꾸준히 식량과 물의 공급을 늘리려는 노력을 하는 것이 그리 놀라운 일은 아니다. 그동안 이 분야에서 많은 성공 사례가 있었다. 수천 년간 작물의 품종을 개량하고 더 큰 소를 만들기 위해 교배를 시켜온 노력은 큰 성과를 거뒀다. 땅을 갈고 농경을 하는 과정 역시 설계면에서나 효율면에서 꾸준히 발전해왔다. 산업혁명이 시작되면서 힘든 노동이나 동력원이 사람, 소, 말에서 석탄과 기름으로 움직이는 기계로 대체되면서 실제 필요한 노동 인원이 감소하였다. 뿐만 아니라 최근에는 작물을 심고 수확하는 데 필요한 농기계에 자동항법장치가 설치되어 위성 내비게이션으로 정확한 위치 정보만 제공

받을 수 있으면 사람이 조종하지 않아도 무인 경작이 가능해졌다. 갈수록 사람이 할 역할이 줄어들고 있다고 할 수 있다.

　지난 100년간 과학기술의 발전은 많은 새로운 기회를 열었다. 특정 해충과 작물에 생기는 병해를 없애기 위해 비료와 살충제가 개발되었다. 최근에는 인간이 기르는 작물의 유전자 구조를 변화시키는 분야에서 많은 발전이 이루어지고 있다. 유전자 조작의 목적은 좀 더 수확량이 높고 병충해에 강한 품종으로 개량하기 위해서다. 언뜻 보기에는 많은 성공 사례가 있었던 것처럼 보인다. 내가 여기서 '언뜻 보기에'라고 유보적인 표현을 쓴 것은 나름의 이유가 있다. 현재 우리는 유전자 조작 분야에 대한 지식이 별로 깊지 않은 상태에서 유전 과학 분야에 진입해 있다. 이 분야에 대해 인간은 아주 초보자라고 해도 틀린 말이 아니다. 지금까지 성공이라고 생각되고 있는 유전자 조작 사례들도 향후에 전혀 예측하지 못하던 부작용이 나타날 수 있고 그럴 경우 미래에 우리가 전혀 상상조차 하지 못했던 결과로 이어질 수 있다.

　개량을 하거나 발명을 하는 것은 인간 고유의 본성에서 비롯된 행동이라고 할 수 있으므로 그러한 행위를 금지하는 것은 실효성이 없다. 아무리 금지한다 해도 어차피 할 것이기 때문이다. 다음 장에서 다루겠지만 과거 의학 분야에서 전혀 예상치 못했던 일들을 경험했던 사례가 있다. 특정한 목적을 위해 개발되었던 약이 뜻밖의 부작용을 가져온 경우도 많았다. 탈리도미드라는 성분에 의해 기형아가 생겼던 사례는 가장 부정적인 예로 꼽을 수 있다. 반면 심장병을 위해 개발된 비아그라가 뜻하지 않은 효능을 발휘한 것은 긍정적인 예로 볼 수 있겠다. 의학과 유전학 분야에서 장기적으로 볼 때 원래 목적과는 다른 부작용이 발생할 확률은 상당히 높다. 내가 강조하고 있는 과학기술의 발전이 가져다주는 부작용의 좋은 예에 해당될 것이다.

　우리의 기술 개발 역사를 되돌아보면 항상 특정한 문제를 해결하는 것에만 신경을 썼지 한발 뒤로 물러서서 폭넓은 문제에 대해 고찰하거나 그 부작용에 대해 미리 걱정한 경우는 거의 없다. 특히 농업 분야에 있어서는 당장 생존과 관련된 문제이기 때문에 이러한 경향이 더 심하다. 그동안 역사적으로 많은 실수를 경험했음에도 불구하고 우리는 과거의 실수로부터 교훈을 얻는 데는 영 소질이 없는 듯하다. 오히려 보다 적극적으로 자연을 통제해야 한다는 생각을 가지고 있으며, 작물을 화학약품으로 처리함으로써 목적을 달성할 수 있다고 믿는 듯하다. 또한 곤충이나 다른 동물들을 이용하면 경작지나 작물을 안정화시키고 비옥하게 만들 수 있음에도 불구하고 다양한 방법을 사용하는 것 자체를 의도적으로 억제하고 있다.

　이러한 예들은 단순히 기술 의존적인 21세기에만 한정된 우매함이 아니라 수백 년 동안 농법이 발전되어 오는 동안 굳어져 버린 인간의 전형적인 어리석음이라 할 수 있다. 관련 기술 분야에서 매우 성공적인 진보를 경험해 왔기 때문에 당장 눈앞의 이익을 쫓거나 손쉬운 농작법만을 선호하는 경향이 있다. 이로 인해 장기적으로 우리가 무엇을 위해 기술 개발을 하고 있는지에 대해서는 망각하는 결과를 낳게 된다. 이 결과로 후손들은 장기적으로 재앙에 가까운 피해에 시달릴 가능성이 높아졌다. 최근의 경제적 혹은 산업적 활동은 매우 글로벌하게 이루어지기 때문에 아무 생각 없이 행한 일이 인근 지역의 농장에만 영향을 주는 것이 아니라 전 세계의 농업에 직접적인 파급 효과를 미치게 되었다. 작물을 기르고 수송하는 모든 활동이 매우 국제적인 범위에서 각자 독립적으로 이루어지기 때문이다.

많은 사람들이 이와 같은 점을 지적하고 있다. 이 장에서는 그동안 꾸준히 반복되어온 과거의 실수를 되돌아보고 마음에 새기고자 한다. 이로써 국제적으로 식량의 다양성과 높은 수확량을 희생하지 않고도 문제점을 해결할 수 있는 최선의 방법을 찾아내도록 독려할 계획이다. 만약 그런 노력을 하지 않을 경우 우리 후손들은 배고픔에 시달릴 것이 분명하기 때문이다.

우리가 충분한 양의 식량을 지속적으로 생산하기 위한 노력을 끊임없이 해야 하는 이유가 있다. 단기간의 기후 변화뿐 아니라 강수량이 많은 계절이 시기적으로 달라지기도 하고 많이 의존하고 있는 곡식에 새로운 해충이나 병해가 발생할 수도 있기 때문이다. 이러한 문제들은 대부분 서로 밀접하게 연관되어 있다. 국부적인 기후 변화로 해충이 공격하는 지역을 옮길 수 있고, 농작물의 국제적인 교역으로 곡식과 식품만 수입하는 것이 아니라 다른 나라의 벌레, 식물, 병해까지 같이 들여오게 되기 때문이다. 우리 눈에는 보이지 않지만 이런 업종에 종사하는 사람들의 경험에 의하면 수입된 식품이나 작물 속에 다른 종류의 곡물이나 씨앗이 발견되고 벌레들도 함께 묻어오는 경우가 드물지 않다고 한다. 이러한 사건들을 언론에서 다루는 경우는 드물다. 하지만 파충류에 대해서는 사람들의 혐오가 강하므로, 바나나에서 큰 거미가 발견되거나 포도에서 흑과부거미가 발견될 경우 간혹 뉴스에 보도되기도 한다. 물론 이런 특수한 경우를 제외한 대부분은 눈에 띄지 않고 지나가거나 발견되더라도 언론에서 별다른 관심을 보이지 않는다.

영국의 한 종교 단체에서 많은 양의 갑각류를 수입했다는 특이한 뉴스도 있었다. 이 종교 단체에서는 이런 생물들을 식용으로 하면 안 된다는 것을 주장하기 위해 수입된 갑각류들을 바다로 데려가서 방생하는 행사를 했다. 하지만 이 종교 단체는 갑각류들이 캐나다로부터 수입된 것이고 이 종들을 영국에 풀었을 때 심각한 생태계 교란이 올 수도 있다는 것에까지는 생각이 미치지 못했을 것이다.

새롭게 들여온 종들이 해당 국가의 기후에 적응하는 데 별 다른 어려움이 없는 경우에 더 골치 아픈 문제가 발생한다. 원래 종들이 살던 나라에서는 다른 생물들과 생태학적 균형을 이루면서 개체수가 조절된 상태에서 서식하고 있었으나, 수입을 할 때는 생태학적 균형을 맞출 수 있도록 다른 생물들까지 함께 수입하는 것이 아니기 때문이다. 만약 수입종의 개체수가 번식을 통해 급격히 늘어날 경우 그 문제를 해결할 뚜렷한 해법이 없다. 이를 해결하기 위해 유입된 해충을 먹고 사는 동물이나 곤충을 새롭게 들여올 경우, 그것들이 해충만 먹어치운다면 매우 효과적인 해법이 될 수도 있겠으나 새로운 환경에 적응하여 개체수가 늘어나게 되면 문제만 한층 더 키운 꼴이 될 것이다.

사냥에서 농경까지

식량과 관련된 과거의 역사를 고찰해 보면 매우 놀랄 만큼 일반적인 패턴을 발견할 수 있다. 풍부한 식량을 가진 나라들은 지배 국가나 사회를 이루면서 전성기에 달한 후에는 하나같이 쇠퇴하는 경향을 보인다. 대부분 이런 정치적 붕괴는 약해진 군사력 때문이 아니라 식량 공급이 제대로 이루어지지 못한 것이 원인인 것으로 밝혀졌다. 전쟁과 군사력 약화는 원인이라기보다는 그 결과인 경우가 많았다.

고대 사회에서의 식량과 물 부족 현상은 농업기술의 부족과 기후 악화가 복합적으로 작용하여 나타났다. 번성했던 국가에서 농업 자원이 고갈되는 이유는 인구의 급속한 증가와 전례 없는 대규모 도시 건설 때문이다. 주민들이 팽창하는 도시로 이주하게 되므로 식량의 직접 생산지였던 작은 농장이나 마을은 더 이상 식량 생산을 할 수 없게 되고 할 수 없이 다른 식량 생산자나 배급 시스템에 의존을 해야 하는 상황이 발생한다. 이런 식으로 도시가 팽창하면서 식량을 생산하는 생산자들이 줄면 결국 국가 전체는 식량 부족 상황에 처하게 된다. 식량이 부족한 시기가 닥쳐도 장기간 물과 식품을 보관하는 방법을 찾아낸 국가들은 살아남을 수 있었다. 그러나 가뭄이나 홍수가 너무 오랜 기간 동안 계속되면 어쩔 수 없이 국가 전체가 치명타를 입게 된다.

농업기술과 식량 배급 시스템이 붕괴되면 지역사회에 심각한 피해가 나타난다. 식품을 판매하는 슈퍼마켓에서는 정상적인 영업을 위해 여러 종류의 식품을 적어도 며칠에 한 번은 공급받아야 한다. 만약 특정 지역에 눈보라를 동반한 폭풍, 안개, 산업적인 돌발 상황, 연료 부족 등 공급 라인이 제대로 작동되지 못하는 요인이 발생할 경우 심각한 문제에 봉착하게 된다. 전기 공급이 끊길 경우 냉동이나 냉장된 식품은 못 쓰게 되고 슈퍼마켓을 운영할 수 없는 상황이 발생한다. 최근 어떤 지역에서는 슈퍼마켓에서 사용하던 냉장고를 모두 폐기한 적이 있다. 그리 심하지 않은 폭염에도 슈퍼마켓 냉장고들이 제대로 기능을 발휘하지 못했기 때문이었다. 전기 공급이 끊기는 것뿐 아니라 여러 다른 원인에 의해서도 식품들이 버려질 수 있다. 물론 식량 공급 시스템이 제대로 작동하지 않거나 전력 공급이 끊어지면 엄청난 혼란에 빠지게 된다. 그럴 경우 마치 하루하루가 전쟁터에서 보내는 뉴스에서나 나옴직한 장면들로 가득 채워질 것이다.

다음은 인간이 어떻게 수렵 채집 생활로부터 농경 생활로 변해갔는지 알기 쉽게 표현하도록 하겠다. 이 주제에 대해 다양한 예와 상세하고 심도 깊은 내용을 담은 많은 책과 논문이 있지만 그중에서 특히 내가 좋아하는 책은 에번 프레이저와 앤드루 리마스가 쓴 『음식의 제국』이라는 책이다.

초기 수렵 채집 생활

인간이든 늑대든 사냥을 잘하기 위해서는 함께 움직이는 무리가 작아야 한다. 민첩하게 움직여 사냥감을 쫓아가기 위해서다. 무리 개체수를 적은 수준으로 유지하기 위해 의도적으로 출산을 제한하거나 새끼들을 죽이거나 하는 행위가 일어난다. 처음엔 무리의 숫자가 적은 편이 주위 환경에 영향을 덜 주기 때문이 아닐까 하는 생각이 들었지만 이는 틀린 생각이었다. 최근 옐로우스톤 국립공원에 수십 마리의 늑대를 다시 풀어놓았더니 공원에 서식하고 있던 동물의 개체 수에 변화가 생겼다는 사실이 보고되었기 때문이다. 그뿐만 아니라 식물 생태계에도 변화가 생겼다. 묘목 단계에서 뜯어 먹히지 않고 살아남은 나무의 숫자가 확연히 늘어나는 변화가 나타났다. 이로 인해 지표수의 양과 물의 흐름에 변화가 생겼고 이어서 강물의 양도 변하였다. 이는 생각지 못한 놀라운 변화였다. 포식동물 숫자 몇 마리가 변하는 것으로 인해 주변 생태계가 이렇게 중요하고도 확연하게 변할 수 있다는 사실은 소수의 열정적이고 전문적인 생태학자들이 아니면 전혀 예상치 못한 변화였다. 물론 옐로우스톤만이 가진 특성 때문에 늑대의 숫자 변화가 생태계에 미친 영향이 훨씬 크게 나타날 수도 있었을 것이다. 하지만 이 결과에서 알 수 있는 것은, 생태계의 구성비 면에서 크지 않은 변동이 있더라도 이것이 환경에 미치는 영향은 크고 광범위할 수 있다는 점이다. 옐로우스톤 국립공원의 크기는 어림잡아 북아일랜드나 코르시카 섬의 면적과 비슷할 정도로 크다.

따라서 많은 사람들이 그 넓은 지역에 늑대 몇 마리가 풀린다고 해서 큰 영향이 있을까 하고 생각했던 것이다.

늑대의 경우 무리의 최대 크기를 강제적으로 조절하는 것이 가능하다. 인간의 경우 다른 동물에 비해 성인이 될 때까지 걸리는 시간이 매우 길다는 특징 때문에 인구 증가율이 완만하게 변화할 수 있다는 유리한 점이 있다. 농업 측면에서 볼 때도 이러한 점은 유리한 조건이다. 고대 인류들은 작은 면적의 땅을 개간하고 곡물을 길러서 추수한 다음 다른 곳으로 옮기는 패턴으로 움직였다. 이때만 하더라도 개간은 아주 간단한 종류의 도구를 사용하여 땅의 표면만 긁는 수준이었을 것이므로 토양이 영구적으로 훼손되는 일은 없었다. 그리고 다른 곳으로 이동하게 되면 그 사이에 토양뿐만 아니라 숲까지도 회복이 가능했다. 하지만 기술 발달로 인해 땅을 더 깊게 팔 수 있는 쟁기나 도끼, 톱 등이 사용되기 시작하면서 토양에 영구 훼손이 발생하였다. 쟁기를 사용함으로써 풀뿌리까지 제거할 수 있게 되었고, 이것은 토양 조성의 균형을 깊은 부분까지 무너뜨리는 원인으로 작용하였다. 물론 커다란 나무를 베어내는 것 같은 일은 그 지역의 동물과 식물을 포함한 전체 생태계에 심각한 영향을 영구적으로 주는 행위다. 오늘날에는 거대한 현대적 기계를 동원한 대규모 삼림 파괴로 인해 남미나 태평양의 원시림이 단지 농업을 위해 개간되는 수준이 아니라 영구히 파괴되어 버리고 있는 것이 현실이다. 설사 인간이 없어져 자연으로 하여금 스스로 회복할 수 있는 시간을 준다 하더라도 멸종된 동물과 식물은 다시는 돌아오지 않을 것이다. 물론 장기적으로 보면 인간이 아니더라도 이러한 자연현상이 진행되는 것을 피할 수는 없다. 하지만 당장 인간들은 자신들이 몇 백 년이나 더 살아남을 수 있을지 이기적인 걱정을 할 수밖에 없다.

인간은 스스로의 생존을 위해 지극히 자기중심적이다. 종교나 관습은 욕정, 과식, 탐욕, 태만, 분노, 시기, 자만을 일곱 가지 원죄로 규정되고 있다. 물론 이런 인간의 행동들이 지나친 것은 바람직하지 않다는 점에 나도 동의한다. 하지만 바로 이러한 인간적 특징이 우리를 다른 동물과 달리 발전 가능성을 가진 지능적 생명체로 진화시킨 원동력이라는 점도 인정해야 한다. 급속히 증가하는 인구, 끝없는 전쟁, 극단적인 국가주의, 스스로 생각하지 않고 지도자의 주장을 무조건적으로 받아들이는 습성, 비만, 생존에 필요치 않은 사치품에 대한 탐욕 등은 모두 필연적으로 일곱 가지 원죄 중 일부와 연결되어 있다. 하지만 이러한 인간 본성이 없었다면 우리는 여전히 보잘것없는 허약한 동물로만 남아 있었을 것이라는 사실도 잊어서는 안 된다.

바로 이러한 인간 고유의 본성들로 인해 그동안 농업기술을 발전시킬 수 있었다. 하지만 동시에 이로 인해 발전된 기술이 후에 어떤 후유증으로 나타나는지에 대해서는 눈을 감게 되는 것이다. 우리는 관리하기 편하고 단순하다는 이유로 대규모 면적에 단일 작물을 기르고 우수 품종의 소만을 방목한다. 이를 위해 원래 그 땅에 살고 있던 동물들을 몰아내고 우리가 원하는 곡물과 가축으로만 채우는 것이다. 가장 대표적인 예로 최근 50년 동안 미국에 서식하던 5,000만 마리의 들소를 없애버린 사건을 들 수 있다. 우리가 고의적으로 행한 이 일은 모두 그 땅에 원하는 작물을 기르거나 소를 키우는 목장을 짓기 위한 것이었다. 동시에 그 땅에 살고 있던 원주민들을 말살하거나 소외 계층으로 만들어버리고, 그들이 먹고살던 식량원을 제거해버렸다. 이러한 행위야말로 인간의 일곱 가지 원죄의 가장 전형적인 예가 아닌가 싶다. 우리는 인간이 살고 있는 이 땅의 전체적인 건강함이 매우 오랜 기간을 걸쳐 진화되어온 결과물이라는 사실을 간과하고 있다. 우리가 곡식으로 삼는 작물에 피해를 주기 때문에 제거해버린 들소와 같은 많은 생명체들이 또 다른 생명체들의 먹이였다는 사실을 잊어서는 안 된다.

곡식에 피해를 준다는 이유로 이것을 먹이로 삼는 작은 생물들을 없애버릴 경우 생태계의 균형이 깨져 전혀 새로운 문제에 직면하게 된다는 점은 분명하다. 더 이상 개체수를 조절해줄 수 있는 천적이 없어지면 또 다른 생물체들이 나타나 없어진 천적의 자리를 대신 차지하게 되기 때문이다. 우리가 간과하기 쉬운 또 다른 사실이 있다. 해충이라고 불리는 생물로 인해 우리가 얻는 간접적이지만 매우 중요한 이득도 있다는 점이다. 화학 약품을 사용하여 곤충의 개체수를 줄이게 되면 작물의 수정이나 수분에 꼭 필요한 벌과 다른 곤충들까지 함께 피해를 입게 된다. 실제로는 토양 내의 박테리아나 지렁이까지 고려를 해야 한다. 우리가 농사를 짓고 있는 땅이 지속적으로 경작이 가능한 상태를 유지하려면 땅을 비옥하게 만드는 그런 생물들의 복잡한 능력이 필요하기 때문이다. 일단 이 균형이 깨져 작물의 성장을 도와주는 필수 원소들이 빠져나가고 나면 땅은 황폐화되고 수확량은 줄어든다. 그러다 마지막에는 흙이 양분을 잃고 바스라져 흙먼지만 날리는 건조한 사막으로 변해 버린다. 작물이 자라기 위해서는 물이 지속적으로 공급되어야 할 뿐 아니라 공급된 물을 토양이 머금고 있을 수 있어야 한다. 하지만 이런 토양은 공급된 수분을 보유하고 있을 수 없다는 점이 더 심각한 문제다. 토양이 수분을 머금고 있을 수 없다면 아무리 흙에 양분이 많아도 식물이 자랄 수 없게 된다.

초기 인류에 의해 경작된 소규모 농토에서는 앞서 언급한 문제점들이 나타나지 않았을 뿐만 아니라 별다른 처리를 하지 않고도 계속하여 작물을 기를 수 있었다. 그 땅에서 가축을 기르면 가축이 땅에 소변을 보고, 땅에서 자란 식물을 먹고 배설한 배설물이 다시 토양으로 돌아가 비료의 역할을 하게 된다. 그동안 농부들이 경험적으로 깨달은 점은 같은 토지에서 동일한 종류의 작물을 계속 기를 수 없다는 것이다. 따라서 기르는 작물의 종류를 바꾸거나 토지가 다시 회복이 되도록 한동안 경작을 쉬는 방법을 취했다. 또한 강수량에 변화가 오면 농사가 실패할 가능성이 항상 있다. 이를 해결하기 위해 보통은 농업용수를 다른 곳으로부터 끌어와서 사용하게 된다. 하지만 끌어온 물을 저장하면 물이 증발하면서 염분이 남는다. 염분은 작물의 수확량을 지속적으로 감소시키는 중요한 원인으로 작용한다. 염분은 공기 중에 존재하는 질소를 고정시킴으로써 토양에 유용한 생화학 반응을 일으키는 과정을 방해하는 역할을 하게 되기 때문이다. 이와 같은 현상은 역사적으로도 많은 사례를 통해 증명되었다. 비옥했던 메소포타미아 삼각주에 정확히 같은 현상이 발생하여 큰 어려움을 겪었다. 이러한 과정은 매우 천천히 진행되었고 100년 동안 수확량은 반으로 줄어들었다. 워낙 느리게 진행되므로 한 세대 내에서는 확연하게 드러나지 않을 수 있다. 염분에 의한 이런 문제점은 역사적으로 잘 알려진 사실이었다. 로마가 적이었던 카르타고의 북아프리카 해변에 위치한 경작지들을 고의적으로 오염시키기 위해 염분을 사용한 일도 있었다.

　기후 변화는 몇 년 안에 일어나던 그보다 더 장기간에 걸쳐 일어나던 간에 인간의 생존에 엄청난 영향을 미치는 일이다. 더구나 우리가 통제할 수 있는 능력 밖의 일이기도 하다. 남미 대륙의 서쪽 해안에 번성했던 잉카문명에는 근처 태평양에서 일어나는 엘니뇨 조류의 영향으로 인해 비가 올 때는 식량이 풍부했다가 가뭄이 들 때는 기근이 드는 일이 반복되었다. 그래서 잉카문명은 일찍부터 매우 잘 고안된 식량 보관 시스템을 보유하고 있었다. 이를 이용하여 나라 전역에 식품을 보급함으로써 어려운 환경에서도 생존을 이어갔던 것이다. 잉카제국을 하나로 묶은 힘은 군사력이 아니라 바로 이 식량 보급 시스템이었다. 5천 년 전쯤 북부 아프리카에서는 계절성 호우가 사라지는 기후 변화가 일어났다. 이로 인해 비옥했던 사바나가 한순간에 사막으로 변해버리는 일이 일어났다. 이러한 기후 변화는 지구 자전축의 각도가 미세하게 변하는 것과 상당한 관련이 있는 것으로 밝혀졌다. 작지만 피할 수 없는 자연현상이 국지적으로는 엄청난 피해를 주는 재앙으로 작용한다. 아프리카의 기후 변화는 역사적으로는 이집트 제국의 번성으로 이어졌다. 이집트 제국의 부흥과 오랜 기간 동안의 번성은 수확이 좋지 않은 시기를 견디도록 해준 훌륭한 식품 보관 기술과 매년 주기적으로 범람해서 비옥한 토양을 제공해준 나일강 덕분이었다. 역사적인 기록물들은 이집트에서는 7년간의 풍작과 7년간의 흉작이 반복되고 있었음을 전하고 있다. 7년간의 가뭄을 견디기 위해서는 매우 훌륭한 식품 보관 기술과 조직적인 보급망이 운영되었을 것임에 틀림없다.

모든 고대 문명들이 이집트처럼 성공적이지는 못했다. 아스텍 문명의 경우 매년 계속되는 6개월간의 가뭄에 견딜 수 있도록 식품 저장고를 보유하고 있었지만 그보다 더 길게 계속되는 가뭄 때문에 몰락하고 말았다. 6개월 이상 장기간 계속되는 가뭄에는 기존의 식품 저장 방법이 소용없었던 것이었다. 미국, 캄보디아, 중국 등 전 지구상에서 기후 변화, 가뭄, 홍수로 인하여 번성하던 문명이 붕괴된 예는 부지기수로 찾아볼 수 있다.

이처럼 번성하던 문명이 살아남느냐 붕괴되느냐와 같은 극적인 결과까지 불러오는 것이 바로 자연적으로 발생하는 기후 변화의 힘이다.

기후 변화로 사람이 살 수 있는 비옥한 지역의 위치가 움직이기도 한다. 하지만 자연적으로 일어나는 기후 변화와 오늘날 우리가 범하고 있는 대기오염과 이로 인한 기온 상승 현상을 같은 범주에 놔서는 안 된다. 우리는 단순히 경작할 수 있는 지역만 이동시키는 것이 아니라 지구 전체의 기온을 상승시키기 때문이다. 결국 자연현상에 따른 결과와는 차원이 전혀 다른 새로운 종류의 변화를 맞게 될 것이다. 지구 역사를 거슬러 올라가보면 지금보다 기온이 매우 높았던 시기들이 반복되어 나타났던 것은 사실이다. 물론 그런 시기에는 우리를 포함하여 오늘날 존재하고 있는 모든 동식물들은 살아남을 수 없었다는 점은 분명하다.

초기 로마의 도시 성장과 장거리 식량 운송

농장에는 사람이 필요하다. 농장이 잘 운영되면 많은 사람을 먹여 살릴 수 있는 능력이 생긴다. 농장으로서는 그런 역할을 담당해야 할 필요가 있다. 많은 사람을 먹여 살릴 수 있는 능력이 생기면 작은 농촌 마을이 큰 도시로 발전하게 된다. 이를 위해서는 모든 종류의 소비재를 운송하고 교환하는 시스템이 있어야 한다. 그중에 가장 중요한 것은 다른 곳에서 생산된 식량이 도시에 도착했을 때 먹을 수 있을 만큼 신선한 상태로 운송되어야 한다는 점이다. 이 때문에 큰 도시들은 신선한 식량 수송이 가능한 범위 내에 식량을 생산하는 대규모 농장들이 있어야 한다. 이 목적을 달성하기 위해 운송과 보관에 필요한 기술이 발달하게 되고 저임금의 노동자들이 많이 필요해진다. 번성했던 제국들은 대규모 도시를 건설하는 데 부와 정치적인 권력을 집중했다. 농장에 필요한 저임금의 노동력은 주로 노예제도를 통해 조달하였다. 민주주의라는 것은 개념적으로는 매우 훌륭한 아이디어였지만 고대 그리스와 마찬가지로 실질적 혜택은 인구의 아주 일부 계층에만 적용될 뿐이었다.

로마의 도시들은 주변에 조성된 광대한 농업지대와 식민지에서 수입된 물품의 도움으로 성장한 좋은 예다. 이 때문에 육상 혹은 해상 운송이 발달하였고 도시 주변의 농장지대에서 공급되는 것보다 더 많은 이국적 식품들이 도시로 운송되어왔다. 노동력 측면에서 본다면 한 사람의 부유한 로마시민을 부양하기 위해서는 15~30명의 노예들이 필요했다. 이들은 농장지대, 식량 운송 혹은 도시 내에서 로마시민을 부양하기 위한 일을 해야 했다는 주장을 뒷받침할 수 있는 증거들이 많이 남아 있다. 상류층의 삶은 윤택했을 것이나 그들을 제외한 대부분의 사람들의 삶은 처참했다.

그 정도 숫자의 노예를 유지하고 식민지를 약탈하기 위해서는 잘 훈련된 많은 수의 군대를 보유할 필요가 있었다. 군대는 그 특성상 식량을 생산하는 곳이 아니라 소비하는 곳이다. 그렇지만 때로는 군대가 경험이 풍부한 기술자의 역할도 한다. 결과적으로 로마제국의 도시는 군대의 도움으로 건설된 수로를 통해 매우 효율적인 식수 공급 시스템이 만들어졌다. 이 유적은 오늘날까지도 전해지고 있다.

로마제국이 영토를 지중해 지역 전역으로 확장하면서부터는 그 지역에 많이 의존하게 되었다. 로마의 토지는 계속된 농경으로 인해 수확량이 급격하게 감소하였기 때문이다. 이로 인해 로마는 갈수록 밖에서 공수해오는 식량에 의존하게 되었다. 이렇게 식량 수급이 불안정한 가운데 서기 383년 지중해에 심한 가뭄이 들자 로마는 극심한 식량 부족에 시달리게 되었다. 그에 대한 해결책으로 로마는 외국인과 많은 사람들을 도시에서 쫓아내는 방법을 택했다. 하지만 결과적으로 이는 매우 적절하지 못한 대책이었다. 그 틈을 타 서고트족의 왕인 알라릭이 군대를 이끌고 기아에 허덕이는 로마를 점령했기 때문이다. 알라릭은 위대한 군사적 승리라고 주장했지만 사실은 로마가 겪었던 식수 부족, 자원 고갈, 원거리 식량 보급로 덕분이었다. 더불어 싸울 의지가 없었던 노예들이 대부분이었던 로마의 인구 구조에 기인하는 것이라고 보는 것이 맞을 것이다. 하지만 전쟁에 승리한 것은 알라릭이었으므로 전쟁 승리의 원인 역시 그의 주장이 많이 반영되었다.

로마제국의 몰락은 먼 과거의 일이고, 그래서 그들을 비판하는 것은 쉬운 일이다. 하지만 로마제국이 범했던 실수는 이후에도 수세기 동안 유럽 전역의 국가에서 되풀이되었고 똑같은 일이 심지어 현재도 계속되고 있다는 점을 기억해야 한다.

되풀이된 실수

로마제국에서 일어났던 실수들이 15세기 이후 유럽 국가들에서 똑같이 되풀이된 사례는 쉽게 찾아볼 수 있다. 당시 유럽의 많은 부강한 나라들은 앞다퉈 지구 곳곳을 탐사하는 여정에 나섰다. 그곳에서 그들은 조직적으로 약탈하고 살인하고 원주민들을 노예로 삼아 본국에 필요한 물품을 제공했다. 금을 약탈하고 배를 이용하여 이국적인 물건들을 유럽으로 실어 날랐다. 그리고 식민지의 땅을 본국의 도시들을 먹여 살리기 위한 식량 공급원으로 전환시켰다.

유럽에서 소비되던 많은 작물들의 원산지는 유럽이 아니다. 예를 들면 차는 중국에서 가져다가 인도에서 재배된 것이고 고무나무는 신대륙에서 자라던 것이었다. 향신료는 다른 식민지에서만 재배 가능한 것이었다. 이러한 것들은 유럽에 막대한 부를 가져다주었으나 반면 식민지의 노예들은 가난에 시달렸다. 물론 겉에서 보면 옛날 같은 노예는 아니었다. 하지만 사람들은 저임금으로 착취당했고 유럽에서 비싸게 팔리는 것들을 기르기 위해 그들의 땅에 단일 작물을 경작함으로써 결과적으로 토양은 황폐해졌다.

원거리 식민지에서의 일들은 유럽으로 잘 전해지지 않았으므로 그곳에서의 열악한 노동 조건과 그로 인해 많은 노동자들이 사망하고 있다는 사실은 그다지 큰 이슈가 되지 않았다. 늘 그랬듯이 식민지의 현실은 그곳을 정복한 자들이 기술하는 역사와 큰 괴리가 있었다. 예를 들면 학교에서 가르치는 많은 역사 교과서에는 콜럼버스가 위대한 탐험가로 묘사되어 있다. 하지만 사실은 그는 무능한 항해사였다. 실제로 그는 자신이 도착했다고 생각했던 것보다 16,000킬로미터나 못 미치는 엉뚱한 곳에 닻을 내렸다. 사람들을 다루는 면에서도 최악이었다. 배에 태울 수 있는 최대한 많은 수의 원주민을 노예로 잡았고 수백 명의 원주민을 불에 태워 죽였다. 그가 도착했던 서인도 지역에서는 그가 저지른 행동과 선원들이 퍼뜨린 병으로 인해 70~90퍼센트의 원주민이 사망했다. 사람들에게 알려진 그의 위대한 이미지는 전혀 사실과 다른 것이며 실제로 그는 훌륭한 것과는 거리가 먼 사람이었던 것이다.

스페인, 네덜란드, 영국과 같은 부유한 유럽 상인들은 세련되고 고급스러운 생활을 영위하면서도 그들의 부가 어디서 온 것인지에 대해서는 관심이 없었다. 하지만 대부분의 경우, 번성하던 시기에도 먼 나라에서 일하고 있는 노동자들의 노동 환경을 개선하고자 하는 사회적 각성과 노력들이 있었다. 역사적으로 볼 때 이러한 부유한 국가들은 대부분 선박을 이용한 원거리 수송에 의존하고 있었기 때문에 여러 가지 잠재된 문제점에 늘 시달리고 있었다. 부서지기 쉬운 배들이 안 좋은 기상 조건에도 운항하지 않을 수 없었고 해적으로부터 공격 받거나 다른 나라의 배와 부딪힐 위험에 항상 시달렸다. 배를 이용한 원거리 운송에 모든 최첨단 선박 기술이 이용되었다. 식량 생산지의 토양과 경작지는 훼손되었고 노동자들은 의욕을 잃은 채 착취당했다. 이로 인해 유럽 국가의 부의 생산지였던 식민지들은 정도의 차이는 있으나 예외 없이 파괴되고 붕괴되었다.

영국이 19세기경 세계적인 제국을 건설할 만큼 융성했던 나라 중의 하나였음은 틀림없는 사실이다. 적어도 학교 교과서에 기술된 것으로만 보면 영국이 인도나 실론(스리랑카)으로부터 차를 실어오고 아프리카에서 광물과 금과 다이아몬드만 캐온 것이 아니라 그들에게 교육을 제공하고 유럽식 생활 풍습과 비록 후에 적절하지 않았던 것으로 밝혀지긴 했으나 종교까지 전파했던 것으로 보인다. 하지만 교과서에는 실론에 차 농장을 만들기 위해 얼마나 많은 환경 파괴가 일어났고 수천만 명의 사람이 대영제국의 확장을 위해 희생됐는지 거의 언급하지 않는다. 물론 교과서에는 타스마니아에서 일어났던 대학살 사건과 같은 것은 전혀 기술되어 있지 않다. 로마시대의 제국주의와 크게 다르지 않았던 것이 현실이었다.

로마시대와 마찬가지로 대영제국 역시 물자를 원거리로 실어 날아야 했다. 따라서 식민지의 지하자원이 고갈되고 경작지에서의 수확량이 줄어들면 평화와 영광이 오래갈 수 없었던 숙명을 지니고 있었다. 상아로 만든 멋진 물건과 호랑이 가죽으로 만든 양탄자, 자라는 데 수백 년이 걸리는 원목은 원상태로 회복되는 속도가 파괴되는 속도를 도저히 따라갈 수 없는 좋은 예다. 과학기술은 이렇게 슬픈 이야기에 성능 좋은 사냥용 총과 효과적인 기계톱의 형태로 등장하는 악당에 비유할 수 있다.

과거 식민지에서 일어나던 파괴 현상은 현재에도 여전히 계속되고 있다. UN의 환경 시스템 보고에 따르면 지난 3세기 동안 25개 국가의 산림 면적이 적어도 40퍼센트 줄었고 다른 29개 국가에서는 상업적 혹은 정치적인 이유로 90퍼센트에 해당하는 숲을 파괴하는 끔찍한 결정이 내려졌다. 숲이었던 땅은 대규모 작물 재배와 사육에 필요한 사료 작물 재배, 그리고 소의 방목을 위해 파괴되었다. 이러한 변화에는 늘 그래왔듯이 눈앞의 이익만 쫓아가는 인간의 속성이 한몫을 했고, 더불어 급격하게 팽창하는 세계 인구를 유지하기 위한 식량 공급이 주요한 원인이 되었다. 이러한 사태가 계속되면 결국 우리는 파국에 이르게 될 것이다.

20세기 농업기술

20세기에 들어서면서 트랙터가 말이나 소를 대신하여 강력한 힘을 발휘하게 되면서 대규모 경작지에 농사를 짓는 것이 일반화되었다. 과거에는 하루에 쟁기질할 수 있는 면적을 1에이커라 불렀고 이를 면적의 단위로 사용했다. 하지만 농업이 기계화되면서 하루에 경작할 수 있는 면적이 100배로 늘어났다. 대규모 경작법의 폐해로 토양에서 양분이 급속도로 고갈되는 현상이 발생한다. 땅에 여러 종류의 작물을 기르지 않으면 토양의 생화학적 건강을 회복할 수 있는 길이 없어진다. 과학기술이 발달하면서 특히 화학 분야에서는 작물의 성장으로 고갈된 질소를 땅에 보충시키기 위해 많은 노력을 집중하였다. 대표적인 예로는 암모니아를 생산하여 비료에 첨가하는 기술을 들 수 있다. 이 기술은 프리츠 하버와 칼 보쉬에 의해 발명되었다. 이로 인해 농업 분야는 엄청난 혜택을 입게 되었고, 두 과학자들은 1920년에 노벨화학상을 수상했다.

흥미롭게도 하버는 1차 세계 대전 당시 독일군이 빨리 승리하도록 도와 전쟁으로 많은 인명이 희생되는 것을 막겠다는 생각으로 연구에 매진했다고 한다. 벨기에 이프레스에서 처음 사용되었던 독가스도 이런 이유로 발명되었다. 하버는 전쟁이 끝나고 전문 분야인 농업의 화학 연구로 되돌아갔다.

더 많은 식량에 대한 수요는 분명히 존재하고 있다. 이를 만족시키기 위해 대형 식품회사들은 대규모 경작지에 단일 작물을 기르는 농법을 사용하고 있다. 쉽고 효율적으로 수확량을 올리기 위해서다. 또한 수확량을 높이기 위해 경작하고자 하는 작물에 방해가 되는 것은 모두 제거한다. 하지만 이러한 경작법은 모든 달걀을 한 바구니에 담는 것처럼 매우 위험한 잘못된 접근법이다. 이렇게 미래에 닥칠 위험을 판단하지 못하는 것은 한편으로는 경제적인 이유 때문이고 다른 한편으로는 사회적인 이유 때문이다. 단일 작물에 모든 것을 거는 전략이 매우 위험하다는 것은 1840년대에 아일랜드에서 발생했던 감자 사태를 통해 증명되었다. 그 당시 아일랜드에서는 우수한 품종의 감자를 골라 그것만 심고 다른 품종의 감자는 심지 않았다. 하지만 우수한 품종의 감자만 골라서 공격하는 곰팡이가 출현하면서 엄청난 재앙을 맞게 되었다. 다른 품종의 감자가 남아 있지 않았으므로 식량 공급이 끊어졌고 1845년에 발생한 대기근의 원인이 되었다. 그때 아일랜드를 집어삼켰던 정치적 혼란의 여파가 현재까지도 계속되고 있다.

비슷한 예로 1940년대에 노만 볼로그에 의해 개발된 우수한 품종의 밀과 옥수수를 들 수 있다. 이 품종은 더 많은 알곡이 달려 있을 수 있도록 튼튼한 대를 가지도록 개종된 것이다. 그가 사용한 방법은 더 큰 알곡을 버틸 수 있게 품종의 키를 낮춰 개량하는 것이었다. 상업적으로는 매우 성공적이었지만 엄밀한 의미에서 완벽한 성공이라고 할 수 없다. 알곡은 더 커졌지만 키가 큰 품종보다는 영양학적으로 열세였기 때문이다. 하지만 굵어진 알곡으로 인해 판매에서 큰 성공을 거둬 단일 작물 경작법의 대표적 성공 사례로 꼽히고 있다. 만약 이렇게 한 가지 품종만 경작하는 경우에는 그 종만 공격하는 병해가 닥치면 한순간에 모든 작물을 잃게 되는 일이 발생하게 된다. 반면 여러 품종의 작물을 함께 경작할 경우 어떤 종류의 질병이 닥쳐도 살아남는 품종이 반드시 있으므로 훨씬 안전하다고 할 수 있다.

농업에서의 과학기술은 보통 경제적인 이윤 추구 목적뿐만 아니라 좋은 의도로도 발전되어 왔다. 이때 예상하지 못한 부작용이 나타나는 것은 미래에 대한 예측 능력의 부족과 함께 판매를 돕고 생산량을 증가시킨다는 장점에만 눈이 팔려 더 넓은 시각으로 살피지 못하기 때문에 발생한다.

20세기에는 2차 세계 대전을 거치면서 발명된 많은 과학기술의 영향을 받아, 화학뿐만 아니라 생물학과 물리학에서도 전례를 찾기 힘들 정도로 빠른 진보를 이룩했다. 2차 세계 대전 직후 전쟁 피해로 승자와 패자에 관계없이 모든 나라들은 식량 부족 문제에 직면했다. 이때 과학기술은 이러한 문제를 해결해줄 구세주로 생각되었다. 또한 전쟁 이후 더 강도 높아진 정부의 통제와 군사적 행동 때문에 비밀주의 성향이 강화되었다. 이와 함께 사회 내에도 정부나 산업계 혹은 사회의 상위계층에서 결정한 사안에 대해서는 의문을 제기하지 않는 경향이 팽배해졌다. 일부는 농부나 근로자에 대한 무관심이 원인이었고, 20세기 중반까지 이어졌던 문화적 태도도 한몫했다. 영국에서는 역사적으로 많은 분야에서 조직적이고 계급적인 사회가 존재했다. 이런 사회에서 자기보다 더 지적으로 우월하다고 생각되는 조직에서 내려진 결정에 대해서는 절대 묻지 않는 사회 분위기가 있었다. 의사나 성직자가 내린 결정에 대해서는 대중이 절대 묻지 않는 것이 한 예다. 복잡한 과학이 연루되면 비전문가인 대중은 새로운 기술에 대해 비난할 수 없게 되고 이로 인해 화학 산업이나 농업 산업은 완벽하게 일방통행이 되는 것이다. 오늘날에는 적어도 서유럽 세계에서는 많은 정보들에 자유롭게 접근할 수 있다. 현재 관점에서 볼 때 지난 반세기 동안에는 정말 믿기 힘든 일들이 많이 일어났었다.

　오늘날 인터넷을 통한 자유로운 정보 접근은 그 가치가 좀 과장되어 있다는 점을 알아야 한다. 많은 국가에서 정치적으로 혹은 종교적인 이유로 인터넷을 통제하고 있기 때문이다. 뿐만 아니라 인터넷과 이를 통해 유통되는 오락성 정보가 워낙 방대하기 때문에 우리가 정작 중요한 정보를 찾고자 할 때 방해가 되기도 한다. 그리고 많은 사람들은 자기들의 생각 혹은 편견과 일치하는 웹사이트나 정보만 보기를 원한다. 실제로 사회학자들은 사람들 사이의 접촉을 위해서 만들어진 웹사이트들이 사실상은 사람들을 단절시키고 있다고 주장한다. 서로 유사한 생각을 가지고 있는 사람들은 그 생각이 매우 극단적이고 잘못되어 있다 하더라도 지지하는 많은 사람들을 모아서 충분히 자생할 수 있는 집단을 따로 형성할 수 있기 때문이다. 1950년대만 하더라도 그 분야의 전문가가 아니면 기술적인 정보에 접근하거나 기술적인 내용을 이해하기 어려운 시대였다. 더구나 서로 상충하는 견해가 나타났을 때는 어느 쪽이 옳은지 결정한다는 것이 매우 힘들었다. 물론 이 책을 여기까지 읽은 독자라면 그런 상황에서도 별 문제가 없었겠지만 불행히도 그런 사람들은 극히 예외적이다.

　그럼에도 불구하고 우리는 소위 전문가라고 하는 집단이 제시하는 사실에 대해 좀 더 현실적이고도 비판적인 태도를 취할 수 있도록 좋은 방향으로 발전해왔다. 뿐만 아니라 많은 사람들이 상당한 수준의 과학적 지식을 겸비하도록 교육되었고, 이런 것들이 인터넷이나 방송을 통해 자유롭게 논의되고 전파될 수 있는 사회로 변화된 것도 사실이다. 덕분에 우리는 좀 더 자신 있게 미심쩍다고 느껴지는 일들에 대해 의문을 던지고 도전도 할 수 있게 되었다.

1962년에 터진 폭탄

화학 업계나 농업 분야에서 이루어진 기술적 진보를 맹목적으로 받아들이고 만족하던 태도는 1962년에 발표된 레이첼 카슨의 책 『침묵의 봄』에 의해 산산조각 났다. 이 책에는 매우 자세하고 풍부한 자료가 실려 있고 2012년에 나온 재개정판도 매우 훌륭하다. 이 책에서 저자는 당시에는 당연한 것으로 받아들여지던 많은 것들의 과학적 부작용을 파헤쳤다. 이 책은 당시 무분별하게 사용되던 살충제와 제초제의 폐해에 대해 밝히는 것부터 시작했다. 첫 번째 예로 저자는 DDT를 들었다. DDT는 처음에는 모기를 없앰으로써 말라리아를 막기 위해 개발되었고 매우 강력한 살충제였다. 오늘날에도 말라리아로 목숨을 잃는 사람들의 숫자가 매년 백만 명에 달할 정도로 매우 위험한 질병임에 틀림없다. 하지만 말라리아를 줄일 수 있다는 생각에 들떠 DDT를 썼을 때 발생하는 치명적인 부작용에 대해서는 관심이 없었다.

당시 화학 회사들은 전쟁 물자를 만들기 위한 대량 생산체제를 갖추고 있었기 때문에 전쟁이 끝난 후 그 설비들을 가동할 수 있도록 대량 판매가 가능한 물건을 찾고 있었다. DDT는 이런 목적에 정확히 부합하는 제품이었다. 그 결과로 엄청난 양의 살충제가 제조되었고 이 살충제들은 특정 작물에 한해서만 뿌려진 것이 아니라, 저공비행을 하는 비행기를 통해 무작위로 공중에서 살포되었다. 이렇게 살충제를 뿌리면 단시간으로 많은 지역에 살포할 수 있지만 의도했던 것보다 훨씬 넓은 지역에 무작위로 뿌려지게 되는 단점이 있다. 1962년에는 미국에서만 30만 톤이 넘는 살충제가 사용되었다. 오늘날 카슨을 비롯하여 많은 사람들이 지적하듯이 이런 무모한 방식을 사용하면 해충만 죽는 것이 아니라 이 약품과 접촉한 많은 생물이 함께 죽게 된다. 사용량 역시 지나치게 높아지고 전혀 통제가 되지 않는 수준까지 이른다. 이렇게 뿌려진 살충제는 꽤 오랫동안 식물이나 토양에 잔류할 뿐 아니라 이것을 직접 흡입하거나 살충제에 오염된 먹이를 먹은 생물의 몸속에도 남아 있게 되는 것이다.

무모한 화학 약품 사용은 해충뿐만 아니라 생태계의 균형을 유지하던 많은 야생 곤충과 생물들을 같이 죽임으로써 더 심각한 사태를 촉발했다. 생태계는 일단 파괴되고 나면 회복이 불가능하다. 곤충의 생명주기는 곤충과 생태계 균형을 유지하던 새 같은 작은 포유류들에 비해 엄청나게 짧다. 따라서 살충제로 인해 천적이 없어지자 다른 종류의 해충들이 무섭게 많이 번식하는 일이 벌어졌다. 참으로 어처구니없는 실수라고 하지 않을 수 없다.

실제로 살포된 양이 100만분의 1보다 훨씬 적은 농도라고 해도 화학물질이 동물의 체내에 계속하여 축적되기 때문에 해부를 해서 장기 내에 쌓여 있는 화학물질의 농도를 측정해보면 수천 ppm이 넘는다. 이런 여러 가지 예가 카슨의 책에 인용되어 있다. 이 사례는 생화학적 반응에 의해 동물의 체내에서 농도가 수천 배로 증가하기 때문에 동물 실험을 단지 사용되는 농도로 하는 것이 얼마나 엉터리인지 잘 보여주고 있다. 이렇게 오염된 동물은 죽거나 불임이 되므로 시간이 가면서 많은 종류의 생물이 사라지게 되었다. 이런 증거들이 제시되었음에도 농약 회사들은 이것을 단순한 우연으로 무시하였다. 뿐만 아니라 카슨의 전체 연구 결과에 대한 신뢰성을 의심하는 캠페인을 조직하기도 했다.

단어 선택을 잘못한 것일 수도 있겠으나 다행히도 살충제를 살포하거나 많은 양에 노출된 사람들이 병들거나 죽는 일이 일어났다. 사람이 사망함으로써 이 문제는 대중의 관심을 받게 되었고 객관적인 조사를 통해 살충제와 제초제의 영향에 대한 분석이 시작되었다. 1962년 당시만 하더라도 생화학 반응에 있어서 촉매 역할을 하는 화학물질에 대한 이해가 부족했다. 따라서 식물에 뿌렸을 때 전혀 나타나지 않았던 질병과 피해가 간접적으로 약품에 노출된 동물에게 발생할 수 있다는 사실 역시 모를 수밖에 없었다. 더구나 살충제가 인간에 미치는 독성 시험은 이전에는 시도된 적도 없었다. 살충제로 인해 일시적인 혹은 회복할 수 없는 장애가 발생하거나 죽음에 이르는 등의 매우 다양한 부작용이 인간에게 나타난다는 것이 한참 후에야 밝혀졌다. 사실 당시에도 일부 생물들은 살충제에 대해 매우 민감하게 반응한다는 것이 알려져 있었다. 따라서 이를 경고로 받아들이고 살충제의 위험에 대해 좀 더 심각하게 생각했었어야 했다. 새끼 새우의 경우 1억분의 1 이하의 살충제 농도에서도 죽는다. 이는 마치 새끼 새우의 크기에 해당하는 1세제곱센티미터의 살충제를 올림픽 수영 경기장 크기의 물에 희석시키는 것과 같다. 최근에 발달한 분석 기술은 이 정도 농도보다 100배나 낮은 농도도 검출할 수 있을 수준에 이르렀으므로 미래에는 더 많은 문제점들을 밝혀낼 수 있을 것으로 생각된다.

유전자 시한폭탄

1960년대까지만 하더라도 많은 화학물질들이 DNA에 영향을 줄 수 있다는 사실이 알려져 있지 않았다. 당시엔 DNA 구조에 대한 연구가 막 시작되던 시기였던 터라 DNA의 구조가 어떤 역할을 하는지도 잘 알려져 있지 않았다. 다시 말해 농업용 화학물질이 유전적인 변화를 가져올 수 있다는 사실을 대중들은 전혀 알 길이 없었다. 오늘날에는 이런 화학물질에 의해 DNA에 유전적 변화가 일어날 수 있다는 사실을 알고 있지만, 피해가 당장 발생하지 않더라도 수세대가 지나서 나타나기도 한다는 사실을 알게 되면 많은 사람들이 놀란다. 매우 심각한 문제가 아닐 수 없다. 유전 변화에 대한 연구는 보통 수명이 짧은 생물을 대상으로 하는 것이 일반적인 생화학 연구의 표준 방법이다. 하지만 그보다 수명이 긴 인간 같은 동물에게는 똑같은 종류의 변화가 당장 나타나지 않더라도 숨어서 시한폭탄처럼 째깍거리며 다가오고 있지 않다는 보장이 어디 있겠는가. 그동안 많은 종류의 약들이 기형아를 낳는 부작용이 있음이 밝혀졌다. 하지만 손자나 손자의 손자 대에 이르러서야 후유증이 나타난다면 정말 끔찍한 일이 아닐 수 없다. 폭발적인 생화학 기술의 발전은 지난 50년간 이루어졌다. 그러므로 아직 그로 인한 부작용이 유전적으로 나타나기에는 충분한 시간이 지나지 않았다. 이런 사실을 생각하면 걱정되지 않을 수 없다. 오랜 기간 동안 잠복해 있다 나타나는 유전적인 장애의 원인을 밝혀낸다는 것은 불가능에 가깝다. 이러한 변화는 불가역적인 일이므로 세월이 흐르는 동안 이런 불가역적인 변화가 쌓이게 된다면 우리의 후손들은 우리와는 전혀 다른 새로운 유전 물질을 지니고 살아가게 될 것이다.

요즘에는 유전정보를 분석하는 것이 그리 어렵지 않다. 앞에서 설명한 것과 같이 요즘은 미량물질이나 화학 구조상의 결함을 1억분의 1정도 수준에서도 찾아낼 수 있을 만큼 기술이 발달했다. 그러므로 이제는 좋은 의도로 개발되었던 살충제, 제초제, 각종 의약품의 독성이 일으키는 후유증을 더 많이 밝혀낼 수 있을 것이다.

DDT는 일반인에게 잘 알려진 살충제지만 농업 분야에는 그 외에도 수백 종의 화학 약품이 사용되어 왔다. 디엘드린과 같은 물질은 적어도 DDT보다 40배는 더 인간에게 유독하며 신경가스로 사용될 정도로 빠르게 독성이 퍼지는 특성을 가지고 있다. 그렇다고 유독물질을 개발한 사람들을 비난하기는 어렵다. 그들도 농업이나 의학 분야에서 중요한 문제를 해결하기 위해 열심히 노력한 사람들이었기 때문이다. 이러한 노력의 결과로 만들어진 새로운 물질들은 그들이 오랫동안 풀고자 노력했던 문제들에 대해서는 훌륭한 해법을 주었다. 발명된 화학물질이 실험실에서 행해졌던 여러 검증 시험에서는 아무런 문제가 발견되지 않았을 수도 있다. 그러나 실제 현장에 적용되어 뿌려지고 상업적으로 이용되면 원래 의도했던 것과는 완전히 다른 부작용이 나타나기도 한다.

　　즉 우리가 통제 가능한 환경에서 시험했을 때는 매우 훌륭한 결과를 보였던 농업용 화학 약품들도 예상치 못했던 생물들에게는 예측하지 못했던 부작용이 나타날 수 있다는 것이다. 의약품의 부작용에 관한 연구는 셀 수 없이 많다. 이런 연구 결과가 우리에게 주는 메시지는 분명하다. 의약품에 의한 영향은 예측하기 어렵고 사람에 따라 매우 다양한 결과가 나타난다는 것이다. 사람뿐 아니라 다른 생물들 역시 같은 반응이 나타나는 경우는 거의 없다. 개체에 따라 나타나는 반응 역시 제각각이라 할 수 있다. 더구나 한 가지 이상의 의약품이나 제초제가 사용되면 이것들의 조합으로 나타나는 결과는 더 복잡하고 다양해진다. 최근에 많이 사용되고 있는 의약품에 대한 연구 보고를 읽어보면 매우 많은 부작용이 발생하고 있는 것을 알 수 있다. 이런 보고는 소수 사람들의 경우에 대해서만 정리한 것이다. 처방전을 통해 많은 사람들에게 투약되었을 때 나타날 약의 부작용을 조사한다면 훨씬 더 많은 사례가 보고될 것이다.

1차 세계 대전 당시 화학자들이 신경가스를 만들었듯이 이후로 수많은 물질들이 군사적인 목적으로 개발되었다. 베트남전에서 고엽제로 사용되었던 에이전트 오렌지라는 물질이 있다. 이 물질이 남부 베트남 지역 숲의 20퍼센트에 해당하는 면적에 뿌려졌고 1,000만 에이커에 달하는 경작지에도 살포되었다. 효과를 높이기 위해 사람에게 안전하다고 생각되던 농도의 수백 배에 해당하는 고농도로 뿌려졌다. 독성학 연구 결과에 따르면 이 물질이 사람에게 미치는 후유증은 실로 엄청나다고 할 수 있다. 베트남전에 참전했던 미국 군인들의 경우 본인에게 증상이 나타난 경우도 있지만 그다음 세대 혹은 몇 세대 후에 아이가 사산되어 나오거나 백혈병이 발병한 경우도 있었다. 베트남 현지 상황은 더 나쁘다. 정부와 적십자의 추산에 따르면 100만 명이 넘는 베트남 사람들에게 장애가 발생하였다. 당대 흔하게 발생했던 불임 현상을 포함하여 그 후세에 나타난 후유증까지 합치면 엄청나게 많은 수의 사람들이 이로 인한 장애를 겪었다. 이는 발전된 과학기술이 인간에게 얼마나 큰 피해를 입힐 수 있는지에 대해 가장 명확하게 알려주는 사례 중 하나다.

살충제의 효과

대규모 경작지에 단일 작물만 재배하는 농법은 농경의 효율성과 수확면에는 이상적인 방법이다. 하지만 동시에 반복된 토지 이용으로 토양이 훼손되고 병충해에 약해지는 단점도 있다. 이로 인해 제초제와 살충제와 비료를 쓸 수밖에 없는 상황이 된다. 우리가 전 세계의 식량 생산 문제와 관련해서 던져야 할 질문은 '단기적으로 경제적 이익을 주는가?'가 되어서는 안 된다. 왜냐하면 이런 질문으로는 단기적으로 이익이 나지 않는 해법은 절대 사용되지 않을 것이기 때문이다. 대신 우리가 던져야 할 질문은 '장기적으로 볼 때 옳은 해법인가?'가 되어야 한다. 이와 더불어 환경에 어떤 해를 끼치는지, 새로운 병충해가 번졌을 때 어떤 위험에 노출되는지 등을 물어야 한다. 또한 직접적인 접촉뿐 아니라 간접적으로 식물이나 그것을 먹는 동물, 그리고 인간에게 발생할 수 있는 유전자 이상에 대해서도 질문해야 한다.

단일 작물 재배법을 이용하면 단기적으로는 높은 수확량을 얻을 수 있을지 모르겠으나 이는 매우 근시안적인 접근이다. 수천 년 동안 자연에서 진화되어온 다양한 품종의 작물들을 인간이 그렇게 쉽게 필요 없다고 단정 지을 수 있을까? 컴퓨터를 이용한 저장 장치의 발전에서 살펴보았듯이 새로운 저장 기술에 대한 맹목적 추종은 의미 있는 다른 저장 방법까지 모두 잃을 수 있는 위험을 내포하고 있다. 농업 분야에서는 기후가 변하거나 질병의 종류가 달라지면 그다지 경쟁력 없어 보이는 품종들이 현재 사용되고 있는 수확량 높은 품종보다 더 요긴해질 수 있다. 이러한 재앙을 막기 위해서 전 세계적으로 씨앗 은행을 조직적으로 운영하여 다양한 품종의 씨앗을 보관해야 한다. 영국을 비롯한 여러 국가에서 곡물 저장고에 이러한 시설을 운영하려는 시도를 해왔다. 그중 노르웨이의 스피츠베르겐에는 150만 종류의 종자를 보관하는 금고가 있다. 이 시설은 북극권에 위치하고 있어 인위적으로 냉방을 하지 않아도 저온 냉장 보관이 가능한 장점이 있다. 여기에는 현재 잡초로 분류되고 있는 야생종들도 같이 보관되어 있어 보관 품종들의 유전적인 다양성을 확보하고 있다.

경제적인 관점에서 본다면 대규모 단일 재배가 이루어지는 경작지는 소비자들과 위치적으로 가깝지 않다. 따라서 이와 관련된 비용이나 효율을 계산할 때는 소비 시장까지 옮겨오는 운송 비용과 냉장 비용 등을 같이 감안해야 한다. 특히 부패하기 쉬운 식품의 경우에는 이를 보관하기 위해 매우 높은 비용이 발생한다. 단일 작물을 반복하여 재배할 경우에는 토양의 주요 성분이 고갈되므로 이를 보충해주기 위해 비료를 써야 한다. 곡물의 생장 주기 중 정확한 시점을 골라 사용한다면 비료 사용량을 많이 줄일 수 있다. 또한 비행기를 이용하여 비료를 경작지에 무작위로 살포하면 의도하는 방향과 다른 방향까지 날아가므로 사용량이 필요 이상으로 많아진다. 작물에 정확히 뿌려질 수 있는 방법을 사용해야 사용량을 줄일 수 있다.

시간이 지날수록 비료의 효율도 떨어진다는 점도 감안해야 한다. 10년 동안 수확량이 60퍼센트 정도 줄어드는 일은 보통이다. 이런 수치에 대해서는 객관적인 관찰자와 농부가 느끼는 바가 다를 것이다. 농부는 비료를 쓰면서 초기에 수확량이 매우 크게 증가하여 이익을 많이 낸 기억이 있기 때문이다. 수확량이 60퍼센트나 감소하면 비료를 쓰지 않았던 시점의 수확량보다 더 못할 수도 있다. 또한 비료 사용에 비용이 많이 든다면 순이익은 더 낮아진다. 많은 사람들은 이런 사실들을 정확히 인지하기 어렵다. 10년이면 그 사이 인플레이션에 의해 통상적으로는 가격이 두 배 정도 오르기 때문이다. 이에 가려져서 실물 가치의 하락을 정확하게 인지하기 어려울 수 있다. 이렇게 숨겨져 있는 경제적인 인자들을 정확히 계산한다면 단순히 비료를 사용하여 수확량이 늘어났다고 해서 이 농법이 더 경제적이라고 단언할 수는 없을 것이다. 일단 비료와 제초제를 사용하지 않으면 안 되는 상황이 되면, 수확량의 증가보다 비료와 농약에 들어가는 비용이 더 높을 수 있다. 농사는 수익률이 매우 낮아지고 그나마 소비자보다는 슈퍼마켓에 의해 가격이 좌우된다. 따라서 흑자와 적자 사이의 경계를 농부들이 정확히 판단한다는 것은 매우 어렵다.

비료 사용의 가장 큰 단점은 비료 성분이 경작지에 계속 머물러 있지 않다는 점이다. 비료가 비에 씻겨 주위의 수로로 유입되면 이 성분들이 동일하게 다른 식물들의 생장도 촉진시키게 된다. 이 현상은 전 세계적으로 나타나는 공통의 문제로, 많은 국가에서 조사한 결과에 의하면 농지에서 씻겨 나온 비료 성분이 급수 시스템의 적어도 절반 정도는 오염시키고 있다고 한다. 이런 현상은 비료뿐 아니라 농약의 경우에도 동일하게 나타난다.

앞에서 강조했듯이 대규모 경작지에 단일 작물을 재배하게 되면 해충을 잡아먹는 천적의 도움을 받을 수 없다. 따라서 특정 해충에 강하게 개량된 작물을 재배하거나 살충제를 뿌리는 수밖에 없다. 자연 상태에서는 자연 선택에 의해 진화된 품종이 지배종이 된다. 최근에는 인위적으로 유전자 조작을 통해 품종이 개량되고 있다. 유전자 조작에 대해서는 극단적인 찬반 논쟁이 매우 뜨겁다. 찬성과 반대 양쪽의 모든 증거들을 합리적으로 고려한다면 유전자 조작의 긍정적인 면과 부정적인 면을 동시에 인지할 수 있을 것이다.

흑잔디를 쫓아내면?

흑잔디라고 불리는 풀은 보리나 유채씨와 같은 주요 작물과 경쟁하며 자란다. 따라서 재배하는 작물의 수확량을 줄일 뿐 아니라 수확한 곡물에 이물질로 섞여 들어가게 된다. 흑잔디는 매우 생명력이 강한 잡초다. 처음 개발된 제초제는 흑잔디를 효과적으로 제거할 수 있었다. 하지만 대부분의 식물들이 그렇듯이 시간이 지나자 제초제에 저항력을 가진 변종이 나타나서 이것이 지배종이 되었다. 제초제에 저항력이 약했던 원래 흑잔디는 사라지고 더 골치 아픈 변종이 나타나게 된 것이다. 물론 농약 업계와 화학 업계는 흑잔디와의 싸움에서 승리하기 위해 모든 기술을 동원하여 더 강력한 제초제를 개발하였다. 하지만 이번에는 새로 개발된 제초제에 저항력을 갖는 또 다른 잡초가 나타났다. 어떤 종류의 잡초들은 작물을 죽이는 성분에만 반응한다. 이러한 난관을 극복하기 위해서는 오랜 시간과 고비용을 요하는 연구를 진행해야 하나 그렇다고 연구의 결과가 모든 난제를 해결할 가능성은 거의 없다.

이러한 문제를 해결하기 위해 화학 회사들과 EU의 '지속가능한 살충제 사용 위원회'가 관련 문제에 대해 비기술적인 해결책을 제시하였다는 점은 매우 고무적이다. 제시된 해결책 중에는 흑잔디보다 더 빨리 성장하는 강한 작물을 심는다든지, 흑잔디의 씨를 파묻을 만큼 깊은 쟁기질을 하거나 파종과 수확의 시기를 바꿔보는 것이 있었다. 그중에는 아예 농경법 자체를 완전히 바꿔 다른 작물을 번갈아 재배를 하거나 주기적으로 땅을 쉬게 만드는 방법도 있었다. 위원회에서 제시된 방법들을 동시에 쓴 결과 성공적인 결과를 얻게 되었고 제초제를 최소한으로 사용하면서도 높은 수확량을 얻을 수 있었다는 보고가 있다.

비록 성공적인 결과는 얻었지만 이 방법은 지금까지 마법의 제초제만 찾으며 기존 농법에 의존하던 농부들에게는 이해하기 힘든 기이한 농법으로 생각되어 그다지 환영받지 못했다. 대규모 농경지를 경작하기 위해 비싼 농기계를 구입하고, 단일 작물을 재배하기 위해 1년 중 정해진 때에 파종을 하겠다는 계약을 곡물회사와 맺은 농부들의 입장에서는 이러지도 저러지도 못하는 상황이었다. 이 문제에 대해 농부들의 대화를 들으니 다양한 작물을 해를 바꿔가며 재배하는 방식은 할아버지 세대들이 썼던 낡은 방식이므로 다시 그런 경작법으로 퇴보하고 싶지 않다는 이야기를 하였다. 이러한 경작법이 효과적이고 수세기에 걸쳐 사용되어 왔다는 사실을 심리적으로 받아들이기 어려워 보였다. 지난 50년간 그들은 대규모 경작지에 많은 농약을 사용해야 한다는 생각에 세뇌당해 왔다고 할 수 있다.

하지만 계속해서 줄어드는 수확량, 화학 약품에 오염된 곡물, 더 비싸지는 농약과 비료로 인해 언젠가는 생각에 변화가 일어날 것이다. 집단 농경과 같은 방법도 충분히 생각해볼 수 있다. 그런 방법을 사용하면 특정 작물에 특화된 파종기나 추수기를 공유할 수도 있고 작물을 매년 바꿔가면서 경작하는 것도 가능하게 된다. 가장 희망적인 움직임은 흑잔디 문제에서 뾰족한 해법을 발견하지 못한 농약회사들이 나서서 스스로 이러한 농법으로의 변화를 추진하고 있다는 점이다. 만약 농약을 적게 쓰더라도 새로운 농법으로 수확량을 유지할 수 있다는 사실을 생산자와 소비자와 대중들이 깨닫게 된다면 미래의 식량 문제를 해결하는 데 새로운 희망이 생기게 될 것이다.

다양한 품종으로의 회귀

앞에서 살펴본 흑잔디의 예에서 잡초를 제거하기 위해 농약을 장기적으로 사용하면 자연 선택 과정을 거쳐 내성을 가진 품종의 번식을 가져오므로 결국 실패로 돌아간다는 것을 알 수 있다. 이런 문제는 매우 광범위한 분야에서 일어나고 있고, 많은 사례가 있다. 반대로 어떤 작물의 특정 장점만을 강화시킨 품종을 개발하여 단일 재배한다면 그 종만 골라서 공격하는 병충해가 유행하게 될 때 전체 작물을 잃을 수도 있다. 아일랜드에서 발생한 감자 잎마름병 사태가 좋은 예다. 눈앞의 이익만 생각하면 단일 작물 재배법이 유리해 보일 수 있으나 장기적으로는 매우 위험한 전략이다. 보통 나라 전체에서 재배되는 작물의 종자는 특정 지역에서 키워서 공급하는 것이 일반적인데, 그 특정 지역에 심각한 병해가 발생할 경우 그것은 그 지역만의 문제가 아니라 나라 전체의 문제가 되어버린다.

단일 품종 재배법이 곡물에만 국한된 것은 아니다. 가축을 기를 때도 마찬가지다. 1960년대 영국 정부는 소나 양, 돼지를 기를 때 우수한 두세 가지 품종만 사육하도록 적극 장려했다. 당시에는 그럴만한 이유가 있었으나 이러한 접근법은 매우 근시안적인 것이다. 다른 품종들도 저마다의 장점이 있고 병에 대한 저항력도 강하고 다양한 환경에서 살아남을 수 있으며 특수한 건강 상태나 식이요법이 필요한 사람에게 적합한 품종도 있다. 결국 제한적이지만 상식적인 이런 생각이 통해서 한때 가치 없는 것으로 여겨졌던 품종들의 중요성을 인식하게 되었다. 이로 인해 최근 몇 십 년간 이런 품종들의 사육이 늘어나고 있다. 물론 단기적인 대량 생산을 위해서는 단일 작물이나 가축을 기르는 것이 유리할 수 있다. 하지만 미래에 닥칠 병충해나 기후 변화에 대비한다면 미래에 대한 투자라는 생각으로 다양한 품종을 유지하는 것이 매우 중요하다. 돈을 떠나서 우리가 잊지 말아야 할 것은 그동안 많은 동식물들이 사라졌으며 일단 멸종되고 나면 되살리기는 거의 불가능하다는 점이다. 멸종의 진행 속도를 늦추는 것조차도 매우 힘든 일이다.

어업 분야의 검토

지금까지는 주로 농업 분야의 문제에 대해 다루었고 어업 분야에 대해서는 깊이 있게 생각하지 않았다. 농업 분야의 변화는 교외로 나가보면 바로 눈에 띄지만 어업 분야는 일반인들이 쉽게 접할 수 없기도 하거니와 물고기나 해양 생물들이 어떻게 생존하고 있는지를 직접 목격하기 어렵다는 문제가 있다. 그럼에도 불구하고 전 세계의 주요 지역에 분포하고 있는 어종들의 개체 수에 대한 상세한 연구는 지난 50년간 꾸준히 이루어져 왔다. 일반적으로 관찰되는 경향은 1950년대에 비해 개체수가 약 4분의 1 수준으로 감소했다는 것이다. 많은 경우 이렇게 개체수가 감소한 상태에서는 잡아도 별다른 경제적 이익이 없다. 이로 인해 더 이상 개체수가 줄지 않고 유지되고 있다. 개체수가 4분의 1로 감소했다는 사실이 그리 충격적으로 들리지 않을 수도 있다. 북대서양에 살고 있는 대구의 개체 수에 대해서 100년을 거슬러 올라가는 믿을 만한 자료가 있다. 이 자료에 의하면 수치는 더 절망적이다. 그때는 지금보다 20배나 많은 대구가 서식하고 있었다. 그동안 어업이 기계화되고 음파 탐지기라든지 위성사진을 이용하여 어군을 추적하는 기술이 많이 발달했다. 하지만 이런 기술이 바다에서 물고기의 숫자를 재앙 수준까지 감소시킨 주범임도 알아야 한다.

지역적으로나 국제적으로나 물고기의 남획을 막고자 하는 여러 규제가 만들어졌다. 하지만 대부분의 국가들에서 잘 지켜지고 있지 않다. 지역별로 보면 대규모 어선에 더 유리하도록 법들이 제정되고 있어 개인 어민들이 어려움을 겪고 있다. 어종의 개체수를 조절하기 위해서는 어류의 번식을 위한 노력과 함께 남획을 막기 위한 현명한 전략이 필요하다.

돌연변이 기술

돌연변이 현상은 자연적 진화의 한 부분이다. 돌연변이는 화학물질에 의해서도 일어나고 자연에 존재하는 방사능에 의해서도 일어난다. 인간이 계속하여 우주 방사선에 피폭되고 있으며 이로 인해 하루에도 수십만 개의 세포들이 훼손되고 있다는 사실을 알고 있는 사람은 많지 않을 것이다. 어떤 세포는 다시 회복이 되고 어떤 세포는 죽고 그리고 일부에서는 돌연변이가 일어난다. 이것이 진화가 일어나는 원리다. 그렇다고 이런 현상을 피할 수 있는 것도 아니다. 방사능 조사량과 화학물질의 종류에 따라서 돌연변이가 일어날 확률이 더 높아지긴 하지만 세포가 파괴되고 재생되는 과정은 항상 일어나는 일이다. 우리 몸에서는 훼손되거나 돌연변이가 일어난 세포들을 복구하거나 제거할 수 있도록 세포나 화학반응이 진화되어 왔다. 하지만 시간이 지남에 따라 손상된 세포의 잔해가 쌓이게 되고 나이가 들수록 회복력이 약해진다. 따라서 세포 훼손으로 통제가 안 되기 때문에 발생하는 암의 발병을 피할 수 없게 된다. 우리가 할 수 있는 유일한 일은 그 속도를 늦추는 것뿐이다.

실험실에서 이루어지는 유전자 조작의 기본적인 속성은 자연에서 일어나는 현상과 동일하다. DNA와 염색체, 그리고 우리 세포의 구성 단위에 대한 지식이 쌓여 갈수록 유전자의 어떤 부분이 어떤 역할을 하는지 잘 알 수 있다. 유전자 조작은 그런 지식을 바탕으로 조절하고 싶은 위치에 정확히 손을 대는 것이다. 산업혁명 이후로 우리는 기술 개발이란 말이 앞으로 나아가는 이미지와 더불어 진보라는 인식을 가지도록 훈련받았다. 유전자 조작도 기술적인 진보의 이미지를 주기 때문에 훌륭한 마케팅 수단이 된다. 하지만 우리가 기억해야 할 점은 지금 기준으로 볼 때 기술 수준이 훨씬 낮았던 빅토리아 시대에도 스스로 철강 기술이 발달되어 있다고 생각했다는 것이다. 지금도 여전히 철강 제품의 품질은 불안정하고 그로 인한 사고도 일어난다. 다양한 철강 제품이 있지만 각각 사용할 수 있는 용도는 제한적이다. 금속학적인 측면에서 볼 때 아직 완벽한 수준에 도달한 것은 아니다. 금속에 대해 거의 아는 것이 없었던 초기 청동기나 철기시대에도 인간은 금속을 사용했었다는 점을 상기해보라.

유전학은 철강을 만들어서 다리를 건설하는 것보다는 훨씬 힘든 분야다. 살아 있는 세포는 극도로 복잡하기 때문이다. 끊임없이 변화하고 다양한 구조로 전환한다. 세포의 중요 부위에 대한 분석 기술은 많이 발전했지만 여전히 세포가 정보를 해독해서 처리하는 방법에 대해서는 별로 아는 것이 없다. 금속학은 4,000년이란 세월 동안 발전했음에도 현재 불완전한 기술 수준에 도달했을 뿐이다. 반면 유전학에 우리가 투자한 시간은 고작 반세기밖에 되지 않는다. 따라서 지금 우리가 도달한 수준은 우리가 생각하는 것보다 훨씬 미개한 정도다. 단지 밖으로 보이는 빠른 발전 속도에 현혹되고 있을 뿐이다. 유전자 조작 기술에 대해서 현재보다 훨씬 깊이 있게 고민하고 주의를 기울여야 할 것이다.

과학자로서 나는 우리가 어떤 구체적인 문제를 해결하기 위해 노력할 때 그 목적이 달성된 후에는 긴장이 풀려 연관된 부작용에 대해서는 살펴보지 않게 된다는 것을 잘 알고 있다. 여기에는 매우 현실적인 이유가 숨어 있다. 프로젝트가 종료되는 순간 연구 자금 지급도 중단되기 때문이다. 하지만 유전적 돌연변이 문제에 대해서는 계속하여 주의를 기울이고 장기간에 걸쳐 세포나 동식물에 일어나는 추가적인 변화를 관찰해야 한다.

유전자 변이나 돌연변이라는 용어는 매우 무섭게 들린다. 하지만 자연에서 늘 일어나고 있는 현상이고 수천 년 동안 품종을 개량한다는 이름으로 이 현상을 이용해왔다. 소나 말 그리고 개와 같은 경우가 자연적으로 존재하던 동물이 유전적으로 변화한 좋은 예다. 개의 경우 늑대와 유전적으로 조상이 같다. 여기에 인간이 관여하여 그레이트데인, 치와와, 불독, 닥스훈트와 같은 다양한 견종이 나타나게 된 것이다. 특히 생장 기간이 짧은 동식물의 경우 유전적인 변화가 훨씬 빨리 나타난다. 인간의 경우에는 여러 세대를 거쳐야 하기 때문에 그러한 변화를 추적하기가 매우 어렵다.

우리가 개량해낸 많은 품종들은 아무리 외모가 훌륭하고 인간에게 도움이 되더라도 다양한 결점을 가지고 있다. 다양한 품종의 개들은 난청, 짧은 수명, 높은 암 발병률, 고관절 이형성증, 심장 기형, 난산, 번식률 저하 등 각양각색의 질병에 시달리고 있다. 이러한 사실은 개 사육자들에게는 잘 알려진 현상이다. 가령 난청을 가진 개는 털 색깔이 부분적으로 다르다거나 하는 유전적인 연관성이 드러나는 경우는 유전학자들에게 매우 도움이 되는 정보가 된다. 자연에서 진화해온 늑대와 달리 교배시킨 대부분의 개들은 유전적으로 열성에 해당하여 인간이 잘 보살펴주지 않으면 살아남기 어렵다.

이종 간 교배를 시키는 극단적인 실험으로 태어난 새끼는 번식 능력이 없는 경우가 대부분이다. 따라서 이런 경우 세대를 거치면서 대물림되는 돌연변이에 대해서는 크게 신경 쓰지 않아도 된다. 이러한 예로 잘 알려진 것이 노새다. 노새는 짐을 운반하는 동물로는 매우 적합한 특징을 지니고 있으나 더 이상 세대가 이어지지 않는 일회성 종이다. 같은 현상이 이종 교배 식물에서도 나타난다. 내 생각에는 특정한 목적을 위해 변종을 만들어내는 시도는 그다지 현명한 일이 아닌 것 같다. 이 분야는 유전자 조작에 대한 지식과 경험이 쌓여가면서 점점 발전하게 될 것이다.

농업 분야에서 보면 광범위하게 퍼져 있는 많은 변종 곡물들의 특징도 그 다음 세대로 이어지지 않는다. 한 해 농사를 지은 후에는 다음 해를 위해 씨앗을 얻기가 불가능하다. 이런 변종 곡물은 농부들이 다음 농사를 위해서 씨앗을 재구입하도록 만들려고 의도적으로 개발했을 수도 있다. 이런 식으로 농부들을 곡물 회사의 노예로 만드는 행위는 매우 잘못된 행태다.

우리가 싸우고 있는 해충과 질병에도 진화 현상은 나타난다. 화학물질의 효과가 영원히 계속되지 않고 내성을 가진 변종이 번식하여 제거된 종을 대체하기 때문이다. 이러한 반격 현상에 대해서는 다양한 연구 결과가 있다. 살포한 화학물질이 자연적으로 존재하는 천적을 같이 없애 버리는 경우도 있다. 질병을 다스리기 위해 사용한 약 때문에 새롭게 등장한 변종은 원래 종보다 훨씬 싸우기 힘든 경우가 많다. 이런 이유로 생화학자와 벌레의 싸움은 날이 갈수록 힘겨워지고 비용도 증가하고 있다. 지금으로선 천적을 이용한 해충 통제 방식이 가장 최적의 해법으로 보인다.

또 무역이 전 세계적으로 이루어지기 때문에 새로운 종의 곤충과 식물이 계속해서 다른 지역으로 유입되는 현상이 발생한다. 이럴 경우 문제는 훨씬 더 복잡해진다. 새로운 지역으로 유입될 때는 생태계의 균형을 맞춰줄 천적이 같이 따라오지 않기 때문이다. 천적이 존재하지 않는 상태에서는 개체수가 급증한다. 이러한 현상은 새로운 것이 아니다. 이미 1962년에 레이첼 카슨은 미국에서만 25만 종이 넘는 외래종이 발견되었다고 기술하고 있다. 그리고 이후 50년 동안 숫자는 두 배로 증가했다.

외국에서 유입된 해충에 대항하기 위한 대책으로 천적에 해당하는 외래종을 수입해서 좋은 결과를 얻은 예도 있다. 가장 이상적인 경우는 외국에서 천적으로 수입한 외래종이 제거하고자 하는 해충만 공격하고 그 외 토종 식물이나 곤충에는 해가 없을 때이다. 하지만 천적에 의해 해충 문제를 해결하는 방법은 현실적으로는 매우 다루기 까다로운 대책이다. 원래 살던 곳과 새로 옮겨온 곳의 기후가 많이 다를 경우 해충과 천적 모두 예상했던 것과는 전혀 다른 양상으로 적응할 수 있기 때문이다.

최후의 보루, 물

물은 모든 생명체에게 있어 살아가는 데 없어서는 안 될 중요한 요소다. 따라서 기술 발전이 어떻게 농업이나 인간에게 필요한 물의 양과 질에 영향을 미쳤는지 살펴보는 것은 매우 의미 있는 일이다. 물이 존재하는 곳에 식물이 자라고, 동물들은 그 풀을 뜯는다. 물은 종종 마법과 같은 변화를 일으키기도 한다. 사막 한가운데 멋진 골프장을 만드는 것도 물이 하는 일이다.

공짜로 적당한 시기에 알맞은 양의 비가 오는 것이 모든 농부들의 희망사항이다. 하지만 그런 경우는 드물기 때문에 인위적으로 물을 끌어다 대는 관개 작업이 필요하다. 이를 위해서 댐이나 수로를 건설하고 운하를 파거나 우물이나 저수조를 만든다. 여기에는 많은 노동력과 경비가 소요된다. 이렇게 공급된 물은 땅으로 스며들거나, 비료 성분을 녹인 채 흘러나갈 수도 있고 증발되어 없어질 수도 있다. 혹은 작물에 흡수된 후 작물과 함께 사라질 수도 있다. 어떤 경우라도 물이 없어지는 것은 마찬가지이므로 그만큼 보충해주어야 한다. 현재로서는 옛날부터 존재하던 지하 공간에 고인 물을 뽑아서 사용하고 있는데 현재 그 공간에 물이 보충되는 속도가 사용하는 속도를 쫓아가지 못하고 있다. 어쩌면 우리가 지금 마시고 있는 물이 수천 년 전에 내린 빗물일 수도 있다. 분명한 것은 그 물의 양이 점점 줄어들고 있다는 사실이다.

지하수가 고갈되면서 생겨난 현상이 땅이 꺼지는 싱크홀이다. 캘리포니아에서는 이런 현상이 매우 뚜렷하게 나타나고 있다. 이 지역에서 물을 뽑아 올리는 기술이 많이 발전함으로써 어떤 지역은 1년에 약 1미터씩 땅이 가라앉고 있을 정도다. 이러한 현상은 광범위한 지역에 나타나고 있으며 지난 100년 동안 캘리포니아 주 전체가 10미터나 내려앉았다.

물이 사용되는 곳은 매우 다양하다. 광산, 원유 채굴, 다양한 제조 공정, 가정 그리고 하수 처리장 등에서 물을 사용하고 있다. 처음에는 순수했던 물이 이 과정을 거치면서 오염된다. 인간의 생활 방식상 우리는 오염된 물과 함께 살 수밖에 없고 계속하여 물을 재생하여 쓸 수밖에 없다. 런던에 사는 사람들은 자신이 마시는 수돗물이 집에 도착하기 전에 7명의 사람을 거쳤다는 사실을 알고 나면 기겁할 것이다. 지금 우리가 마시는 물에는 그들이 먹었던 음식과 사용했던 화학물질, 약 성분 등이 미량이나마 남아 있다. 이런 이야기를 하면 우리가 마시는 물맛이 이런 과정에 의해 결정되었다고 생각할 수도 있다. 하지만 사실 물맛은 물을 소독하기 위해 넣는 화학물질에 의해 좌우된다.

오늘날에는 발달된 현대적 분석 기술 덕분에 검출 능력이 1억분의 1까지 측정 가능하다. 따라서 어떤 종류의 약이든 그 사용 흔적을 물에서 찾아낼 수 있다. 앞서 이탈리아의 포강에서 마약 성분이 검출된 사례를 들었지만 이것은 어디든 마찬가지다. 런던의 경우 전 세계 어느 대도시보다 많은 양의 코카인 성분이 수돗물에서 검출되고 있음을 뒷받침할 수 있는 증거가 있다. 우리가 먹는 물에는 어쩔 수 없이 약, 불순물, 질병과 연관된 다양한 생화학물질들이 포함되어 있다. 물 대신 와인을 마신다면 이런 걱정을 조금 덜 수도 있겠지만 그렇다고 문제를 완벽히 해결한 것도 아니다. 와인에도 그 지방 특유의 물 흔적이 남아 있기 때문이다.

농업에는 많은 양의 물이 필요하다. 따라서 여기에 사용되는 물을 전량 회수하여 처리하기는 어렵다. 이렇게 되면 많은 양의 물이 사람이 쓸 수도 없고 농업용수로도 사용되기 어려운 상태가 된다. 그렇게 오염된 물은 강을 따라 바다로 흘러가게 된다. 이로 인해 해양생물이나 물고기들이 오염되거나 직간접적으로 영향을 받는다. 이미 앞에서 강조했듯이 그런 생물들은 인간보다 훨씬 오염 물질에 민감하다. 연어, 거북을 포함한 많은 종들이 미량의 화학물질의 냄새를 맡으며 원래 태어났던 강이나 해변으로 회귀하여 알을 낳는다. 따라서 그들의 감각기관은 1억 분의 1 수준으로 존재하는 오염 물질에 대해 매우 민감하게 영향을 받을 수밖에 없다.

예로 들었던 많은 과거 문명들이 가뭄으로 인해 붕괴되었음을 기억한다면 물이 우리에게 얼마나 중요한지 깨닫고 소중히 다루고 고마워해야 할 것이다. 우리가 필요로 하는 물이 하늘에서 내려올 때도 있지만 그렇지 않을 때도 있다. 누구든 물을 오염시키는 것은 쉬우나 그것을 다시 정화하는 것은 매우 힘들고 많은 비용이 소요된다.

낙관론과 비관론

나는 의도적으로 레이첼 카슨이 1960년대에 제기했던 여러 이슈들에 집중하여 문제점을 다루었다. 당시만 하더라도 그녀가 조사하고 발표했던, 농업 방식의 문제점에 대한 폭로는 어마어마한 반향을 일으켰다. 그녀 덕분에 사람들은 인간이 의식적으로 혹은 무의식적으로 환경을 파괴하고 있다는 사실을 알게 되었다. 우리가 무지했던 탓이기도 하고 잘 모르면서도 과학기술이라고 하면 무조건 신봉하는 자세, 그리고 눈앞의 이익을 쫓아 수확량을 높이는 것에만 혈안이 되었던 것이 복합적으로 작용하여 사태를 악화시켰다. 그녀가 전하고자 하는 메시지는 분명했고 그런 점에서 성공했다고 볼 수 있다. 하지만 지난 반세기 동안 세계의 인구는 두 배로 증가하였고 더 높은 생활 수준과 더 많은 식량과 식탁에 더 진기한 음식이 오르기를 바라는 욕구도 끝없이 커졌다. 더 많은 식량을 생산하기 위해 저질러진 많은 실수들은 여전히 되풀이되고 있다.

이러한 상황을 개선하기 위한 유일한 길은 세계의 인구 증가율을 낮추도록 장려하거나 강제하는 조치를 취하는 것이다. 이것을 달성하기 위해 실행되는 어떤 정책도 엄청난 논란에 휩싸일 것은 불을 보듯 뻔하다. 말도 안 되는 생각이지만 페스트를 포함하여 주기적으로 유행했던 대규모 전염병 같은 전 지구적 재앙이 오히려 인간에게는 도움이 될 수 있다. 시간의 문제일 뿐 미래에 그런 재앙이 있을 것이라는 것에는 의심의 여지가 없다. 과거 유럽에서 수많은 사람을 죽음에 이르게 했던 흑사병이나 1918년에 유행했던 인플루엔자 변종에 의해 재앙이 발생할 수도 있다. 당시 어떤 지역에서는 인구의 3분의 2가 사망하기도 했다. 지금처럼 전 지구가 하나로 연결되어 있는 상태에서 동일한 재앙이 닥친다면 그 영향은 단지 하나의 대륙에만 머물지 않을 것이다. 글로벌하게 퍼지는 확산 속도도 빨라 과거보다 훨씬 더 많은 인구가 사망하고 경제적 충격은 훨씬 더 심각할 것이다.

생산하는 많은 식량들이 버려지고 있고 많은 나라에서 필요 이상의 음식을 과소비하고 있다는 사실을 깨닫는다면, 식량 생산 측면에서 약간은 숨 쉴 여유를 찾을 수도 있을 것이다. 과식하는 습관을 없애는 것만으로도 훨씬 많은 수의 사람들이 건강하게 살아갈 수 있는 추가적인 혜택도 입을 것이다.

물론 실현되기 매우 힘든 가정이긴 하지만 전 세계 인구가 줄어들고 이것이 그대로 유지된다면 지구는 충분히 우리가 먹고살 정도의 식량을 제공해줄 수 있다. 동시에 환경 파괴도 없어질 것이고 인간과 함께 이 땅에서 살아갈 권리가 있는 모든 생물들이 우리와 공존할 수 있을 것이다. 하지만 나 스스로도 우리 인간이 이런 일을 해낼 수 있을 것이라 믿지 못한다는 사실이 슬플 뿐이다. 그러기엔 우리 숫자가 이미 너무 많아져 버렸다. 숨겨진 또 하나의 원인은 너무 많은 사람들이 도시에 산다는 것이다. 도시에 살기 때문에 자연 환경이나 농업 환경에 대한 관심이나 이해도가 낮을 수밖에 없다. 도시에 사는 사람에게는 환경 파괴나 농경법 문제가 단지 TV에서 볼 수 있는 흥미로운 뉴스 정도로만 비춰진다. 도시인들이 식량 문제, 농업 문제 그리고 지구상의 다른 지역에서 일어나고 있는 문제들을 대하는 태도는 공상과학영화나 TV에서 방영하는 역사물이나 범죄물 혹은 드라마를 볼 때와 별반 다르지 않다.

이 책이 다루고 있는 대부분의 주제들은 과학기술 발전이 가져온 어두운 단면을 조명하기 위함인데 이즈음에 이르러서는 진짜 지구를 망치고 파괴하게 될 재앙은 과학기술 때문이 아닐 수도 있다는 생각이 든다. 진짜 원인은 인구가 늘어나기 때문이고, 그와 더불어 인간의 이기심과 인간 고유의 본성에 근본 이유가 있을 수 있다. 과학기술은 인류가 자멸의 길로 가기 위해 택할 수 있는 경로 중의 하나일 뿐이지 근본적인 이유는 아닐 수 있다. ⋮

7장
의학의 발전에 대한 기대와 현실은 다르다

의약품 문제의 심각성

이번 장에서는 의료 행위, 치료법, 의약품 분야의 어두운 면에 대해 알아보려고 한다. 사례들을 고르는 과정에서 대중들이 흥미를 느낄 만한 에피소드를 들지 아니면 끔찍한 사건 위주로 다룰지 고민이 되었다. 여기서 피력하는 견해는 수많은 사례, 친구들의 경험, 언론에 보도된 내용, 인터넷, 논문, 관련 도서 등을 근거로 하고 있음을 밝혀둔다. 많은 경우 의학 분야와 무관한 일반인들의 견해가 아니라 전문가들의 견해를 바탕으로 하였다. 그중에는 의사로 매우 성공한 두 사람이 쓴, 재미있지만 내용도 충실한 책이 있다. 벤 골드에이커의『배드 사이언스』와 로버트 윈스턴의『나쁜 아이디어?(Bad Ideas?)』다. 두 저자는 모두 과거와 현재의 의료 행위에 대해 신랄하게 비판하고 있다.

이 자료들을 보면서 나는 의료 분야의 어떤 부분은 심각하게 잘못되어 있다는 생각을 갖게 되었다. 여기 나온 무수한 실패 사례, 무능함, 불운하게 겪은 부작용 등을 보면서 든 생각이었다. 이와 관련해서는 많은 예가 있으므로 내 생각을 뒷받침해줄 근거는 많다. 하지만 이 역시 진실의 한 단면일 뿐이므로 단순화의 오류에 빠지지 않기 위해 노력했다. 쉽게 결론 내리는 대신 왜 수많은 실패 사례가 나올 수밖에 없었는지에 대한 합리적인 해답을 찾고자 했다.

이 과정에서 깨달은 것은 내가 다루고 있는 문제가 결코 단순하지 않다는 사실이었다. 빅토리아 시대의 납 배관이나 자부심과 열정으로 뭉친 소수의 기술자가 양심적으로 열심히 만들어낸 한정판 물건들이 장기적 부작용을 초래했던 사례와는 본질적으로 다르다. 나는 인간의 건강과 행복 추구라는 측면에서 사례들을 분석하는 방법을 택했다. 사실 의료 분야는 우리 모두가 관심을 가지고 있는 주제다. 과거에도 그랬고 현재도 이 분야는 경쟁이 치열한 비즈니스 분야다. 전 세계 시장을 다 합치면 엄청난 규모의 산업이다. 따라서 똑똑하고 능력 있고 헌신적인 사람들이 이 분야에 종사하는 것이 그리 놀랍지는 않다. 하지만 인류에 이바지하겠다는 생각 대신 쉽게 돈을 벌 수 있는 직업으로만 보고 이기적인 목적으로 뛰어든 사람들도 많을 수밖에 없다. 문제는 의료 서비스를 받는 고객들과 환자들 눈에는 이들을 구분하기 어렵다는 점이다. 그리고 시장에 나온 제품들이 실제 광고와 같은 효과가 있는지를 알아내는 것도 매우 힘든 일이다. 높은 기대치를 충족시키지 못해 실망하는 경우도 많고 부작용을 경험하기도 한다. 게다가 의학적인 지식과 의견이 워낙 빨리 변하는 속성을 가지고 있다는 점도 의료 분야에 대한 이해를 힘들게 하는 요인이다. 새로운 아이디어와 그에 따른 결과들이 거의 매일 쏟아지고 있고 그러한 의술과 제품들이 과연 효과가 있는지에 대해서도 사회적으로 뜨거운 논쟁이 벌어진다. 사용하는 데이터는 같은데 저마다 상황과 목적에 따라 다른 결론을 내고 있기 때문에 받아들이는 사람의 입장에서는 매우 혼란스러울 수밖에 없다. 물론 이런 현상은 비단 의료업계에만 국한된 문제는 아니고 삶의 모든 분야에서 나타나고 있는 일이다.

독자들이 현재 의료업계의 규모가 어느 정도인지 감을 가지는 데 도움이 되고자 영국에서 이 분야에 종사하고 있는 사람들의 수를 인용해보겠다. 현재 영국에서는 130만 명의 사람들이 의료업계에 종사하고 있으며 이중 거의 50만 명 정도는 면허를 가진 의사, 간호사, 치과의사 그리고 이들을 보조하는 사람들이다. 인구 5,600만 명인 나라에서 이 정도 규모의 의료인들이 활동하고 있다. 제약업계, 생물학 분야, 자영업자들을 다 포함하면, 이 분야에서 경험 있고 자격증을 보유한 전문가들은 100만 명에 가깝다. 노동 인구의 거의 3~4퍼센트에 해당하는 사람들이 의료 분야와 생물학 분야에서 일하고 있는 셈이다. 꽤 높은 비율이지만 다른 선진국에서도 비슷한 경향을 보이고 있다. 2015년 미국에서 일을 하고 있는 의사의 수는 100만 명에 가깝다. 의사를 보조하는 인원까지 합하면 영국과 비슷한 비율이다.

저개발 국가나 빈민국의 경우 경험 있는 의료업계 종사자들의 수가 적다. 현재 세계 인구를 70억 정도로 볼 때 우리의 건강에 영향을 미치는 사람들의 수는 전 세계적으로 대략 8천만 명 정도로 추산된다. 의료업계의 발전과 진보를 위해서는 매우 바람직한 현상이다. 하지만 한편으로 이렇게 어마어마한 숫자의 사람들이 생산해내는 문서나 제안의 양을 생각해보면 실로 엄청난 양이라 하지 않을 수 없다. 이 정도 양의 데이터와 지식, 통계 속에 파묻히면 뭐가 뭔지 알 수 없는 상태가 될 것이다. 만약 전 세계 8천만 명의 의료업 종사자 중 1.25퍼센트만 무능력하다고 가정해도 100만 명이다. 이런 의료인들의 손에 우리의 건강을 맡기게 되는 것이다. 현실적으로는 이보다 훨씬 많을 것으로 생각한다.

그러니 약이나 치료법 등의 부작용에 관한 보고가 8천만 명이 쏟아내는 방대한 자료에 묻히게 될 경우 전문가나 대중이 쉽게 접근하긴 어려울 것이다. 따라서 의약품의 부작용에 관해 모든 사례들을 검토하는 것은 애초부터 불가능한 일이다. 오히려 대부분의 경우는 모르고 지나가거나 잘못된 사실들이 전파되는 상황 속에 살고 있다고 볼 수 있다.

우리는 과거에 비해 더 많은 수의 사람들이 의료 분야에 종사하고 있다고 믿고 있다. 하지만 실제로는 조그마한 원시 부족 내에도 약초로 병을 다스리는 사람과 주술의 힘으로 병을 고치는 사람이 있었다. 물론 이들의 의학에 대한 지식과 치료 효과가 오늘날의 의사와는 비교가 안 되겠지만, 부족원의 숫자를 기준으로 계산하면 오늘날 의료업계 인구와 유사한 비율을 보인다. 현재도 정식 자격을 갖춘 의료인들뿐 아니라 약초 전문가, 비인가 약제상, 무면허 의사와 전쟁터에서 의사 역할을 하는 위생병 등이 여전히 존재한다.

전문가와 대중의 기대치

의약품에 관한 많은 광고와 언론 기사가 있긴 하지만 우리가 약의 효능에 대해 가지는 기대에 뚜렷한 근거가 있는 것은 아니다. 의학은 물리학이나 화학처럼 정확하고 변치 않는 진리를 근거로 한 학문이 아니다. 물리학에서의 법칙은 어디에서나 통한다. 예를 들면 우리 생각대로 작동하지 않는 컴퓨터가 있다고 치자. 이 경우 문제는 항상 사람이 작성한 소프트웨어나 회로 설계의 오류 때문에 발생한다. 컴퓨터를 움직이는 전자공학적 물리 현상 자체는 우리가 이해하는 한도 내에서는 항상 예측 가능하게 움직인다.

반면 70억의 인구는 한 사람 한 사람이 모두 다르다. 우리는 유전학적인 측면에서 태어날 때부터 다르다. 쌍둥이마저도 그렇다. 이후 환경, 영양, 기후, 생활 방식에 의해서도 달라진다. 어떤 일을 하느냐에 따라서도 다르고, 어떻게 노느냐에 따라서도 달라진다. 질병에 노출되었을 때 반응도 개개인이 다 다르다. 이런 차이들은 오랜 기간을 두고 축적된다. 약이나 음식, 술 그리고 사람들이 즐기기 위해 소비하는 모든 것들도 영향을 미친다. 실로 삶의 모든 면들이 오랜 기간 축적되어 영향을 미친다고 할 수 있다. 따라서 치료 행위를 비롯하여 우리가 건강을 위해 행하는 모든 시도들이 미치는 영향은 곡식을 잘 재배하기 위해 제초제를 개발할 때 나타나는 문제점들보다 훨씬 더 복잡한 양상을 띤다. 약을 처방할 때도 특정한 병을 고치기 위한 약을 개발할 때와 동일한 한계에 부딪힌다. 개발된 약이 모든 사람에게 항상 같은 효과를 발휘하지 않는다는 데서 문제가 발생한다. 어떤 환자들은 유전적인 차이 때문에 약에 반응하지 않을 수도 있다. 겪어온 병력이 다르거나 현재 진행되고 있는 치료 때문에 예상치 못한 부작용이 나타날 수도 있다. 심지어 아스피린이나 페니실린처럼 오랜 세월 동안 광범위하게 사용되어 왔고 탁월한 약효를 보였던 약들조차도 잘 듣지 않거나 부작용이 생기는 경우가 있다.

여기서 문제는 우리의 기대치가 너무 높다는 사실이다. 어떤 경우에도 항상 효과가 성공적인 치료법이란 것은 없다. 이러한 문제를 다루는 인터넷 사이트들은 약의 유해성 검증 시험이 동물을 대상으로 이루어진다는 사실을 지적하고 있다. 물론 시험의 대상이 되는 동물들에게 너무 잔혹한 일이라는 지극히 타당한 주장도 함께 곁들여진다. 동물 시험을 통과한 약들이 실제 사람을 대상으로 한 임상 시험에서 문제가 생길 확률은 90퍼센트에 달한다. 물론 논리적으로는 인간을 상대로 직접 시험을 해야 신뢰성 있는 결과를 얻을 수 있다. 하지만 이것은 윤리적으로 심각한 문제에 봉착하게 된다. 과거에 인간을 상대로 시험을 실시했을 때가 있었다. 심지어 당시에는 시험의 대상이 되는 사람들이 테스트인지 모르는 상태에서 이루어졌다. 이때의 시험이 지금 얼마나 많은 비난을 받고 있는지 모른다. 이런 이유로 동물을 상대로 한 안정성 검사를 그만둘 수 없다. 그리고 검사 결과를 100퍼센트 신뢰할 수 있는 날은 영원히 오지 않을 것이다. 이를 해결할 수 있는 방법이 없다. 단지 우리가 시도할 수 있는 범위 내에서 최선을 다하고 있음에 만족해야 할 것이다.

의약품에 대한 사람의 반응이 모두 다르기 때문에 널리 사용되고 효능이 좋은 약도 약병에 여러 가지 부작용에 대한 경고문이 붙여진 채 판매된다. 약국에서 처방전에 의해 제조되는 각종 약은 물론이고 처방전 없이 팔고 있는 약들의 경우에도 마찬가지다. 통계 수치를 얘기하자면 미국에서 매년 450만 명에 해당하는 사람들이 처방받은 약이 일으킨 부작용 때문에 병원을 찾거나 응급실을 방문한다. 더 놀라운 사실은 이미 병원에는 200만 명의 환자들이 이런 이유로 입원해 있다는 것이다.

의약품에 비하면 농업에 사용하는 제초제와 새로운 품종의 작물을 시험하는 것은 매우 간단하다고 할 수 있다. 물론 장기간에 걸쳐 화학물질이 인간이나 환경에 미치는 영향에 대해 시험하는 것은 좀 다른 문제다. 제초제나 유전자 조작 작물의 경우 우리가 실수를 저지른다 하더라도 전체적으로 보면 얼마든지 성장 조건이나 환경을 조절해서 부작용에 대처할 수 있다. 밀이나 다른 곡물들처럼 식용이 되는 작물들은 재배 기간이 몇 개월 정도로 생장 기간이 짧다. 시험에 사용된 작물에 설사 문제가 생기더라도 그것이 그리 큰 문제로 확대되지는 않는다. 식물의 경우 시험 대상이 되는 개체수가 매우 많다는 이점이 있다. 따라서 우리가 조작을 가한 식물에 대해 충분한 통계 자료를 얻을 수 있다. 예를 들어 밀의 경우에는 에이커 당 5,000개 정도를 심을 수 있다. 또 다른 측면으로는 식물도 살아있는 생물이긴 하지만 우리가 감정을 이입하는 대상은 아니다. 덧붙이자면 약간 자조적인 농담이지만 조작을 가한 식물이 잘못되더라도 식물이 우리를 대상으로 소송을 걸지는 않는다.

식물을 대상으로 한 시험의 또 다른 특징은 특정 해충이나 병해를 극복하기 위한 것처럼 목적이 매우 분명하다는 점이다. 이를 위해 동시에 혹은 별개로 여러 종류의 제초제를 시험해 보거나 성장 조절 인자를 바꾸는 시험을 할 수 있다. 하지만 인간을 대상으로 이런 시험을 하는 것은 불가능하다. 우선 시험을 통해 문제가 되는 병을 고쳐야 하고 새로운 치료 방법의 결과로 나타날 수 있는 후유증도 장기간에 걸쳐 걱정을 해야 하기 때문이다.

식물을 대상으로 한 시험에서 우리에게 불운한 일이기도 하고 또 종종 은폐되기도 하는 사실이 있는데, 개발된 대부분의 제초제는 단시간 내에 그 효과가 사라진다는 점이다. 해충이나 병해가 제초제에 대해 면역이 생기기 때문이다. 인간이나 동물의 병을 치료하기 위해 처방되는 약도 마찬가지 현상이 일어난다. 많은 종류의 병원균들 중에 항생제에 내성을 가진 변종이 생겨 지배종이 되는 것이다. 이 중에는 미처 우리가 파악하지 못한 것들도 많이 있을 것이다. 지난 50년간 우리는 약에 대해 너무 과도한 기대치를 가져왔다. 새로운 약이나 치료제를 개발하기만 하면 지금 겪고 있는 문제점들을 완전히 해결할 수 있다고 믿어온 것이다. 하지만 약을 더 강하게 쓰거나 새로운 약을 개발하는 것이 해법은 아니다. 이러한 방법은 오히려 역효과만 불러올 뿐이다.

유전적으로 내성을 가지게 되는 과정은 모든 진화의 공통 원리인 자연 선택 현상을 통해 일어난다. 이것은 더 이상 새로운 사실도 아니다. 심지어 우리는 유전자 코드의 배열을 바꾸면서 그 차이를 관찰하는 방법으로 현대적 생화학 분야에서 눈부신 업적을 쌓고 있다. 많은 경우 돌연변이 현상은 인간에게 중요한 의미를 갖는다. 중요한 역사적 예로, 흑사병이 유행할 때 어떤 사람들과 그 가족들은 자연 면역력을 가지고 있는 덕분에 살아남았다. 그 이유는 오늘날 정확히 밝혀졌다. 현대적 분석 기술 덕분에 그들이 남긴 후손들의 유전자에서 흑사병에 면역력을 가진 돌연변이가 발생되었다는 사실을 알아내었다. 그 외의 치명적인 질병에 대해서도 비슷한 현상이 발견되었다. 이런 식으로 유전자에 생긴 돌연변이 덕분으로 전체 인구의 일부라도 살아남았기 때문에 인류는 엄청난 재난을 겪고도 오래전에 멸종하지 않고 생존하고 있는 것이다.

미래에는 DNA 염기 서열 연구를 통해 미리 사람들의 건강 문제를 예측하고 경고하게 될 것이다. 사람들 사이에 DNA 염기 서열이 조금씩 틀리다는 사실은 알아냈지만 우리가 지금 이해하는 부분은 유전정보의 아주 일부분에 불과하다. DNA의 여러 부위가 복합적으로 작용하여 발생하는 현상에 대해서는 매우 제한적인 지식밖에 없다. 인류를 진화시키기 위해 유전정보를 조작하는 것은 아직까지 우리 능력 밖의 일이다. 특별한 유전병을 일으키는 유전자상의 오류를 해결하기 위한 노력 정도가 예외적으로 이루어지고 있다. 일부 유전자를 이용한 치료 사례가 있고 그 결과도 성공적이지만 현재로선 항상 그런 성공을 바라는 것은 무리다.

후유증과 의약품 시험에 대한 이해

70억이나 되는 인류를 대상으로 한 치료와 의약품 시험에서 우리의 바람은 대부분의 사람에게 효과가 있는 의약품을 찾아내는 것은 물론이고 동시에 장기적인 문제점이나 부작용도 놓치지 않고 파악해내는 것이다. 하지만 우리가 적용한 치료법이 항상 완벽하기를 바라는 것은 무리다. 심지어 우리가 하고 있는 일을 완벽하게 이해하고 있는지도 의문일 때가 많다.

나는 과학자로서 일을 하면서 여러 연구 그룹에서 발표하는 아이디어나 결과가 상이하고, 일반적으로 행해지고 있는 치료의 연구 과정이 대단히 적합하지 않은 경우를 많이 봤다. 나를 포함하여 전 세계의 많은 연구 그룹들이 반복적으로 잘못을 저지르거나 심각하게 데이터를 잘못 해석하고 있다는 사실을 깨닫는 경우도 있다. 이러한 사실을 알게 되면 매우 당황스럽지만 그런 게 삶이고 발전 과정의 일부이니 받아들일 수밖에 없다. 잘못을 수정하여 발표하는 것이 쉬운 일은 아니지만 조심스럽고 절제된 표현을 사용하여 성공적으로 행해져왔다. 자신이 실수했다는 사실을 받아들이는 것을 탐탁지 않게 생각하는 사람들도 물론 있다. 하지만 한두 해가 지나가면서 대부분 생각을 바꾸었고 그에 따라 과학계는 좀 더 믿을만한 곳이 되었다.

반면 좀 더 난해하고 분명하지 않은 상황을 다루는 의학의 경우에는 유해성 시험 결과나 연구 결과가 서로 상이하게 나타날 때 매우 극단적으로 의견이 나뉘게 된다. 새로운 연구 결과나 오랫동안 행해지던 관습이 도전을 받게 되면 그것에 저항하는 경향이 있다. 물리학과 같은 기초과학과는 달리 비난 섞인 논쟁이 가끔은 매우 감정적이 되고 격렬해진다. 의학의 경우 환자를 포함한 여러 사람들이 관련되어 있고 그들의 건강과 생명을 다루어야 하는 학문임에도 불구하고 다른 학문과는 전혀 다른 태도를 취하게 되는 것이 참으로 이해가 되지 않는다. 의학계의 이런 일반적이지 않은 태도 차이에 대해 관심을 갖는 독자가 있다면 그 문제에 대한 답은 독자에게 맡겨두고 싶다. 이러한 태도의 차이는 상업적인 이해관계와는 무관하고 단지 자존심 싸움이 아닐까 싶다.

대중은 처방받는 약이나 치료 방법이 최선의 선택인지 알 수 있는 방법이 없다. 인터넷을 통해 정보를 검색해보는 것이 도움이 되기는 하지만 이러한 정보들 역시 편견을 가지고 작성되었을 수도 있고 새로운 연구 결과가 나오면 내용이 계속 바뀌기 때문에 항상 옳은 것도 아니다. 하지만 적어도 어떤 점이 의문시되고 있고 어떤 실수들이 범해지는지에 대해서 대체적인 경향은 파악할 수 있다.

매년 5만 건에 달하는 새로운 논문이 의료업계에 발표되고 있지만 6퍼센트 정도만이 제대로 된 실험 계획 하에 얻어진 의미 있는 결과를 치우치지 않은 시각으로 분석하고 있다는 의견도 있다. 심지어 2천억 달러에 달하는 연구비가 형편없는 수준의 연구나 과거에 이미 한 적이 있는 반복적인 연구에 아깝게 낭비되는 경우도 있다.

문제는 여기에서 그치지 않는다. 특정한 음식의 암 발병률에 미치는 영향에 대한 연구를 예로 들어보자. 연구 대상은 와인부터 토마토, 버터, 소고기에 이르기까지 매우 다양하다. 얻어진 데이터들은 대체로 결과 값의 산포가 매우 크므로 이를 설명하기 위해 간단한 도표를 이용하였다. 여러 연구에서 얻어진 결과를 종합하여 한꺼번에 도표로 표시해보면 데이터가 양과 음의 값에 폭넓게 분포되어 있음을 알 수 있다. 이것이 의미하는 바는 특정 음식이 어떤 연구에서는 암 발병률을 높이는 것으로, 다른 연구에서는 암 발병율을 낮추는 것으로 나타났다는 뜻이다.

이렇게 다양한 결과가 발생하는 것을 이해하기 위해 그리 높은 수준의 과학적 지식이 필요한 것은 아니다. 이런 경우 우리가 도표를 보면서 꼭 물어보는 것이 있다. "평균값이 어디야?"

조심해야 할 것도 있다. 작은 글씨로 적혀져 있기 때문에 로그 값을 이용하여 그래프가 그려진 것을 놓치기 쉽다. 보통 사람들이 이러한 것까지 눈치챌 수 있을지는 의문이다. 만약 로그 값으로 그래프가 그려졌다면 평균값이 어디인지 알아내는 데 어려움을 겪을 것이다. 우리는 이해하기 힘든 것과 마주치거나 평소 생각하던 것과 다른 것을 경험하면 본능적으로 그것을 무시하는 경향이 있다. 특히 우리가 살던 방식을 완전히 바꿔야 하는 경우에 직면하면 그런 경향이 더욱 심해진다.

진통제의 경우 전 세계적으로 연간 1,000억 달러가 의사의 처방 없이 약국에서 팔리고 있다. 이 정도로 많은 사람들에게 판매되는 약에 어떤 부작용도 보고되지 않으리라고 생각하기는 어렵다. 실제로도 제조사에서는 이 약에 대해 6종류의 심각한 부작용과 수많은 경미한 부작용에 대해 표시하고 있다. 이 중에는 소화기관에 생기는 내출혈, 메스꺼움, 변비, 설사 등의 부작용도 있다. 약이 소화기관을 통과하는 동안 문제를 일으키기 때문에 나타나는 증상이다. 다른 부작용으로는 졸음, 통증, 피부 트러블이 있고 장기간 복용하면 위궤양을 일으키기도 한다. 이런 현상이 나타나면 매우 괴로우나 일반적으로는 약이 주는 효과가 부작용보다는 더 크기 때문에 이를 감수하고 복용을 하게 된다.

이를 대체할 유사 약도 많이 있다. 영국에서만 연간 3천만 개가 팔리고 있다. 권장 사용량을 복용하더라도 일부 사람들에게는 부작용이 나타난다. 물론 권장 사용량을 넘겨 복용할 경우 생명에 치명적인 영향을 줄 수도 있다고 제품에 분명히 표시되어 있다. 일부 사람들이 부작용을 겪지만 대다수의 사람들에게 도움이 되기 때문에 계속해서 사용되고 있는 것이다.

　의사의 처방전이 있어야 살 수 있는 약의 경우에는 상황이 좀 더 복잡하다. 인터넷에서 많이 거론되고 있는 예를 하나 들겠다. 고혈압이나 울혈성 심부전증 치료를 위해 많이 처방되고 있는 베타 차단제의 경우 그 효과가 매우 좋아 유럽의 유명한 심장 단체에서는 이 약을 심장병 이외의 분야에도 널리 사용하도록 권고할 정도였다. 이 약에 의한 부작용은 많은 사례를 통해 보고되어 있으며 현기증, 무력감, 시야 흐려짐, 손발이 차가워지는 증상, 심장 박동수 저하, 설사, 메스꺼움, 성기능 저하 등이 있다.

　베타 차단제가 출시되었을 때 열광적인 반응과 함께 약의 효능에 대한 긍정적인 평가가 잇달았지만 시간이 흐르면서 더 많은 데이터가 쌓였다. 부작용 사례와 함께 이 약이 맞지 않는 용도에 대한 경험들이 축적되면서 약을 정확히 평가할 수 있는 잣대가 생겼다. 결과적으로는 처음에 이 약에 대해 가졌던 생각이 잘못되었다는 것을 깨닫게 되었다. 최근에 발표된 논문에서는 의사들이 이 약을 잘못 처방해서 지난 5년간 영국에서만 매년 1만 명, 유럽을 합하면 80만 명이 사망하였다고 신랄하게 비난하였다. 결국 그동안 축적된 베타 차단제에 대한 새로운 평가, 데이터, 경험을 반영하여 법규와 가이드라인이 새로 개정되었다.

　의사와 병원이 이미 익숙해진 처방 습관에서 벗어나 새로 제정된 가이드라인을 따르는 데 2년에서 5년이라는 시간이 걸리는 것은 불행하지만 통상적으로 발생하는 일이다. 더 불행한 일은 많은 의사들이 자신들이 처방하는 약에 대해 상반되는 데이터가 보고될 경우에는 어찌할 바를 모른다는 것이다. 그 후로는 새로운 연구 결과가 보고되더라도 이를 살

퍼보기 꺼려 하는 경향이 있어 설사 가이드라인이 바뀌어도 따르지 않게 된다. 베타 차단제의 경우에도 새로운 가이드라인이 발표되었으나 약을 처방하는 의사들의 처방 습관은 전혀 바뀌지 않는 결과로 이어졌다.

의료업계에서의 습관과 이것이 바뀌는 데 소요되는 기간은 앞서 내가 예로 들었던 과학자들의 경우와 정확히 동일하다. 일단 자기들이 잘못하고 있다는 사실을 깨닫는 데 오랜 시간이 걸린다. 그 후에도 인간의 본성이 그러하듯 변화에 저항하게 된다. 의료 부문에서의 잘못된 판단은 매우 심각한 결과를 낳는다는 사실을 기억해야 한다.

앞으로 차차 호르몬 대체 요법에 대해서도 다루려 한다. 많은 전문가들로부터 뜨거운 관심을 끌고 있지만 이에 대해 여러 다른 견해가 존재한다. 호르몬 대체 요법을 둘러싼 논쟁이 흥미로운 점은 종종 같은 실험 결과를 사용하여 완전히 다른 결론을 도출한다는 점 때문이다. 혈중 콜레스테롤의 수치를 낮추기 위해 처방하는 스타틴에 대한 견해도 매우 다양하게 엇갈리고 있다. 많은 인터넷 사이트들은 제2형 당뇨병 발생을 포함한 스타틴의 부작용 사례에 대한 연구들을 다루고 있다. 하지만 스타틴의 효능에 대해 확고한 신념을 가지고 있는 사람들에겐 이런 연구 결과물들이 별 소용이 없다. 그런 사람들은 오히려 스타틴을 필요할 때만 처방할 것이 아니라 나이에 따라 상시 복용할 것을 주장한다.

우리에게 이렇게 거대한 의료 시스템이 꼭 필요할까?

약 150년 전만 하더라도 인체나 의약품에 대한 지식이 그렇게 발달되어 있지 않았다. 인류 역사상 초기 몇 천 년 동안은 자연적으로 존재하는 약초나 병을 경감할 수 있는 효과를 가진 물질을 운 좋게 발견하는 것에 의존했다. 약초를 이용하여 병을 치료하는 방법은 화학적, 생물학적 지식에 의한 것이 아니라 순전히 시행착오에 의해 습득되었다. 따라서 죽고 사느냐의 문제는 운에 좌우되는 경우가 많았다. 물론 고대에도 훌륭한 치료법이 없었던 것은 아니었다. 흔히 예로 드는 사례로 수술을 위해 도려낸 흔적이 있는 두개골 발견을 들 수 있다. 석기시대에도 날카로운 부싯돌을 이용하여 두개골의 일부를 도려내어 뇌압을 낮추었다는 증거를 볼 수 있다. 두개골에 흉터가 남아 있다는 것은 환자가 수술을 받은 후 생존했다는 뜻이다. 믿기 어렵지만 놀라운 사실이다.

우리 인체가 어떻게 기능을 하고 병은 어떻게 전파되는지에 대해 거의 지식이 없었던 시기도 있었다. 이때 대부분의 수술 실력은 전쟁터나 육탄전이 벌어지는 싸움터에서 군인들을 치료하면서 습득되었다. 마취제가 없었기 때문에 수술을 할 때는 섬세함과 정확함보다는 속도가 더 중요했다. 당시에는 의사들도 수술 환경이나 수술 도구를 깨끗하고 균이 없도록 관리하는 것이 얼마나 중요한지에 대한 관념 자체가 아예 없었다. 따라서 수술 과정에서 인체는 심각한 위험이 되는 균들에 노출될 수밖에 없었다. 감염에 대한 지식이 전무한 상황에서 마취제가 발명되었기 때문에 오히려 감염률이 더 증가하는 결과가 나타났다. 마취제로 인해 수술을 할 수 있는 시간이 길어지다 보니 동시에 감염될 수 있는 시간도 늘어났기 때문이다. 빅토리아 시대에 그려진 의사들의 그림을 보면 평상복 차림을 하고 있고, 수술 도구들은 환자가 바뀌어도 전혀 세척되지 않는 것으로 나온다. 균이 감염되는 것에 대해 어떻게 그토록 무지할 수 있었을까 생각하면 매우 놀랍다. 게다가 수술 도구들이 세련된 나무 손잡이로 장식되어 있어서 멸균이 불가능할 수밖에 없는 형태를 지니고 있다. 나이가 좀 많은 의사들은 1960년대까지 그러한 태도가 별로 바뀐 것이 없다는 데 동의할 것이다. 당시 의사들은 매일 병원에 입원한 환자들을 정기 회진하면서도 다음 환자를 검진하기 전에 손을 씻는 법이 없었다. 그리고 낮은 직급의 사람들이 그 과정에 대해 질문을 하거나 의견을 제시하는 것도 허락하지 않았다. 의료업계에 종사하는 내 친구들에 따르면 지금도 상황은 크게 다르지 않다고 한다.

마을에서 의사들은 전지전능한 존재였고 환자들은 의사의 권위에 도전하는 법이 없었으며 심지어 그럴 수 있다는 생각조차 하지 못했다. 병원이 어떤 것을 갖추어야 하는지에 대해 충분한 의학적 지식을 가진 사람이 통제하던 시대에는 이러한 계층적 구조가 나름 장점이 있었다. 하지만 요즘 병원 관리자는 의술적인 측면에서 무엇이 중요한지보다는 오로지 병원의 수익 상황에 더 관심이 있는 것처럼 보인다. 게다가 요즘은 병원이 능력 있는 의료진을 보유하고 있고 분석과 진단을 위해 비싼 의료 장비를 구비하고 있다는 이미지를 만들기에 혈안이 되어 있는 것 같다. 의료 분야의 기술 발전으로 인한 부작용 중 하나가 바로 이런 것이다. 병원에 고가의 장비를 갖추게 되면 그것을 가동하기 위해 필요한 경비를 마련하느라 허덕이게 되기 때문이다.

영국 병원들 중 일부는 주 5일만 근무한다. 이렇게 되면 고가의 장비들이 주말에 쉴 수밖에 없다. 하지만 사람을 더 투입하여 일주일 내내 일하게 되면 고가의 장비를 쉬지 않고 가동할 수 있게 되므로 효율 측면에서는 40퍼센트가 증가한다. 장비에 대한 추가 투자 없이 사람만 더 고용하면 되기 때문에 경제적으로도 매우 구미가 당기는 방안이다. 게다가 환자들의 생존율도 높일 수 있다. 주말에 병원에 입원할 경우 겪게 되는 어려움에 대해서는 이미 잘 알려져 있다. 병원에 따라 수치는 좀 다르나 2016년 영국 전체를 대상으로 한 조사 결과를 보면 거의 비슷한 수준이다. 조사 결과에 따르면 주말에 심장마비로 병원에 입원할 경우 사망 확률이 20퍼센트 가량 높아지고 그 외 다른 병의 경우에는 사망률이 10퍼센트 정도 높아진다. 이것을 숫자로 환산해보면 런던에서 주말 동안 병원에서 받는 치료가 충분치 못하거나 경험 있는 의료진들이 없기 때문에 사망하는 사람들이 1년에 500명 정도 된다는 뜻이다.

블로그나 페이스북에 올려진 의료업계에 종사하는 사람들의 글을 보면 일주일 내내 일하고 있다는 글들이 많다. 주말에도 경험 있는 의료인들을 배치하려면 1회 근무당 근무 시간을 24시간 혹은 그 이상으로 연장해야 가능하다. 물론 열정 있고 경험이 풍부한 사람들일 테지만 그렇다고 해서 슈퍼맨은 아닐 것이다. 내가 환자라면 그렇게 오랫동안 연장 근무를 한 사람에게 진료를 받고 싶지는 않을 것 같다. 사람의 집중력이란 몇 시간만 지나면 급격하게 저하되므로 그렇게 오랫동안 근무하면 실수를 저지를 확률이 높아질 수밖에 없다. 이렇게 열악한 근무 환경 때문에 주말 사망률이 치솟는 것은 아닐지 의심된다.

이 문제에 대한 해법은 근무 시간을 늘리는 것이 아니라 더 많은 사람들을 고용하는 것이다. 주 7일 병원이 운영되고 근무 시간 연장이 금지된 나라에서는 영국처럼 주말에 사망률이 치솟는 기이한 현상은 없다. 영국에서는 주말에 큰 병원에서 사고나 응급 상황에서 환자가 처치를 받기 위해 기다려야 하는 평균 시간은 4시간이다. 농담이 아니고 정말 4시간이다.

환자와 의사 간의 개인적인 접촉

의료 서비스가 누구에게나 가능해지면서 생긴 변화는 의사들이 검진해야 할 환자가 너무 많아졌다는 것이다. 의사들은 팀의 일부로 일하므로 더 이상 개별 환자에 대해 자세히 알 필요가 없어졌다. 변화된 의료 시스템으로 의사들은 환자를 봐도 누가 누군지 모르게 되어 버렸다. 동네 병원을 가더라도 갈 때마다 같은 의사를 보는 경우는 거의 없다. 게다가 의사가 검진을 하는 데 걸리는 시간은 10분이 채 안 된다. 이 정도 시간이 진료 시간의 목표치다. 진단도 매우 신속하게 이루어진다. 이러한 상황은 의사들에게 숨 돌릴 틈 없이 일하도록 막중한 압력을 가한다. 이는 병원 수익 악화와 이를 개선하기 위한 병원의 행정적 절차 변화로 인해 나타났다. 반면 검사 물량은 크게 증가하여 이를 별도 기관에서 소화하지 않으면 안 되는 상황이 되었다. 일견 합리적인 선택인 듯 보이지만 이로 인해 검사 결과가 환자에게 제대로 통보가 안 된다든지 하는 문제가 종종 발생한다. 물론 흔한 일은 아니지만 검사 전문 기관에서 과부하가 걸리면 가끔 검사 결과가 뒤엉키는 일도 생긴다.

여러 명의 의사가 돌아가며 환자를 보는 현재의 의료 시스템에서는 환자의 이력이나 생활 환경에 대한 정보가 거의 없이 진단하게 된다. 이 때문에 환자가 약의 종류가 바뀠을 때 어떤 반응을 보였는지 알 수 없다는 단점이 있다. 일반적인 경우에는 이런 것이 별 문제가 되지 않는다. 하지만 환자가 어떤 종류의 약에 매우 심각한 알레르기 증세를 보인다든지, 약에 포함된 락토스 함량에 민감하다든지 하는 정보가 없을 경우 진단에 실수를 할 가능성이 높아진다.

이런 지적에 대한 공식적인 반응은 컴퓨터 기록과 파일이 있으므로 정보가 충분히 제공된다는 것이다. 하지만 내 의사 친구들의 경우를 보더라도 이것은 사실이 아니다. 오랫동안 치료를 받아왔던 환자의 경우 진료 기록 파일은 두께만 해도 몇 센티미터는 될 것이다. 하지만 현재 의료 환경에서는 이 같은 기록을 같은 의사가 여러 번 보는 경우는 거의 없다. 게다가 이렇게 긴 환자 이력을 많은 시간을 투자해서 읽어본다는 것은 불가능에 가깝다. 때문에 이전에 심각한 알레르기를 일으킨 약이 다시 처방되더라도 환자 자신이 이를 저지하지 않는 이상은 막을 방법이 없다. 불행하지만 빈번하게 일어나는 일이다.

일반적인 의사들은 다양한 분야에서 폭 넓은 지식을 갖추어야 한다. 하지만 그러려면 그 수준은 비전문가적인 단계에 머무를 수밖에 없다. 따라서 특수한 환자에 대해서는 이상적 진단을 내리리라는 기대를 하기 어렵다. 이런 상황에서 환자들은 차라리 인터넷을 검색하여 자신과 비슷한 증상을 찾아보는 것이 훨씬 자세하고 정확한 정보를 얻을 수 있는 것이다. 나는 이 방법이 10분에 한 명씩 환자를 봐야 하는 의사에게서 정확한 진단을 기대하는 것보다 훨씬 낫다고 생각한다.

뿐만 아니라 나는 환자의 생명을 연장하기 위해 약과 수술 외에 현대 의학이 할 수 있는 모든 방법을 동원하는 현재 의료업계의 관행에 대해 개인적으로 매우 강하게 비난해왔다. 나는 이런 식의 접근 방법은 완전히 틀렸다고 생각한다. 의료 행위의 우선 순위는 생명 연장이 아니라 삶의 질에 두어야 한다는 것이 내 생각이다. 주위의 많은 친구들과 친척들 중에서도 생의 마지막 몇 달을 연장하기 위해 행해지는 치료는 무의미하다고 말하는 사람들이 많다. 그들 중에는 본인들의 의지로 치료를 중단한 사람들도 적지 않다. 이런 선택을 하기 위해서는 환자의 결단과 함께 가족들의 도움도 필요하다.

기만하는 마케팅

의료 시스템의 비용이 증가하는 진짜 원인은 열악한 근무 환경에서 고생하고 있는 의료인들 때문이 아니라 사실은 우리 자신 때문이다. 오랫동안 우리들은 새로운 약이나 치료법에 대해서 믿을 수 없을 만큼 자발적으로 쉽게 속아 넘어가왔다. 우리는 늘 모든 문제를 해결해줄 수 있는 마법의 약을 갈구해왔기 때문이다. 우리를 매력적이고 거부할 수 없도록 만들어주는 사랑의 묘약이나 늙지 않고 대머리가 되지 않도록 해주는 신비한 약을 늘 찾아다녔다. 옛날에는 이러한 사기 약을 파는 사람들이 지역적으로만 활약했었는데 요즘은 전국을 대상으로 한 번지르르한 홍보물이나 TV 광고에 나온다는 점이 다르다. 혹은 인터넷이나 대량으로 발송되는 스팸 메일에서도 찾아볼 수 있다. 이들이 팔고 있는 물건의 종류는 매우 다양하다. 벤 골드에이커의 책『배드 사이언스』에 보면 여러 예가 나와 있듯 의외로 우리는 잘 속아 넘어간다. 물건이나 파는 사람이 특별해서가 아니라 우리 마음속에 마법의 약을 믿고 싶어 하는 심리가 있기 때문이다. 따라서 일단 믿고 싶은 것이 생기면 이것에 반하는 어떤 증거나 상식적인 이야기도 통하지 않는다. 옛날 동네를 전전하던 보따리 장수들이 시대의 흐름에 맞춰 새로운 형태로 진화했을 뿐이다. 광고 기법은 필요에 의해 더 세련되고 설득력이 높아졌다. 광고에 등장하는 사람들은 뭔가 권위 있고 의학적 지식이 높은 인상을 주기 위해 멋지게 하얀색 혹은 푸른색 가운을 입고 있다. 그리고 광고하는 상품이 엄청난 효능을 가지고 있다고 이야기한다. 이들은 윤기 나는 머릿결에 매끄러운 피부와 하얗게 반짝이는 이를 가지고 있다. 이렇게 환상적인 외모를 자랑함으로써 누구든 광고하는 상품을 사용하면 자신들도 그렇게 될 수 있을 것이라는 착각을 불러일으키는 것이다.

뿐만 아니라 과학적으로 시험하여 그 효능이 검증된 제품이라고 광고하는 경우도 믿기 어려운 것은 마찬가지다. 특히 시험이 제조사 자체적으로 이루어졌을 때는 더욱 그러하다. 독립적인 기관에 의해 진행된 시험에서는 많은 경우 제품의 효능이 잘 나타나지 않는다. 하지만 자발적으로 속아 넘어가고 싶어 안달이 난 우리들은 사실임을 믿고 싶어 하기 때문에 아랑곳없이 물건을 구입한다.

심리 마케팅의 발달로 인해 멋있는 영화배우나 유명인이 TV에 나와서 광고하고 비싼 가격에 파는 전략을 쓰면 아무리 광고가 허황되어도 물건은 잘 팔리게 된다. 우리는 가격이 비싸면 물건이 좋을 것이라고 쉽게 믿는 경향이 있다. 그리고 무의식적으로 자신과 동일시하는 사람을 신뢰하는 습성이 있다. 보통 TV 광고는 밖에 나가서 운동하고 건강에 좋은 식사를 하라고 얘기하기보다는, 아무 걱정 없이 편안하게 누워서 자신들의 제품을 섭취하라고 광고하기 마련이므로 사실상은 건강에 좋을 수가 없다.

이런 어처구니없는 실수를 하는 것은 모두 우리가 가진 환상 때문이다. 사람들은 자신이 믿고 싶어 하는 것만 보는 경향이 있다. TV나 라디오에 나오는 전문가라는 사람들은 의학적으로 훈련되고 의학 분야에 학위가 있어 전문적인 지식을 가지고 있는 것처럼 보이도록 의도적인 암시를 준다. 물론 실상은 전혀 그렇지 않더라도 상관없다. 누구도 진실을 확인하고 싶어 하지는 않기 때문이다. 실제로 어떤 병원에서 전문적인 훈련이 전혀 되어 있지 않은 사람들을 의사로 채용을 한 사례도 있었다. 누구도 그들의 이력이 사실인지 확인을 해보지 않은 것이다. 더 놀라운 사실은 그렇게 채용된 의사들이 몇 년 동안이나 버젓이 의사 노릇을 잘 해냈다는 사실이다.

이런 식으로 기록과 상세 내용이 사실인지 확인하는 데 주의를 기울이지 않는 것은 비단 의료업계에만 국한된 문제는 아니다. 이와 관련된 내 개인적인 경험을 얘기하고자 한다. 언젠가 내 전공인 물리학과 전혀 무관한 분야에서 많은 연구비와 함께 외국 대학에서 석좌교수로서 안식

년을 제공하겠다는 편지를 받은 적이 있다. 편지에는 세계적으로 명성을 얻고 있는 학자에게만 제안하는 프로그램이라고 쓰여 있었다. 나의 허영심을 자극하는 이러한 문구를 보고 나는 편지의 내용에 별다른 토를 달지 않았다. 개인적으로 매우 흥미 있는 제안이었다. 하지만 불행하게도 이 편지가 착오에 의해 발송된 것임을 뒤늦게 알게 되었다. 편지의 발송인은 서식스(Sussex) 대학과 에식스(Essex) 대학을 혼동했고, 그 편지는 다른 대학에 근무하고 있는 나와 같은 이름의 교수에게 발송하려던 것이었다. 이후로도 종종 비슷한 이유로 나한테 다른 종류의 우편물이 배달되어 왔고 가끔은 수표도 날아왔다. 우편물의 원래 주인은 나보다 훨씬 재밌는 삶을 살고 있는 게 틀림없어 보였다.

　의료 분야의 마케팅에 있어서 주목할 만한 기법으로 대중뿐 아니라 의료 분야에 종사하고 있는 사람들을 대상으로 홍보하는 것이 있다. 의료 산업에서 의사를 설득해서 특정한 약이나 치료법을 처방하도록 하는 것은 매우 훌륭한 비즈니스 전략이다. 엄청난 규모의 돈이 관련되어 있기 때문에 이러한 전략은 일반적인 경우보다 훨씬 더 공격적이고 집요하게 대상을 설득하는 데 집중되어 있다. 특정 상품과 관련된 세미나에 참여를 유도하고 그 행사에 자금을 지원하는 방식은 불법이 아니면서도 특정 약의 처방을 늘리는 데 매우 효과적인 방법이다. 그렇지만 그런 행사를 주최하는 집단과 국가적 의료 체계에서 중요한 역할을 담당하고 있는 의료인들 사이에 이익이 만나는 측면이 없지 않다. EU 중의 적어도 한 국가에서는 의사들이 자신이 처방한 약의 매출의 일정 부분을 제약회사로부터 리베이트를 받고 있다. 의사들의 양심을 의심하는 것은 아니지만 이럴 경우 특정 약을 과도하게 처방하고 싶은 심리적인 압력에 시달리게 될 것은 뻔하다.

최근에 영국에서는 의사가 알츠하이머 환자를 진단할 때마다 인당 55파운드(약 70달러)를 받는 제도가 시행되었고 이에 대해서 비난이 많다. 환자를 진단하는 것이 의사로서 직업적인 의무인데 그 행위에 대해 추가로 수당을 지급하는 것은 말도 안 된다는 것이 비판의 주요 내용이다. 보통 일반의의 연봉은 평균적인 임금의 3배에 달한다. 영국의 경우 이 제도 시행으로 매년 도시 하나의 인구에 해당하는 25만 명의 사람이 알츠하이머 진단을 받고 있고 이들을 돌보기 위해 매년 500명의 간호사를 채용하고 있다. 미국의 경우 새롭게 진단되는 알츠하이머 환자는 매년 50만 명 수준이다. 전체 인구 비례로 보면 영국보다는 낮다. 하지만 미국의 경우 무료 건강보험이 없어서 영국보다 알츠하이머 진단을 받는 사람의 숫자가 적다고 볼 수 있다. 미국에서 조사된 알츠하이머 통계에 따르면 65세 이상 노인의 10분의 1 이상이 이 병을 앓고 있는 것으로 나타났다.

자기 파괴로 인해 발생하는 경제적 비용과 의료 부담

　　스스로의 건강을 챙길 능력이 없는 대중들로 인해 국가 보건 예산은 심각한 부담을 안고 있다. 많은 사람들이 스스로 건강을 해치고 있는 것을 잘 알면서도 별로 신경 쓰지 않는 세 가지 예가 있다. 이런 사람들은 자기가 아프면 누군가 자기를 돌봐줄 것이라고 생각하기 때문에 이렇게 행동을 하는 것이다.

　　가장 대표적인 예가 흡연이다. 영국에서는 담뱃갑에 정부가 규정하는 경고 문구를 표시한다. 연구 결과에 따르면 흡연자들 중 절반은 담배로 인한 질병으로 사망한다. 이런 사실은 새롭게 발견된 것도 아니다. 의학 관련 잡지나 공공 자료에 매우 오래 등재된 사실이다. 흡연으로 인한 사망 사례들은 수세기에 걸쳐 잘 알려져 있다. 물론 흡연자들은 자신들이 자유의지로 담배를 피울 권리가 있고 담배를 구입하면서 국가 보건 예산에 기여할 담배세를 내고 있다고 주장한다.

결론적으로 이러한 주장은 매우 잘못된 것이다. 그들이 내는 세금은 흡연자들이 병들어서 치료를 받아야 하는 미래 시점의 물가 인상률까지 반영하고 있지 않기 때문이다. 또한 담뱃세로는 충분한 의료 시설과 운영에 필요한 인원들을 유지하는 데 필요한 경비를 감당할 수 없다. 뿐만 아니라 흡연자들이 아플 경우 가족들이 일을 그만두고 그들을 돌봐야 하는데, 그때 감당해야 할 손해와 경력 단절에 대해서는 담뱃세로는 절대 충당이 안 된다. 만약 흡연과 관련된 병이 생겼을 경우 자기 돈을 내고 치료를 받아야 한다면 지금과 같은 수준의 흡연이 계속될 것인지 궁금하다(영국 국민건강보험(National Health Service)은 자국민에게 무료로 의료서비스 혜택을 제공한다—옮긴이 주). 사실 이런 질문은 새로운 것도 아니다. 실제로 다른 많은 국가에서는 의료보험 비용을 지불할 의사가 있는 사람에게만 보험을 가입시키고 있다.

계몽과 교육이 금연에 어느 정도는 도움이 된다. 1974년 이후로 영국 인구 중 흡연 인구 비율이 반으로 줄어들었다. 그리고 실제 흡연자수도 줄었다. 그럼에도 불구하고 호흡계 질환으로 사망하는 사람의 33퍼센트와 암으로 사망하는 사람의 25퍼센트는 흡연자다. 물론 흡연은 그 외의 많은 질병과도 관련이 있다. 여기서 나는 통계적인 수치를 퍼센트 단위로 인용했는데 이 수치들은 별로 피부에 와닿지 않을 것이다.

흡연으로 인한 폐해를 표현하는 방법을 다음과 같이 바꿔보자. 매년 영국에서는 친구, 친척, 동료들이 10만 명씩 담배로 인한 질병으로 죽어가고 있다. 이 정도면 중소 도시 한 개의 인구와 맞먹는다. 이로 인한 자신과 가족들의 고통을 생각하면 실로 엄청난 숫자라고 하지 않을 수 없다. 금전적으로는 수십억 달러에 해당하는 부담을 국가에게 지우고 있는 것이다. 이로 인해 매년 발생하는 트라우마, 경제적 손실, 스트레스, 그리고 병에 걸린 사람들을 돌보기 위해 필요한 비용 부담은 엄청나다. 특히 이런 중병의 경우 통상적으로는 5년 정도 끌게 되므로 그 고통은 해가 갈수록 더 심해진다. 이러한 관점에서 볼 때 직간접적으로 흡연으로 인한 질병에 의해 고통받는 사람들의 숫자는 친구와 가족을 포함하여 5년 동안 적어도 100만 명 정도의 삶이 피폐해지는 것으로 봐야 한다. 이것은 단지 영국의 경우를 대상으로 계산해본 것이다.

의료비 예산만 증액할 것이 아니라 사람들의 행동을 바꾸기 위해서는 더 적극적이고 확실한 목적을 가진 보건 교육이 필요하다. 치료보다는 교육이 훨씬 경비가 적게 든다. 흡연 인구의 50퍼센트가 흡연과 관련한 병으로 사망하는데 왜 흡연자들은 자기가 엄청난 위험에 처해 있다는 사실을 모를까? 흡연으로 인해 감수해야 할 부담은 우리가 살면서 겪게 되는 어떤 위험보다 크다. 뿐만 아니라 확실한 병이 생기기 전에도 숨이 가빠지는 등 삶의 질을 현저하게 떨어뜨리는 명백한 증상들이 나타난다. 사람들은 흡연으로 인해 심각한 병에 걸린 후에야 하나 같이 '진작 담배를 끊을 걸' 하는 후회를 한다. 흡연으로 인한 피해는 흡연자 본인에게만 영향을 주는 것이 아니라 가족과 친구들에게도 미친다. 금연을 하도록 도와주고 동기부여를 하는 일은 단순히 사회적인 캠페인만의 역할이 아니다. 흡연자들이 실제 병들어 치료를 받으면서 소모하게 되는 사회적 비용을 줄이면 직접적으로 경제적 효과가 있다. 매년 수십억 달러의 비용을 절감하면서도 동시에 의료 서비스에 걸리는 과부하를 경감하는 효과가 발생하게 된다.

스스로의 건강을 돌보지 않아 위험을 자초하는 두 번째 대표적인 사례로 비만을 들 수 있다. 비만으로 인한 치료와 의료 비용이 영국에서만 65억 파운드에 달한다. 유전적인 요인을 비롯하여 비만을 유발하는 의학적인 요인도 분명 존재하지만 대부분은 과도한 음식 섭취와 운동 부족으로 인한 것이다. 요즘 어린이 비만이 늘어나는 이유로는 학교까지 걸어가는 대신 버스를 타고 다니는 것과 학교 내에 운동 시설이 부족한 것 등이 복합적으로 작용했을 것이다. 게다가 요즘은 워낙 비만이 흔한 일이어서 비만인 친구들을 보고도 살을 빼야겠다는 생각을 전혀 하지 않는다. '비만증'이라는 단어 역시 문제의 책임이 스스로에게 있지 않고 의학적으로 치료를 받아야 하는 상태라는 뜻으로 해석될 소지가 많다. TV와 언론에서도 비만한 상태를 당연한 것으로 받아들이게끔 이미지를 내보내고 있고, 비만으로 인해 나타나는 많은 질병에 관해서는 별로 다루지 않는다.

광고에서는 연일 더 많은 식품을 사라고 선전하고 있고 요즘은 몸에 좋은 음식이나 음료뿐 아니라 몸에 나쁜 수많은 인스턴트 음식을 먹을 수 있는 기회도 많다. 이런 음식들은 허리 치수를 늘리고 몸을 불리기만 할 뿐 몸에 좋은 영양소를 제공해주지는 않는다. 또한 이런 음식들에는 향미 증진제 등 중독성을 불러일으키는 첨가제들이 잔뜩 들어 있다. 이런 음식들을 스포츠 스타를 동원하여 선전할 경우 사람들은 자동적으로 몸에 좋은 음식이라고 착각하게 된다.

음식 포장 용기에 표시된 설탕, 지방, 카페인 함량과 같은 정보들은 그 음식을 먹고 싶어 하는 사람들에겐 무용지물이다. 몸에 해로운 정크 푸드는 전혀 예상치 못한 곳에 숨어 있을 수도 있다. 예를 들면 피자에 들어 있는 치즈 대체 물질 같은 것이다. 이 대체 물질은 치즈와 같은 모양과 맛을 낸다. 영양학적으로는 도움이 되지 못하지만 중요한 것은 치즈보다는 비용이 덜 든다는 것이다. 비용면에서 저렴하므로 대형 피자 유통점에서 이런 치즈 대체 물질을 사용하고 싶은 유혹을 느낀다는 것은 이미 누군가는 합법적으로 널리 쓰고 있다는 것을 의미한다. 주위에 중독성 있는 스낵이나 정크 푸드가 점점 늘어나고 있는 현상은 살찌고 싶지 않은 사람들에게는 심각한 위협이 아닐 수 없다.

비만 인구가 늘어나고 있다는 증거는 쉽게 찾을 수 있다. 30년 전쯤의 영화나 뉴스를 보면 영국에서 뚱뚱한 사람을 찾기는 쉽지 않고 비만한 어린이는 거의 없었음을 알 수 있다. 지난 30년간 실제로 비만이라고 부를 수 있는 사람의 숫자는 3배가 증가하였다. 비만도 측면에서 살펴보면 문제는 더 심각하다. 이미 많은 사람들이 비만 상태이기 때문에 별로 특별해 보이지도 않는다. 때문에 사람들은 자신의 체형에 대해 별로 개의치 않게 된다. 인류의 유전자는 그동안 변한 것이 없으므로 지난 수십 년간 우리 몸에 일어난 변화와 비만의 증가는 전적으로 우리 잘못이다. 영국 전역의 비만도 분포가 균일하지 않으므로 순전히 식품 광고 탓으로 돌리기도 어렵다. 비만도가 특히 심한 지역은 영국의 북동부와 서중부 지역이다. 성인 4명 중 한 사람은 비만이고, 특히 어린이 6명 중 1명이 비만이라는 점은 충격적이다. 우리 아이들에게 이런 심각한 현상이 일어나고 있는 것은 개인의 문제를 넘어서 국가적인 문제다. 우리 사회의 비만에 대한 태도는 어떤 의미에서는 소아 비만을 방치하거나 심지어 장려했다고도 볼 수 있는데 이는 아이들에게서 건강을 빼앗은 것뿐 아니라 우리가 당연한 것으로 받아들이던 운동의 즐거움과 놀이의 기쁨까지 뺏은 것이다. 이는 아이들의 행복에 대해 진지한 고민을 하지 않는 부모들에게 내리는 징벌과도 같은 것이다.

뚱뚱한 아이들과 어른들은 운동하기가 쉽지 않기 때문에 비만으로 발생되는 문제가 갈수록 악화된다. 요즘 아이들은 학교까지 걸어가는 일이 없는 데다 운동도 하지 않고 하루 종일 앉아서 컴퓨터 스크린과 휴대폰을 보고 있다. 어떤 조사에서는 아이들이 하루 평균 6시간 동안 모니터를 들여다보고 있는 것으로 나타났다. 날씬한 몸을 유지하고 건강하게 각종 활동을 즐기는 것이 주는 기쁨은 크다. 하지만 학교에서 체육시간을 줄이고 균형 잡히고 합리적인 식습관을 갖도록 교육시키지 않는 것은 엄밀하게 말하면 아이들에게서 이런 재미를 뺏고 있는 것과 마찬가지다. 학교 운동장을 건물 부지로 매각하는 것은 국가적인 차원에서 보더라도 결코 바람직하지 않다. 많은 의사들은 요즘 아이들이 휴대폰이나 컴퓨터를 쳐다보기 위해 등을 구부리는 것이 습관이 된 탓에 허리 관련 질환이 늘고 있음을 지적한다. 안과 의사들도 시력이 좋지 않은 아이들이 심각한 속도로 늘고 있음을 보고하고 있다.

흡연과 마찬가지로 비만이 국가적 의료 시스템에 지우는 경비 부담을 생각해보면 지금의 아이들이 어른이 되었을 때쯤에는 비만과 관련된 질병을 치료하는 데 훨씬 많은 국고가 들 것이다. 비만으로 인해 당뇨, 심장질환, 심장마비, 암, 관절 장애, 거동 장애를 비롯한 의료적 치료가 필요한 질병들이 늘어나고 있다. 돈으로 환산하자면 매년 60~70억 파운드가 든다. 사람 수로 따지자면 한 해에 약 50만 명에 해당하는 사람들이 영국과 미국에서 암이나 비만 관련 질환으로 사망하고 있는 셈이다. 뿐만 아니라 거동이 불가능한 상태가 되면 가족이나 환자를 돌보는 사람들에게 엄청난 부담이 되고, 이를 돈으로 환산하기는 어렵다. 자신이 아프면 누군가 자신을 돌보는 것이 당연하다고 생각하는 것은 매우 이기적인 태도다. 스스로 건강하고 합리적인 삶을 살지 못하면 자기 자신을 파괴하는 것은 물론 주위 사람들의 삶까지 피폐하게 만드는 것이다.

한 해 비만으로 50만 명이 죽는다는 사실 정도로는 별로 가슴에 와닿는 것이 없을지도 모른다 비만으로 인한 제2형 당뇨병의 부작용에 대해 살펴보도록 하자. 어쩌면 우리는, 죽음은 모든 것의 끝이고 그로 인해 모든 문제는 사라진다고 생각할지도 모르겠다. 그래서 죽음 대신 팔다리를 절단해야 하고 이것이 평생 살아가는 데 심각한 장애가 되는 상황을 고려해보도록 하자. 이런 상황은 사람들이 별로 생각하고 싶지 않아 하는 주제다. 하지만 2014년 한 해에만도 비만 때문에 발병한 당뇨병으로 얼마나 많은 사람들이 대수술을 해야 했고 급기야는 팔다리까지 절단해야 했다는 사실을 강조하지 않으면 안 될 것 같다. 이런 수술을 받아야 하는 사람들의 숫자는 영국에서만 매년 7,000명에 달한다. 젊고 활동적인 사람들이 이 숫자를 좀 더 자신들과 관계가 있는 숫자로 느끼고 충격을 받으라는 의미에서 이렇게 표현을 해보겠다. 7,000명이라는 숫자는 영국의 프로 축구선수들을 모두 합친 숫자의 두 배에 해당한다. 현재 당뇨병으로 인해 신체 절단을 해야 하는 경우의 연평균 비율을 근거로 계산한 숫자다. 하지만 이런 일은 우리 주위에 늘 있어온 일이어서 별로 언론의 주목을 받지도 못한다. 만약 유명 축구선수 한두 명이 이런 일을 당한다면 어떤 일이 벌어질까?

앞에서 언급한 숫자들은 2014년의 통계를 기준으로 한 것이다. 하지만 불행하게도 날이 갈수록 상황은 더 나빠질 것이다. 현재 의료업계의 전망으로는 앞으로 몇 년 내에 제2형 당뇨환자의 수가 500만 명에 달할 것이라고 한다. 이 숫자를 우리가 이해하기 쉽게 비유하자면 영국 인구 10명 중 한 명이 당뇨병 환자가 되는 것이다. 당뇨병은 운동이나 식습관에 좌우되는 병이므로 지역적으로 혹은 계층적으로 발병률에 큰 차이를 보인다. 따라서 어떤 사람들은 주위에 6명 중 1명이 당뇨병에 걸려 있는 것으로 느낄 수도 있다. 한 개인이 이렇게 많은 사람을 치료하고 간호하기 위해 들어가는 비용을 감당하기는 불가능하다. 이런 문제의 근본적인 이유는 많은 사람들이 스스로를 책임지고 돌보지 못하는 데 있다. 따라서 치료가 아니라 사람들의 마음가짐을 바꾸어 운동하고 식습관을 고치게 함으로써 해결해야 한다.

이처럼 뚱뚱한 사람들이 많으면 이와 관련된 비즈니스 기회가 늘어나는 것도 사실이다. 비만을 치료하기 위한 요법, 운동 프로그램, 다이어트 약의 도움을 받으면 이전과 같은 이상적인 몸매로 돌아갈 수 있을 것이다. 하지만 여기엔 매우 훌륭한 방법부터 심히 효과가 의심될 뿐만 아니라 심지어 건강에 매우 해로운 방법까지 다양하게 존재한다. 여기서 다시 한 번 과학기술의 진보가 심각한 부작용을 가져온 사례를 보게된다. 요즘 인터넷의 발달로 많은 종류의 비만 약과 치료법에 쉽게 접근할 수 있게 되었다. 하지만 구입한 제품이 광고한 것과 다른 제품일 수도 있고, 실제 광고와 같은 효과가 나타난다는 보장도 없다. 이러한 분야에 대해 다루는 TV 프로그램에서는 비만 치료약의 대부분이 약품에 대한 규제가 거의 없는 국가들에서 만들어지고 있음을 지적한다. 따라서 판매하는 약에 광고에서 주장하는 성분이 들어 있지 않을 수도 있고, 대신 부작용이 심하거나 심지어 유럽에서는 안전성이 의심되거나 치명적이라고하여 사용이 금지된 성분이 포함되는 경우도 많다.

지금까지 구체적 사례를 통해 우리가 방조하고 있는 중요한 문제점에 대해 살펴보았다. 그 외에도 과도한 음주나 마약 같은 문제도 심각하다. 이로 인한 부작용은 다른 문제와는 달리 명확하게 드러나지 않을 수도 있다. 특히 주말에 이루어지는 과도한 음주의 경우, 매우 만연해 있지만 사람들은 이를 어리석은 짓으로 여기기보다는 당연한 것으로 받아들이는 경향이 있다. 하지만 주말에 일어나는 사고나 병원의 응급실 입원 환자들을 보면 주말 과다 음주의 폐해는 심각하다. 건강한 사람들이 만취했거나 마약에 취해서 병원 응급실을 방문하는 경우에는 비싼 별도 요금을 물리는 방법도 생각해봐야 할 대책이다. 일주일 임금에 해당하는 요금을 물린다면 아마도 정신이 번쩍 나서 같은 일을 반복하지 않을 것이다.

단순히 의료 시스템을 확대하는 데 끊임없이 돈과 자원을 투자하는 것보다는 먹는 음식을 바르게 선택하고 건강을 스스로 유지할 수 있는 태도로 바꾸는 데 가능한 모든 자원을 투자하는 것이 비용면에서도 유리하고, 몸을 건강하게 유지하면서도 삶의 기쁨과 즐거움을 함께 누릴 수 있는 훨씬 효과적인 길이다. 런던은 2012년 올림픽 게임을 유치하였다. 이러한 스포츠 투자는 전 국민으로 하여금 보다 더 활동적으로 움직이고 건강 유지를 위해 힘쓰라는 메시지를 전달하는 것이 목적이다. 하지만 2015년 말 경 실시된 16세 이상을 대상으로 한 조사에서는 각종 스포츠에 적극적으로 참여하는 사람들의 숫자가 50만 명 수준으로 감소하였다. 따라서 런던 올림픽에 대한 투자는 비인기 종목 몇 개에 참여하는 사람이 조금 증가한 것을 빼고는 결과적으로 실패한 시도였다고 할 수 있다.

지금까지 주로 나는 영국 사람들에 대해 비판적으로 이야기하였다. 하지만 단지 영국의 경우를 예로 든 것뿐이며 이런 문제는 많은 선진국에서 아주 흔하게 나타나는 것들이다. 비용을 추산한다든지 정확한 통계에 접근하는 것이 항상 쉽지는 않다. 분명한 것은 미국의 경우 영국과 매우 유사한 문제를 겪고 있다는 점이다.

우리는 기본적으로 스스로의 행동에 대해서는 반드시 자신이 책임을 진다는 자세를 가져야 한다. 또한 신체적으로 건강한 상태를 유지하고 그 보상으로 주어진 삶을 즐기기 위해 노력해야 한다. 정치 지도자들은 단지 표를 얻기 위해 더 많은 예산과 자원을 의료 시스템에 투입하겠다고 공약한다. 이들로서는 진정한 문제가 무엇인지 파악하지 못하고 있기에 단지 손쉬운 방법을 택하는 것이다. 우리의 근본적인 문제는 의료 시스템이 부족한 데 있지 않다. 사람들이 스스로에 대해 걱정하고 돌보고자 하는 의지와 책임 의식, 그리고 이에 필요한 능력을 잃어버린 것이 더 큰 원인이다. 만약 이러한 것들만 회복할 수 있다면 병원에서 치료를 해야 할 일도 없어지고 관련된 비용 또한 급감할 것이다.

우리는 통계를 제대로 이해하고 있는가?

현재 개발되어 적용되고 있는 수천 가지의 약과 의약품과 치료 기법 중에는 심각한 실패로 드러난 것도 있고, 그것을 적용하는 사람들이 충분히 숙련되지 않아서 생겨나는 문제도 있다. 제공된 의료 서비스에 대한 정확한 평가를 방해하는 인자로는 심리적인 요소들도 있다. 첫 번째로 의약품이 도박과 비슷한 요소를 가지고 있다는 점을 지적하고 싶다. 사람들은 기꺼이 위험을 무릅쓰고 모험에 뛰어들려는 경향이 있고 그 결과 성공해서 병을 이길 것이라는 기대를 갖는다. 물론 이것은 통계적인 진실과는 무관한 순전히 심리적인 반응이다. 두 번째로는 성공하거나 호전되는 것에 대한 기대보다는 실패하거나 나빠지는 것에 대한 걱정을 더 많이 한다는 점이다. 이러한 행동 패턴에 대해서는 심층적인 연구가 계속 있어 왔으며 현재도 많은 심리학자들이 평생을 바쳐 연구하는 분야이기도 하다. 우리의 행동 패턴은 종종 비합리적이고 데이터나 정보가 주어지는 방법에 영향을 받는 측면이 있다. 노벨상 수상자인 대니얼 카너먼의 흥미로운 저서인 『생각에 관한 생각』을 보면 얼마나 많은 사람들이 잘못된 결론으로 뛰어드는 우를 범하게 되는지 잘 알 수 있다. 또한 이는 지극히 일반적인 현상이라는 점도 분명히 알 수 있다. 이러한 행동 양태는 의학 분야에서 가장 두드러지게 나타난다. 모든 사람들이 하나의 치료 행위에 대해 같은 방식으로 반응하는 법이 없기 때문에, 사람들이 가진 다양성으로 인해 어떤 경우에는 효과를 나타내고 어떤 경우에는 부작용이 나타나게 된다. 따라서 많은 전문가들이 각자 다른 결론에 도달할 수 있고 그로 인해 일반인들은 혼란에 빠지게 된다. 많은 경우 같은 정보를 근거로 다른 결론이 내려지고 있는 것이 현실이다.

가장 전형적인 예로 들 수 있는 것이 폐경 이후 많은 여성들의 삶의 질을 향상시키려는 목적으로 적용하고 있는 호르몬 대체 요법(HRT)이다. 전 세계적으로 수백만 명의 여성들이 이 치료의 대상이기 때문에 매우 높은 관심을 끌고 있는 주제다. 이 요법으로 인한 장점과 함께 부작용도 분명히 고려의 대상이 되어야 한다. 지난 수십 년간 이에 관해 많은 연구가 진행되어 왔으나 불행히도 얻어진 결론은 너무 다양하다. 2002년과 2007년에 이루어진 초기 연구 결과는 오늘날 분석에 의하면 결점을 가지고 있었다. 통계 처리 방법에 문제가 있었고 조사의 대상이 모집단을 대표하기 어렵도록 선정되었다. 비만인 사람들이 지나치게 높은 비율로 조사 대상에 포함되었고 제한적인 사회 계층을 대상으로 조사가 이루어졌다.

2007년 동일한 기관에 의해 실시된 조사에 따르면 호르몬 대체 요법으로 인한 암 발병률은 실제보다 훨씬 과장되어 있고 심장 관련 질환은 오히려 줄었을 뿐만 아니라, 골다공증으로 인해 발생하는 여러 문제점도 예방되는 긍정적인 효과가 있다는 결론이 발표되었다. 하지만 긍정적인 소식은 별로 사람들의 주목을 받지 못한다. 이런 심리적 효과로 인해 이 연구 결과는 언론에 의해 별로 다루어지지 않았고 사람들에게도 알려지지 않았다. 최근에 발표된 연구 결과가 다시 언론의 주목을 받은 것은 호르몬 대체 요법으로 인해 0.1퍼센트 정도가 특수한 종류의 암에 걸린다는 사실이 밝혀졌기 때문이다. 이처럼 나쁜 뉴스는 쉽게 언론의 주목을 받기 때문에 이 소식의 전파로 100만 명에 달하는 여성들이 HRT 요법을 중단하였다. 나머지 99.9퍼센트의 여성들이 HRT로 인해 입게 되는 혜택은 무시되거나 하찮은 일로 취급되는 것이다.

0.1퍼센트의 부작용에 대해서는 '1,000명 당 한 명'과 같은 방식으로 보도되므로 충격 효과가 크지만 이 때문에 HRT의 도움을 받는 사람들의 숫자는 상대적으로 간과된다. 제대로 된 비교를 하려면 불행하게도 1,000명당 1명은 죽지만 나머지 999명은 훨씬 더 건강하고 제대로 된 삶을 즐길 수 있게 된다는 표현을 해야 할 것이다. 일반적으로 과학자는 물론이고 일반인들도 사망자 숫자에 감정적으로 훨씬 강하게 반응을 하게 된다. 따라서 긍정적인 효과를 퍼센트로 표현하게 되면 별로 주목을 받지 못할 수밖에 없다.

더 이해하기 힘든 것은 HRT로 인해 사망하는 0.1퍼센트의 사람들에게는 그렇게 관심을 가지면서 흡연으로 인해 사망하는 사람들의 비율이 흡연자의 50퍼센트에 달한다는 사실에는 별 관심을 가지지 않는다는 점이다. 참으로 비논리적이지 않을 수 없다. 금연 캠페인이 별 효과가 없는 이유가 흡연자의 50퍼센트가 흡연으로 인한 병으로 사망한다는 경고 문구를 쓰고 있기 때문이라고 생각한다. 많은 사람들은 계산에 약하거나 심리적으로 별로 듣고 싶어 하지 않기 때문에 50퍼센트라고 표현하면 그 의미에 대해 잘 이해하지 못한다. 흡연자들에게는 '흡연자 두 명 중 한 명은 흡연과 관련된 병으로 사망한다'라고 해야 충격적으로 받아들일 것이다. 비율보다는 직접적으로 숫자를 쓰는 편이 낫다.

　물론 의료업계가 HRT에 대해 완전히 결론을 내리고 받아들이고 있는 상황은 아니다. 특히 골다공증이 줄어드는 효과뿐 아니라 건강한 뼈 구조를 유지하는 사람들의 경우 뼈 관련 암이 발병할 확률이 낮아진다는 점을 주목할 필요가 있다. 지난 10년간의 연구 결과에 의하면 뼈와 관련된 암으로 사망할 확률이 18퍼센트 줄어드는 것으로 나타나고 있다. 확실히 HRT는 부작용보다는 긍정적인 효과가 훨씬 큰 치료 방법이다. 퍼센트 대신 사람 숫자로 얘기하자면 1,000명 중 1명(0.1퍼센트)은 HRT 치료로 발병된 암으로 사망하지만 180명(18퍼센트)에게는 뼈와 관련된 암이 발병할 확률을 줄여준다. HRT 치료에 대한 결론은 매우 명확하다. 언론이 주목하고 있지 않을 뿐이다.

　초기의 잘못된 조사 결과 발표로 인해 HRT는 지금도 그 영향을 받고 있다. 당시에 공부했던 의사들은 지금도 이 요법에 대해 완고한 견해를 가지고 있다. 최근에 긍정적인 연구 결과가 발표되지만 사람들의 생각을 바꾼다는 것은 매우 힘들다. 심지어 이들은 옛날 생각을 바탕으로 후배들을 가르친다. 미래에 양성될 의사들에게 좋지 않은 영향을 끼칠 수밖에 없다.

　우리가 통계적 수치를 대하는 태도는 그 정보가 우리에게 주어지는 방식에 따라서 많이 달라진다. 병원을 대상으로 하는 TV 프로그램은 많은 시청자를 확보하고 있다. 여기에는 프로그램을 이끌어가는 주인공을 위한 대본도 필요하지만 눈요깃거리도 필요하다. 3시간이나 걸리는 수술 장면이나 재미없고 지나치게 과학적인 MRI 사진보다는 흥행을 위해서 즉각적인 행동을 필요로 하는 장면이 요구된다. 예를 들면 심장 마비에 걸린 사람을 대상으로 응급 처치하는 장면 같은 것이다. CPR이라고 불리는 응급 소생술이라든지 심장에 전기 충격을 주는 신은 이런 점에서 TV에서 다루기에 매우 훌륭한 소재다. 이런 방법으로 환자를 살린 지역 사회의 영웅에 대한 이야기는 TV에서 2분 정도 분량으로 다루기에 더할 나위 없이 좋은 소재다. 하지만 두 방법 모두 심장이 멈춘 직후에 매우 신속하게 행해져야만 성공할 수 있다는 점을 기억해야 한다.

TV 프로그램에서는 이와 관련된 통계자료를 다루지 않는다. 병원 밖에서 심장마비가 일어날 때 소생할 확률은 6퍼센트 정도. 이 말은 이런 응급상황에서 100명 중 6명만 살아나고 나머지 94명은 사망한다는 뜻이다. 그나마 병원 내에서 다른 치료를 받는 중에 심장마비가 발생할 경우에는 그 확률이 조금 높아질 것이다. 소생 확률에 대해서도 좀 자세히 들여다볼 필요가 있다. 심장이 멈추고 뇌에 혈류 공급이 수 분간 멈추면 뇌는 치명적인 손상을 입게 된다. 이렇게 되면 영구적인 생명 유지 장치에 의존할 수밖에 없게 된다. 환자는 물론이고 가족들이 겪는 고통을 생각하면 이런 상황은 환자가 사망하는 것보다 훨씬 더 안 좋은 경우라고 할 수 있다. 뿐만 아니라 생명 유지 장치를 사용하려면 엄청난 의료비를 감당해야 한다. 그럼에도 불구하고 일반인들은 응급 소생술이 있다는 것을 매우 다행스럽게 여긴다. 이러한 응급 처치는 사고시 뇌손상이 일어나지 않았으며 살아날 확률이 높을 때 사용해야 한다고 가르쳐야 한다.

진단의 정확성과 딜레마

병에 대한 진단의 정확성을 높이는 것은 환자와 의사 모두에게 딜레마. 새로운 진단 기술의 발전으로 현재 앓고 있는 병의 증상을 확인하여 치료하는 것뿐 아니라 문제가 될 수 있는 병을 미리 진단할 수도 있게 되었다. 대부분의 일반인과 의료인들은 이러한 새로운 상황에 아직 적응하지 못하고 있다. 현재로서는 의학적으로 문제가 될 수 있는 상황이나 질병을 발견하게 되면 즉시 가능한 모든 방법을 동원해서 검사하고 수술 하거나, 쓸 수 있는 모든 약을 처방하여 치료해야 한다고 믿는다. 결론 적으로 이것은 매우 현명하지 못한 생각이다. 손을 쓴다고 해도 고치지 못할 수도 있고, 치료로 인해 생명이 연장되지 못하는데도 삶의 질은 더 악화될 수 있는 가능성이 있기 때문이다. 하지만 대부분의 경우 이에 대 해서 진지하게 고민하지 않는다. 뿐만 아니라 많은 경우 진단 결과가 정 확하지 않을 가능성도 있음을 고려하지 않는다. 진단 결과를 바탕으로 정밀 검사를 해도 병을 찾아내지 못하는 경우도 있고 실제로 있지 않은 병을 있다고 진단 내리는 경우도 있다. 실제로는 별 문제가 되지 않을 병 을 심각하다고 진단하는 경우까지 있다.

전립선암을 진단하기 위해 테스트하는 전립선암 표지자 검사(PSA, Prostate Specific Antigen)가 대표적인 예로, 이 검사 결과로는 치료의 필요성 여부를 판단하기 힘들고, 실제 암이 없는데도 잘못된 정보를 주는 경우 도 있다. 높은 PSA 수치를 보인 사람의 3명 중 2명은 실제 확인 결과 전 립선암이 없는 것으로 나타난다. 운동을 심하게 하거나 성적 활동이 활 발한 경우에도 높은 수치를 보일 수 있기 때문이다. 물론 이런 검사를 통 해 조기에 암을 발견하면 성공적으로 치유할 수 있는 긍정적인 면도 있 다. 하지만 실제로 암이 있는지 혹은 PSA 수치만 높은지 검사하는 과정 자체가 상당한 위험을 수반한다. 암이 없음에도 불구하고 이 검사를 받 은 남자들의 70퍼센트가 후에 요실금 혹은 성기능 장애를 겪게 되었다.

75세 이상 되는 노인들의 경우 PSA 수치가 높은 것은 매우 흔한 현 상이다. 노인들의 경우 치료하지 않고 두더라도 아무런 증상이 없고 실 제로 사망에 이르게 되는 것은 전립선암이 아니라 대부분 다른 이유 때문이라는 조사 결과가 있다. 또한 많은 남자들이 전립선암을 지닌 채 사망하기는 하지만 그것이 사망의 직접적 원인은 아니다. 별다른 증상이 없는 경우에 10년간 생존할 가능성은 전립선암이 없는 사람과 별 차이가 없다. 하지만 많은 의사와 환자들은 일단 검사 결과가 양성으로 나오면 증상이 있건 없건 수술을 해야 한다는 생각에 사로잡혀 있다.

물론 반대 의견도 있다. 테스트와 검사가 꼭 필요하다는 주장이다. 검사 결과가 양성인 사람들 중에 증상이 나타나는 사람들의 경우 치료를 하면 효과를 볼 수 있지만 그중 3분의 1은 전립선암으로 인해 사망하기 때문이다. 이로 인해 의학계에서는 PSA 수치가 높아진 사람들을 어떻게 해야 하는지에 대해 뜨거운 논쟁이 벌어지고 있다.

의학적 진단 기술과 관련된 모든 문제는 암뿐 아니라 어떤 종류의 병이라도 놓치지 않으려는 완벽함의 추구 때문이라고 할 수 있다. 이를 위해 최대한 많은 환자를 찾아낼 수 있는 최첨단 진단 기법을 동원하게 된다. 새로운 기술과 진단 기법의 도움으로 이미 발병한 병뿐 아니라 미래에 병으로 발전할 가능성이 있는 병변까지 미리 찾아낼 수 있게 되었다. 진단 결과 양성으로 나타났지만 많은 경우 병으로 진행되지 않음에도 불구하고 많은 의사들은 잠재적 불안 요소를 제거하기 위해 적극적으로 개입해야 한다고 믿는다.

고도의 진단 기술 발전은 환영받아 마땅하다. 하지만 이 결과를 바탕으로 의료적 개입을 어느 수준까지 해야 하는지에 대해서는 논쟁의 여지가 많다. 이 논쟁에는 정치적 압력, 환자를 시험 대상으로 첨단 기술을 증명하고자 하는 상업적 의도, 비보험 치료를 통한 이윤 증대, 병을 진단하고도 손을 쓰지 않았을 때 향후 발병에 따른 의료 소송 가능성 등이 얽혀 있어 매우 복잡하다. 이런 여러 요인과 함께 일반인들의 약에 대한 맹목적 신뢰도 한몫하여 불필요한 치료가 늘어나게 되는 것이다.

유방암을 포함한 여러 질병을 미리 진단하는 것에 대한 일반인들과 의료업계의 집착은 어쩔 수 없이 높은 오진률이라는 부작용을 동반하게 된다. 그럼에도 불구하고 진단 기법의 일반화가 불러오는 이런 문제에 대해 명확하게 공개적으로 다루어진 적은 없다. 오히려 사실과는 다르게 모든 진단 기술이 무해하고 정확하며 반드시 받아야만 하는 것으로 알려져 있다.

이와 같이, 급속한 진단 기술의 발전은 뜻하지 않은 부작용을 가져왔다. 발달된 진단 기술 덕분에 병을 발견하게 되면 수술을 하기도 전에 병에 대한 근심 걱정으로 정상적인 삶이 불가능해진다. 뿐만 아니라 주위 사람들이나 가족과의 관계도 파괴되는 경우가 많다. 유방암 검진의 경우가 매우 잘 알려진 대표적인 예다. 현재 수백 종의 암이 존재하지만 유방암의 경우, 발견된 사례의 75퍼센트는 생명과는 무관한 것이다. 특히 노인들의 경우 세포 분화 속도가 더디기 때문에 암 자체보다 유방암을 치료하기 위해 사용하는 요법이 몸에 더 해로운 경우가 많다. 뿐만 아니라 암 진단을 위해 사용하는 엑스레이나 전자파가 100퍼센트 안전한 방법이 아니라는 사실도 유념해야 한다. 현재까지 알려진 바로 약 2퍼센트 정도의 암은 진단을 위해 사용한 엑스레이에 의해 발병한다.

더 심각한 문제는 지나치게 높은 오진율이다. 유방암 검사를 통해 암으로 진단된 수의 10배에 해당하는 숫자가 오진으로 밝혀지고 있다. 이렇게 많은 수의 사람들이 잘못된 진단 때문에 근심 걱정에 시달리게 되고 나아가서는 수술을 받게 된다. 이들이 나중에 오진이거나 생명과 무관한 양성 혹이었음을 알고 나면 위로받을 수 있을까? 암이 있을 수 있다는 생각 때문에 지나친 걱정과 염려로 결국 건강을 잃게 되는 간접적인 피해에 시달리는 사람들도 적지 않다. 앞서 언급한 예에 대해서는 그동안 많은 연구가 있어 왔으나 지금까지도 의학계에서 매우 격렬한 논쟁이 계속되고 있다.

진단 기술의 발전으로 인해 야기되는 문제 중 비교적 최근에 등장한 것이 DNA 분석 기술이다. 이를 통해 미래에 발병 가능한 질병을 예측할 수 있게 되었고, 많은 질병과 건강 상태가 우리가 가지고 태어난 유전 정보와 깊은 관련이 있음이 밝혀지고 있다. 유전적으로 전해지는 많은 병이 있고, 가족들의 병력을 통해 나에게 어떤 병이 발병할 가능성이 높은지 예측할 수 있다는 사실은 이미 널리 알려져 있다. 사람들은 DNA 검사를 통해 자식들에게 유전될 수 있는 나쁜 유전자가 있는지 알고 싶어 하고 이러한 검사 결과가 자식을 가질 것인지 말 것인지를 결정하는 데 중대한 영향을 미칠 수도 있다.

지난 10년간 DNA에 있는 결함이 특정한 병과 관련이 있는지에 대한 연구가 많이 진행되었다. 하지만 병이 생존 기간 내에 발병될지 아닐지는 확실하지 않다. 최근에는 값싸고 간단한 테스트를 통해 DNA 분석이 가능해졌다. 이런 분석을 하는 사람들은 대부분 건강과 미래에 대한 걱정으로 자신이 암에 걸릴지 또는 치매에 걸릴지 알고 싶어 한다. 사실 DNA 분석 결과는 단지 미래에 일어날 일에 대한 확률적인 예측일 뿐이다. 하지만 사람들은 본능적으로 가장 최악의 경우를 상상하게 된다. DNA의 특성상 모든 인간들에게는 조금씩 유전 결함이 존재하게 되는데 DNA 분석 결과에는 이러한 결함이 나타날 수밖에 없고 이런 진단 결과를 받아보면 누구나 공포심을 느끼게 된다. DNA 분석 결과는 통계적으로 하나의 확률일 뿐이지만 많은 사람들은 자신의 건강이 미래에 나빠질 것이라는 암시로 받아들이게 되고 인간은 자기 암시만으로도 실제 건강이 쇠락하는 결과로 이어질 수 있는 존재다. 이런 행동은 인간의 본능에 새겨진 것이기 때문에 이것과 싸운다는 것은 불가능하다. 대부분의 사람에게 올바른 길은, 자신의 미래가 어떨지에 대해 알려고 하기보다는 '망가지지 않은 것은 손대지 마라'라는 단순한 진리를 따르는 것이 아닐까.

다음은 어디일까?

의학 지식, 의술, 의약품, 의료 기술은 폭발적으로 발전하고 있고 관련 산업과 비용 역시 급팽창하고 있다. 이 분야에서 수많은 성공 사례를 찾을 수 있다. 50년 전만 하더라도 지금과 같은 의학 지식과 치료 방법은 불가능한 것으로 생각되거나 공상과학소설에나 나올 법한 이야기로 치부되었다. 앞으로도 이러한 기술의 발전이 멈출 기미는 전혀 보이지 않는다. 하지만 기술이 발전하고 있다고 해서 부작용이 없으리라고 믿으면 안 된다. 앞서 사람들이 스스로를 돌보지 않아 겪게 되는 많은 문제점들에 대해 다루었다. 나에게 있어 가장 최악의 사태는 사람들이 의학을 맹신하여 자신들이 어떤 짓을 하더라도 현대 의학이 다 고쳐줄 것이라는 믿음을 갖게 되는 일이다. 흡연, 비만, 마약, 알코올과 같은 것들은 수백만 명의 삶을 파괴하고 주위 사람들의 수명까지 단축시킨다. 이러한 종류의 문제들을 해결하기 위해서는 정부가 완전히 다른 접근 방법을 시도할 필요가 있다고 생각한다. 효과적인 교육으로 사람들로 하여금 스스로의 행동에 책임감을 가지게 만드는 대책이 필요할 때다.

유전적인 변화를 거쳐 약에 내성을 가지는 질병이 나타나게 되면 완전히 다른 종류의 어려움에 직면하게 된다. 항생제 처방을 줄이는 것만으로는 새로운 질병에 감염되는 것까지 막을 수 없다. 인간에게는 식물이나 인간 그리고 동물을 유전적으로 변화시키고 싶어 하는 욕망이 내재되어 있다. 물론 그 결과가 성공적인 경우도 있었다. 하지만 이런 새롭고 실험적인 시도에 대해 그 부작용을 모두 파악하고 예측하기란 불가능에 가깝다. 만약 유전자 조작을 통해 인간을 감기에서 완전히 해방시킬 수 있는 사람이 있다면 영웅으로 대접받을 것이다. 하지만 그 과정에서 생겨날 돌연변이로 인해 우리 후세들은 꼭 필요한 다른 기능을 잃을지도 모른다. 이런 일이 발생하더라도 시간을 거꾸로 돌려 다시 시작할 수는 없다. 이런 시도로 인해 수명이 단축되는 사람들이 생긴다면 매우 불행한 일일 것이다. 하지만 그것에 그치지 않고 인류 전체를 위험에 빠뜨리는 일이 생기면 이는 실로 재앙적인 결과를 가져올 것이다.

현실적으로는 폭발적으로 성장하는 의학 기술에 의해 축적되는 정보의 양에 비해 우리가 접근할 수 있고 이해할 수 있는 문헌이 매우 한정적이라는 한계가 있다. 시간이 갈수록 더 많은 실수를 범할 수밖에 없는 상황이다. 우리가 이해할 수 있는 속도 이상으로 의학 지식이 쌓이게 되는 상황이 계속된다면 언젠가는 축적되어 있는 의학 지식의 대부분을 이해하지 못하는 상태에 이르게 될 것이다.

마지막으로 의료 기록과 데이터베이스에 대한 접근 방법에 대해 이야기를 해야 할 것 같다. 사람들이 사는 곳을 옮기게 되면 새로 이주한 곳에서 다른 의사의 진료를 받아야 할 상황이 생긴다. 따라서 장소에 상관없이 전 세계 어디서나 기록에 접근할 수 있게 되면 큰 장점이 있을 것이다. 하지만 현실적으로 이를 실현하는 것은 매우 어렵다. 또한 평상시 문제없이 작동이 될 때는 훌륭한 시스템이겠으나 통신망이 마비되는 비상 상황이 닥치면 심각한 문제를 야기할 수 있는 위험도 내포하고 있다. 더불어 의료 기록에 대한 보안과 개인 정보 보호 문제 역시 쉽게 훼손될 가능성이 높다는 점은 개선이 필요한 사항이다. ⋮

8장
언어가 변하는 사이 지식이 사라진다

인간이 성공적이었던 이유

인간만이 지능을 지닌 유일한 동물은 아니다. 그렇다면 유독 인간이 이렇게 생산적이고 창의적인 이유는 무엇일까? 내가 보기엔 인간과 동물의 가장 큰 차이는 정교한 언어를 구사하는 능력에 있다. 그렇지 않았다면 우리는 늑대나 원숭이와 마찬가지로 무리를 지어서 생활하는 동물 집단에 지나지 않았을 것이다.

인류는 지구상 기후가 다른 여러 지역으로 골고루 퍼져 살고 있다. 하지만 이것은 다른 동물들도 마찬가지다. 옐로우스톤에 서식하고 있는 늑대 무리는 그곳의 혹독한 겨울 날씨에도 불구하고 잘 살고 있다. 인간의 특징으로 도구 사용에 대해 많이 이야기하지만 인간 외의 다른 동물들도 도구를 사용한다. 원숭이와 까마귀는 인간과 매우 다른 유형이긴 하지만 어쨌든 도구를 사용할 수 있다. 음식을 먹기 위해 도구를 사용하는 순서까지 계획할 수 있다. 동물들이 도구를 사용하는 데 있어서 한계는 지능 때문이 아니라 몸의 구조 때문에 나타난다. 부리를 쓰는 것은 손을 쓰는 것보다는 불편할 수밖에 없다. 어떤 유인원의 경우 매우 뛰어난 도구 사용 능력을 가지고 있는 종도 있다. 하지만 오로지 인간만이 지금과 같은 엄청난 발전을 이루어내었다.

동물에게서 지능을 발견한다던지 소리를 이용해 서로 의사소통을 한다든지 하는 일은 드물지 않다. 많은 동물들이 육지나 바다에서 꽤 정확한 정보를 서로 주고받는다. 예를 들면 미어캣은 위협을 받고 있는 포식자가 어떤 종류인지 소리를 질러서 알린다. 비슷한 방식으로 돌고래, 고래, 문어도 의사소통을 한다. 그럼에도 불구하고 언어적인 면에서 본다면 오로지 인간만이 고도로 복잡하고 미묘한 의사소통을 할 수 있다.

인간이 다른 동물과 비교하여 가지고 있는 또 다른 장점은 성장기가 길다는 것이다. 성장 기간 동안 아이들은 집단의 나이 많은 어른들에 의존해야 한다. 이 기간 동안 아이들은 언어를 사용하는 능력을 기를 수 있고 살아가는 데 필요한 유용한 기술들을 여러 세대의 어른들로부터 배우게 된다. 인간을 그 외의 동물들로부터 분리해낸 결정적인 차이는 뇌의 크기나 지능이 아니라 언어다. 이것은 단순한 추측이 아니다. 지난 세기 동안 탐험가들은 세계 도처에서 바깥세상과 완전히 격리된 부족들을 많이 발견했다. 이들의 생활수준은 실질적으로는 여전히 석기시대의 삶에 머물러 있었다. 현대 기술과는 전혀 거리가 먼 그들이었지만 잘 발달된 구조의 언어는 보유하고 있었다.

인간은 잘 발달된 언어와 비교적 긴 수명으로 인해 생존이나 사냥을 위해 필요한 각종 도구 제작에 여러 가지 실험을 해볼 수 있었다. 인간에게는 직접 사냥감을 잡아 죽일 수 있을 정도의 힘도 없고 동물과 같은 날카로운 발톱이나 강인한 턱도 없다. 그러므로 사냥감에서 멀리 떨어진 거리에서 안전한 사냥이 가능하도록 해준 뾰족한 돌화살촉이나 칼의 발명은 그야말로 당시로선 최첨단 기술이었다. 이런 것들은 사람들에게 혁명적인 진보로 느껴졌을 것이고 부작용이 전혀 없는 완벽한 기술이라고 생각되었을 것이다. 하지만 좀 더 넓은 시각에서 보자. 이후 인간의 사냥 기술은 나날이 발전하여 더 큰 동물을 잡을 수 있는 수준까지 오르게 되었다. 동물들 입장에서 본다면 이것은 재앙이나 다름없다. 이로 인해 많은 동물들이 멸종의 길로 접어들었다. 매머드 같은 동물들의 경우 이미 기후 변화로 인한 어려움을 겪고 있었으므로 그들의 멸종이 꼭 인간 탓이라고 할 수는 없겠으나, 수명이 길고 출산율이 낮으며 몸집이 큰 다른 동물들의 경우 인간의 굶주림, 탐욕, 생존본능의 희생양이 되어 급속히 멸종되어갔다.

인류 성공 스토리의 마지막 단계는 인간이 언어를 이용하여 지식을 유지하는 수준에 그치지 않고 전 지구상에서 활자를 통하여 세대에서 세대로 지식을 전해줄 수 있는 방법을 고안해냄으로서 가능해졌다.

언어와 이해의 쇠퇴

인류는 기록하고 저장하며, 습득한 정보와 생각과 이미지를 전파하는 능력을 갖추고 있다는 점에서 다른 동물들과 다르다. 이러한 능력이 없었다면 인류는 현재 같은 지식과 기술 수준에 도달할 수 없었을 것이다. 이런 의미에서 현존하는 지식뿐 아니라 과거의 경험, 기술, 정보에 접근할 수 있느냐 하는 것은 매우 중요한 일이다. 찾아서 활용할 만한 정보는 매우 광범위하다. 하지만 여기에는 정해진 패턴도 없고, 우리를 위해 이 일을 해줄 기록 관리 시스템이 있는 것도 아니다. 더불어 언어와 저장 기술 역시 영원한 것이 아니라는 점도 기억해야 한다. 특히 현대 저장 기술의 경우 그 수명이 한 세대를 넘지 않는 경우가 많다.

더구나 아주 구체적인 정보나 지식의 경우, 여기에 접근할 수 있는 기회가 제한적일 경우가 많다. 개인과 직접 관련된 예를 들어본다면, 집안 과거사나 내 과거 사건들을 다시 찾아보고자 할 때 그렇다. 보통 우리가 어릴 때는 옛날 일에 대해서는 별 관심을 갖지 않는다. 게다가 내가 아니라도 그 기억을 가지고 있는 친척들이나 친구들이 많아서 별로 신경 쓰지 않아도 된다. 그때엔 과거에 대해 알기보다는 새로운 경험을 하거나 미래에 대한 계획을 세우고 신나는 모험을 할 생각으로 가득 차 있게 마련이다. 집안 앨범 사진을 보고 싶거나 부모님, 할머니, 할아버지 혹은 사촌들에 얽힌 일화를 알고 싶을 때에는 자세한 내용을 기억하고 있는 친척에게 물어보면 되었다. 하지만 그들이 죽고 나면 그 경험은 더 이상 들을 수도 없고 가족 앨범에 이름이나 날짜를 적어 넣을 수도 없게 된다. 물어보기만 하면 재미있는 집안의 뒷얘기를 들을 수 있던 일들은 더 이상 가능하지 않게 된다.

이 교훈은 단순히 가족사 같은 기록을 넘어서 다양한 분야에 적용된다. 특히 살아 있는 사람의 기억에 의존해야 하는 정보의 경우에는 접근 가능할 때 최대한 얻어내고 전파해야 함을 깨우쳐준다. 나이 많은 세대들을 위해 내가 하고 싶은 조언은 기회가 있을 때마다 젊은 세대들에게 자신이 기억하고 있는 일들을 일부러라도 들려주라는 것이다. 이렇게 함으로써 우리 선조들이 후세들에게 기억될 수 있고 더불어 우리들도 그들의 기억 속에 남게 될 것이다. 인간에게는 근본적으로 허영심과 이기심이 있다. 잊히는 것을 좋아하는 사람은 아무도 없다.

앞 세대로부터 지식이나 정보가 후대로 전달되지 않고 사라진 데는 두 가지 원인이 있다. 첫 번째는 기록은 남아 있지만 더 이상 사용하지 않는 언어로 되어 있거나, 언어가 진화하면서 원래의 의미가 변화된 탓에 읽을 수는 있어도 그것이 기록된 시대에 통용되던 의미로는 이해할 수 없기 때문이다. 두 번째는 기록이 양피나 종이에 남겨져서 세월과 함께 삭아서 없어져버린 경우다. 요즘에는 공감하기 힘든 경우일 것이다.

현대는 모든 정보를 인터넷에서 찾을 수 있다고 언론이나 광고에서 떠들고 있다. 요즘은 가족의 가계도를 CCD 카메라나 핸드폰으로 찍고 그 사진을 컴퓨터나 CD 혹은 외장 하드에 보관할 수 있게 되었다. 따라서 우리는 다음 세대들이 우리를 기억하는 데 아무 문제가 없을 것이라고 쉽게 단정 짓는다. 하지만 이러한 생각은 완전히 틀렸다. 컴퓨터 기술이 급속도로 발전하고 있어 우리 다음 세대는 지금 쓰고 있는 컴퓨터나 소프트웨어, 데이터 저장 시스템을 전혀 읽지 못하는 상태가 될 것이다. 끊임없이 새로운 버전이 나와 옛날 모델을 대체하고 있기 때문이다. 반면 우리는 21세기에 살면서 아직도 빅토리아 시대 친척들의 낡은 사진을 가지고 있다. 그리고 20년 후에도 여전히 우리가 찍은 사진을 컴퓨터로 볼 수 있을 것이므로 운이 좋은 편이라 할 수 있겠다.

다음 예를 통해 기술적 진보가 과거의 기록과 정보를 잃어버리는 희생을 담보로 얻어진다는 분명한 사실을 보여주고자 한다. 우리의 기억이 사라지기도 전에 벌써 컴퓨터에 저장된 우리 사진은 읽을 수 없게 될 것이다. 지금은 관리와 운영에 많은 비용을 지불하지 않아도 되기 때문에 인터넷에 정보를 저장하는 것이 쉽지만, 미래에는 끝없이 증가하는 정보량을 기술 발전 속도가 따라가지 못해 과체증이 생기게 되면 이를 제한하기 위해 가격을 터무니없이 높게 책정할 가능성도 배제할 수 없다.

정보의 생존

광범위한 의미에서 정보는 세 가지 유형으로 나눌 수 있다. Ⓐ 절대적으로 필요한 정보, Ⓑ 찾아보면 좋은 정보, Ⓒ 재미는 있으나 생존에 크게 필요하지는 않은 정보.

이해를 돕기 위해 각각의 정보 유형에 대해 예를 들어보자.

Ⓐ유형에 해당하는 정보로는 은행 계좌번호, 출생증명서, 여권, 운전면허증, 세금 고지서, 보험 약관, 우편번호, 이메일 주소, 친구 전화번호나 연락처 등이 있다. 이 유형에 해당하는 정보에 접근할 수 없다면 심각한 혼란에 빠지게 되고, 먹을 것이나 물건을 사는 것도 불가능해질 것이다. 의료 기록과 같은 데이터들은 빈번하게 찾는 것은 아니나 사라지면 역시 문제가 된다. 이런 종류의 정보들은 범죄나 사고로 인해 쉽게 손상되거나 오류가 나지 않도록 안전하게 보관되면서도 필요할 때 쉽게 접근할 수 있어야 한다. 50년 전만 하더라도 이러한 데이터는 우리 책임하에 보관되는 것이 당연했다. 문서를 종이에 기록하여 보관하면 해킹 위험으로부터는 안전하지만 항상 화재나 도난의 위험이 있다. 따라서 종이에서 전자 저장 장치로의 기술 진보는 많은 편리함을 제공하였다. 하지만 이로 인해 보안 측면의 불확실성이 증가했고 지역에 따라 전기 공급 자체가 원활하지 않은 문제에 부딪힐 수도 있다.

Ⓐ유형의 정보에 대해 설명할 때 꼭 짚고 넘어가야 할 것은 장인들의 손기술이나 제조 공정상의 노하우는 기록으로 남기기 어렵다는 사실이다. 이런 개인적인 기술은 교육과 도제 훈련 등을 통해 습득되거나 말로 설명해야 하는 경우가 대부분이다. 금속을 다루거나 건축에 필요한 기술부터 악기를 연주하는 기술에 이르기까지 많은 경우가 여기에 해당한다. 과거 직접 배워서 기술을 익히는 시대에서 벗어나 컴퓨터 앞에 앉

아서 정보를 습득하는 시대로 이동하면서 우리는 대체하기 힘든 이런 지
식들을 점차 잃어버리고 있다.

이러한 변화는 집단 내 계층 분열의 원인이 될 수 있다. 현대의 정
보 습득 기술을 갖추지 못한 집단에 대해 우리가 우월감을 느낄 수는 있
겠으나 각종 장인들은 젊은 세대보다 컴퓨터에 대해서 서툴 수밖에 없다
는 점도 기억해야 한다. 날이 갈수록 점점 현대 기술과 격리된 계층의 목
소리를 듣지 않게 되고, 이는 곧 세대 간의 균열로 이어지게 된다. 이런
문제는 젊은 세대들의 잘못이라기보다는 쌍방의 과실이라고 할 수 있다.
새로운 기술이 출현할 때마다 이것을 습득하고 데이터를 얻고 대화의 방
법을 익히는 과정에서 뒤처지는 그룹과 그렇지 않은 그룹이 생겨날 수밖
에 없기 때문이다.

ⓑ유형은 우리가 접근하고 싶어 하는 정보들이다. 이런 종류의 정
보들은 과거에는 책, 잡지, 도서관, 제조사의 카탈로그에 실려 있었다.
필요할 때는 상점에 들러서 제품을 잘 알고 있는 직원과 직접 대화를 통
해 도움을 받을 수 있었다. 최근에는 인터넷 쇼핑이 발달하면서 이러한
대면 접촉은 사라지게 되었다. 그로 인해 어떤 회사가 나의 필요와 선호
도에 맞는 제품을 더 잘 만들고 있는지 알아내기가 매우 어려워졌다. 인
터넷 쇼핑으로 구매하는 것이 훨씬 쉽고 저렴해 보이겠지만 많은 경쟁
제품이 있을 경우 어떤 것을 구매해야 할지 결정을 내리기 더 힘들다. 뿐
만 아니라 물건이 도착하기 전에는 실물을 볼 수 없으므로 옷이나 가구
의 경우 실제 색이나 질감 그리고 물건의 질을 정확히 판단할 수 없다는
한계도 있다.

ⓒ유형에 해당하는 정보는 역사와 관련된 것들이다. 과거에 발견되
고 논의되었던 정보나 아이디어들이 이에 해당한다. 지금은 사라진 기술

이나 복제하고 싶은 정보들이다. 어떤 정보들은 순수하게 역사적인 관심을 충족시키는 것이다. 이런 역사 기록물들은 찾기도 어려울 뿐더러 대개는 우리가 이해하지 못한 언어로 기록되어 있어 번역이나 다른 해설자의 도움이 있어야 이해가 가능하다. 그런 정보들이 사라진다는 것은 슬픈 일이다. 인류의 문화적인 유산과 연결되어 있고 문명이 어떻게 발전해왔는지 이해하는 데 유용한 자료가 없어지는 것이기 때문이다.

나는 개인적으로 역사적인 사건들, 문서, 회화, 음악에 관심이 많다. 그리고 우리가 역사로부터 인간 본성의 어두운 면에 대해 교훈을 얻지 못하는 것은 매우 불행한 일이라고 생각한다. 역사적으로 인간은 항상 전쟁을 해왔고 사람들을 노예로 만들었으며 진보라는 이름이나 혹은 영토를 확장하기 위한 탐욕과 종교적인 광신으로 그들을 처형해왔다. 우리는 이런 교훈들을 역사를 통해서 배워야 한다. 따라서 역사적인 기록들을 매우 중요하게 다루고 분류하여, 찾고자 할 때 즉시 찾을 수 있도록 해야 한다. 과거를 스승으로 삼는다면 훨씬 더 사려 깊게 미래를 설계할 수 있을 것이다.

이 세 가지 유형의 정보들은 다양한 이유로 인해 소멸된다. 먼저 언어가 사라지면서 함께 소멸되는 경우를 이번 장에서 살펴보고 다음 장에서는 정보가 기록된 소재가 도태되면서 기록된 정보가 같이 사라지는 경우에 대해 다루겠다.

사라진 언어

석각 문자를 비롯한 역사적 기록물들은 지금은 현존하지 않는 언어로 기록되어 있는 경우가 많다. 이렇게 사라진 언어와 함께 묻혀버린 정보들에 대해 먼저 살펴보자. 글자는 존재하지만 그것에 담긴 의미는 전혀 알 수 없는 경우다. 제대로 해독을 하지 않으면 그 문자들이 '양말을 더 사라'인지 '여기에 보물이 묻혀 있다'인지 알 길이 없다. 언어의 소멸에도 여러 종류가 있다. 고대 그리스어나 라틴어 그리고 고대 영어는 현대 언어와 어느 정도 공통점이 있다. 하지만 산토리니 화산의 폭발과 함께 사라져버린 미노스 문명과 같은 경우 해독에 필요한 어떤 연결고리도 남겨 놓지 않은 채 전체 문명이 완전히 사라져 버린 경우다.

2천 년 전에 존재하던 라틴어는 사어가 된 채 종교, 법, 식물학, 의학 전문가들이 아니면 접근하지 않는 상태로 남아 있다. 라틴어가 현재 대화 언어로 사용되고 있지 않음에도 여전히 문자로 생명을 유지하고 있는 것은 일부 대학에서 입학 자격 시험의 통과 조건으로 이를 요구하고 있기 때문이다. 구어로서의 라틴어는 이탈리아어나 스페인어 또는 루마니아어와 같은 로망스어로 진화하였다. 라틴어의 가치는 로마 제국을 통치하기 위해 군사 및 언어를 통일할 필요에 의해 비롯되었다. 이는 다른 언어의 경우에도 마찬가지다. 광범위한 지역에서 반복적으로 군사 정복이 이루어졌고, 싸움에서 이긴 승자는 통치 목적을 위해 자신들의 언어를 사용하도록 강요하였다.

정복당한 지역들은 어떤 의미에서는 혜택을 입은 예도 있다. 정복한 쪽에서 통치 목적으로 하나의 언어를 쓰도록 강요함으로써, 소통에 어려움을 겪던 나라 전체가 소통할 수 있게 되었고 세월이 지난 후 정복국으로부터 독립해 떨어져 나온 경우다. 잘 알려진 두 가지 예가 인도 아대륙과 콩고다. 두 경우 모두 국토 면적이 엄청나게 크고 수백 가지의 지방 언어가 존재했다. 많은 언어가 있었으나 어떠한 경우에도 한 언어를 지배적 언어로 사용한 경우가 없었다. 그렇게 되면 한 지역이나 종족에 지나치게 유리해지기 때문이다. 하지만 정복된 후에는 어쩔 수 없이 강제로 한 가지 언어를 사용하도록 강요당했다. 지역 언어의 사용을 금지하고 공식 언어만 쓰도록 하는 것이 통치하는 데 편리하기 때문이다. 이렇게 된 것이 역설적으로는 후에 새로운 국가로 통일하는 데 도움을 주었다. 그러나 이 과정을 겪으면서 많은 지역 언어들이 사라졌다.

앞으로 한 세대가 지나기 전에 세계적으로 존재하는 군소 언어들의 25퍼센트가 사라질 것이라는 예측이 있다. 이 경향은 기술 발전에 의해 더 가속화되고 있다. 25퍼센트라는 수치는 살아 있는 언어에 대한 정의를 최소화했을 때이다. 이때 살아남은 언어로 분류되기 위해 요구되는 조건은 매우 간단하다. 한 집단에서라도 계속하여 사용되고 있는가이다.

로마 제국 시대의 라틴어보다 더 최근의 예는 나폴레옹 시대의 프랑스에서 찾을 수 있다. 나폴레옹 시대 이전에 프랑스라는 이름으로 불리는 국가 내에서는 최소한 40여 개의 언어와 방언이 존재했고 이 언어들은 다른 지방에서는 전혀 알아들을 수 없을 정도로 달랐다. 프랑스의 통합은 상세하고 정확한 지도 제작 기술의 발전 덕분에 가능했다. 지도는 파리에서 쓰던 언어와 철자법으로 표기되었다. 각 지역이 가지고 있는 모호한 중요성 대신 정확히 측정된 지도에 입각하여 지역별로 합리적인 가중치를 줄 수 있게 되었다. 또한 통치의 편의를 위해 한 가지 언어만 사용하도록 했던 것도 통합을 가능하게 한 요인이었다. 통합이 이루어짐으로 해서 많은 영역에서 발전이 이루어졌다. 정치, 경제뿐 아니라 직업의 기회를 갖는 측면에서도 하나의 정체성을 갖춘 국가가 된 것이었다. 하지만 이로 인해 대부분의 지역 언어는 사멸의 길을 걷게 되었다. 살아남은 지역 언어들도 통치 목적이나 새로운 기술 발전의 영향으로 새로운 단어들이 유입되면서 원래 언어와는 달라졌다. 프랑스에는 현재도 지역 언어나 사투리가 살아 있다. 하지만 라디오나 TV의 영향으로 인해 공식 언어에 동화되어 가고 있는 중이다.

언어와 기술 발전

19세기로 다시 돌아가서 기술적인 면에서 세계화를 견인했던 요인을 생각해보면 그것은 국내와 국외로 건설된 철도망이 아닐까 싶다. 철도는 지역 언어의 변화에 큰 영향을 주었고 단어들이 한 언어에서 다른 언어로 유입되는 데 큰 역할을 했다. 철도의 발달로 인해 장거리 여행이 힘들지 않은 일이 되어 버렸고 다른 언어를 접하고 새로운 단어가 전파되는 것이 매우 용이해졌다. 호텔과 상점에서는 늘어난 돈 많은 여행객들과 소통할 수 있는 능력을 갖추는 것이 돈을 버는 데 유리하다는 사실을 깨달았다. 하지만 자기들이 사용하는 언어가 점차 세계화되고 통합되어 간다는 것은 깨닫지 못했다.

언어가 새로운 기술 발전과 유입된 외래어에 의해 손상되는 것은 전 지구적인 현상이다. 특히 말하는 용도로만 사용되고 기록하는 용도로 사용되지 않는 부족 언어들의 경우 손상이 심했다. 그런 언어를 모국어로 사용하는 인구가 감소하면서 언어가 소멸하는 속도도 빨라졌다. 감정적인 이유나 지역적인 특성으로 조상 때부터 사용하던 언어를 보존하고자 노력하는 사람들이 있을 경우 완전히 사라지는 것이 늦춰지기도 한다. 영국 웨일스 지방의 언어는 근대에 새롭게 편입된 단어들이 있긴 하지만 성공적으로 그 명맥을 유지하고 있는 좋은 예다. 웨일스 지방 언어를 사용하는 라디오나 TV 채널도 있다. 이럴 경우 별 걱정 없이 언어가 유지될 수 있을 것이다. 하지만 다른 지방까지 언어가 확산될 가능성은 없어 보인다. 예외적인 경우는 있다. 아르헨티나에 세워졌던 웨일스 지방의 광산 식민지 지역에서는 여전히 웨일스어를 사용하고 있다.

미국에서는 많은 인디언 원주민들의 언어가 쇠퇴하거나 근대적 단어들이 유입되어 달라졌다. 처음에 수족 인디언들이 사용하는 언어에는 전자 제품, 컴퓨터, 자동차와 같은 현대 기술을 반영한 단어는 당연히 존재하지 않았다. 일단 언어가 손상되기 시작하면 옛날 구식 언어를 사용하는 사람의 수가 줄어들 수밖에 없다.

20세기에 들어서는 방송, TV, 영화에 의한 영향이 급격하게 증가했다. 나이 많은 사람들은 영국 사투리가 너무 강해서 타 지역에서 온 사람들과 대화를 나누는 것이 불가능했었던 시절을 기억하고 있다. 서로 같은 언어를 쓰고 있다는 것은 알지만 의사소통은 되지 않았던 것이다. 〈마이 페어 레이디〉에서 히긴스 교수가 했던 대사는, 라디오가 나오기도 훨씬 전이었던 버나드 쇼의 원래 연극에서는 매우 자연스럽게 통용되던 말이었을 것이다. 지금도 지역마다 악센트가 조금씩 다르지만 아주 옛날과 비교하면 비교도 안 될 정도로 차이가 약해졌다.

표준어와 지역 방언이 나뉘는 현상은 지금도 존재한다. 이를 나누는 기준은 단지 지역적인 특성뿐 아니라 교육 이력, 사회 계층, 그리고 활동 영역에 따라 다르다. 다른 나라를 침략하여 식민화를 시키는 경우에는 이러한 기준이 훨씬 명확해진다. 1066년에 노르만족이 영국을 침공했을 때만 해도 새로운 지배 계층은 불어를 사용했고 피지배 계층은 앵글로-색슨어를 사용했다. 사회 계층 간에 사용했던 언어의 차이는 잔재로 남아 있다. 지금도 부유한 계층에서는 라틴어와 불어의 영향으로 비교적 긴 단어를 쓰는 경향이 있고 그 외의 계층들은 독일어나 앵글로-색슨어의 영향으로 짧은 단어를 더 많이 쓴다. 영국의 입장에서는 과거의 역사로 인해 매우 다양하고 풍부한 어휘를 보유하게 되었다는 긍정적 측면도 있으나, 우리가 실생활에서 사용하는 어휘는 아주 일부에 지나지 않는다. 계층 간의 차이는 생각보다는 깊이 개인에게 각인되어 있어 이 것을 감추기는 어렵다. 비록 같은 대학에 다니고 억양이 비슷하다 하더라도, 출신 계층이 다른 경우에는 대화를 할 때 선택하는 단어에서 차이가 나는 경우가 많다.

국제선 비행기의 등장 같은 기술 발전으로 인해 전 세계는 공용 언어가 필요해졌다. 현재는 역사적 이유로 인해 영어가 사용되고 있다. 만다린 혹은 광둥어는 휴대폰의 보편화로 인해 문자 메시지를 간편하게 작성할 수 있는 방법이 필요하게 되었다. 해법으로 제시된 것이 글자와 발음을 알파벳으로 표시하는 한자 병음 표기법이다. 한자 병음 표기법에 의하면 알파벳 몇 개만 입력해도 예상되는 한자가 제시된다. 이 방법을 쓰면 복잡한 한자를 휴대폰에서 그리는 것보다 훨씬 빠르게 문자 메시지를 보낼 수 있다. 일부 중국 학교가 비슷한 시도를 하고 있다. 알파벳 글자의 조합과 실제 알파벳 소리가 정확하게 대응되지 않는다는 문제점도 있다. 그럼에도 불구하고 한자 병음 시스템으로 예상되는 한자를 보여주는 방식은, 직접 손으로 한자를 그리는 것이 서투른 사람들이 자판을 이용하여 간단하게 문자 메시지를 보낼 수 있다는 현실적인 장점이 있다.

자판을 두드려 글자를 쓰는 기술이 발전함에 따라 이제 대부분의 사람들이 예전에는 아주 당연했던 필기 능력을 갖추지 못한 시대가 되어버렸다. 주로 키보드에 의존하고 있는 나로서는, 19세기의 손으로 쓴 또렷하고 멋진 초서체의 글씨를 보면 놀랍기도 하고 질투까지 난다. 그 시대에는 회계 장부를 쓰기 위해서라도 또렷한 글씨를 쓸 줄 알아야 했다. 장부 기록은 수세기 동안 상업적인 목적도 있었지만 일상적인 집안일에 이르는 모든 생활을 기록하는 행위였다. 역사적으로 볼 때 이러한 기록물은 우리에게 매우 유익한 정보를 제공해준다. 하지만 이런 기록물은 언젠가 사라질 것이다. 미래의 역사학자들이나 문서학자들은 대신 구식 컴퓨터를 기반으로 하는 회계 장부 같은 사료와 씨름해야 할 것이다. 간단한 계산도 전자계산기로 해야 하는 요즘 세대들은 회계 장부에 기록된 소수점 아래 숫자를 계산하는 방식을 보면 깜짝 놀랄 것이다. 요즘 사람들이 3.753파운드짜리 물건 17개가 얼마인지 계산기를 사용하지 않고 계산해낼 수 있을지 심히 의문스럽다.

언어가 변화하는 것을 막을 수 없다. 다른 언어와의 접촉으로 인해 발전하거나 변경되므로 유한한 생명을 가질 수밖에 없다. 최근에는 전쟁으로 인해서든 문서, 책, 영화, TV, 라디오, 여행, 인터넷 통신에 노출되어서든 간에 더 많은 영향을 받게 되었다. 프랑스에서는 자국의 언어를 보존하기 위해 많은 노력을 하고 있다. 반면 어떤 나라에서는 아주 만족하면서 여러 개의 언어와 외래어를 동시에 사용하고 있다. 언어가 소멸되는 속도는 부분적으로는 초기 사용자 수와 그것을 사용하는 계층이 가진 힘에 따라 달라진다. 전반적으로 나타나는 분명한 경향은 주류 언어의 숫자가 줄어들고 있다는 사실이다.

언어의 진화

살아남은 언어들도 절대 고정 불변은 아니다. 오히려 매일 변화하고 진화한다. 글로 쓰인 언어가 이해되는 상태로 남아 있는 기간을 결정하는 요인이 무엇인지 명확하게 알려진 것은 없다. 영국에서 영어가 겪은 변화만 살펴본다면 전자 공학이 태동되기 전에 쓰진 빅토리아 시대의 작가 찰스 디킨스의 작품은 대략 80퍼센트의 사람들이 이해할 수 있다. 지금은 일상적으로 쓰고 있지 않은 단어들을 제외하고는 읽는 데 별 문제가 없는 수준이다. 하지만 500년 전으로 거슬러 올라가 셰익스피어의 작품을 보려면 조금 힘들어진다. 아마도 50퍼센트 정도만 이해가 가능하지 않을까 싶다. 시간을 더 거슬러 올라가서 제프리 초서의 글을 읽으려면 문제는 심각해진다. 내 생각에는 일반 사람들은 내용의 25퍼센트도 제대로 이해하기 어려울 것이다. 관련 부문에 대한 상당한 지식을 가지고 있는 사람들의 경우에도 마찬가지일 것이다. 이러한 예를 근거로 하면 언어가 진화하는 과정에서 영어의 경우는 이해도의 반감기를 500년 정도로 보면 될 것 같다.

　짧은 기간에 언어에 대한 이해도가 급격하게 떨어지는 경우로 두 가지 사례가 있다. 첫 번째 사례로 네덜란드어와 독일어가 짧은 기간 안에 철자법이 엄청나게 빨리 변했던 경우를 들 수 있다. 2차 세계 대전 전에 두 언어는 요즘 세대들은 거의 알아볼 수 없는 쥐털린체로 필기했었으나 전쟁을 겪고 나서 급속도로 바뀌었다. 두 번째 예는 좀 더 최근에 일어난 일이다. 1970년대와 1980년대에는 비서나 기사는 속기에 능해야 했다. 당시 중요한 사건을 기록했던 노트는 모두 속기로 기록되어 있어 요즘에는 그것을 읽고 이해할 수 있는 사람이 없게 되었다.

　지난 세기 동안 전 세계로부터 근대 영국으로 이민자가 쏟아져 들어왔다. 그들에게는 영국의 옛날 문서가 거의 외국어나 다름없을 것이다. 앞에서 나는 영어의 이해도 반감기를 500년으로 추정했으나 이 시기에는 이보다 훨씬 짧았을 것이다. 예를 들면 당시에는 80년 전에 기록된 영어를 대부분의 사람들은 이해하지 못했을 것이다. 방언이나 10대들이 사용하는 속어의 경우에는 더 짧은 수명을 보인다. 사용하는 단어는 같으나 10대들은 그 단어에 전혀 다른 의미를 부여한다. 10대들이 사용하는 속어의 경우 그들이 틴에이저로서 보낸 기간 정도가 언어 이해도의 반감기가 될 것이다. 미래 역사학자들은 왜 'cool'이란 단어가 'hot'하다는 뜻으로 쓰이는지 이해하기 힘들 것이다. 또한 'like'와 같은 다의어의 지나친 남용과 함께 비속어의 사용 역시 매우 혼란스럽게 느껴질 것이다.

사용되는 언어의 수가 줄어드는 경향은 확실하나 여전히 1만 개 정도의 언어가 살아 있다고 보고되고 있다. 이 중 세계 인구의 절반이 쓰는 언어는 10개에 지나지 않는다. 세계 인구의 5퍼센트가 7,000여 개의 언어를 쓰고 있는 것으로 나타나고 있다. 대략 한 개 언어당 1,000명 남짓의 인구가 사용하고 있는 셈이다. 이런 언어의 경우 몇 세대가 지나기 전에 사라질 수밖에 없다. 젊은 세대들이 원래 살고 있던 마을이나 국가를 떠나 이동하는 경우가 많아지기 때문이다. 사실 이러한 계산은 소수 언어의 미래를 최대한 낙관적으로 볼 때 이야기다. 많은 언어학자들은 2050년까지 군소 언어의 50퍼센트에서 90퍼센트가 사라질 것으로 전망하고 있다. 이러한 언어의 소멸은 전자 통신과 교통 수단의 발달로 더 가속화될 것이다.

과거 언어를 읽고 이해하는 것

첫 번째 난관은 과거 흘러간 시대의 기록물들이 현대적 문체처럼 쉽고 간단하지 않을 뿐만 아니라 지금은 사용되지 않는 언어로 이루어져 있다는 점이다. 현재 쓰고 있는 영어의 경우 단어를 만들기 위해서는 알파벳 몇 개만 조합하면 된다. 철자를 보면 실제 발음되는 소리를 어느 정도는 추측할 수도 있다. 스페인어와 같은 현대 언어들은 이런 점에서 매우 뛰어난 특성을 가지고 있다. 영국이나 미국에서 사용되는 영어의 경우 글자와 발음되는 소리와의 관련성이 많이 떨어진다. 'ough'와 같은 알파벳 조합의 경우 특히 골치 아프다. 외국인의 경우 'ough'가 많이 들어가 있는 'The tree snake from Slough fell off the bough because his skin was rough and he coughed when trying to thoroughly slough it off'와 같은 문장을 읽으려면 지뢰밭을 지나가는 것 같은 기분일 것이다. 또한 똑같은 단어지만 사용되는 국가마다 발음이 다를 경우도 골치 아픈 문제다.

　지금 현존하고 있는 언어로도 이런 다양한 문제를 겪고 있는데 우리가 한 번도 들어본 적이 없는 억양이나 발음을 가지고 있는 언어로 쓰인 문서를 볼 때는 훨씬 더한 어려움을 예상해야 할 것이다. 음성이 전달하는 정보가 상당히 많다는 차원에서 이러한 상황은 매우 심각한 문제다. 현대 언어 중에는 성조에 따라 뜻이 달라지는 경우도 많다. 예를 들면 중국어에서는 글자는 같지만 성조에 따라 뜻이 4가지로 달라지는 경우도 있다. 따라서 같은 글자를 4번 반복해서 써놓은 경우 성조가 4가지로 변하면서 읽히게 되므로 이 문장은 4개의 완전히 다른 뜻의 단어로 이루어진 문장이 된다.

　필기체의 경우 고대 서양의 글씨는 점토나 암석에 새겨진 글씨부터 이집트의 상형문자에 이르기까지 다양하다. 그림문자의 기원은 중국이나 일본과 같은 극동 지역의 기록물에서도 잘 나타나 있다. 해독의 첫 번째 단계는 쓰인 고대 문자를 현대적인 형태로 바꾸는 것이다. 이때 우리는 글자에 성조와 같은 것이 숨겨져 있지 않기를 희망할 뿐이다. 이 과정에서 부딪히는 여러 문제들은 암호 해독가의 흥미를 자극할 만한 것들이다. 최근에는 컴퓨터 소프트웨어를 이용하여 풀어보려는 시도도 있다. 가장 좋은 접근 방법은 같은 문장이 다수의 다른 언어로 적혀져 있는 사례를 찾아보는 것이다. 그중 하나 정도의 언어가 이해 가능한 언어일 경우 매우 운이 좋은 경우다. 이집트, 그리스, 로마와 같은 주요 제국의 경우 법률이나 공식적인 문서는 자국의 언어를 식민지의 언어로 번역해놓는 경우가 많았다. 이런 경우 해독하고자 하는 언어로 번역된 예를 찾을 수 있을 확률이 높다. 가장 많이 인용되는 사례가 이집트 상형문자를 해독하는 데 도움을 준 1799년 로제타에서 발견된 현무암 석판이다. 석판에 새겨진 것은 서기 196년경 프톨레마이오스 5세 시대의 문서로, 그리스어, 데모틱어 그리고 상형문자로 반복되어 기록되어 있었다. 얼마나 운 좋은 경우인가!

　비슷한 예로 고대의 그림문자가 중동에서 발견되었다. 이 그림문자는 후에 쐐기문자로 진화했다. 그림문자가 새겨진 점토판은 5천 년이라는 세월을 견뎌냈고 처음 해독이 된 것은 독일의 학교 선생님이었던 게오르그 그로테펜트에 의해서였다. 그의 해독에 의하면 그것은 페르시아의 왕과 관련된 비명이었다. 여기서 더 나아가 고대 페르시아어, 엘라마이트어, 아카디안어로 병기된 3개 국어 비문이 발견되면서 관련 연구에 커다란 진전이 있었다. 여기서 뒤의 두 가지 언어는 우리로서는 전혀 들어보지 못했던 것이다. 여러 가지 언어로 병기된 기록물을 발견하는 것은 고대 언어를 해독하는 데 있어 매우 중요한 사건이라 할 수 있다. 여기서 얻어진 연구 결과는 비슷한 문자를 사용하는 유사 언어를 연구하는 데 있어서도 아주 귀중한 자료가 된다. 문자를 해독했다고 흥분하기 전에 우리는 단지 글자에 대한 해석만 해낸 상태임을 기억해야 한다. 문장이 소리 내어 읽혀져야만 그것에 담긴 의미와 미묘한 뉘앙스를 정확히 파악할 수 있다. 따라서 단지 글자의 해석만으로는 완전한 이해와는 거리가 멀다. 현재도 같은 문장을 어떤 사람이 쓰고 말하느냐에 따라서 완전히 다른 의미로 전달되는 경험을 하고 있지 않은가.

　크레타 섬에서 발견된 선형문자 A와 선형문자 B는 다국어로 병기된 고대 정부의 법령이나 기록물의 도움 없이 한 끈질기고 탁월한 해독가에 의해 그 비밀이 풀렸다. 크레타 섬에서 기원전 15세기 경에 만들어진 미노스의 청동기 시대 도자기에서 발견된 선형문자 A에는 음절문자와 표의문자가 섞여 있다. 점토판에 새겨진 선형문자 B는 시기적으로는 그보다 좀 뒤에 사용되어졌고 미케네 문명 시대 그리스어의 초기 버전으로 추측되고 있다. 이 모든 사료들을 통해 글자가 사용되기 시작한 것은 적어도 4천 년 이전으로 거슬러 올라감을 알 수 있다. 극동 지역에서 발견된 고대 문명 기록물은 서양 사회에서도 큰 관심을 불러일으키고 있다. 하지만 언어적인 장벽으로 인해 많이 연구되지는 못하고 있다. 거의 서기 3천 년 전으로 연대가 추정되는, 옥이나 점토에 새겨진 중국 문자가 발견되기도 하므로 그들이 갖는 역사적인 진가는 실로 대단하다.

4천 년 전의 인구는 현재 70억 인구와는 비교도 안 될 정도로 적었을 것이다. 그리고 현실적으로 볼 때 그중에서도 매우 소수의 사람들만 문자를 알았을 것이다. 주거 지역도 고대 문자로 쓰인 기록물이 현재까지 존재할 수 있는 온화한 환경에서 살았을 것을 생각한다면, 쐐기문자나 상형문자는 전 세계적으로 매우 극소수의 사람들에 의해 사용되었을 것이라는 것을 짐작할 수 있다. 그런 면에서 현재 우리에게 남겨져 있는 엄청나게 많은 고대 기록물은 사실 믿기 힘들 정도의 양이다. 이런 사료들은 돌이나 구운 진흙이 가지는 재료의 견고함으로 인해 오랜 세월을 견디고 살아남았다. 고대 문명사회의 인구를 추산한다는 것은 어려운 일이긴 하나 기원전 3천 년 전경에는 전 세계 인구가 2천만에서 5천만 명사이였을 것으로 추정된다. 이는 오늘날 광역 도시 인구보다 몇 배 큰 정도다. 합리적 추측으로 그중 몇 퍼센트만이 문자를 사용했다고 가정하고 그동안 체계적인 고고학적 발굴이 이루어졌던 지역에 살았던 인구의 비율을 25퍼센트 정도로 잡아보자. 이럴 때 우리가 다루고 있는 고대 기록물은 5만 명에서 10만 명 사이의 인구가 생산한 사료들이다. 이렇게 따져보면 이 기록물이 현재까지 살아남은 것은 정말 매우 운이 좋은 일이라고 하지 않을 수 없다. 요즘 수십억의 사람들이 생산해내는 기록물이 살아남는 확률과는 비교도 되지 않을 만큼 높은 확률이다. 물론 우리가 매일 트위터나 블로그를 통해 만들어내는 기록은 장기간 저장을 요할 만큼 중요하지는 않다고 생각된다.

언어 해독의 난해성

고대 단어와 그에 해당하는 오늘날의 단어를 찾는 것은 단순히 글자를 안다는 것과 그에 담긴 진정한 의미를 파악하는 것의 차이만큼 어려운 일이다. 종종 정치적 혹은 공식적 문서가 발견되어 해독이 가능해지긴 했으나, 오늘날 정치인과 법률가들의 말을 들어보면 같은 문장으로도 수많은 해석이 가능할 수 있고 그에 담긴 뜻과 실제 행동은 다른 것을 알 수 있다. 종종 노련한 정치인의 경우 이러한 모호성은 매우 의도된 전략으로 사용된다.

언어를 해독하는 방법은 매우 다양하다. 많은 경우에 특정한 목적을 위해 해독을 하기 때문에 원문의 의미가 해독의 목적에 따라 변할 수 있다. 혹은 해독하는 사람이 이해하기 어려운 방언이나 문체로 기록되어 있는 경우도 있다. 특히 종교와 관련된 기록물의 경우 항상 그 해독의 정확성, 편향성에 대한 뜨거운 논쟁이 있어 왔고, 다른 언어로 쓰일 때 원문이 의도적으로 왜곡되어 옮겨진 경우도 많다. 종종 원문이 몇 개의 언어를 거쳐 번역된 경우도 적지 않다. 이렇게 되면 번역 과정에서 원문과 전혀 다른 의미를 갖게 되므로 번역된 언어를 사용하는 사람에게는 도무지 이해하기 힘든 문장이 되는 경우가 많이 발생한다. 이전에 아람어 교수가 해주었던 이야기가 생각난다. 가장 오래된 그리스어 성경 번역본에서는 'artisan(장인)'을 'carpenter(목수)'로 잘못 오역하는 실수를 범했다고 한다. 아람어에서 그와 가장 비슷한 단어는 'mason(석공)'이었다. 그 말이 사실이라 하더라도 나는 오늘날 기독교인들이 이 사실을 믿으려 하지 않을 것으로 확신한다. 이미 2천 년을 지나면서 목수라는 단어가 그들의 전통에 깊게 새겨졌기 때문이다. 또한 우리가 잊어서는 안 될 사실은 오랫동안 많은 종교적인 문서들이 의도적으로 소수의 선택된 집단만이 사용하는 언어로 기록되어왔다는 점이다. 대중들이 이를 읽고 스스로 생각하는 것을 막기 위한 목적이었다. 심지어 튜더 왕조에서는 아예 공식적으로 이를 금지시키기도 했었다.

종교 문서들은 읽는 것이 의도적으로 금지되거나 번역자나 여론을 통제하는 사람들에 의해 변경되는 경우가 흔하다. 신약성서의 경우 공식적으로 4가지 종류의 버전이 존재한다. 이것들은 리옹의 주교였던 이레나이우스(AD 140~200)가 채택하였다. 이 4가지 버전들은 많은 버전들 중에 비교적 서로 일관성 있게 기술되어 있었기 때문에 채택되었던 것이다. 서로 비슷하다는 이유로 이 4가지 버전을 선택한 것은 매우 현실적인 판단이었다. 이들을 제외한 나머지 버전들은 제각기 매우 다른 관점에서 기술되어 있었다. 이레나이우스가 살았던 시대는 기독교인에 대한 박해가 매우 심했던 시기였다. 따라서 기독교를 믿는 사람들이 신앙에 의심을 가질 수 있는 내용이나 로마 박해자들에 의해 이용당할 수 있는 약점을 보이는 버전은 최대한 채택하지 않아야 했다.

1546년 트리엔트 공회의도 같은 견해를 가지고 있었다. 종교학자들은 당시 존재했던 30여 종에 해당하는 사본들이 이레나이우스가 채택했던 버전과 많은 점에서 충돌하였기 때문에 금서가 되거나 폐기되었음을 잘 알고 있다. 다수의 문서들이 존재하지만 진실은 가려지거나 사라져버렸다. 참된 진실이 무엇인지 아는 것은 불가능하다. 문서에 남겨진 기록뿐 아니라 쓰인 문장을 해석하는 방법에 있어서도 마찬가지 현상이 발생한다. 정치적인 의도를 가지고 어떤 집단을 더 긍정적으로 기술한다든지 침략자에게 합법성을 부여하기 위해 번역에 '오류'를 포함시키는 사례는 많다. 동일한 사건이 한쪽에서는 '침략'으로, 다른 한쪽에서는 '해방'으로 기술된다. 이 중 한쪽 견해를 담은 기록물만 번역할 경우 매우 심각하게 편향적인 결론으로 끌고 가게 될 수밖에 없다.

역사학자들에게는 고대 문서들은 매우 매력적인 연구 대상이다. 특히 그것들이 라틴어나 그리스어로 써져 있을 경우 비교적 읽기 쉽고 의미를 이해하기에도 편하다. 하지만 언어라는 것은 고정불변한 상태로 영원하지 않다. 시간, 지역, 방언에 따라 변하고 언어를 사용하는 사람들의 문화나 성장 배경에 따라서도 매우 민감하게 영향을 받는다. 현대 언어에 있어서도 이런 현상은 동일하게 나타난다. 셰익스피어나 디킨스와 같은 고전 영어 작품의 경우에도 대부분의 사람들이 완벽하게 이해하기 어렵다는 문제에 부딪힌다. 조금 더 시대를 거슬러 올라가서 제프리 초서의 작품을 대하면 일반인들은 문장이나 대화를 이해하는 데 심각한 어려움을 겪게 된다. 현재는 전혀 사용하지 않는 단어가 등장할 때는 오히려 쉽다. 더 어려운 경우는 현재 존재하는 단어지만 그 의미나 뉘앙스가 바뀌어버린 경우다. 예를 들면 엘리자베스 시대에 'presently'라는 단어의 뜻은 'immediately(즉시)'였고 오늘날의 언어로 하면 'at once(즉시)'가 된다. 하지만 21세기에 'presently'의 뜻은 '가까운 미래의 시간'을 의미하게 되었다.

언어의 진화는 즐겨 보는 신문의 크로스퍼즐을 해보면 더 명확하게 드러난다. 30년 전의 크로스퍼즐을 해보면 그것이 얼마나 힘든 일인지 절감하게 될 것이다. 30년 전 크로스퍼즐 코너에서 힌트로 주는 뉘앙스와 의미만 가지고 퍼즐을 푸는 것은 매우 어렵다. 영어의 경우는 영국식, 호주식, 미국식이 다르고 스페인어의 경우 스페인식과 멕시코식이 매우 다른데 이런 차이로 인해 같은 단어가 전혀 다른 의미로 해석되거나 문화적으로 다르게 받아들여지는 경우가 흔하게 발생한다. 예를 들면 영어에서 'discussion'이라는 말은 '어떠한 사실에 대한 우호적인 고려'를 뜻한다. 반면 스페인어에서는 같은 의미의 단어가 'argument'인데 독일어에서는 이 말이 '이성적인 토론'이라는 뜻으로 사용된다. 마찬가지로 영국식 영어에서는 'quite good'이라는 말은 '매우 긍정적'이라는 의미를 담고 있으나 미국에서 사용될 때는 '미온적'이거나 '비평적'이라는 부정의 뜻을 내포하고 있다. 이런 차이는 영화나 TV에서는 보통 지나치게 되는 미묘한 표현의 차이지만 줄거리나 등장인물을 해석하는 데 있어서는 매우 큰 차이를 낳게 된다. 내 개인적인 경험을 이야기한다면 내가 미국에서 구어체 표현을 쓰거나 들을 때는 항상 많은 문제에 봉착했다. 내가 말할 때는 이러한 표현의 사용을 스스로 자제하면 되지만, 격의 없는 미국식 대화를 들으면 그 의미를 오해하는 일을 피하기 어려웠다.

같은 단어가 다른 의미를 가지게 되어 발생하는 문제들은 매우 심각한 결과를 낳을 수도 있다. 우리가 일상생활에서 숫자를 표현할 때는 10(ten), 100(hundred), 1,000(thousand), 1,000,000(million)이라고 쓴다. 하지만 과학 논문에서는 숫자에 영이 몇 개 있는지를 표현하는 10, 10^2, 10^3, 10^6이라는 표기법을 채택하고 있다. 더 큰 숫자의 경우 영국에서는 'billion'이라는 단어로 million million(10^{12})을 표현하지만 미국에서는 'one billion'이 thousand million(10^9)을 의미한다. 비교적 근자에는 영국에서도 billion에 대해서 미국식 표기법을 도입해서 사용하고 있기는 하다. 얼마나 많은 사람들이 이런 변화를 깨닫고 있을지는 모르겠으나 같은 숫자가 1,000배 차이 나게 바뀌었으므로 매우 중요한 일이 아닐 수 없다. 아주 최근에 나는 과학계 회의에 참석했다가 충격을 받은 사건이 있었다. 사람들이 숫자를 10^9이라든지 10^{12}로 표기하지 않고 일반인들이 사용하는 숫자 표기법을 쓰고 있었기 때문이었다. 내가 문득 깨달은 것은 스페인과 독일 사람들은 billion을 million million(10^{12})이란 뜻으로 쓰고 그 외 다른 국가의 사람들은 thousand million(10^9)이란 뜻으로 쓴다는 점이다. 정치인들은 절대 과학적 표기법을 사용하지 않을 것이므로 그동안 이로 인해 얼마나 많은 오해가 있었을지 궁금해진다.

우리가 사용하는 숫자의 크기에 대해 별다른 감이 없을 경우에는 이런 문제가 크게 드러나지 않을 수도 있다. 나는 앞서 일상생활에서 섭씨와 화씨로 두 종류의 온도 단위를 사용하면서 나타나는 혼란에 대해 언급했다. 유럽과 미국에서만 전 세계에서 사용하고 있는 것과 다른 온도 단위를 사용하고 있고, 영국 내에서는 젊은 세대와 노년 세대 간에 사용이 나누어진다. 나이 많은 사람들은 온도가 50°F와 70°F일 때 더울지 추울지 직감적으로 알 수 있다. 하지만 15도와 25도일 때는 어느 정도의 온도인지 전혀 감을 잡지 못한다.

언어와 맥락

옛날 문서의 원문에 내포되어 있는 맥락을 완벽하게 다시 재현해내기는 매우 어렵다. 예를 들어 고전 희곡이나 책을 영화나 TV 드라마로 만들기 위해 현대적인 관점에서 재구성할 경우, 등장인물들의 분위기는 원문과 달리 많이 바뀔 수밖에 없다. 이렇게 바꾸어야 배우들이 21세기사회에 맞는 적합한 연기를 할 수 있기 때문이다. 현대적인 문체로 다시 쓰는 것은 번역과는 좀 다르다. 번역에서는 원본에 사용된 단어나 문장은 명확히 대체되지만 배경으로 깔려 있는 문화나 행동 양식은 사라지거나 흐려진다. 사회 계급이나 정치적 환경, 종교, 인종, 여성의 사회에서의 역할과 같은 주제를 다루는 원문의 경우 감정적인 요소들이 많이 포함될 수밖에 없다. 이럴 경우 원문을 정확하게 옮긴다는 것은 지극히 어렵다. 단순히 문자적인 요소만 관여되어 있는 것이 아니라 사회적인 부분들도 같이 옮겨 와야 하기 때문이다. 따라서 단순히 현대적 언어로 바꾸는 것은 가능할지 모르겠지만 내포되어 있는 진짜 의미를 제대로 가져오는 것은 지극히 어렵다. 따라서 현실적으로는 잘못 옮겨오는 일이 적지 않다. 깊이 감춰져 있는 이런 정보들은 시간이 갈수록 사라질 수밖에 없다. 이때 걸리는 시간은 종종 사람의 평균 수명보다 짧은 경우가 많다.

심지어 오래된 오페라 같은 경우에도 당시 관중이 오페라 극본을 해석하는 일반적인 태도는 지금 우리 관점으로 볼 때는 믿을 수 없는 방식이다. 전형적인 사례는 유명한 오페라 〈라 트라비아타〉에서 발견된다. 그 당시 여성을 대하는 태도가 오페라에 잘 나타나 있다. 여기서 여주인공은 사랑하는 연인의 집안의 명예를 위해 그녀의 행복을 포기하도록 강요받는다. 아마도 대본은 당시의 시대상을 그대로 반영했을 것이다. 그때만 하더라도 여자와 남자에게 허용되는 행동에 대한 판단 기준에 지금과 큰 차이가 있었다. 물론 이런 일은 지금으로서는 매우 부적절한 것으로 여겨진다. 특히 문학 작품 내에 나타난 농담을 해석할 때는 문제가 더 심각하다. 셰익스피어, 길버트, 설리번과 같은 작품에서 말장난과 농담은 당시 시사와 매우 관련이 깊기 때문에 우리로서는 따라갈 방법이 없다. 길버트와 설리번의 작품에 사용된 구성, 배경, 무대, 문장에는 당시 사회에 대한 매우 강하고 날카로운 비판이 들어 있다. 150년이 지난 지금 우리가 그것을 이해한다는 것은 거의 불가능에 가깝다. 사회의 진보는 일정 부분 기술 발전으로 인해 일어난다. TV나 책, 영화를 위해 고전 작품을 다시 재구성하여 사용한다는 것은, 과거에 대한 우리의 이해를 불가역적으로 변화시켜 현재의 생활방식과 사고방식 속으로 억지로 밀어 넣는 것과 비슷한 일이다.

예술 작품과 사진 속 정보의 소실

언어, 기록물, 문학 작품 속에 숨겨진 정보들이 세월이 갈수록 점점 퇴색되어 사라져간다면 논리적으로 생각할 때 이와 같은 현상이 다른 곳에서도 일어날 것이라 추정할 수 있다. 그림이나 조각은 기록물보다는 훨씬 앞서 존재하기 시작했다. 가장 오래된 동굴 벽화는 3만 년 전으로 거슬러 올라간다. 동굴 벽화가 살아남을 수 있었던 것은 동굴 속이 벽화 보존에 알맞은 대기 조건을 가지고 있기 때문이다. 햇빛이 들어오지 않기 때문에 벽화에 사용된 물감의 안료가 그대로 보존될 수 있었다. 벽화는 주로 동물들을 단순하게 묘사한 것들이다. 따라서 당시 존재했던 동물들의 정보를 벽화에서 얻을 수 있다. 하지만 이 벽화들이 재미로 그려진 것인지 아니면 종교적인 의미를 가지는 것인지 혹은 사냥 기술을 전수해주기 위한 목적으로 그려진 것인지에 대해서는 알 길이 없다. 기록물과 마찬가지로 돌, 나무, 양피, 종이, 캔버스 천 등에 새겨진 조각이나 그림 역시 재료의 재질적 한계가 훼손의 원인으로 작용하는 것은 어쩔 수 없다. 사실 보존의 관점에서 보자면 그림이 훨씬 불리하다. 그림은 색에 의존하는데 그림에 사용된 염료나 안료는 오랜 기간 동안 안정적으로 유지되는 물질이 아니기 때문이다. 특히 캔버스 천이나 나무 프레임은 벌레의 공격을 받기 쉽다. 따라서 교회나 성에 보관된 대형 회화 작품은 교회나 성이 작품을 관리할 만큼 경제적 여유가 있고 작품을 귀하게 여기는 동안만 유지될 수 있다.

회화 작품의 경우 수리하고 복원하는 과정에서 문학 작품을 번역할 때 일어나는 것과 동일한 수준의 변화가 일어난다. 원본 작품 중 무언가를 바꾸고 개선시켜야겠다는 필요를 느끼는 사람들이 있기 때문이다. 특히 누드 작품의 경우 종교적 이유, 사회적 편견, 정숙해야 한다는 이유로 원본 그림에 덧칠하여 옷을 입히거나 누드 조각상의 일부를 제거하던 시대도 있었다. 나는 이러한 현상들을 내포된 정보의 상실이라기보다는 단순한 물리적 데이터의 상실이라고 본다.

개조하고 수리하는 데는 비용이 많이 들어가므로 주로 유명한 예술가의 작품을 대상으로만 이루어질 가능성이 높다. 형편없는 복원 사례로 가장 유명한 것이 레오나르도 다빈치의 〈최후의 만찬〉이다. 1494~1498년 사이에 그려진 이 작품은, 안료를 물과 섞이는 액체에 반죽하는 템페라라는 기법을 사용하여 석고 위에 그린 후 건물의 북쪽 벽에 시멘트로 붙인 것이다. 작품 보존이라는 관점에서 매우 불행한 작품이었다. 작품의 위치가 부엌 옆에 위치한 식사용 방이었기 때문이다. 석고 위에 템페라 기법으로 그림을 그릴 경우 벽화를 그릴 때 흔히 사용되는 프레스코 기법보다 훨씬 디테일한 표현과 색 표현이 가능하다. 축축한 석고 벽에 수용성 물감으로 그림을 그려 벽이 건조되면서 영구적으로 벽의 일부가 되는 프레스코 기법 대신 템페라 기법은 그림을 그릴 때 훨씬 세심한 주의를 요하며 완성될 때까지 시간이 더 많이 소요된다. 불행히도 이 그림은 축축한 벽에 잘 붙지 않았고, 부엌이 가까워 문제는 더 심해졌다. 이로 인해 그림이 완성되자마자 문제가 발생하기 시작했다. 이후에 그 방이 군대의 막사로 사용되던 때가 있어 훼손이 더 심해졌고 1642년 경에는 거의 그림이 사라지는 일이 발생했다. 하지만 복사본이 있었고, 이를 이용하여 수많은 복원 시도가 있었다. 물론 어떤 부분은 상당한 상상력을 동원하지 않으면 안 되었다. '복원사'들은 여러 종류의 물감들을 사용했다. 오늘날 발달된 분석 기술 덕택에 당시 복원사들이 원본과는 다른 색을 사용하였고 등장인물이 바라보는 시선도 틀어져 있음을 알게 되었다. 지금은 원본 작품이 주었던 진정한 느낌에 대해서는 단지 추측할 수밖에 없는 상황이다.

이것과 매우 상반된 예로 불과 몇 년 후인 1500년에 그려진 라파엘의 작품 〈아테네 학당〉을 들 수 있겠다. 이 작품은 지금도 완벽히 잘 보존되어 있다. 이 작품을 통해 당시의 그림 그리는 기법에 대해서 잘 알 수 있게 되었다. 하지만 그럼에도 불구하고 이 작품이 가지는 진정한 의미에 대해서는 완벽히 이해하고 있다고 보기 어렵다. 작품에 등장하는 인물들은 아마도 그때 당시 혹은 그 이전의 예술가나 철학가였을 것이라 짐작되지만 구체적으로 누가 누구인지에 대한 설명은 없다. 예술 사학자들은 작품에 등장하는 몇몇 인물에 대해서는 대체적으로 일치하는 의견을 가지고 있지만 그 외 사람들은 누구인지 모른 채 남아 있다. 따라서 우리는 작품을 그림으로만 바라볼 수 있을 뿐 그 안에 의도된 사회적 의미를 파악할 수 없다. 이러한 현상은 우리가 박물관에서 보는 많은 예술 작품에서도 동일하게 일어난다. 이런 회화 작품은 그림이 그려질 당시에 의미 있었던 신화, 인물, 유명 전투, 주요 사건에 대한 기록인 경우가 많다. 따라서 그 당시 사람들은 그림이 내포한 뜻을 잘 알고 있었을 것이다. 하지만 오늘날 우리들에게 이들 그림이 그려진 배경에 대해서 알 수 있도록 남겨진 것은 없다. 어떤 종류의 꽃들은 순수함과 정절의 표현이고, 빨간 옷은 매춘부를 의미할 수도 있다. 화가마다 그림을 그리는 기법의 차이에 대해서는 파악할 수 있겠으나 이런 식의 감춰진 정보들에 대해서는 알 수 있는 방법이 없다. 더구나 요즘은 사회적으로나 교육적으로 과학기술은 중요시하고 고대 신화나 역사적 사건에 대한 관심은 적다. 이로 인해 갈수록 이런 고전 회화에 대한 이해도는 낮아질 수밖에 없는 실정이다.

음악과 과학기술

언어와 문화의 진화는 문학 작품이나 회화 작품에만 국한된 것이 아니라 음악에서도 나타난다. 애초에 음악은 언어나 문화에 완전히 결합되어 있었다. 당시 음악이 한 지역에서 다른 지역으로, 혹은 한 세대에서 그다음 세대로 전달되기 위해서는 사람 간의 접촉을 통해 듣고 기억하는 것이 유일한 방법이었기 때문이다. 아시리아, 이집트, 고대 중국, 그리고 그 외의 문명에서도 악기가 등장하는 그림들이 존재하는 것으로 볼 때 음악과 문명의 이러한 강한 결합은 아주 오래전부터 있었다고 볼 수 있다. 그림에 등장하는 악기에는 유사성이 있다. 작은 그룹으로 노래를 부르는 경우에는 류트와 같은 작은 현악기가, 전쟁터에서는 큰 북이나 트럼펫과 같은 금관악기류들이 그려지곤 한다. 당시 연주되던 음악은 사라지고 없다. 물론 그와 함께 노래, 민요, 민속, 노랫말도 사라지고 말았다.

진보와 변화로 새로운 양식의 음악이 나타났다. 그리고 이것이 전파되는 데는 과학기술이 큰 영향을 미쳤다. 이 중 매우 오래된 것으로 음표를 표시하는 방법을 들 수 있다. 음표를 표시할 수 있게 되면서 교회 음악이 한 곳에서 다른 곳으로 전달 가능해졌다. 나이 많은 수도승이 사망하더라도 그가 알고 있던 교회 음악들은 더 이상 잊히지 않고 전해질 수 있게 되었다. 이렇게 음악을 기록하는 혁신적 방법이 나타나는 데 기여한 사람 중의 하나가 구이도 다레초(995~1050)라는 수도승이다. 음악을 빨리 배우고 수도원 사이에 전파될 수 있도록 음악 표기 방법을 고안해낸 것이었다. 그가 표준 음계법을 도입함으로써 서양 음악사에 중대한 변화가 일어났다. 이로 인해 근대의 음악 언어가 상당 부분 체계를 잡았고 음계 내에서 음표의 솔파 명명법도 만들어지게 되었다.

음악에서 사용되는 음계 체계는 대화에서 사용되는 언어만큼이나 다양하다. 음악에 조금이라도 관심이 있는 사람은 아마 서양 음악에서는 한 옥타브가 12개의 반음으로 이루어진다는 사실을 알고 있을 것이다. 즉 피아노 건반으로 보면 서양 음악에서 한 옥타브는 C에서 C 사이에 존재하는 모든 건반에 해당한다. 반면 다른 문화권에서는 5개의 음만 사용하는 5음 음계를 쓰고 있다. 피아노 건반에 까만색 건반만 사용한다고 보면 비슷하게 들어맞겠다. 서양과 동양에서 사용하는 언어에 나타나는 성조도 이런 차이가 일부 반영되었을 수도 있지 않을까 싶다. 조금 더 세부적으로 들어가 보면 음악에도 사투리가 있다. 예를 들면 스코틀랜드의 백파이프는 12개의 피아노 반음계가 약간 변형된 독특한 음계를 가지고 있다. 재즈의 음계도 조금 다르다. 과거에도 그렇고 현재도 마찬가지지만 가수나 현악기 연주자들이 키를 바꿔 연주할 때는 조금씩 자신에게 맞게 음의 조율을 다르게 한다. C샵과 D플랫의 음이 조금 달라지는 것이다.

보통은 '어떤 곡이 특정한 키로 써졌다'라고 표현한다(예를 들면 C키). 키가 정해진다는 것은 음 사이의 주파수 공백이 결정되었다는 것을 의미한다. 만약 가수가 자기의 목소리에 비해 원곡이 너무 높거나 낮아서 키를 바꾸어 부르게 되면 완전히 다른 음의 조합으로 바뀌게 되는 것이다. 목소리는 유연하게 변하므로 문제가 되지 않는다. 하지만 피아노와 같은 키보드 악기는 음이 고정되어 있다. 피아노는 가수처럼 조금씩 다른 다양한 키 음색을 표현할 수 있는 건반을 가지고 있지 않다. 이럴 경우 키를 바꾸었을 때 별로 듣기 좋지 않은 소리가 나는 심각한 문제가 발생한다.

수학을 통해 기술적으로 이 문제를 풀기 위한 시도가 있었다. 제시된 해법은 각 반음을 동일한 주파수 비율로 정하는 것이었다. 하나의 옥타브는 처음과 끝 음의 주파수 비율이 2:1이다. 그러므로 12개의 반음을 이 사이에 같은 비율로 배치하기 위해서는 2의 12제곱근에 해당하는 숫자인 1.059비율로 배치하면 된다. 대단한 아이디어였고 수학적으로도 깔끔했다. 비록 기술적으로는 진보라고 생각할 수 있지만 이럴 경우 모든 음이 다 안 맞게 되는 문제가 발생한다. 사실 이런 주파수 변형 방법으로는 현실적으로 발생하는 문제를 해결하기에 충분하지 않다. 그리고 피아노 조율의 경우 매 악기마다 상태가 동일하지 않다는 문제도 있다. 어느 정도 절충하는 선에서 조율을 하게 되고 이로 인해 피아노마다의 특유한 음색이 나타나게 되는 것이다.

언어와 마찬가지로 많은 조율된 음계가 존재한다. 인터넷 웹사이트에서는 전 세계적으로 널리 사용되고 있는 50여 종의 음계에 대한 설명과 음을 제공하고 있다. 실력이 좋지 않은 가수나 연주자에게는 좋은 소식이다. 왜냐하면 흔히 사용되고 있지 않은 음계를 시험해보고 있다고 둘러댈 수 있기 때문이다. 현실적으로는 음악에 있어서 절대적인 음계는 존재하지 않는다. 유일하게 공통적인 특징은 옥타브의 가장 높은 음이 가장 낮은 음의 두 배에 해당하는 주파수를 갖는다는 점뿐이다.

기술의 발전은 악기에 있어서도 매우 다양한 개선과 혁신을 가져왔다. 뿐만 아니라 새로운 악기의 출현에도 자극제가 되었다. 나아가서 방송과 녹음의 전자화는 외국 음악을 쉽게 듣고 훌륭한 연주자의 음악을 전 세계가 공유할 수 있도록 해주었다. 악기에 있어서의 변화와 개선의 좋은 예가 피아노이다. 요즈음의 피아노는 초기 형태인 하프시코드에 비해 훨씬 소리를 강하게 낼 수 있게 되었고 음의 폭도 넓어져서 대형 콘서트 장에서도 연주가 가능하도록 변화되었다. 트럼펫의 경우 수렵용 뿔 나팔로부터 진화되었다. 밸브를 가지게 되었고 이로 인해 반음계 연주도 가능하도록 변화되었다. 색소폰과 같은 새로운 악기는 군악대 소리를 부드럽게 하는 목적으로 발명되었다. 오늘날의 바이올린은 스트라디바리 같은 초기 디자인에서 출발하여 좀 더 강한 소리를 낼 수 있도록 개량된 것이다. 전 세계적으로 음악을 듣는 청중들도 새로운 소리와 새로운 음악에 익숙해졌다. 따라서 아무리 고전 음악을 좋아하더라도 그 곡이 쓰였던 시대의 청중들이 듣고 감상하던 것과 똑같은 곡을 들을 수 있는 방법은 없다. 아마도 이것은 기술 진보에 의한 피해라기보다는 악기와 음악에 일어난 자연스러운 진화의 결과일 것이다.

나는 기술적 진보가 음악이 확장되고 발전하는 데 있어서 자극을 주는 중요한 요소였다는 믿음을 가지고 있다. 기술은 대중의 취향과 연주에 대한 기대 수준을 바꾸었고 이것이 음악의 구성을 완전히 변화시키는 원동력이 되었다. 이것은 일반적인 음악학 학자들의 견해인 미술과 문학이 음악 발전을 견인했다는 것과는 매우 다른 주장일 것이다. 나는 기술이 어떻게 음악 발전에 기여했는지에 대해 관심이 많다. 이것에 대한 논의는 나의 저서 『음악의 소리(Sound of Music:The Impact of Technology on Musical Appreciation and Composition)』에 실려 있다. ⋮

9장
저장한 정보는 영원할까?

정보와 지식

정보와 지식에서 나는 지식이 구전으로만 전해질 경우 얼마나 사라지기 쉬운 지 설명했다. 지식이 구전으로 계속 이어지려면 믿을 수 있는 중간 전달자가 끊임없이 나와야 한다. 그 와중에 언어는 계속 진화하고 때로는 완전히 사라지는 경우도 있다. 따라서 구전되는 지식은 내용이 잘못 해석될 위험에 항상 노출되어 있다. 기록물의 경우 시간이 가도 물리적으로 변하지는 않는다. 하지만 이 경우에도 언어가 진화하면서 뉘앙스가 변하는 일이 발생하기 때문에 시간이 지나면서 문장의 문화적 의미가 달라지는 위험성은 동일하게 존재한다. 이것은 이미지 분야에서도 마찬가지다. 3만 년 전의 동굴 벽화가 살아남아 있을 수는 있으나 그 그림의 진정한 의미에 대해서는 추측만 할 수 있을 뿐이다.

여기에서는 다양한 종류의 저장 매체가 어떻게 살아남아 왔는지에 대해 다루고자 한다. 그동안 일어난 역사적 변화와 그 양상을 바탕으로 전자적인 방법에 의존하고 있는 지금의 추세가 안심해도 될 상황인지 판단해보자. CD, 가정용 컴퓨터 혹은 원거리 중앙 집중식 '클라우드' 저장 방법과 같은 현대식 저장 매체들은 현재 엄청난 저장 용량을 가지게 되었다. 그리고 저장 용량은 여기에 그치지 않고 폭발적으로 증가하고 있다. 따라서 지금까지 존재하는 모든 기록물을 현대식 저장 매체에 보관하는 데는 아무 문제가 없다. 원칙적으로 우리는 인터넷이나 다른 접속 방법을 통해 어떤 곳에서건 이런 정보에 쉽게 접속 가능하다. 상업적 마케팅과 언론 광고를 통해 과거 사용하던 저장 방법은 폐기하고 전자식 저장 매체로 전환하는 것이 올바른 길인 것처럼 분위기가 조성되고 있다. 하지만 가정용 컴퓨터만 보더라도 저장된 정보가 소실되는 경우가 흔하게 발생하고 있다. 컴퓨터 운용 시스템이 업그레이드되거나 저장 포맷이 발전하게 되면 이전 데이터에 접근하는 것이 불가능해지는 경우가 빈번하다.

이와 마찬가지로 클라우드 같은 원거리 저장 시스템에 의존하는 방식도 위험 요소를 포함하고 있다. 일단 클라우드에 접근하려면 전자식 통신 수단에 의존해야 하는데 전자식 통신 수단이 전 세계적으로 골고루 갖춰지지 않은 것이 현실이다. 또한 맨 처음 언급했듯이 태양 흑점 폭발에 의한 자기폭풍이 지구에 닥칠 경우 인공위성이나 전력 공급망이 마비되면 정보에 접근할 수 있는 방법이 없어진다. 이런 재앙은 장기간 계속될 수 있으며 그럴 경우 파급력은 어마어마할 것이다. 인공위성 문제는 다른 요인에 의해 발생할 가능성도 매우 높다. 부품의 노후화나 고장부터 인공위성끼리의 충돌에 이르기까지 다양한 요인이 있을 수 있다. 인공위성끼리 충돌한 대표적인 예는 2009년에 일어난 미국 이리듐 33 위성과 러시아 코스모스 2251 통신 위성 간에 일어난 사고다. 다행히 이 사고에는 단지 두 개의 위성만이 관여되었으나 인공위성 충돌시 상황은 더 심각해질 수 있다. 또한 미국과 러시아 양국에서 공통적으로 걱정하는 부분은 군사 위성이 파괴되었을 때 이것이 단순한 사고인지 아니면 상대국의 의도적 파괴인지를 알아내기 힘들다는 점이다. 물론 이로 인한 정치적 파장은 심각한 상태로 치달을 수 있다.

지구를 돌고 있는 대부분의 인공위성은 궤도가 유사하다. 물리학적으로 비슷한 원리를 이용하기 때문이다. 따라서 인공위성 충돌시 사고로 떨어져 나온 파편이 비슷한 공전 궤도를 따라 돌다가 다른 인공위성을 파괴시키는 2차 피해가 발생할 수 있다. 문제는 인공위성의 수명이란 것이 예측하기 매우 힘들다는 데 있다.

이런 시나리오를 바탕으로 재난 영화도 만들 수 있다. 인공위성끼리 충돌한 사고로 떨어져 나온 파편이 다른 인공위성을 파괴하는 것은 실제로 현실에서 일어나는 일이다. 이러한 사고를 케슬러 현상이라고 부른다. 인공위성이 수명을 다하는 일도 실제 발생한다. 엔비셋이라는 인공위성은 30억 달러 비용이 들어간 8톤의 무게를 가진 커다란 인공위성으로 이미 수명이 다했으나 현재도 지구 밖 궤도를 돌고 있다. 엔비셋이 돌고 있는 공전 궤도에는 10센티미터 이상 크기의 파편 2만여 개, 1센티미터보다 작은 파편 1억여 개가 함께 돌고 있다. 궤도 위의 엔비셋은 시속 2만 킬로미터의 속도로 지구를 돌고 있다. 이 정도 속도에서는 작은 파편이라 하더라도 엄청난 에너지를 가지고 있으므로 충돌할 경우 심각한 피해를 입을 수 있다.

이런 에너지를 가지고 있는 파편과 충돌했을 때의 충격량이 어느 정도인지 일반인들은 감을 잡기 힘들다. 고속으로 발사된 총알이 주는 충격량과 비교하면 도움이 될 것이다. 대부분의 인공위성이 공전하고 있는 저준위 궤도에서 돌고 있는 작은 파편의 경우 총알의 100배에 해당하는 운동 에너지를 갖고 있다. 큰 파편의 경우 총알의 1,000배까지 충격 에너지가 커질 수 있다. 2014년 통계를 보면 2,000여 개의 인공위성 가운데 1년에 평균 1개 정도의 위성이 파편과 부딪혀 피해를 당한다고 한다. 물론 파편이 인공위성을 아슬아슬하게 비켜나는 경우는 훨씬 더 자주 발생한다. 이런 충돌이 실제로 일어나면 그 여파로 파편의 개수가 급증한다. 충돌에 따라 파편이 기하급수적으로 늘어나면 당연히 인공위성에는 심각한 위험이 될 것이다. 따라서 파편의 움직임에 대한 추적은 매우 중요하다. 파편의 움직임은 레이더로 모니터링이 가능하다. 실제로 국제 우주정거장의 경우 예상되는 충돌을 피하기 위해 1년에 5번에서 10번까지 위치를 옮기고 있다. 그나마 위안이 되는 것은 위성과 파편이 같은 방향으로 움직이고 있기 때문에 위성과 충돌시 파편의 상대 속도가 줄어든다는 점이다.

그동안 여러 번 흑점 폭발로 인해 전력망이 마비되는 사태가 발생했다. 또한 기후 변화로 강수량이 줄어들게 될 경우 수력 발전량이 감소되어 전력 공급망에 부하가 커지는 현상이 발생하게 된다. 특히 물 저장량이 줄어들면 전력량 감소가 장기간 이어지게 된다. 2012년 7월에 인도의 3개 지역에서 발생한 전력망 마비는 지구 전체 인구의 10퍼센트에 해당하는 6억 2천만 명을 장시간 암흑 속에서 고생하게 만들었다. 물 저장량 부족으로 인한 전력 공급 차질 현상은 다른 국가에서도 동일하게 발생한 바 있다. 원자력발전소 가동이 중단된 상태에서 미국 메드 호수의 수량이 줄어들자 이곳 수력발전소의 발전량이 감소하여 큰 문제가 발생하였다. 현재 우리 사회는 매우 복잡하면서도 쉽게 무너질 수 있는 상호 보완 시스템을 기반으로 하고 있다. 이 중 통신 시스템의 마비가 비교적 덜 치명적이나 이마저도 저장된 막대한 양의 데이터가 사라지는 피해가 발생할 것이다.

중앙 집중식 데이터 저장 방식은 언제든 테러리스트나 악성코드의 공격에 의해 피해를 입을 수 있다. 2016년에만도 여러 번의 공격이 있었다. 특정 사이트에 끊임없이 데이터를 요구하는 공격 방법으로 대상 사이트를 과부하 상태로 만들면 사이트가 수일간 제대로 기능을 하지 못하게 된다. 이런 방법으로 체계적인 공격이 이루어지면 클라우드 사이트에 대한 일반인들의 접속을 오랜 기간 동안 봉쇄할 수 있다. 따라서 우리는 클라우드에 저장한 기록물들이 얼마나 쉽게 찾아볼 수 있고 동시에 영구적으로 보존될 수 있을지 고민해야 할 것이다.

이와 별개로 우리가 얻은 과거 기록물을 얼마나 신뢰할 수 있을지에 대해서도 질문해야 할 필요가 있다. 읽을 수 있어야 할 뿐 아니라 제대로 이해하는 것도 중요하다. 현재의 기록물에서 고대 유물에 이르기까지 시간에 따른 소실을 막을 수는 없다. 따라서 이런 정보들을 잘 보존하기 위해서는 왜 이러한 정보 소실이 일어나는지 정확히 이해해야 한다. 우리가 정보의 소실 원인을 이해하고 이에 대한 적절한 조치를 한다면 미래 세대들은 여전히 우리를 기억하고 우리의 생각을 이해할 수 있게 될 것이다. 마지막으로 우려하는 것은, 앞서 언급한 것처럼 중앙 집중식 데이터 저장 방식이 계속하여 지금과 같은 낮은 요금을 유지할지 미지수라는 것이다. 또한 저장된 데이터가 정부나 범죄자에 의해 열람되지 않는다는 보장이 없고, 기술 발전으로 저장 포맷이 바뀔 때 제대로 업그레이드가 진행되면서도 추가적인 비용 없이 잘 유지될 수 있을지에 대해 확실한 믿음을 가지기 어렵다.

입력기술과 데이터 소실

기록물이 소실되는 데는 여러 가지 이유가 있을 수 있다. 언어의 자연적 진화, 정치 변화, 전쟁, 그밖에 기록이나 이미지 저장에 사용된 재료의 훼손 등이 주요한 원인들이다. 정보 소실의 원인으로 지목된 전쟁, 방송, TV, 영화가 어떻게 기술 발전이나 국가별 세계화 추세와 관련 있는지 명확하지 않다. 여러 요인의 복잡함과 광범위함에도 불구하고 저장 매체 전반에 걸쳐 발생하는 정보의 훼손과 소실에는 뚜렷한 패턴이 보인다. 이는 오랜 시간을 들여 돌 위에 글씨나 그림을 솜씨 좋게 새기는 경우부터 쉽고 빠르게 컴퓨터로 타이핑하는 것에 이르기까지 동일하게 적용될 수 있다. 극단적인 이 두 가지 경우를 비교해보자. 큰 차이점으로는 돌에 정보를 새기는 것은 몇 천 년이 지나도 남을 수 있는 반면 컴퓨터에 저장한 기록은 몇 년이 지나고 나면 구식이 될 기계, 소프트웨어, 저장 매체에 존재하는 정보라는 점이다. 내가 굳게 결심하고 데이터를 계속 최신으로 유지하지 않으면 20년이 지나기 전에 컴퓨터 정보 전문가를 제외하고는 읽어낼 수 없는 상태가 될 것이다. 돌과 컴퓨터 사이에 발생하는 이와 같은 차이점은 그동안 나타났던 모든 종류의 기록 매체에서도 찾아볼 수 있다. 이 책에서는 매체별 기록 속도와 기록물의 보존 가능 기간 사이에 상당히 과학적인 패턴으로 연관성이 있음을 보여 주고 이에 대한 새로운 법칙을 제안하겠다.

과거와 현재의 기록 방법 차이에 대한 논의를 할 때 거의 다루어지지 않는 것이 있다. 돌에 글을 새기는 사람이나 19세기경 필사나 회계 장부를 작성하는 사람들은 작업을 시작하기 전에 매우 신중하게 생각해야 했다. 일단 진행되고 나면 다시 고칠 수가 없기 때문이다. 반면 컴퓨터에 타이핑을 할 때는 이야기하고 싶은 주제에 대한 대강의 생각들을 부담 없이 써내려가게 된다. 철자법에 대해서도 전혀 걱정하지 않는다. 작성이 끝난 이후에라도 소프트웨어를 이용하든 내가 직접 고치든 할 수 있기 때문이다. 또한 글의 순서가 별로 마음에 들지 않거나 후에 생각이 달라졌을 때는 잘라내고 붙이는 작업을 통해 수정할 수 있다. 컴퓨터에서는 이런 작업이 아무 것도 아니다. 작성하기 전에 미리 조심스럽게 계획해야만 하는 경우와 이미 썼던 내용을 쉽게 바꾸거나 업데이트할 수 있는 자유로움이 주어지는 경우를 비교해보면, 우리가 생각하고 작문하는 과정이 달라질 수밖에 없을 것이다. 작성 전에 마음속으로 미리 잘 계획하는 것도 큰 장점이 있겠으나 나 같은 경우 쉽게 바로잡고 고칠 수 있는 편을 더 선호한다.

재료기술의 발달과 정보 소실

정치인, 과학자로부터 언론에 이르기까지 우리 모두는 과학기술의 발전이 우리 사회를 항상 나은 방향으로 개선시키고 이로 인해 모든 것이 진보하는 것으로 믿고 있다. 하지만 쇼핑 리스트부터 연애편지에 이르기까지 정보를 기록한다는 차원에서는 완전히 틀린 생각이다. 오히려 그 반대가 진실에 가깝다. 지난 수천 년간 기록물에 사용된 재질에 대해 살펴보고 이들의 수명에 대해 논해보자. 그리고 이것들이 소실되고 훼손되는 이유에 대해서도 알아보도록 하자. 뒤에 이야기하겠지만 재료들마다 기록의 용이성과 보존 기간 사이에는 이율배반적인 관계가 있다.

글자를 돌에 새기는 방법은 기술, 체력, 인내를 요한다. 특히 오랜 기간 동안 보존되기를 원할 경우 잘 닳지 않고 부스러지지 않도록 마모에 강한 암석을 선택해야 한다. 이런 암석을 선택하는 경우 새기는 작업은 더 힘들어진다. 화강암에 새긴 글자는 오랜 세월을 견딜 수 있다. 아주 오래된 화강암 건물에 새겨진 글씨들은 여전히 잘 읽을 수 있는 상태를 유지하고 있다. 글자의 크기는 크고 내용은 제한적이지만 온화한 날씨를 보이는 지역의 건축물에 새겨진 '이곳은 전 우주의 지배자이신 오그 왕의 궁전이다' 같은 문구는 오그 왕에 대한 사람들의 기억보다 훨씬 오래 살아남는다. 지금도 돌에 새겨진 고대 문명의 유적이 발견되고 있다. 따라서 기록물의 수명이 재질에 따라 1만 년을 넘는 것이 현실적으로 불가능한 것은 아니다. 하지만 혹독한 기후 환경에서 새기기 쉽고 적은 비용이 드는 무른 재질의 돌을 선택할 경우 수명은 훨씬 짧아질 것이다. 영국에 있는 교회들의 묘지를 돌아다녀보면 묘비들에 새겨진 글씨가 100년, 200년이 지나서도 여전히 보이는 경우도 있고 기후에 의해 깎여나가 읽기 어려워진 묘비들도 많이 발견할 수 있다.

　석각 기법이 가진 명확한 문제점은 일단 만드는 데 드는 비용이 비싸고 게다가 무거워서 옮기기 어렵다는 것이다. 따라서 고정된 위치에 설치될 목적으로는 적합하지만 우편으로 이송해야 하는 경우에는 부적합하다. 온화한 기후 조건하에서 보관될 경우 오랫동안 살아남을 수 있는 확률이 높아진다. 특히 모래와 같이 보호층 역할을 할 수 있는 물질 속에 파묻혀 있는 경우 매우 오랜 기간 동안 보존된다. 로제타스톤처럼 현무암 재질에 글씨를 새길 경우, 많은 글자를 기록해 넣을 수도 있고 수천 년이 지나도 분명하게 읽을수 있다.

　돌에 글씨를 새기는 것을 기준으로 기록물에 대한 논의를 해보자. 기록에 필요한 속도와 담을 수 있는 정보의 양 사이의 관계를 보여줄 수 있다. 어떤 역사적 사료들은 오랜 세월을 견디면서 살아남았지만 많은 석판 유적들은 없어지거나 마멸되어 부서졌다. 일반적으로 관찰의 대상이 50퍼센트 소멸되는데 소요되는 시간을 가리켜 반감기라고 부르는데 기록물의 경우에도 이 개념을 적용할 수 있다. 반감기는 과학 분야에서는 익숙한 용어다. 우라늄과 칼륨과 같은 방사능 원소는 여러 종류의 핵 질량을 가진 원소가 섞여 있다. 비록 화학적으로는 우라늄과 칼륨의 성질을 띠고 있으나 핵 내 양성자와 중성자의 개수가 조금씩 다르다. 어떤 양성자와 중성자 조합은 불안정한 상태에 있게 되고 이것들은 자연적으로 분열되게 된다. 이런 원소들은 분열되어 통계적으로 반이 없어지는데 걸리는 시간을 정확하게 예측할 수 있다. 이렇게 불안정한 물질이 소멸되는 과정 중에 50퍼센트만 남을 때까지 걸리는 시간을 반감기라고 부른다. 어떤 대상이든 원래 물건이 사라지는 현상이 발생하는 경우 반감기 개념을 적용할 수 있다. 이런 의미에서 세월이 갈수록 훼손되는 기록물의 경우에도 이와 같은 개념을 적용하여 소멸 패턴을 관찰할 수 있다.

이번에는 인간의 수명에 반감기 개념을 적용할 수 있는지에 대해서 살펴보자. 무생물인 돌이나 방사선 원소에 적용되던 반감기 개념을 인간의 수명에 적용하기는 힘들 것으로 예상할 것이다. 하지만 놀랍게도 90세가 되면서부터는 무생물에 적용되던 반감기 현상이 나타난다. 수명 통계를 보면 90세 인구군의 반만 91세까지 살아남고 91세 인구군 역시 50퍼센트만 92세까지 살아남게 된다. 이 글을 읽고 있을지도 모를 90세가 되신 분에게는 죄송한 얘기지만 이렇게 계산하면 90세 노인이 100세까지 살아남을 수 있는 확률은 1,000분의 1밖에 안 된다. 이렇듯 인간 수명에 있어서 거의 말년 무렵이 되면 앞에서 다룬 정보의 소실이나 방사선 원소의 붕괴와 같은 무생물 현상에서 관찰되던 반감기 패턴이 나타나게 되는 것이다.

무언가를 기록하는 데 사용할 수 있는 재료 중에 보존 기간의 측면에서 본다면 돌이 가장 적합하다. 돌에 기록된 자료는 반감기가 수천 년에 달하기 때문이다. 반면 암석이 아닌 점토판에 글을 새겨 넣고 마르기를 기다리거나 불에 굽는 방식을 사용하면 기록에 필요한 시간은 많이 단축된다. 이것이 쐐기문자 발달의 시작이다. 보존 기간은 우수하지만 가벼워서 들고 다닐 수 있게 되면서 점토판은 쉽게 부서지거나 없어지게 되었다. 그럼에도 불구하고 점토판에 기록된 자료의 반감기는 여전히 1천 년 정도는 된다. 큰 돌에 글씨를 새기는 대신 점토판에 기록하는 방식으로 바뀌면서 반감기 자체는 줄어들었지만 점토판의 숫자가 늘어나면서 결국 살아남는 기록물의 숫자는 더 많아지게 되었다.

서기 2000년쯤에는 파피루스나 종이에 잉크를 이용하여 기록하는 기술이 발명되면서 훨씬 빨리 기록물을 만들 수 있게 되었다. 이로 인해 훨씬 빠른 기록 속도, 가벼운 무게, 보관과 운송의 편리함을 누릴 수 있게 되었다. 그러면서도 재질 자체의 수명은 그 당시 인간의 수명을 능가하는 정도였다. 메마르고 건조한 이집트의 석관에 보호된 문서들의 대부분은 삭아서 파괴되었지만 그래도 그중 몇 개는 살아남아 오늘날까지 전해지고 있다. 파피루스에 기록된 문서는 분해되거나 벌레의 공격을 받기 쉽다. 또한 잉크가 바래거나 습기로 인해 파괴되는 문제도 있다. 잘 보관된 파피루스 문서는 1천 년에서 2천 년까지도 살아남을 수 있으나 일반적인 문서는 100년 남짓 정도 지나면 없어지게 된다.

뜨거웠던 문서 재료 기술 경쟁은 벨룸 혹은 파치먼트라는 이름으로 불리는 동물 가죽(양피지)으로 옮겨졌다. 잉크를 이용하여 빠르게 기록할 수 있고 휴대가 쉬운 이 재료는 잘 보관하기만 하면 오랫동안 보존이 가능하다. 이 재료를 사용하여 현재까지도 살아남아 있는 기록물들이 꽤 있다. 잉크가 빛바래고 박테리아나 벌레에 의해 분해가 일어나는 이유로 반감기는 수백 년에 불과하다. 하지만 워낙 많은 분량의 문서가 작성된 탓에 반감기를 훨씬 지나 1천 년을 살아남은 문서들도 많다. 요즘은 잉크가 바랜 문서들도 발달된 현대적 기술을 이용하면 읽을 수 있게 되었다. 이런 문서들은 가시광선보다는 적외선 램프 아래에서 보면 훨씬 좋은 명암 대조 효과를 얻을 수 있어 가독성이 높아진다. 오늘날까지도 동물 가죽은 문서 재료로 사용된다. 영국의 의회 법령은 오랫동안 보존될 수 있도록 하기 위해 지금도 양피지에 작성되고 있다.

2016년에 영국 의회 법령도 양피지로부터 전자식 저장 방식으로 전환하자는 제안이 있었다. 이럴 경우 보관본을 신속하게 작성할 수 있는 이점이 있겠으나 전자식 저장 방법과 소프트웨어는 그 수명이 일시적이라는 지적이 있었다. 그 때문에 다행스럽게도 지금과 같은 방식을 유지하는 것으로 결정되었다. 전자식 저장 매체에 대한 접근은 수십 년 동안은 가능하겠지만 수백 년을 견디기는 어렵다. 물론 요즘은 법률을 전자식으로 전달하고 배포하는 것이 일상화되어 있긴 하다. 이 장의 후반부에 다시 이 주제로 돌아와서 양피지에 대한 설명과 이것이 토지대장과 같은 문서에 사용되어야 하는 이유에 대해 다루도록 하겠다.

노르만족 침공 사건 이후 영국인들이 소유하고 있던 재산에 대한 기록 문서와 정치적 문서 등은 매우 조심스럽게 보관되었다. 1086년에 작성된 토지대장은 지금까지도 잘 보존되고 있다. 때문에 이런 재질에 쓰인 문서들의 생존 반감기에 대한 일반적인 시각이 왜곡되어 더 오랜 기간 보관될 수 있다고 믿게끔 되었다. 하지만 기원전 1세기경 작성된 사해문서와 같은 매우 중요한 사료는 심하게 훼손된 상태로 발견되었다. 사용된 재료가 가진 생존 반감기로 볼 때 아주 오랜 기간을 견뎠다고 볼 수 있다.

　사해문서의 경우는 짧은 기간 안에 사라져버린 재료 기술에 대한 재미있는 예가 될 수 있다. 발견 당시 문서는 청동으로 만든 금속 상자 안에 보관되어 있었다. 청동은 그 당시 광범위하게 사용되던 구리와 주석의 합금으로써 매우 단단한 성질을 띠고 있다. 표면은 산화되어 보호층을 형성하는 성질이 있고, 칼이나 갑옷을 만드는 용도로 매우 중요한 금속이었다. 청동기 시대는 약 1천 년 동안 계속되었던 것으로 알려져 있다. 사해문서가 발견된 금속상자는 청동 중에 구리와 비소가 함유된 비소 청동 재질로 만들어졌다. 이 재료는 우수한 물성을 가지고 있고 만들기도 어렵지 않으나 제조 과정에서 금속을 녹일 때 유독가스인 비소 증기가 다량 발생한다는 문제가 있다. 따라서 비소 청동을 제조하는 작업장에 근무하는 사람들의 수명이 매우 짧기 때문에 오랜 세대를 이어가며 가업으로 유지하기에는 적절하지 않은 기술이었다. 결국 비소 청동을 제조하는 기술은 짧은 기간 내 사라지게 되었다.

　현대적인 종이 제조 기술은 기원전 1세기경 중국에서 처음 시작되어 8세기경에는 이슬람권으로 전파되었고 계속하여 서쪽으로 이동하였다. 손으로 기록을 하는 것으로부터 종이 위에 인쇄하는 것으로 기술이 발전함에 따라 전달된 정보의 복제 속도가 빨라졌다. 종이는 기록하는 속도도 빠르고 양피와 같은 동물 가죽에 비해 제조하기도 쉽다. 하지만 재료의 보존 기간이라는 측면에서는 다른 재료에 비해 불리하다. 양피와 마찬가지로 잉크는 여전히 바래기 쉽고 잉크 성분은 종이를 상하게 하는 역할을 한다. 중세 시대에는 흑색 잉크를 도토리 즙으로 만들었는데 여기에는 철 성분이 많이 들어 있었다. 잉크에 포함된 철 성분은 우수한 명암 대비를 통해 검은색을 표현하는 데는 유리하나 화학적으로 종이를 상하게 하는 단점이 있다. 이렇게 되면 알파벳 'o'나 'p'의 동그라미 안쪽 종이가 떨어져 나가는 현상이 생긴다. 많은 종류의 종이들은 햇빛을 받으면 바래거나 부서지지만 종이 덕분에 많은 문서들이 손쉽게 인쇄되어 현재까지 전해지고 있는 책들이 많다. 하지만 종이로 만들어진 문서의 평균 수명은 1백 년 정도다. 지난 세기에는 종이에 타이프로 쳐서 문서를 만드는 경우가 많았는데 이때도 타이프 키에 의해 종이가 상처를 입게 된다. 잉크가 바래는 문제는 종이 시대에 와서도 여전히 남아 있다. 영수증에 인쇄된 많은 품질 보증서나 기타 보증 서류들은 보증 기간이 끝나기도 전에 잉크가 바래져서 쓸모없어져 버리는 경우도 많다.

컴퓨터에 입력된 정보 저장 기술의 발전

쐐기문자든 그림문자든 정보를 저장하거나 전달하기 위해 무언가를 기록하는 행위는 단순하다. 하지만 해석을 하고 정보를 처리하는 과정은 믿을 수 없이 난해하면서 강력하고 복잡한 장치를 통해 진행되었다. 이 장치는 바로 두뇌다. 일례로 수를 표현하는 데는 여러 가지 방법이 사용되었다. 손가락을 가지고는 10까지 셀 수 있다. 더 큰 수는 10이라는 숫자 단위가 몇 개 있느냐로 표현이 가능하다. 수를 단순하게 표시하고, 표기하는 기호의 개수를 줄이기 위해 몇 개의 주요한 표식을 사용하는 방법도 있다. 로마식 숫자표기는 I, V, X, L, C, D, M이 각각 1, 5, 10, 50, 100, 500, 1,000을 의미하도록 구성되어 있다. 이러한 숫자 표기 방법은 상당히 정확하지만 '0'이라는 숫자를 포함하지 않고 있어 곱하기나 나누기에는 적합하지 않은 표기법이다. 예를 들면 497×319라는 계산을 로마식 표기법으로 하려고 시도해보라. 나눗셈은 더 힘들다. 다른 숫자 표기법도 많이 있다. 열 개의 숫자를 한 묶음으로 하는 대신 두 개의 숫자만 사용할 수도 있다. 이것을 가리켜 이진법이라고 하며 여기서 0, 1, 2, 3은 0, 01, 10, 11로 표시된다. 사람이 읽기에는 쉽지 않은 숫자 표기법이지만 실제 컴퓨터가 다루기에는 훨씬 용이한 방법이다. 전자 시스템은 꺼지고(0) 켜지는(1) 두 가지 상태밖에 없기 때문이다.

컴퓨터는 스스로 판단할 수 있는 지능이 없기 때문에 워드 프로세싱이 됐던 계산이 됐던 어떤 일을 하라는 지시를 해주어야만 한다. 이 과정은 매우 지루하지만 일단 지시하는 내용이 확정되고 나면 인간보다 훨씬 빠르게 일을 처리할 수 있다. 소프트웨어를 만들기 위해 투자하는 시간이 의미가 있는 이유다. 컴퓨터에 지시 사항을 입력하기 위해서는 우리가 사용하는 글자와 숫자를 1(on)과 0(off)으로 이루어진 컴퓨터가 이해할 수 있는 언어인 코드로 바꾸어야 한다. 이것은 단순하지만 다른 용도로도 적용할 수 있는 개념이다. 예를 들면 직조용 베틀의 경우에도 기계가 움직여야 할지 말아야 할지에 대해 명령을 주어 패턴을 짜고 실의 색을 바꾸게 된다. 이런 식의 기계 언어를 통한 명령 전달 방법은 18세기 프랑스 리옹의 자카르에 의해 처음 고안되었다. 이로 인해 직조 속도는 매우 빨라졌으나 동시에 이전 세대부터 전해져온 근무 형태나 고용 상황에 변화가 왔다. 대량 생산 체제가 도입되면서 오래전부터 전해져 내려오던 손기술은 사라지는 결과로 이어졌다.

이 기술은 1889년에 허만 홀러리스가 펀칭된 카드를 이용하는 방법으로 특허를 내면서 발전하였다. 그후 100년이라는 세월이 흐르는 동안 이 개념이 컴퓨터 기술에 접목 가능하다는 것을 깨닫게 되었다. 1950년대에 이르러 컴퓨터에 지시할 명령을 홀러리스식 펀칭 카드로 코드화시켜 입력하기 시작하였다. 카드 묶음에 구멍을 뚫어 처리해야 할 정보를 홀러리스식 카드로 기록하였고 기계를 움직이는 소프트웨어는 다른 카드 묶음에 기록되었다. 느리기는 했지만 어쨌든 이것이 컴퓨터의 시초였다. 당시 컴퓨터는 매우 큰 방에 진공 튜브라고 불리던 진공 밸브를 냉각시키기 위한 에어컨과 함께 설치되었다. 구멍이 뚫린 카드 대신 종이테이프에 구멍을 뚫는 방식을 사용하였다. 그리고 이것을 읽는 테이프 리더가 출현하면서 훨씬 빠른 속도를 얻을 수 있었다. 읽는 속도는 개선되었으나 종이테이프에 뚫린 구멍을 고치는 일은 매우 지루한 일이었다. 당시로서는 최첨단 기술이었지만 곧 사라질 운명의 기술이었고 실제로 그로부터 20년 내에 이 기술은 없어지게 되었다.

이를 대체하여 등장한 것이 자기테이프 형이었다. 이 기술로 컴퓨터가 읽어 들이는 속도가 매우 빨라졌고 잘못된 부분을 고치는 것도 쉬워졌다. 잘만 보관하면 자기테이프는 10년은 사용할 수 있었다. 이것은 평균적인 수치고 자주 사용할 경우 테이프가 늘어나서 읽을 수 없는 상태가 되었다. 따라서 중요한 데이터들은 새로운 테이프에 복사를 해두어야만 했다. 물론 복사하는 중에도 에러가 발생할 수 있으나 이 기술의 편리함을 생각하면 아무 것도 아니었다. 테이프를 만드는 기술 역시 재질, 용량, 속도 면에서 발전하였고 심지어 요즘에도 음악 녹음을 위해 마스터 본을 만들 때는 이 기술을 사용하고 있다. 문제는 오래된 테이프들은 더 이상 그 속에 담긴 정보를 읽어낼 수 없다는 점이다. 그동안 테이프에 기록하는 포맷이나 사이즈가 변했고 이것을 읽어내는 테이프 리더도 바뀌었기 때문이었다. 이런 현상은 자동차가 100년 동안 사용되어 왔지만 20세기 초반의 자동차와 오늘날의 자동차 사이의 공통점이 거의 없는 것과 유사한 경우라고 볼 수 있다.

CD에 정보를 기록하고 데이터를 저장하는 기술이 1984년경(공교롭게 조지 오웰의 책 제목과 같다) 개발되었다. CD는 특히 음악계에서 비닐로 만들어진 음반을 대체하는 용도로 사용되었다. 이러한 변화의 이유를 설명하기 위해서는 음악 녹음 기술의 변화를 살펴보는 것이 도움이 된다. 많은 사람들은 음악과 현대 기술의 발전 사이에는 별다른 상관성이 없다고 생각하는데 옳지 않은 생각이다. 사실상 기초적인 전자기학의 발전을 이끌어낸 가장 중요한 요인이 바로 음악을 녹음하고자 하는 필요성이었다. 이러한 목적으로부터 마이크, 앰프, 스피커가 발명되어 라디오 방송이 가능해졌으며 점차 다른 종류의 전자 제품들로 확산되었던 것이다.

음악 녹음용 매체의 교체와 성공

20세기 전자기학의 발전은 세상을 혁명적으로 변화시켰다. 1904년 영국의 앰브로즈 플레밍은 진공 밸브를 발명하였다. 밸브는 음의 전하를 띤 전자를 방출하는 뜨거운 양극과 전자를 끌어들이는 양전하를 띤 음극으로 구성되어 있었다. 매우 간단한 이 원리를 이용해 전자를 한쪽 방향으로만 흐르도록 하는 장치를 갖게 된 것이다. 1907년경 미국의 리 디포리스트는 양극과 가까운 곳에 와이어 격자를 설치해서 격자에 흐르는 전압을 조절하여 진공 밸브에 흐르는 전류의 양을 크게 변화시킬 수 있도록 만들었다. 이것이 최초의 전자식 앰프의 원리다.

음악과 전자기학의 접목은 19세기에 시도되었던 녹음 기술의 개발에서 시작되었다. 음악의 녹음을 위해, 처음에는 왁스 드럼을 사용하였고, 이후에는 왁스 디스크의 표면에 새겨진 패턴을 바늘이 긁었을 때 나오는 음의 떨림을 이용하였다. 하지만 큰 소리를 내려면 디스크 손상이 심했기 때문에 반복 재생할 경우 음이 심하게 뒤틀렸다. 그러나 전자 신호를 이용하는 앰프가 등장하면서 음악계에 완전히 다른 세계가 열렸다. 감도 높은 마이크의 제작이 가능해졌고 마이크를 통해 얻어진 약한 전자

신호를 앰프로 증폭시킬 수 있는 기술이 개발되었기 때문이다. 이렇게 증폭된 신호는 스피커로 내보내거나 녹음기 혹은 다른 매체에 저장하는 용도로 사용할 수 있었다. 이 기술로 인해 음악을 녹음하여 마스터 본을 먼저 만들고 이것을 이용하여 일일이 복사본을 만드는 기존의 방법 대신, 음악을 바로 복사해서 사용하는 길이 열렸다. 물론 이 당시 디스크에는 몇 분 정도의 녹음 분량밖에 담지 못했지만 댄스 음악이나 노래 한 곡을 담기에는 충분했다. 이렇게 탄생한 축음기 음악은 문화적으로 비음악인에게도 매우 인기가 높았다. 이는 당시 경제 상황으로 볼 때 엄청난 시장이었다. 이렇게 음악으로 인해 전자기학이 발전했고 1920년에 이르러서는 라디오 송신기와 수신기가 발명되고 판매되게 되었다. 전자기기의 시대가 도래한 것이었다.

새로 발명된 전자장치는 녹음 산업을 새롭게 변모시켰다. 플라스틱 디스크에 음악을 담아 수많은 대중에게 전파할 수 있게 되었다. 하지만 문제는 디스크에 담을 수 있는 음악이 너무 짧다는 것이었다. 이때부터 문제점을 개선한 새로운 상품이 나오고 그에 따라 이전의 시스템이나 장비는 사라지는 과정이 반복되었다. 전자기학의 발달로 이전 세대에 존재했던 왁스 디스크 녹음 방식은 역사 속으로 사라졌다. 레코드용 소재도 셸락(폴리비닐 알코올)에서 비닐로 발전하였고, 턴테이블의 속도는 분당 78회전에서 45나 33과 $\frac{1}{3}$회전으로 옮아갔다. 이로 인해 한 면당 3분에 불과하던 재생 시간이 거의 30분까지 늘어났다. 이런 진화 과정에서 하나의 상품이 지속되는 기간은 약 20년 정도였다. 이후에 비닐 레코드는 새롭게 등장한 마그네틱테이프와 경쟁하다가 1980년대 초 테이프가 더 보편적으로 사용되었다. 교향곡이나 오페라 같은 클래식 음악을 위해서 더 긴 재생 시간에 대한 요구가 꾸준히 존재했다. 이러한 요구는 CD(콤팩트디스크)의 개발로 이어졌으며 드디어 75분에 달하는 베토벤 〈9번 교향곡〉을 한 장의 CD에 담을 수 있게 되었다. 이로 인해 비닐 레코드는 판매가 급감하여 2000년도에 들어서는 클래식 음반 판매의 2퍼센트 수준까지 떨어지게 되었다. 1980년 말에 등장한 CD로 인해 매우 우수한 음질의 음악을 80분까지 담을 수 있게 되었다. 1990년 중반에는 CD가 음반 시장의 80퍼센트를 장악했다. 20년 남짓 되는 기간 동안에 음악을 녹음하는 포맷 자체가 완전히 바뀌게 된 것이다.

CD 저장 장치

데이터 저장 장치로서 가진 큰 용량 덕분에 CD는 컴퓨터 저장 장치 시장으로도 유입되었다. 비슷한 시기에 컴퓨터의 기능이나 보급면에서 엄청난 발전이 있었다는 점도 작용했을 것이다. 저장 매체로서 CD가 대중화됨에 따라 CD에 저장된 정보가 얼마나 오래 보존될 수 있을지, 그리고 저장 방식의 변화 혹은 재료의 문제로 인하여 CD에 저장된 정보가 어떻게 소실될지에 대한 질문을 할 필요가 생겼다. 음악을 듣는 용도로 자주 사용하는 경우와 빈번하게 사용하지 않는 경우, 적합한 저장 매체가 다를 수 있다. 용도에 따라 사용 횟수가 달라지기 때문이다. 이것은 귀중한 음악이나 컴퓨터에서 생성한 데이터의 보존에 있어 중요하게 고려할 사항이다. CD의 경우 비교적 견고하지만 일반 사용 조건하에서는 긁힐 수도 있고 열대기후에서는 코팅이 박테리아의 공격을 받을 수도 있다. CD에 입혀진 폴리 카보네이트 코팅이 분해될 수도 있고 금속화된 표면이 산화될 수도 있다. 장기간 햇빛에 노출되거나 포장재로 사용된 플라스틱이나 스펀지로부터 화학 증기가 발생되면 이로 인해 분해 반응이 일어날 가능성도 있다. 전혀 사용되지 않았거나 조심스럽게 관리된

CD는 50년에서 100년을 버틸 수도 있다. 하지만 자주 사용하는 CD는 기후, 화학물질, 기계적 손상, 박테리아의 공격 등에 의해 수명이 훨씬 짧아질 수밖에 없다. 자주 사용하는 CD의 가장 대표적인 예로 도서관에서 빌리는 음악 CD를 들 수 있다. 이런 CD들의 평균 수명은 10년 정도로 비교적 짧은 편에 속한다.

컴퓨터용 데이터 저장 장치로서의 CD 역시 이와 비슷한 과정을 거치므로 그 안에 담긴 정보는 한 세대가 지나기 전에 소실될 것이 틀림없다. CD는 1984년에 개발된 물건치고는 오랫동안 살아남았다. 앞으로 옛날식 CD가 완전히 사라지는 데 음악이 중요한 역할을 할 수 있다. 음의 밸런스나 악기의 종류를 쌍방향 대화식으로 선택할 수 있는 기능이 포함된 진화된 형태의 CD가 나올 수도 있다. 현실적으로도 실현 가능한 아이디어기 때문에 곧 제품화되어 시장에 나올 가능성이 높다. 이러한 진화된 CD가 출현하면 이것을 재생하기 위해 필요한 기기를 만드는 제조사들에게는 매우 수익성 높은 시장이 열릴 것이다. 이런 아이디어는 상업적으로도 매우 흥미로운 아이템이다. 요즘은 다들 음악을 MP3로 다운로드 받아서 듣기 때문에 CD에 대한 관심이 좀 멀어져 있다. 이러한 제품이 출시된다면 다시 한 번 CD의 부활을 가져올 수도 있을 것이다. 물론 MP3 파일은 매우 콤팩트하여 헤드폰을 통해 음악을 들을 때 적합한 파일 형태다. 하지만 진정한 음악 애호가라면 악기 간의 밸런스를 조절할 수 있고 음악을 듣는 공간에 따라서 자유롭게 음색을 바꿀 수 있는 CD가 출시된다면 혁명적인 진보로 받아들일 것이다.

토지대장
새로운 정보 저장 기술이 등장하여 성공해도 대중의 사랑을 받는 기간이 얼마나 짧은지 앞서 살펴본 음악 산업에 사용된 저장 매체의 변천사를 통해 잘 알 수 있다. 당시에는 엄청난 진보라고 생각되던 기술도 시장의 흐름에 따라 몇 년 지나지 않아 몰락하고 사라지게 된다. 이런 식으로 사라져버린 기술의 전형적인 예가 영국 BBC 방송에서 시도한, 과거 토지대장을 현대식으로 바꾸려던 프로젝트다. 과거 1086년에 만들어진 토지대장은 노르만족이 정복했던 지역의 사람들과 재산에 대한 상세한 내용을 기록하고 있다. 물론 목적은 세금을 최대한 징수함으로써 색슨 족의 부를 노르만족에게 재분배하기 위함이었다. 노르만족들이 전쟁에서 이겼으므로 이 행위가 색슨 족의 부를 훔쳐간 것이라고 비난하긴 어려울 것이다. 토지대장에는 재산과 사회적 계층의 분포에 대해 상세하게 기록되어 있어 당시 삶을 연구하는 데 있어 가치를 따질 수 없을 정도로 귀중한 정보다. 여기에 실린 지도와 기록은 아주 정확했다. 라틴어로 기록된 이 문서는 영국 내 1만 3천여 개 지역에 대한 인상적이고 경이로운 기록물이다. 두 권 분량으로 900페이지가 넘는 이 책에 사용된 단어는 200만 개에 달한다. 토지대장은 오늘날까지 잘 보존되어 왔으며, 마지막 버전은 한 사람에 의해 손으로 쓰인 필사본이다.

BBC에서는 이 책을 기념할 목적으로 영국 전역에서 수집한 사진과 자료가 들어 있는 현대판 토지대장인 대화형 비디오물 제작에 착수하였다. 이 프로젝트는 오늘날 영국의 모습을 담은 스냅사진 같은 의미를 지니는 것으로서 미래에 귀중한 정보를 제공할 것으로 생각되었다. 프로젝트가 시작된 1986년 당시로서는 엄청난 분량의 비디오 클립과 사진을 쓰고 읽을 수 있는 데이터 기록 시스템, 소프트웨어, 하드웨어를 찾는다는 것이 실로 벅찬 도전이었다. 당시만 하더라도 이 정도 엄청난 양의 데이터를 담을 수 있을 만큼 보편화된 저장 매체는 없었다. 그럼에도 불구하고 프로젝트의 목표는 BBC에 있던 마이크로컴퓨터에서 이 영상물을 사용할 수 있도록 하는 것이었다. 그 마이크로컴퓨터는 당시 정부 지원으로 전국의 학교에 보급된 것과 같은 기종이었다. 물론 1980년대로서는 최첨단 기기였으나 내장된 저장 디스크가 없었고 메모리 용량은 당시 많이 쓰던 256킬로바이트에 불과했다. 할 수 없이 프로젝트를 위해 완전히 새로운 컴퓨터 시스템이 만들어졌고, 비디오는 엄청나게 큰 디스크에 저장되었다. 하지만 이러한 시스템을 구성하는 데는 막대한 돈이 필요했다. 설상가상으로 프로젝트가 완성될 즈음 학교에 새로운 시스템을 설치하기 위한 국가의 지원도 중단되었다. 당연히 전자판 토지대장은 잘 팔리지 않았다. 1986년 당시 소형차 한 대와 맞먹었기 때문이었다. 이 프로젝트 전체에 사용된 기술은 1986년에는 최첨단을 달리는 수준이었다. 하지만 시장을 주도하던 기술이 나아가는 방향과 달랐다. 이로 인해 1990년대 중반에 이르러서는 이 전자판 토지대장을 읽어낼 수 있는 시스템이 더 이상 존재하지 않는 상황에 직면하게 되었다. 사용했던 컴퓨터 시스템은 1990년대의 기술과 호환이 되지 않았고 이즈음 마그네틱 저장 테이프와 디스크는 시장에서 거의 사라지고 말았다.

2002년 영국 의회에서 정보를 전자식 기록으로만 저장하는 것의 위험성을 보여주는 대표적인 예로 이 프로젝트가 거론되었다. 그리고 새로운 측면에서 프로젝트를 다시 시작하였다. 당시 프로젝트의 결과물과 이를 읽을 수 있는 장치를 구한 후 프로젝트에 참여했던 팀에게 다시 소프트웨어를 만들도록 하였다. 이를 통해 방대한 데이터들이 좀 더 현대화된 저장 시스템과 디스플레이에 맞춰 옮겨졌다.

이 예에서 얻을 수 있는 분명한 교훈은 매우 **빠르게** 변화하는 기술 분야에서는 아무리 큰 프로젝트라 하더라도 결과물이 10년 내에 사라질 수 있다는 것이다. 전자식 토지대장이 복원될 수 있었던 것은 정말 운이 좋았던 경우다. 그 작업을 위해 필요한 기술을 가지고 있던 사람들이 그 때까지 생존해 있었기 때문이다. 최근에는 전례 없이 빠른 속도로 새로운 정보가 생산되고 있다. 반면 정보가 유지되는 기간은 점토판 시대에는 몇 천 년이었지만 오늘날 컴퓨터 저장 시대에는 10년 남짓으로 곤두박질치게 되었다.

문자, 그래픽, 사진의 저장

논의를 문자 형태로 저장된 정보로 다시 돌려보자. 현재는 글자를 컴퓨터로 바로 타이핑하고 타이핑된 글자를 복사해서 붙여넣기도 할 수 있다. 과거 정보의 저장 매체로 사용하던 종이로부터 완전히 탈피한 것이다. 대신 우리가 작성한 문자들은 컴퓨터 내에 존재하거나 외장 드라이브 형태로 존재하는 전자식 메모리 장치에 보관되고 있다.

빠르게 발전하는 기술적 진보로 인해 우리는 두 가지 문제에 직면했다. 첫 번째 문제는 소프트웨어가 발전하고 진화하면서 현재 쓰고 있는 워드 프로세서 프로그램의 수명이 5년에 지나지 않는다는 점이다. 계속하여 업그레이드를 하지 않으면 얼마 지나지 않아 구식이 되어 더 이상 사용할 수 없게 된다. 두 번째 문제는 정보가 저장된 전자식 저장 매체 역시 비슷한 이유로 더 이상 사용할 수 없는 상태가 될 수 있다는 점이다. 정보가 주기적으로 복사되어 새로운 포맷의 저장 매체로 옮겨지지 않으면 10여 년 후에는 읽을 수 없는 사해문서와 같은 정보가 될 것이다. 컴퓨터 성능, 운영 소프트웨어, 소프트웨어 업그레이드나 폐기, 그리고 저장 매체 등과 관련된 기술의 발전으로 인해 문서의 소실 반감기는 갈수록 줄어들고 있다.

정보의 소실 속도 법칙

과학자로서 나는 얻은 데이터에서 일정한 패턴이 보일 경우 내가 제안한 아이디어에 자신감을 가지게 된다. 더불어 미래에 어떤 일이 발생할지 정량적으로 예측할 수 있는 법칙까지 발견한다면 자신감은 훨씬 더 강해질 것이다. 실제로 일어나는 일들의 추세를 분석하여 법칙이라는 이름으로 만든 것들이 있다. 전자 제품과 컴퓨터 업계에서는 '무어의 법칙'이 유명하다. 이 법칙에 의하면 컴퓨터 칩에 탑재되는 트랜지스터의 개수가 24개월 주기로 두 배로 증가하게 된다. 최근에는 기술 발전으로 이 주기가 18개월로 빨라졌다.

매우 유사한 패턴이 기술 발전 속도에서도 발견된다. CCD 카메라 칩의 달러당 화소수라든지 컴퓨터 메모리 용량과 같은 것이 이에 해당한다. 시간이 감에 따라 기하급수적으로 늘어나고 있는 사례다. CCD 칩의 경우 1년에 10배가량 화소수가 증가하고 있고 컴퓨터 메모리는 1년에 100배에 가깝게 증가하고 있다. 광섬유를 이용한 통신 분야에서는 신호 채널의 개수, 데이터 속도, 거리와 매우 중요한 인자들이 서로 밀접하게 연결되어 있다. 광섬유에서는 신호 용량과 거리를 곱한 값이 4년 동안 10배 정도 증가하는 추세다. 하지만 다른 사례와 달리 발전되는 양상이 매끄럽고 지속적이지는 않다. 신호 용량이 추세를 유지하며 늘어나려면 매 단계 완전히 다른 수준의 기술이 필요하기 때문이다. 데이터 전송 속도 변화 추이를 그래프로 그려보면, 모스 코드 전신이나 일광 반사 맥동법을 사용하던 19세기까지 매끄럽게 이어진다는 점이 매우 흥미롭다. 물론 그 당시와 비교하면 송신 용량은 100만 배의 100만 배로 발전했다.

이번에는 다양한 저장 매체에 기록된 정보가 살아남아 유지되는 기간에 대해 살펴보자. 여기에는 암석에 글씨를 새기던 시절부터 컴퓨터에 직접 타이핑을 하는 오늘날에 이르기까지 분명한 패턴이 존재한다. 미래를 예측할 수 있는 법칙까지 발견하기는 어렵겠으나 지금까지 변해온 과정에는 일정한 패턴이 존재한다. 내가 발견한 모델에 따르면, 정보가 기록되는 속도와 그 정보의 소실 반감기를 곱한 값은 일정한 값(s)에 가깝다. S를 정보의 생존 기간을 대표하는 값으로 생각할 수 있다.

내가 고안한 모델에 실제 값을 대입해보자. 예를 들면 20세기에 발명된 전자식 타이프라이터의 경우, 능숙한 타이피스트는 하루에 80페이지 정도의 분량을 타이핑할 수 있고 대강 1년에 250일 정도 일할 수 있다고 해보자. 그렇게 본다면 1년에 2만 페이지 정도를 타이핑하게 되는 셈이다. 이렇게 생산된 문서가 종이나 잉크의 바래짐, 파일 보관 시스템, 혹은 사무실 혁신 등의 이유로 사라지는 데까지 40년 정도 걸린다고 가정해보자. 내가 고안한 모델에 의하면 80만이라는 S값을 얻을 수 있다. 이것과 1086년 1년간 900페이지에 해당하는 토지대장의 마지막 버전을 완성한 필사자와 비교해보자. 토지대장은 900년 동안 보관되어 왔으므로 이 경우 S값은 81만이 된다. 물론 이렇게 두 가지 숫자가 매우 근사치로 일치하는 것은 다분히 의도된 결과라고도 볼 수 있으나 계산된 S값이 어느 정도 범위 안에서 비슷하다는 점에는 동의할 수 있을 것이다.

그 외에 다른 예에도 적용해보자. 로제타스톤의 경우에는 글자를 새기는 데 걸린 시간을 정확히 알 수 없고 추측에 의존할 수밖에 없다. 더구나 발견된 것은 일부이고 전체가 얼마나 될지 알 수 없으나 적어도 발견된 부분은 지금까지도 좋은 상태를 유지하고 있다. 이 경우에도 추정치를 이용하여 계산해보면 앞서의 예와 유사한 S값을 얻게 된다. 뿐만 아니라 점토판에 쓰인 쐐기문자의 경우에도 유사한 S값을 얻을 수 있다.

이러한 S값을 이용하여 일반적인 물리학 박사 학위 논문의 보존 가능 기간을 예측해보았다. 컴퓨터를 이용한 계산과 컴퓨터 그래픽이 포함되어 있는 박사 학위 논문의 경우다. 이런 박사 학위 논문은 컴퓨터의 도움 없이 손으로 직접 계산을 하고 도표로 그릴 경우 여러 해가 걸린다. 이럴 경우 내 모델에 의하면 고작 몇 개월 정도가 박사 학위 논문의 수명이 된다. 보통 논문을 제출하고 나면 1, 2개월 내에 '비바 보체'라고 불리는 면접 심사를 본다. 박사 학위 논문으로서 가장 운이 좋은 경우는 논문이 저널에 실리는 것이다. 그렇지 않으면 면접 심사를 통과한 논문은 책의 형태로 제본되어 도서관에 보관된다. 대개 그 이후로 다시는 읽혀지지 않게 된다. 심지어 쥐가 파먹어 손상되는 경우도 발생한다.

　현재는 성능 좋은 컴퓨터와 인터넷에 의해 방대한 양의 정보가 매우 짧은 시간 안에 전송되고 있다. 내 모델에 의하면 전송된 정보는 극히 짧은 수명을 지닐 수밖에 없다. 대부분의 이메일이 한 번만 읽힌다는 것을 생각해보면 전혀 틀린 말은 아닐 것이다. 몇 백 개가 넘는 스팸 메일이나 사기성 메일은 아예 읽지도 않고 휴지통으로 들어간다. 인터넷에는 몇 백만 개의 블로그나 트위터가 어지럽게 널려 있지만 금방 사라진다. 인터넷에서 정보가 사라지는 것이 꼭 나쁜 것만은 아니다. 인터넷에 넘쳐나는 엄청난 양의 정보로 인해 실제 가치 있는 정보가 묻히기 때문이다. 인터넷상 정보의 소멸 속도는 다른 수단으로 정보를 주고받던 과거에 비하면 비교가 안 될 정도로 빠르다.

　이러한 추세에서 알 수 있는 분명하고 핵심적인 결론은, 빠른 기록 속도와 계산 성능의 발전으로 정보를 생산해내는 속도가 빨라질수록 기록물이 소실되거나 대체되는 속도 또한 점점 더 빨라진다는 점이다. 이러한 현상은 기록, 계산, 기계 장비뿐 아니라 이후에 다룰 다른 종류의 정보에 이르기까지 다양한 분야에서 나타나고 있다.

사진 정보의 소실

앞서 예술 작품에 기호화되어 녹아 있는 정보의 소실에 대해서 다루었었다. 작품 자체는 잘 보존되어 왔으나 작품 내에 숨어 있는 기호의 의미나 등장하는 인물의 중요성에 대해 알기 어려운 경우가 많다. 요즘은 학교 수업, TV 프로그램, 서적을 통해 예술 작품을 평가하는 것이 매우 보편화되었다. 작품의 평가하는 데 있어서는 전문가라 하더라도 많은 부분은 추측에 의존하여 해석할 수밖에 없다. 그림이 완성될 때 아무도 작품에 녹아 있는 의미나 신화, 정치, 등장인물에 대해 적어놓지 않기 때문이다. 특히 예술 작품의 복원 시에 원본의 작품성이 훼손되는 경우가 많다. 원본이 많이 손상되어 복원에 손이 많이 가는 경우에 그렇다. 유명한 작가의 작품은 보통 엄청나게 높은 가격에 팔리기 때문에 수많은 복사본과 위작이 돌아다니고 있는 것이 현실이다. 심지어 이런 위작들이 만들어진 시기는 원작자가 활동하던 동시대까지 거슬러 올라가기도 한다.

과거 캔버스나 종이에 수성 혹은 유성으로 그려진 작품에서 그림에 담긴 의미를 파악하기 힘들었던 상황이, 요즘 들어서는 사진이나 컴퓨터에 의해 만들어진 이미지로 옮겨갔다. 사진이나 전자 이미지에 담긴 문화적 혹은 기호적 의미를 파악하기 힘든 상황은 미래에도 동일하게 발생할 것이다. 이런 전자 이미지들이 이미 구식이 된 소프트웨어로 기록된 전자식 저장 장치에 담겨 있는 상황도 있을 수 있다. 이럴 경우 더 이상 원본을 읽기 어렵게 된다. 다행히 새로운 저장 매체에 옮겨졌다 하더라도 옮기는 과정에서 편집이 되었는지 알아낼 방법은 없다. 정치적인 의미를 담고 있는 단체 사진에서 정적을 빼 버리거나 정권을 지지하는 것처럼 보이고 싶은 사람을 추가하는 것 같은 이미지 편집은 자주 일어나는 일이다. 가족 단체 사진도 여러 가지 이유로 인해 편집된다. 이 경우 원본 이미지는 사라져 버린다. 다양한 영역에서 사람들의 외모를 바꾸거나 좋아 보이도록 디지털 이미지를 편집하는 것이 이제는 일반적인 일이 되어 버렸다.

이미지, 사진, 전자기기

회화 작품은 종교적인 분야에서부터 정치적 혹은 사회적 비평 분야에 이르기까지 다양한 분야와 관련되어 있다. 적어도 현재까지는 시간이 갈수록 재료나 물감의 발전, 그리고 관점에 대한 이해도가 개선됨으로 인해 이 분야에 꾸준한 진보가 이루어져 왔다. 하지만 사진기술의 발명이 회화의 예술적 발전에 중대한 걸림돌이 된 것도 사실이다. 물론 사진은 회화와 보완 관계에 있고 완전히 새로운 종류의 예술 형태라는 견해도 있다. 사진을 찍는 것이 그림을 그리는 것보다는 훨씬 빠른 기록 방법이다. 사진 역시 기록 속도가 빨라질수록 훨씬 짧은 수명을 가지게 된다는 내 주장에 들어맞는 경우라고 할 수 있다. 유화 초상화는 사진으로 찍은 이미지보다 훨씬 오래 살아남는다. 특히 컬러사진일 경우에는 더 심하다. 사진술의 발달은 회화의 발달에도 심각한 영향을 끼쳤다. 초기 회화 작품들은 초상화를 그릴 때 정확한 묘사에 초점을 맞춘 리얼리즘 계통의 작품들이었다. 하지만 사진의 발달로 이 기능이 대체되자 많은 예술가들이 사진이 모방할 수 없는 방향으로 작품을 만들기 시작했다. 사진을 얻어내는 데 걸리는 시간은 매우 빠르지만 사진을 얻는 데 사용되는 물질들은 유화에 사용되는 물질들만큼 안정적이지 않다. 이미지를 얻는 속도와 이미지의 질, 그리고 보존 기간 사이에는 항상 이율배반적인 관계가 존재한다. 1820년대에는 사진을 찍기 위해 밝은 햇빛과 움직이지 않고 정지해 있는 피사체가 필요조건이었다. 그리고 화학물질을 입힌 유리판이 필요했다. 200년이 지난 지금도 이때 찍은 사진들이 남아 있다. 화학물질과 인화 기술이 발전하면서 더 선명한 이미지와 색조를 얻을 수 있었으나 오히려 장기 보관 안정성은 더 나빠졌고 보관 기간도 줄어들었다. 사진이 인화된 종이의 부식도 보관 기간에 영향을 주었다.

1900년경에는 움직이는 이미지인 영화가 출현하면서 세상은 흥분에 휩싸였다. 이때 각 프레임을 구성하는 사진의 질은 스튜디오에서 촬영한 정지 이미지보다 훨씬 떨어진다. 영화의 경우 이미지가 입혀진 셀룰로스 판이 화학적으로도 그렇고 기계적으로도 불안정하다는 골치 아픈 문제를 안고 있었다. 이로 인해 필름이 부스러질 뿐만 아니라 스스로 발화하여 화재도 많이 발생하였다. 영화의 필름 롤의 경우 이미지의 수명 반감기는 화학적인 특성에 의해 결정된다. 후에 영화 필름의 가장자리에 소리를 넣는 새로운 기술이 개발되었다. 하지만 이것이 필름 손상의 중요한 원인으로 작용하게 되었다. 이 기술로 인해 무성영화는 순식간에 사라졌다. 무성영화 시대의 유명한 배우들은 대개 외모는 괜찮았으나 대사 능력이 형편없었다. 옛날 무성영화 시대의 필름 원본들이 지금은 다 사라지고 없다. 이는 화재의 위험을 줄이기 위해서가 아니고 여기에 사용된 할로겐화 은이라는 성분에서 은을 빼내기 위해서였다. 인기 없는 무성영화뿐 아니라 찰리 채플린처럼 유명한 배우들의 명작들도 사라지고 없다. 아주 일부의 무성영화만이 현재까지 남아 있을 뿐이다.

1940년대에 들어서는 컬러 영화의 시대가 시작되었다. 영화는 물론이고 집에서 찍는 사진까지 흑백 필름의 시대는 끝이 난 것이다. 사람들은 색깔을 볼 수 있고 느낄 수 있으므로 이 기술은 현실 세계를 그대로 표현한다는 측면에서 진정한 발전이었고 매우 바람직한 기술이었다. 흑백으로 보더라도 정보는 전달이 되지만 컬러와 비교할 때는 많은 차이가 있다. 컬러 영화 시대로 발전하면서 아무 문제가 없었던 것은 아니다. 컬러 필름의 약점이 곧 드러났기 때문이다. 컬러 필름과 관련된 화학적 원리가 너무 복잡했다. 또한 감도도 좋지 않고 장기 보관성도 떨어졌다. 영화, 인쇄, 슬라이드에 사용되었을 때 색깔이 바래고 시간에 따라 컬러가 변하는 문제가 발생했다. 옛날 컬러 인쇄물이나 슬라이드를 가지고 있는 사람들은 잘 알겠지만 시간이 지나면 원본 이미지에 심각한 훼손이 발생한다. 컬러 필름은 쉽게 색이 바래고 변하므로 안정성 면에서는 흑백사진이 훨씬 우수하다. 혹은 흑백사진이 바래서 세피아 이미지가 되는 것에 대해서 우리가 좀 더 관대하기 때문일 수도 있다.

필름 기술의 발전에 있어서 다음 단계는 즉석 인화 카메라였다. 처음에는 흑백이었지만 후에는 컬러 사진도 가능해졌다. 이 기술은 20세기 말경에 등장하였고 10년에서 15년 정도 유행하다 사라졌다. 이렇게 찍은 사진은 내재된 화학 반응의 특성상 보존 기간의 불안정함을 약점으로 가지고 있다. 이런 이유로 즉석 사진은 좀 더 싸고 믿을만한 디지털 카메라로 대체되었다. 심지어 근래 디지털 카메라 중에는 사진을 작게 프린트할 수 있는 것도 나와 있다.

사진 분야에서도 보관 기간과 관련하여 앞에서 설명했던 사례들과 동일한 양상이 나타났다. 새로운 기술이 출현하여 그전 기술을 대체하는 시간이 점점 더 짧아졌다. 사진 기술의 발달사에 있어서 초기에 찍은 사진들은 담고 있는 정보도 적고 인화하는 데 시간이 많이 걸렸다. 하지만 보존 기간이 길어 200년 이상을 넘겨 살아남은 사진들도 많이 있다. 1900년대에 만들어진 무성 영화의 수명 반감기는 30년 정도였다. 이 당시 영화들은 대부분은 화재로 소실되거나 은을 회수하기 위해 사라졌다. 20세기 중반 발명된 컬러 필름과 영화는 컬러가 탈색되고 변하기 때문에 필름 자체에는 문제가 없더라도 담긴 정보는 10년에서 20년 정도면 사라지게 된다. 이러한 현상은 보관에 상당한 주의를 기울이는 스튜디오가 관리하는 마스터 본의 경우도 마찬가지다.

가정용 영화나 비디오도 카메라, 편집, 프로젝터의 발전과 보조를 맞춰 변천되었다. 새로운 기술이 등장하면 처음에는 표준이 없기 때문에 프레임 속도나 포맷이 서로 다르다. 따라서 적어도 당시 주류인 두 가지 정도의 포맷으로 비디오를 만들어야 했다. 두 가지 포맷은 각각 다른 장점을 가지고 있었으나 모두 20년 이상을 넘기지 못하고 디지털 시스템에 의해 대체되고 말았다. 대부분의 가족 기록은 가정용 비디오에 저장되어 다락방에 넣어둔 채 더 이상 보지 않고 있다. 이러한 비디오를 재생할 장치가 더 이상 없기 때문이다. 그런 상태로 보관되다가 나이 많은 세대들이 세상을 떠나게 되면 집을 청소하는 과정에 버려지는 것이다. 이렇게 결혼식 사진, 즐거워하는 아이들 사진, 파티 사진들은 한 세대가 지나기도 전에 영원히 사라지게 된다.

할로겐화 은을 기반으로 하는 사진들의 경우 화질과 컬러, 보존 기간이 서로 상충되는 관계에 있다. 따라서 더 발전된 기술로 얻어진 고화질 컬러 사진은 옛날 유리판 위의 흑백이나 세피아 사진보다 훨씬 심하게 그리고 빠르게 수명을 다하게 된다. 이런 기술들은 어떤 것들도 한 세대 혹은 25년 이상을 버티지 못하고 사라졌다. 200년에 걸쳐 얻어진 무수히 많은 데이터에서도 알 수 있듯이, 더 많은 양의 정보를 저장하기 위해 개발된 새로운 기술은 항상 더 짧은 수명을 초래한다는 사실을 이 사례로 증명할 수 있다.

이보다는 덜 분명한 정보의 소실 현상이 컴퓨터를 이용한 편집 기술의 변천에서 발생한다. 개인적으로도 그동안 실험실 장비를 운용하기 위해 필요한 프로그램이라든지 집에서 책을 만들고 사진을 편집하고 음악을 작곡하는 프로그램 등 많은 프로그램을 접해왔다. 이 같은 편집 프로그램은 보통 최신 컴퓨터에서 잘 작동되도록 만든 고가의 소프트웨어다. 이런 소프트웨어들은 대개는 이후에 나타난 더 좋은 성능의 컴퓨터와는 호환되지 않았다. 그렇다고 소프트웨어를 다시 제작한다는 것은 너무 비싸며 실용적인 해법이 되지 못한다. 실험실에서는 이 문제에 대한 해결책으로 오래된 컴퓨터를 버리지 않고 유지하는 방법을 쓰고 있지만 이는 여러 문제를 안고 있는 단기적인 대책일 뿐이다.

디지털 이미지 저장 매체

일반인들은 더 이상 전통적 방식의 카메라를 사용하지 않는다. 그 이유는 옛날 방식의 사진이 가진 약점이나 사진 인화 과정에 사용되는 화학물질의 불안정성 때문이 아니다. 주된 이유는 CCD 카메라에서 찍은 사진을 바로 디지털 형태로 저장할 수 있기 때문이다. 그 외의 잘 드러나지 않는 이유로는, 고전적 카메라는 사진을 찍을 때 노출과 초점을 정확히 잘 맞춰야 하고 필름 인화 단계에서 실수가 생기면 돌이킬 수 없으므로 매우 숙련된 경험이 필요하다는 점이 있다. 뿐만 아니라 필름 이미지를 편집하고 프린트할 때도 전문적인 기술이 필요하다.

이러한 점은 전자적으로 찍히고 보관되는 디지털 이미지의 경우와 대비된다. 막대하게 커지고 수익성 높은 시장 덕분에 화질을 결정하는 CCD 픽셀의 수는 급속도로 증가하게 되었다. 더 놀라운 사실은 시간이 갈수록 카메라 가격이 가파르게 떨어졌다는 것이다. 이러한 경향에 발맞추어 렌즈 품질도 급격하게 향상되었다. 여기에는 휴대폰 카메라도 포함된다. 현대식 CCD 카메라의 장점은 매우 분명하다. 작고 가벼우며 우수한 색조 표현 능력, 고화질, 고속 촬영, 저속 촬영 기능, 내장된 메모리에 담을 수 있는 엄청난 양, 그리고 즉시 확인하여 필요하면 다시 찍을 수 있는 편리함 등이 장점이다. 그 외 동영상 촬영, 고속 연사 촬영, 움직이는 피사체 촬영, 자동 초점, 손 떨림 방지 기능 등이 추가되어 일반인들에게는 전통적인 할로겐화 은 사진기에 비해 매우 편리하고 우수한 기능을 보유하고 있다.

사진을 찍은 이후에 이루어지는 디지털 이미지 프로세싱 과정에서도 많은 장점이 있다. 색조의 밸런스를 바꾸기 쉽고, 찍은 사진을 편집하기 용이하다. 더 중요한 점은 이러한 변화는 디지털 카피본에 이루어지는 것이고 원본은 그대로라는 것이다. 전문적인 사진작가들은 여전히 전통적인 사진 인화법이 가진 장점을 살려 작품을 만들기도 하지만 그들조차도 전자식 CCD 카메라를 일상적으로 사용한다. 요즘 나오는 기종의 경우 감도가 30메가 픽셀을 넘는다. 과거라면 이런 정도의 고화질 사진은 매우 높은 등급의 필름을 사용해야만 가능했다.

기술이 한 세대를 넘기지 못하는 패턴은 여기서도 나타난다. 10년이 채 지나지 않아 고화질 CCD 카메라의 매출은 급감하고 있다. 요즘은 대부분 휴대폰으로 사진을 찍기 때문이다. 이런 사진은 찍어서 바로 친구에게 보낼 수 있고 한 번 본 후 다시 보지 않거나 몇 시간 안에 지워진다. 내가 주장하는 정보의 생존 법칙에서 충분히 예측될 수 있는 상황이 일어나고 있다.

내 경험을 되돌아보면, 나는 필름 사진기를 쓰다가 여러 세대의 CCD 카메라를 거친 전형적인 케이스였다. 초기 CCD 카메라에서 찍은 사진들을 이제 와서 보면 화질이 너무 형편없다. 최근에 찍은 사진들은 별도의 저장 장치에 보관하고 있는데 양이 엄청나다. 자주 다시 보게 될 내 인생의 중요한 순간에 찍었던 사진들만 보관하지 않고 잘 보게 되지 않는 관심 없는 사진들까지 모두 저장하고 있다는 뜻이다. 잘 보지 않게 된 사진이 많아졌다는 것은 정보의 수명이라는 측면에서 사진의 평균 수명이 급격하게 짧아진 것을 의미한다. 기술이 발전할수록 수명은 짧아진다는, 이 장의 일괄된 메시지와 일치하는 현상이다.

휴대폰 카메라 역시 같은 패턴을 보이고 있다. 친구와 함께 있을 때 휴대폰으로 하루에 30장 정도의 사진을 찍는 경우는 흔하다. 1년으로 치면 1만 장 정도의 사진을 찍는 셈이다. 이 정도 숫자의 사진을 찍고, 보내고, 받고, 보는 데 사진당 2분 정도의 시간을 쓴다고 하면 하루에 한 시간 정도는 여기에 소비하는 셈이다. 이렇게 보면 CCD 카메라로 찍은 사진은 수명이 기껏해야 1분 정도밖에 되지 않는다. 이렇게 찍은 사진을 전송하고 받느라 인터넷은 과부하가 걸리고 휴대폰 신호 용량도 많이 소모되게 된다.

컴퓨터와 정보 소실

컴퓨터, 정보 저장 장치, 휴대폰과 인터넷을 통한 전자 통신의 폭발적 성장은 지난 25년 동안 이전에는 상상조차 힘들었던 변화를 불러왔다. 사람들은 새로 등장한 장난감에 열광했고 이것들은 어느새 우리의 삶을 지배하게 되었다. 우리는 이러한 문명의 이기에 대해 전폭적인 지지를 보냈다. 새로운 기술에 대한 우리의 열광이 전혀 무의미한 것은 아니다. 덕분에 전 세계를 가로질러 사람들과 소통할 수 있게 되었고 빠른 계산과 정확한 일기 예보가 가능해졌기 때문이다.

하지만 장점과 더불어 안 좋은 측면들도 드러나게 되었다. 예를 들면 우리의 쇼핑 패턴이 혁명적으로 바뀌게 되어 지역 상점이 어려움을 겪게 되었고 이로 인해 지역 경제의 실업률도 높아지는 현상이 발생하였다. 우리가 인터넷에서 물건을 구매하면 이 이윤에 대한 세금이 우리 정부로 들어오는지 아니면 판매자가 세금 회피 지역에 근거지를 두고 있어 어느 국가에도 세금을 내지 않는지도 확실하지 않다. 판매자나 회사가 지역 사회와 물리적, 심리적으로 분리되면 업체는 판매하고 있는 나라에 대한 관심이 없어질 수밖에 없고 사회에 기여하고자 하는 의무감도 사라질 것이다. 상품을 글로벌화하면 수송해야 할 물량이 급격하게 증가된다. 심지어 야채류들도 그 지역에서 생산되지 않는 계절에는 다른 나라로부터 공급된다. 이러한 현상은 많은 부작용을 동반한다. 연료와 전력의 소비가 늘어 천연자원이 고갈되고 이는 지구 온난화로 이어지므로 많은 나라에서 식수 부족 현상이 일어나게 된다.

반면 컴퓨터 기술이 발달하면 제조업에서 성능 좋은 로봇을 사용할 수 있게 되느냐 하는 점은 명확하지 않다. 로봇 기술이 제조업에는 더 많은 이익을 가져다주겠지만 사람들의 실업률은 늘어나게 될 것이다. 로봇으로 인해 사람들의 여가 시간이 늘어날 것이라는 말은 잘못된 주장이다. 실제로는 여가 대신 실업률이 늘어날 것이다. 또한 이는 사람들이 일할 때 얻게 되는, 무언가를 성취하는 만족감에 대해서는 전혀 고려하지 않는 주장이다. 제품의 가격을 내리면서 실업률을 올리는 것은 나로서는 받아들일 수 없는 거래다.

우리는 고속 전자기기와 통신이 가져온 장점에 열광하고 어느새 이들의 지배를 받는 상태가 되었다. 우리가 25년을 더 살아남고 싶다면 기술 발전의 단점과 장기적인 영향에 대해 빨리 알아내서 대처하지 않으면 안 된다.

데이터 소실의 패턴

이 장에서 나는 어떻게 기술적 발전이 정보와 데이터의 수명이라는 측면에서 심각한 문제를 일으키게 되었는지에 대해 조명했다. 컴퓨터 등장 이전에 정보를 저장하던 방법을 현재와 비교하여 살펴보자. 1986년도의 데이터 저장 방식을 살펴보면 오늘날과는 완전히 다르다. 당시 유일한 데이터 저장 방법은 아날로그적인 시스템을 이용하는 것이었다. 매년 저장되는 데이터 중에 25퍼센트 정도는 레코드판과 카세트에 저장된 음악이었다. 13퍼센트 정도는 프린트나 음화에 저장된 사진이었고, 대략 60퍼센트는 비디오카세트 형태로 저장된 정보였다. 그 이후로 저장된 정보의 양은 폭발적으로 증가하여 10년 동안 최소한 10배의 속도로 늘어났다. 그때와 비교할 때 지금 저장되는 정보의 양은 1,000배가 늘어났다. 그나마도 계속하여 증가하고 있는 추세다. 더 분명한 사실은 정보의 저장 방식이 급격하게 변했다는 것이다. 현재 아날로그 방식으로 저장되는 정보는 5퍼센트를 넘지 않는다. 디지털테이프가 10퍼센트 정도를 차지하고 있고, DVD와 같은 저장 매체는 20퍼센트, 하드 디스크에 저장된 정보는 40퍼센트 정도의 비율을 차지하고 있다. 오늘날 우리의 데이터 저장 방식은 완전히 컴퓨터에 의해 접근해야 하는 저장 매체에 의존하고 있는 것이다.

이 기간 동안 컴퓨터 저장 포맷은 디스크나 테이프 형태를 거치며 다양하게 변화해왔다. 저장 용량은 250킬로바이트짜리 플로피 디스크부터 시작하여 오늘날에는 테라바이트 크기의 저장 장치까지 발전하였다. 킬로, 메가, 테라라는 말이 무슨 뜻인지 모르는 사람들을 위해 설명을 잠깐 덧붙이자면, 이것들은 각각 천, 백만, 백만의 백만을 뜻하는 접두어다. 디스크 저장 용량면에서 1980년대와 오늘날을 비교하면 골프 티

헤드의 넓이와 축구 경기장 5개의 넓이의 차이와 비슷하다. 실제 숫자를 이야기하는 것보다는 이 편이 훨씬 이해하기 쉬울 것이다. 실로 엄청난 발전이 있었다. 하지만 앞으로 나아가는 쉽고도 유일한 방법이 옛날 방법을 모두 못쓰게 만드는 것이라는 점을 기억해야 한다. 크기와 성능이 발전하는 과정 중에 등장했던 여러 저장 매체들은 모두 10년이 지나지 않아 자취를 감추었다. 이로 인해 초기 저장 매체에 담겨진 정보를 읽을 수 있는 장치를 여전히 가지고 있는 사람은 거의 없다. 이것은 단순히 한때 지나가는 현상이 아니라 앞으로도 계속하여 일어날 일이다. 또한 계속해서 데이터 저장 장치가 증가하기 위해서는 이것이 유일한 방법이라고 할 수 있다.

많은 회사들의 선전에 따르면 이 문제를 풀기 위한 해결책은 소위 '클라우드'라고 은유적으로 표현되는, 매우 크고 방대한 장소에 우리의 모든 데이터 파일을 보관하는 것이다. 물론 이런 식의 데이터 저장 방법이 가지는 장점은 분명하다. 클라우드 매니징 회사가 우리 정보를 끊임없이 발전된 저장 매체에 업데이트해주기만 한다면 장비 노후화로 인해 정보가 소실되던 문제는 해결될 수 있을 것이다. 하지만 이를 위해서는 클라우드 매니징 회사가 우리의 정보에 접근할 수 있어야 하고 이는 다음과 같은 몇 가지 큰 부작용을 안고 있다 Ⓐ 비밀 정보일 수 있다. Ⓑ 암호화되어 있을 수 있다. Ⓒ 업데이트하는 과정에서 정보가 훼손될 수 있다. Ⓓ 클라우드 시스템이 등장한지 오래되지 않았으므로 이를 운영하는 데 필요한 경험이 부족할 수 있다. 따라서 우리는 어떤 클라우드 회사가 오랫동안 살아남을지 알 수가 없고, 다른 회사에 의해 합병될 때 지금의 계약과 조건이 계속 유지될 수 있을지에 대해서도 알 길이 없다. 또 다른 잠재적 위험은 정보 저장을 위해 요금을 지불해야 할 수도 있다는 점이다. 비록 현재 업계의 선두 업체들은 클라우드 서비스를 공짜로 제공하고 있지만 미래에는 요금을 지불하는 방식으로 바뀔 것이다. 우리가 사망하거나 서비스에 가입한 회사가 파산하여 요금 지불이 중지되면, 저장된 모든 정보가 삭제되거나 적어도 요금 지불을 하지 않고는 접근하지 못하게 될 수도 있다.

이미 사람들이 클라우드를 통해 수집했던 방대한 음악이라든지 저장된 정보를 공유하기 위해 소송을 제기하는 경우들이 많았으나, 클라우드 회사들은 이러한 행위를 용납하지 않았다. 이것이 의미하는 바는 소유자가 사망할 경우 저장된 자료들은 더 이상 다른 사람들에게 제공되지 않는다는 것이다. 이것은 가족사진을 세대에서 세대로 전해주거나 리본으로 묶여진 연애편지를 다음 세대나 역사학자들에게 넘겨주는 것과는 전혀 다른 일이다. 사망과 함께 클라우드에 저장된 모든 정보는 삭제된다고 보면 된다. 따라서 클라우드는 정보를 저장하는 공간으로서는 매우 훌륭한 선택이겠으나 그것을 제외하면 모든 영역에서 재난에 가까운 선택이다. 유언이나 어음을 같은 방식으로 저장한다면 '구름(클라우드)' 속으로 사라지게 될 것이다.

그 외에 다른 심각한 문제점으로는, 원칙적으로는 언제든 클라우드에 저장된 정보에 접근할 수 있어야 하지만 전력이 끊긴다든지 인터넷이 마비되면 더 이상 정보를 읽어올 수 없다는 점을 꼽을 수 있다. 마지막으로 짚을 문제점은 컴퓨터 범죄나 사이버 전쟁을 다룰 장에서도 설명하겠지만 정부나 테러리스트 혹은 미치광이가 공격할 경우 데이터들이 사라질 수 있다는 것이다. 이 분야에서 일어나고 있는 다른 현상으로 판단해 볼 때 그런 사이버 공격의 강도는 갈수록 커질 것이다.

기록 매체로서 사용되는 종이를 없애고자 하는 움직임에 대해서도 같은 수준의 주의가 필요하다. 예를 들면 영국 의료 기록 같은 경우 완전히 클라우드 저장 방법을 사용하자는 제안이 제기되고 있다. 클라우드 방식의 저장 방법에 대해 너무 심하게 비판하고 있는지 모르겠다. 물론 클라우드 방식을 이용하면 다수의 관계자들이 각기 다른 장소에서 동일한 정보에 접근할 수 있다는 장점이 있다. 그럼에도 불구하고 나라면 어딘가에 완전한 복사본이 있어야 안심이 될 것 같다. 이 복사본은 인터넷이나 이메일과는 분리되어 소수의 사람들만이 접근할 수 있는 곳에 안전하게 보관되어야 한다. 클라우드 서비스는 그곳에 저장된 정보가 설사 사라지더라도 살아가는 데 별 문제가 없는 것들만 저장해야 한다는 생각을 가지고 있는 사람들도 많다.

수명 반감기

한 사람만 알고 있는 정보의 경우, 그 정보의 수명 반감기는 정보를 알고 있는 사람의 죽음으로 결정된다. 반면 보안 정보나 문서가 여러 사람에게 퍼져 있을 경우 내용이 공개될 확률이 높아진다. 정보를 비밀로 유지해야 하는 경우 접근을 제한할 수 있다. 그렇게 해야 할 필요가 있는 정보들도 있다. 그 이유는 정치적, 상업적, 범죄 활동과의 관련성 등으로 매우 다양하다. 가장 극비로 취급되어야 할 정보의 경우 접근 권한을 가진 사람들조차 정보의 내용에 대해 완벽한 이해가 불가능하도록 관리한다. 예를 들면 정치인들은 새로운 무기류가 가진 실제 위험에 대해 이해하지 못할 수 있고, 군에서는 새로운 생화학 무기가 농업에 줄 영향에 대해 파악하지 못할 수 있다. 많은 회사들이 제조 방법이나 성분을 극도의 비밀로 관리한다. 하지만 정보에 접근하는 속도와 전자식 통신 수단을 이용한 전파 속도가 빨라짐에 따라 어떤 이유로든 보안 누출이 발생하게 되면 수십 년간 지켜졌던 정보들이 어느 순간 갑자기 모든 일반인들이 아는 사실이 되어 버릴 수도 있다. 이것은 한 순간에 발생할 수 있는 일이고, 곧 해결될 수 있는 문제도 아니다. 아무리 극비 정보라 하더라도 적어도 한 사람 이상은 그 정보에 접근할 권한을 가지기 때문이다. 한 사람의 양심적인 내부 고발자나 조직을 와해시키고자 하는 사람이 있다면 얼마든지 데이터나 아이디어를 널리 퍼뜨릴 수 있는 것이다. 보안 정보의 수명 반감기 측면에서 보자면 과거에는 50년 비공개도 가능했으나 지금은 즉시 전 세계로 퍼져나갈 수 있는 상황으로 바뀌었다.

많은 면에서 이러한 추세는 바람직한 변화라고 생각된다. 이렇게 정보가 널리 퍼지게 되면 국가를 위한다는 명분으로 불법적인 일을 하는 집단을 폭로할 수도 있고, 자금을 유용하고 있는 자선단체나 그 수혜자들도 널리 알릴 수 있기 때문이다. 또한 종교 단체나 다른 대규모 공공 혹은 민간단체들의 숨겨진 불법 행위에 대해서도 파헤칠 수 있다. 이로 인해 범법자들은 더 이상 자신들이 죽을 때까지 비밀을 유지할 수 있으리라고 장담할 수 없게 되었다. 하지만 완전히 자유롭게 모든 정보나 지식에 접근할 수 있게 될 경우 지역적 혹은 전국적 범위의 상업적 활동과 보안을 심각하게 저해할 수 있다. 개인적으로 나는 우리가 양자 사이의 이상적인 균형에 도달할 수 있을 것이라고 보지 않는다. 기술적 진보로 인해 공개적 폭로를 하고 싶어 하는 사람들에게는 그 문이 열렸다는 점에는 의심의 여지가 없다. 컴퓨터 저장 시스템이 네트워크나 다른 장치에 연결되어 있을 경우 해킹으로 인해 저장된 정보가 읽히거나 변경될 수 있는 가능성이 매우 높아졌기 때문이다.

데이터 유지 방법

여러 사례에서 보듯이 정보를 오래 유지하고 이를 다시 읽어들이는 일은 매우 어렵다. 그렇다고 이런 어려움을 해결하기 위해 보관해야 할 정보의 종류에 따라 각기 다른 저장 방법을 사용해야 한다고 생각하지는 않는다. 개인적인 파일이나 문서, 금융 기록, 가족사진 등은 우리가 살아 있는 동안 분명히 접근이 가능해야 한다. 어떤 것들은 다음 세대들을 위해 계속 유지하고 싶을 수도 있다. 여기서 우리는 '매우 빠르게 변하는 소프트웨어와 하드웨어를 어떤 식으로 다룰 것인가'라는 질문에 답해야 할 것이다. 새롭게 등장한 시스템은 옛날 방식과 호환되지 않으므로 할 수 있을 때 미리 조치를 취하지 않으면 정보는 영원히 사라지게 된다. 해커나 바이러스가 접근하지 못하는 복사본을 가지고 있을 필요가 있다. 그리고 항상 이것이 최신 버전의 소프트웨어나 저장 매체로 업데이트되어 있는지 확인하는 것이 중요하다.

더불어 매우 중요한 정보의 경우 꼭 인쇄된 출력본을 보유하고 있어야 한다. 물론 이 방법을 유일한 해결책으로 제시하는 것은 아니다. 클라우드 저장 방식이나 그보다 진보된 차세대 저장 방식에 대해 신뢰를 하더라도 비상시를 대비한 예비적 대책으로 준비하라는 뜻이다. 문제를 해결하기 위한 매우 큰 시장이 형성될 가능성도 있다. 틀림없이 저장된 자료가 계속 접근이 가능하도록 프로그램이나 저장 형식을 업데이트해 주는 회사가 생겨날 것이다.

우리가 개인적으로 이런 문제점을 해결할 능력이 없다고 자책할 필요는 없다. 주요 기관들, 회사, 연구 센터들도 공통적으로 안고 있기 때문이다. 대표적인 사례로 NASA의 문서 시스템이 과거 우주 탐사선이 수집한 정보를 읽어내지 못하는 것을 꼽을 수 있다. 그러한 정보는 다시 얻어낼 수도 없다. 우주 탐사 임무는 계획과 준비에 매우 오랜 기간이 소요된다. 탐사선이 발사되고 나서도 오랜 세월 동안 가동되면서 자료를 수집해야 한다는 측면에서 절망적인 상황이라고 할 수 있다. 우주 탐사선 발사를 준비하는 과정 동안 사용하는 장비와 소프트웨어는 이미 오랜 기간 충분히 검증을 거친 믿을 만한 것들만 사용한다. 하지만 불행하게도 탐사선을 발사할 즈음에는 이미 그런 장비와 소프트웨어가 구식이 되어버리는 것이다.

앞서 음악과 비디오 저장 시스템의 진화에 대해 다루었다. 이러한 현상은 단지 가정용 전자기기나 CD에만 국한되지 않고 라디오, TV 방송, 영화에도 동일하게 적용된다. 이 경우 문제는 개인을 떠나 주요 기관과 국가의 문서 관리 시스템으로 확대된다. 문제가 무엇인지에 대해서는 모두 잘 알고 있다. 영국에서는 주요 녹음본들을 국립도서관에 보관하고 있다. 영국국립도서관 저장고에는 2백만 건이 넘는 녹음본이 소장되어 있다. 여기에는 왁스 실린더로부터 마그네틱테이프, 레코드판, CD에 이르기까지 음악 녹음 포맷의 모든 변천사를 포함하는 자료들이 소장되어 있다. 많은 자료들이 기계적 열화 과정에 있을 뿐 아니라 이 자료들을 재생하기 위해서는 특별한 장비가 요구되는 경우도 많다. 따라서 빨리 이런 자료들을 안정적인 전자식 플랫폼으로 변환시키는 작업을 하지 않으면 안 된다. 이것은 매우 도전적인 작업이다. 과거 자료들뿐만 아니라 새로운 자료들도 아주 빠른 속도로 증가하고 있기 때문이다.

다음에 다룰 분야는 정보가 생성되는 속도가 빠를수록 그 수명은 더 짧아진다는 내 주장을 뒷받침할 대표적인 사례다. 여기서 나는 트위터, 페이스북, 인스타그램, 블로그, 웹페이지를 통해 생산되는 모든 전자적 정보에 대해 다루고자 한다. 이런 정보들은 대부분 매우 개인적인 것들이지만 어떤 경우에는 보관해야 할 가치가 있는 유용한 정보들이 포함되어 있다. 그런 정보들은 인쇄물로 프린트된 적이 없으므로 순수하게 전자식 포맷으로만 저장되어 있다. 현실적으로 쉽지 않은 상황이다. 이런 유형의 정보들은 기하급수적으로 증가하여 2014년경에는 지금까지 역사적으로 인류가 생산해낸 모든 기록물의 양을 넘어서게 되었다. 물론 이들을 저장할 수 있는 저장 용량도 같이 증가하고 있지만, 이런 정보들을 수집하여 저장하고 이것에 접근하는 경로를 만드는 작업은 극도로 난해한 일이다. 따라서 매우 중요한 정보들이 어딘가에는 저장되어 있겠지만 실질적으로는 찾을 수 없는 상태이므로 사라져 버린 것처럼 느끼게 된다.

전자식 저장 방식의 문제에 대한 심각성을 깨닫기 위해서는 카메라 기술의 경우를 살펴볼 필요가 있다. 카메라는 휴대폰에 포함되어 있든 독립적으로 사용되든 별로 중요하지 않은 이미지를 빠른 속도로 얻게 해준다. 다행히도 이렇게 찍은 사진들은 장기간 보관할 필요도 없고 사라져도 별 문제가 되지 않는다. 휴대폰으로 전송되는 많은 사진들은 댓글을 달거나 재미로 보는 용도로만 사용되기 때문에 평균 30초 정도의 수명을 지닌다. 이러한 현상은 정보가 생성되는 속도가 빠를수록 수명이 짧아진다는 내 주장에 잘 들어맞는다. 만약 우리가 이 모든 이미지를 유지하고 싶어 한다면 정보의 저장과 관련된 문제는 심각해질 것이다. 지금 현재 추산으로는 전 세계에서 연간 촬영되는 사진의 개수는 100만 개의 100만 배에 해당하고 이 숫자는 갈수록 더 커질 것이다.

정부 기관이나 전국적 규모의 단체가 생산해내는 방대한 양의 데이터, 보고서, 법률 문서, 발표문, 사회적 현상에 대한 성명 등은 순수하게 전자적 형태로만 존재하는 정보다. 이러한 자료들은 종이로 인쇄된 적이 없다. 위의 정보들을 담고 있는 웹사이트가 문을 닫거나 접근이 불가능해지면 전례 없는 속도로 증가하고 있는 문화적, 교육적, 법률적 문서와 기록들을 모두 잃어버리게 되는 것이다. 현재 이처럼 정보 저장과의 싸움에서 밀리고 있는 상황을 비유하여 영국국립도서관은 '디지털 블랙홀'이라는 표현을 사용하고 있다.

만약 우리가 정보를 전자식으로 저장한다면, 저장 장치 자체는 계속적인 전원 공급을 필요로 하지 않을 수도 있지만 정보에 접근하기 위해서는 여전히 전력이 필요하게 된다. 이 점은 정보 저장 체계의 큰 약점이다. 큰 재앙이 닥쳐 전기를 쓸 수 없는 상황에서 저장해놓은 정보들이 필요할 수도 있기 때문이다. 앞에서 예로 든 사소한 자연재해로 전력망 마비가 발생하면 매우 긴급한 순간에 정보에 접근하지 못하게 되는 경우가 생긴다. 전력 마비 기간이 길어지게 되면 상황은 더 심각해진다. 전자식으로 저장된 데이터의 수명이 어느 순간 갑자기 '0'으로 떨어져 버릴 것이다. 또 다른 '데이터 소멸' 시나리오는 국가적 문서 저장 시스템을 테러리스트나 적국이 공격할 경우이다. 내 견해로는 자연재해보다는 악의적 의도나 정치적 목적하에 전자적으로 저장된 정보나 컴퓨터 시스템을 공격하는 경우가 훨씬 가능성이 높다.

마지막 질문, 우리는 기억될 수 있을까?

정보 저장 시스템과 소프트웨어는 진화하고 발전하는 동적인 성격을 가지고 있을 수밖에 없다. 이런 발전에 전 버전과 호환이 되는지 여부는 중요하지 않다. 따라서 기록물, 사진, 이미지 혹은 그 외의 자료들을 우리 세대뿐 아니라 다음 세대까지 보존하고 싶다면, 어떤 형태로 보관되어 있든 계속해서 최신 상태로 정보들을 업데이트하는 노력을 해야 한다. 인간에게는 오래 기억되고 싶다는 욕구가 있다. 하지만 잊혀지는 것을 현실로 받아들이는 것이 현명하다. 많은 사람들이 몇 백 년 전까지 거슬러 올라가는 가계도를 가지고 있고, 거기에 이름과 날짜도 적혀 있다. 하지만 실제로 그 사람들에 대해 우리가 알고 있는 것은 아무것도 없다. 그중 몇몇은 유명하거나 악명이 높을 수도 있지만 전에 존재했던 수십억 명의 인구 중 대부분은 우리의 기록 속에 남아 있지 않다. 따라서 내 결론은 이름을 남기고 싶다는 허영심을 버리라는 것이다. 대신 현재의 명성을 즐기고 같이하고 있는 가족들을 소중하게 여겨야 한다. 한 세대가 지나기 전에 묘비나 가계도에 나와 있는 이름이 기억되는 것만으로도 감사해야 할 상태가 될 것이기 때문이다.

　정보 저장 시스템이 발달하면서 정보들이 사라지는 과정에 대해 좀 더 알기 쉽게 비유를 하나 들겠다. 자전거, 기차, 자동차, 비행기, 대중교통이 발달하기 전 인간은 걷는 것에 의존했다. 새로 발전된 교통수단은 물론 빠르기는 하지만, 우리는 믿을 만하고 오랜 세월에 거쳐 검증된 두 발을 가지고 있다. 이와 마찬가지로 우리는 종이에 기록된 정보를 무시해서는 안 된다. 더불어 기억해야 할 점은 빠른 속도로 생산되고 전달되는 정보는 접근할 수 있는 수명이 짧다는 사실이다. 이것은 전혀 새로운 생각이 아니다. 그리고 이러한 진리는 생각할 수 있는 모든 종류의 정보에 공통적으로 적용된다. 학생을 가르쳐본 경험이 있는 선생님이라면 간단한 주제라도 너무 빨리 전달하면 학생들이 잘 이해하지 못하고, 대신 느리고 여유 있게 가르치면 잘 이해하고 기억한다는 것에 공감할 것이다.

10장

범죄와 테러의 새로운 무대

범죄와의 전쟁

직업적인 범죄자가 되는 것은 늘 위험한 일이다. 위험을 무릅쓰고 범죄를 저질러도 그로 인해 얻게 되는 이득이 크지 않을 수 있고, 항상 운 좋게 법망을 피할 수 있다는 보장도 없기 때문이다. 위험한 상황이 발생하기도 하고, 같은 지역의 다른 범죄자와 마찰이 있을 수도 있다. 따라서 영리한 범죄자는 과학, 기술, 컴퓨터 소프트웨어에 대한 연구를 부지런히 한다. 더 안전하면서도 큰 이익을 볼 수 있는 기회를 찾을 수 있기 때문이다.

과학기술을 잘 연구하면 다음과 같은 이유로 환상적인 범죄 기회를 발견할 수 있다. 첫째, 외국에 있는 사람들이나 회사를 상대로 범죄를 저지를 수 있게 된다. 둘째, 국가를 잘 선택하면 범죄자로 체포되어 인도되는 위험도 최소화할 수 있다. 더불어 멀리 떨어진 피해자로부터 개인적인 위협을 받지 않아도 되고, 인터넷을 통하면 전 세계를 대상으로 범죄를 저지를 수도 있다. 모든 종류의 범죄가 컴퓨터 지식이나 정보의 수준에 따라 가능해질 수 있다. 사이버 범죄나 이와 관련된 범죄들의 발생률이 엄청나게 빠른 속도로 증가하고 있는 것은 어찌 보면 당연한 결과다.

사람을 잘 믿는 우리들은 전화나 이메일로 은행, 국세청, 소프트웨어 회사임을 자청하면서 접근해오는 사기꾼들에게 쉽게 당한다. 어떤 방법을 사용하든 그들의 목표는 우리 컴퓨터에 접근하는 것이다. 일단 그것이 성공하면 컴퓨터 내에 있는 모든 정보를 볼 수 있다. 이 정보들을 이용하여 은행 계좌와 신용카드의 비밀번호를 알아낸다. 이보다 좀 낮은 수준의 기술을 가지고 있는 사이버 범죄자들은 다양한 종류의 사기메일을 보낸다. 유명회사의 상품을 싼 값으로 홍보하여 주문하게 만든 후 외국에 있는 계좌로 송금하게 한다. 송금하는 순간 우리 돈은 어디론가 사라지는 것이다.

내가 사례로 든 것들은 이미 잘 알려진 수법들이다. 하지만 이런 사례는 빙산의 일각에 불과하다. 사기 피해 금액이 어느 정도인지 들어 보면 사이버 범죄가 얼마나 심각한지 알 수 있을 것이다. 미국에서 이렇게 사기를 당한 사람들의 피해액이 2013년에 10억 달러에 이르는 것으로 추산되었다. 2015년에는 피해액이 거의 두 배로 증가하였다. 피해액의 규모가 늘어나고 있을 뿐 아니라 더 걱정스러운 것은 수법의 정교함이 날이 갈수록 더 심각해지고 있다는 사실이다. 이를 막기 위해서는 더 주의를 기울이고 보안 장치를 개선하는 것이 필요하다. 일단 돈이 사라지고 나면 그것을 회수한다는 것은 불가능에 가깝다.

개인의 경우 자신의 은행 계좌에서 거래가 발생하면 금방 알아차릴 수 있을 것이라 믿는다. 하지만 자선단체나 보험회사로 적은 금액이 송금되는 경우 그런 계약을 했는지 기억을 못하거나 그런 정도의 금액은 가볍게 여기는 경향이 많다. 물론 범죄자들은 그런 적은 금액에는 별로 흥미를 느끼지 못한다. 건당 금액이 큰 범죄나 적은 금액의 사기라면 건수가 많은 경우를 선호한다. 개인들은 통장에서 수백만 원이 빠져 나가면 금방 알아차리게 된다. 이런 이유로 인해 대규모 사이버 범죄 집단들에게 개인을 대상으로 하는 범죄는 그리 매력적이지 않다. 개인들은 자기 계좌에서 이런 일이 일어나면 신고를 하고 이로 인해 수사가 개시될 소지가 크기 때문이다.

영리한 범죄자들은 이러한 이유로 금액이 크거나 이런 비정상적인 거래가 눈에 잘 띄지 않는 시스템을 타깃으로 선호한다. 가장 이상적인 대상은 복잡한 다국적 조직이나 많은 외환 거래가 일어나는 은행이 된다. 2015년 초에 캐스퍼스키라는 보안 전문회사가 현금인출기(ATM)에서 발생한 현금 도난 사건을 조사하는 과정에서 밝혀진 범죄가 가장 대표적인 사례로 꼽는다. 특정 현금인출기에서 특정한 시간에 은행 카드 없이 돈이 인출되는 사건을 조사하는 과정에서 이것이 원격 조종 때문임이 드러났다. 조사 결과 대규모 사이버 범죄 조직이 수 년 동안 지속적으로 저지른 일의 극히 일부라는 것이 드러났다. 전체 피해 금액은 연간 10억 달러에 달했다.

또 단순히 시스템을 해킹하는 것뿐 아니라 은행 내에 설치된 CCTV의 비디오 이미지를 이용하기도 했음이 밝혀졌다. 비디오 이미지를 분석하여 은행에서 어떤 식으로 일을 처리하고 절차는 어떻게 진행되는지 알아낸 것이다. 이렇게 분석한 결과를 이용하여 SWIFT 송금 절차로 은행

간에 자금을 송금하였다. 어떤 경우에는 개인의 은행 계좌에 접근하여 2,000이었던 계좌 잔액을 순간적으로 20,000으로 바꾼 후 1000분의 1초도 안 되는 짧은 순간에 차액인 18,000을 송금하게 되면 계좌의 주인은 자기 계좌에서 어떤 일이 일어났는지 알아차릴 수 없게 된다. 이 과정에서 SWIFT 송금 체계도 속이게 된다. 송금을 하는 계좌에 거래에 필요한 충분한 자금이 들어 있는 것으로 인식하게 만들기 때문이다. 외국에 개설된 계좌에 이런 식으로 돈을 빼돌려 충분한 금액을 쌓은 후에 돈을 인출하고 계좌는 폐쇄하는 방식을 사용한다.

이러한 범죄 과정에서 사용되는 수법은 절대 같은 은행을 대상으로 너무 많은 금액을 빼내지 않는 것이다. 범죄 사실이 발각되어 본격적으로 수사가 시작되는 것을 피하기 위해서다. 통상적으로 한 은행을 대상으로 피해 금액이 1~2년 사이에 1,000만 달러가 넘지 않도록 조절한다. 1,000만 달러라면 우리 같은 일반인들에게는 엄청나게 큰 금액이지만 은행의 연간 거래 금액으로 본다면 매우 작은 금액이다. 이 정도 피해액은 은행에 근무하는 이사의 한 해 연봉 수준에 지나지 않을 것이다.

은행의 수는 매우 많으므로 다수의 은행이 범죄의 잠재적인 타깃이 될 수 있다. 캐스퍼스키는 2015년 전에 적어도 25개 국가에서 수백 개의 은행이 이런 식으로 당했거나 지금도 당하고 있다고 추산하였다. 지금까지 전체 피해액은 수십억 달러에 달할 것으로 생각된다. 2016년에는 유사한 수법으로 방글라데시 중앙은행에서 8,100만 달러가 인출되었다. 이때 송금 내역이 프린트되지 않도록 하는 방법을 사용하였다. 하지만 뉴욕의 연방준비은행 내 방글라데시 은행 계좌에서 그동안 모은 9억 5,100만 달러를 인출하려던 시도는 실패로 끝났다. 실패의 원인은 다름 아니라 기입한 송금 정보에 철자 오류가 있었기 때문이었다. 국제적 사이버 범죄는 적발하기 매우 어렵다. 지난 수년간 새롭게 생겨난 백만장자 범죄 그룹 중에 적발되어 형사처벌을 받고 자금이 회수된 경우는 한 건도 없었다.

자잘한 컴퓨터 범죄들

사이버 범죄의 증가 덕분으로 이 분야의 정직하게 일하고 있는 전문가와 컨설턴트들에게는 꽤 괜찮은 시장이 조성되었다. 많은 웹사이트에서 바이러스 치료 소프트웨어 같은 보안 대책을 제공하거나 판매하고 있고, 사이버 공격에 취약한 부분을 지적해주는 서비스를 제공하고 있다. 소셜 네트워크의 경우 특히 주의가 필요하다. 소셜 네트워크를 통해 소통하는 사람들은 처음에는 친구처럼 보이지만 후에 문제를 일으킬 수 있는 가능성이 있기 때문이다. 피싱 사기는 우리에 대한 자세한 정보를 수집하고, 숨기고 싶은 사진을 입수하여 이것들을 협박에 사용하는 방식이다. 피싱 사기는 점점 증가하고 있는 추세에 있고 범죄자들에게는 매우 수입이 좋은 범죄이다. 협박 범죄는 대부분은 밖으로 잘 드러나지 않는다. 하지만 이로 인해 자살하는 사람들의 숫자가 증가하고 있는 것이 현실이다. 영국에서는 2013년 범죄에 이용되는 소셜 네트워크 순위가 구글, 링크드인, 마이스페이스, 트위터, 페이스북의 순이며 범죄 건수는 5퍼센트에서 39퍼센트까지 증가한 것으로 집계되었다.

사람들은 쉽게 다른 사람을 믿거나 속임에 넘어가 스스로를 위험에 빠트리는 경향이 있다. 영국의 안보와 대스파이 활동을 책임지고 있는 부서인 정부소통본부(GCHQ)의 전문가는 80퍼센트의 사이버 범죄는 보안에 신경을 쓰고 위험 요소를 멀리하는 행위로 피할 수 있다고 조언하고 있다. 특히 우리가 잘 모르고 만난 적이 없는 사람을 쉽게 믿는 태도를 바꿔야 한다고 강조한다. 우리가 그 사람이라고 믿고 있는 사진이 완전히 다른 사람의 것일 수도 있다는 사실을 잊지 않는 것이 좋다.

영국의 사이버 범죄

사이버 범죄는 전혀 모르는 사람들이 우리의 은행 계좌 정보를 얻기 위해 하는 행위에만 국한되지 않는다. 아는 사람들 혹은 직장 동료들이 관련된 사례도 많이 있다. 많은 회사, 시의회, 혹은 자선단체에는 시스템을 통해 많은 액수의 돈이 들어오고 나간다. 이 과정에서 다양한 분야의 직원들에 의해 돈이 다루어진다. 이런 상황에서는 회계 시스템에 대한 접근을 그렇게 까다롭게 관리할 수 없다. 규모가 큰 조직을 상대로 하는 사이버 범죄의 경우 일반적으로는 월급을 받는 유령 직원을 만든다. 하나 이상의 주소나 은행 계좌를 이용하여 월급을 부풀리거나 존재하지 않는 상품과 서비스를 구매하도록 한다. 회계 장부를 사용하던 과거에도 같은 종류의 범죄가 존재했다. 그러나 전자식으로 바뀐 후에는 범행을 저지르기가 훨씬 쉬워졌고 반면에 범죄 사실을 추적하기는 더욱 힘들어졌다.

큰 규모의 회사에는 현금 이체를 위한 정보나 패스워드를 만들 수 있는 직원이 몇 백 명은 될 것이다. 이들 중 일부는 부주의해서, 일부는 의도하지 않게 범죄에 기여하게 된다. 경쟁이 극심한 산업계의 경우, 경쟁사의 노하우나 제품 정보 또는 마케팅 전략 같은 것을 훔치면 정보로부터 데이터를 추출할 수 있기 때문에 경쟁사에 큰 이익이 된다. 돈이 아니라 정보를 훔치는 것은 찾아내서 처벌하기 힘든 범죄이며 규모는 점점 더 커지고 있다.

2013년에 발표된 정부 보고서는 영국 경제가 최소한 매년 270억 달러 정도를 이런 범죄로 인하여 손해 보고 있다고 추정한다. 이 금액을 세분하면 210억 달러는 회사, 22억 달러는 정부, 31억 달러는 개인들이 손해 보고 있는 것으로 분석된다. 정부통신본부의 조사가 옳다면 엄청난 개선 가능성이 있는 셈이다. 이 엄청난 금액들은 왜 이 분야의 범죄에 자신들은 절대 안전할 것이며 경찰에 잡히지 않을 것임을 확신하는 새로운 종류의 도둑들이 유입되는지 잘 설명해준다. 사이버 범죄에서는 도둑들이 희생자를 절대 볼 수 없으므로 어떤 미안함이나 죄책감을 느끼지 않을 수 있다. 이러한 요인도 사이버 범죄가 많이 저질러지는 주요한 이유 중 하나가 될 것이다.

사실 이런 금액은 조세 회피 지역에 숨겨진 돈에 비하면 푼돈에 불과하다. 얼마나 많은 돈이 조세 회피처에 보관되어 모국의 세금을 피하고 있는지는 조사에 따라 약간의 차이가 있다. 하지만 영국의 경우 2013년 조사에 따르면 세수에서 1,000억 달러 정도가 누락되어 빠져나간 것으로 추정되고 있다. 전 세계적으로 외국의 조세 회피 지역에 숨겨져 있는 돈은 모두 50조 달러에 달하는 것으로 파악된다. 이 금액은 전 세계 국가들이 지고 있는 모든 빚을 합한 것보다 큰 액수다. 엄청난 액수의 돈이 전 세계 인구의 가난을 해결하거나 삶의 질을 향상시키는 데 아무런 기여를 못하고 있는 것이다. 이런 식의 조세 회피처가 존재하는 것 자체가 범죄라는 것이 내 생각이다. 전 세계에 많은 정부가 있지만 이러한 문제를 해결할 능력과 용기 그리고 진실성을 가지지 못했다는 점에서는 모두 비난 받아 마땅하다. 기술적 진보 혹은 컴퓨터의 도움으로 가능하게 된 범죄 중에 이러한 조세 회피는 단연 손꼽히는 범법 행위이다. 조세 회피 지역에 돈을 쌓아놓는 데 이용되는 많은 은행들이 실제로는 건물도 없이 그냥 서류상으로만 존재하고 있다. 이러한 사례로 가장 대표적인 것이 카이만 제도다. 이곳에는 400여 개의 등록된 은행이 존재하고 있지만 단지 20여 개의 은행만이 실제로 섬의 거주민과 비거주민을 상대로 영업하고 있다. 100제곱마일의 면적과 6만 명이 되지 않는 인구에 비하면 은행의 숫자가 과도하게 많은 셈이다. 이렇게 엄청나게 쌓여 있는 돈을 해킹해서 가난한 나라에 나눠주거나 가치 있는 일에 사용하는 로빈 후드 스타일의 해커가 없다는 점이 나로서는 놀라울 뿐이다.

해킹과 보안

보통 소프트웨어와 보안 프로그램은 작은 회사에서 근무하는 개인들에 의해 만들어진다. 대부분의 경우 그들은 납품해야 하는 기일이 정해져 있고 경쟁이 심한 이 업계에서는 되도록 일을 빨리 끝내는 것이 가장 큰 목표다. 그 결과 프로젝트가 어느 정도 성공한 것으로 판단되면 빨리 다른 프로젝트로 옮겨갈 수밖에 없다. 물론 계획했던 모든 일이 100퍼센트 성공할 수는 없다. 실수를 할 수도 있고 프로젝트 중에 고려하거나 포함되지 않았던 사항을 고객이 원할 때도 있다. 이러한 이유 때문에 대부분의 소프트웨어 패키지는 정기적으로 업데이트를 하고 대체하는 버전이 나오게 된다. 이런 소프트웨어를 만드는 프로그래머들의 마음가짐은 파괴하는 것이 아니라 창조하는 것이다. 따라서 보안상의 모든 허점과 약점을 고려하여 제품을 만들지는 않는다. 같은 이유로 보안과 관련해서는 치열한 전투가 벌어진다. 보안상 허점이 발견되면 그때그때 이것을 막는 대책이 마련되어야 한다. 어떤 시스템의 경우에는 20년이 지난 후에야 약점이 발견되기도 했다. 특히 이런 경우가 골치 아프다. 원래 시스템을 설계했던 프로그래머가 여전히 일을 하고 있거나 시스템을 만들 당시의 세세한 내용을 기억하고 있어야 대응이 가능하기 때문이다. 어떤 경우에는 처음 시스템이 출시되었을 때는 가능하지 않았던 사이버 공격이 컴퓨터 성능의 발달로 인해 가능하게 되는 경우도 생긴다. 따라서 완벽한 보안이란 것은 듣기에는 이상적인 말이지만 전혀 비현실적인 이야기이기도 하다.

대외적으로 알려진 중요 해킹 사건을 살펴보면, 대기업이나 국가 기관의 보안망도 노련한 해커가 마음먹고 뚫으려고 하면 얼마든지 해킹이 가능하다는 사실을 알 수 있다. 모든 국가는 첩보전이나 정치적인 목적으로 범죄 수준의 해커들이 하는 활동을 하고 있다. 그러면서도 국가의 안보를 위해 옳은 일을 하고 있다고 이야기한다. 그들의 활동은 단순히 정보를 수집하는 것에 그치지 않는다. 허위 정보를 만들어 흘리기도 하고 다른 국가나 회사의 문서를 고치기도 하며 나아가 피해를 입히거나 아예 파괴해버리기도 한다. 일례로 우라늄 동위원소를 분리하는 중동의 원심분리기에 바이러스를 심어 설비를 파괴함으로써 원자력(혹은 핵무기)을 개발하려던 계획을 저지한 일도 있었다. 어떤 국가에서도 이 일을 했다고 나서지 않았지만 비공식적인 보고에 의하면 6명 정도의 프로그래머들이 모여 수개월간 작업하여 공격했다고 한다.

2014년에 소니 영화사 스튜디오의 중앙 컴퓨터가 해킹을 당한 사건은 이런 사건이 발생했을 때 어떤 피해가 발생하는지 잘 보여준다. 스튜디오에서는 논란이 될 만한 북한에 대한 영화를 준비하고 있었다. 이로 인해 영화 업계에서 예상했던 것보다 훨씬 높은 강도의 사이버 공격이 있었다. 정치적인 이유로 촉발되었다고 볼 수밖에 없는 공격이었다. 해커들은 영화를 복사한 후에 악성코드를 사용해 서버와 컴퓨터를 파괴하고 별로 힘들이지 않고 모든 데이터를 깨끗하게 지워버렸다. 이 사례는 회사나 산업계가 얼마나 사이버 공격에 취약한지 잘 보여주고 있다. 큰 회사들이 이렇게 당하고 있는데 개인 유저들은 얼마나 무방비 상태이겠는가? 이 사건의 경우 특정 국가의 해커들이 관련되어 있었을 것으로 합리적인 추정을 할 수 있다.

이와 마찬가지로 많은 정부들도 다른 국가의 컴퓨터 네트워크에 접근하는 활동을 하고 있다고 봐야 한다. 유일한 차이점이라면 이 경우 침입자는 자신의 존재를 드러내기보다는 조용히 숨어서 지켜본다는 것이다. 이런 침입자들은 어떤 사건의 계획 단계에서 접근해서 지켜보다가 분쟁이 일어날 소지가 높을 때에는 적의 통신을 내부에서 파괴시키는 능력을 가지고 있다. 이런 스파이 수법은 조지 오웰의 소설 『1984』에 묘사된 빅 브라더와 비교할 수 있다. 지금은 그 당시에 상상했던 것보다 더 구석구석 깊숙이 침투하면서도 자신을 드러내지 않는 능력을 갖추고 있다. 당시로서는 컴퓨터나 전자통신의 잠재력에 대해 충분히 인지하지 못한 상태에서 30년 후를 가상하고 쓴 소설이므로 당연히 오늘날 현실과는 차이가 있을 수밖에 없을 것이다.

2015년 말에 정치적인 이유로 통신 시스템이 사이버 공격을 당했던 사례가 있었다. 공격의 방법은 많은 수의 스마트폰을 조종하여 자동으로 한꺼번에 전화를 걸도록 하는 것이었다. 이렇게 되면 평소 통신 트래픽의 10배에 해당하는 과부하가 순간적으로 걸리게 된다. 이 일이 일어났던 시점을 전후해서 특정 대상을 과부하에 빠뜨리는 사건이 많아졌다. 이러한 공격이 인터넷을 마비시키는 더 큰 규모의 공격을 위한 사전 연습일 수도 있다는 생각이 들어 걱정이 된다.

한편 최신 미사일에 사용되는 유도 시스템이 매우 복잡하여 제어 칩 전체를 제조할 수 있는 나라는 지구상에 한 국가 밖에 없다는 글을 읽은 적이 있다. 더구나 이 칩이 그 나라의 미사일에 포함되어 있는 칩과는 다를 수 있다는 사실은 충격적이다. 이럴 경우 칩 안에 소프트웨어를 몰래 심어놓으면 판매한 미사일이 칩 제조국과 동맹 관계에 있는 나라로 향할 경우에 미사일을 다른 곳으로 유도할 수도 있을 것이다. 만약 이것이 사실이라면 심각한 일이 아닐 수 없다. 이전에 NATO 국가에서 남미에 미사일을 팔 때 NATO 소속의 미사일임을 레이더에 알려주는 기술을 제거하지 않고 넘긴 적이 있었다. 만약 그 미사일이 NATO 국가를 공격하는 데 사용되었다면 엄청난 피해를 줄 수 있었을 것이다. 이러한 예로 볼 때 앞서 얘기한 미사일에 몰래 코드를 심는 것이 전혀 불가능해 보이지 않는다.

자신이 어떤 기술을 사용하고 있는지 이해하는 것은 매우 중요한 일이다. 유도 미사일을 이용한 공격의 경우 앞서 사례로 든 것과 유사한 일이 실세로 일어났기 때문이다. 미사일 발사시 목표 지점을 적이 보유한 공격 타깃의 위성 좌표로 입력할 당시에는 목표 지점을 체크하는 장치에 배터리 용량이 부족함을 알아차리지 못했다. 발사 후에 배터리 전압이 낮아지면서 미사일은 공격 좌표를 자동으로 전환해 최초 발사된 지점으로 목표점을 바꾸게 되었다. 이로 인해 미사일은 정확하게 지휘 본부로 다시 돌아와서 폭발하였다.

효과적인 해킹 방지

무선통신이나 인터넷을 통한 해킹을 막을 수 있는 유일한 방법은 네트워크에 연결하지 않는 것이다. 회사나 국가 기관에서 사용하는 컴퓨터가 네트워크에 연결되어 있지 않으면 훨씬 안전할 것이다. 이 방법은 일견 완벽한 해결책처럼 보인다. 하지만 꼭 그렇지도 않다. 센서를 이용하면 키보드로 타이핑하는 것을 기록할 수 있기 때문이다. 이런 센서는 수집한 비밀번호와 타이핑한 내용을 원거리 수신기로 송신할 수 있는 기능을 갖추고 있다. 이런 수법은 건물 밖에서 은행 내부 업무를 들여다보기 위해 흔히 쓰이는 스파이 기법이다. 이런 수법을 쓰지 못하도록 외부와의 통신이 차단된 방에 컴퓨터 시스템을 설치하고 전원도 외부 전원이 아닌 자체 전력을 사용해야 컴퓨터를 외부와 100퍼센트 차단했다고 볼 수 있을 것이다.

크레믈린에서 정말 보안이 필요한 일에 사용할 목적으로 전자식 타자기를 5만 유로를 들여 구입했다는 보도가 나온 적이 있다. 매우 흥미로운 기사다. 아마 이 타자기는 어떤 도청 장치도 없고 외부와의 통신도 차단된 방에 설치되었을 것이다. 크레믈린의 경우 이러한 방면에서는 매우 경험이 많을 것으로 생각된다. 보도된 바에 의하면 크레믈린은 러시아에 외국 대사관을 지을 때는 인부 중에 정보 요원을 투입하여 주요 강대국을 감시할 수 있는 매우 뛰어난 감청 시스템을 설치했다고 한다. 아마 상대 나라에서는 건설시 현지 인력을 이용함으로써 많은 비용을 절감했다고 생각했을 것이다.

미국 대통령은 휴대폰을 지니고 다니지 않는다는 놀라운 사실이 알려진 바 있다. 자세한 이유는 알려지지 않았으나 합리적으로 추론을 해보면 휴대폰을 통해 정확한 위치가 계속 추적당할 수 있고 문자 메시지를 중간에서 훔쳐볼 수도 있으며 대화를 도청당할 수도 있기 때문인 것으로 생각된다.

간첩 행위와 보안

사용하는 기법상으로 보면 국가에 의해 이루어지는 첩보 행위와 개인이나 회사의 정보에 몰래 접근하는 범죄 행위 사이에는 별다른 차이가 없다. 물론 국가의 활동이 훨씬 큰 규모로 이루어진다. 실제로 국가 정보기관들은 인터넷상에서 움직이는 모든 이메일, 페이스북을 비롯한 여러 문서에 특정 키워드가 들어 있는지 알아내는 시스템을 운용하고 있다. 같은 종류의 감찰이 유선 전화나 휴대전화에서도 가능하다. 이는 개인의 사생활에 대한 중대하고도 강도 높은 침해라고 할 수 있다.

감청 과정에서 가장 어려운 부분은 문제가 되는 키워드를 골라낼 기술이 있느냐 하는 것이 아니다. 특정 글자를 인식하는 것은 비교적 단순하다. 그보다 어려운 것은 문서나 음성에 담긴 의미를 파악한 후 그것이 범죄나 정치적 행위로 이어질 것인지 판단하는 것이다. 감청 작업은 대부분 자동화되어 있으며 수집되는 전체 데이터의 양은 방대하다. 이 엄청난 양의 데이터를 대상으로 실제 위협이 될 만한 정보를 분리해내는 것은 결코 쉬운 일이 아니다.

모든 첩보전 관련 기술에 대한 우리의 인식은 제임스 본드 영화를 비롯하여 많은 영화와 TV 프로그램에 의해 형성되어 있다. 그것이 국제적이든 산업과 관련되어 있든 개인적이든 무관하다. 흥미로운 것은 스파이 영화에 등장하는 여러 기술들이 영화 제작 당시에는 존재하지 않았지만 후에 개발되어 실제로 사용된 예가 많다는 점이다. 예를 들면 철판을 자르는 레이저, 손목시계를 이용한 통화, 전방 투영 안경 등이 있다. 이러한 사례들로부터 인간이 상상력으로 새로운 기술을 떠올릴 수 있으면 물리학의 법칙에 반하지 않는 이상 언젠가는 실제로 만들 수 있다는 것을 알 수 있다. 단지 충분한 시간, 노력, 자금의 투입이 필요할 뿐이다.

이와 관련하여 흥미로운 심리학적 문제가 있다. 만약 이 세상에 존재하지 않는 장치라고 밝힌 후 어떻게 하면 개선이 가능할지 질문을 던져보라. 이 경우 답으로 제시되는 제안의 수준은 매우 낮다. 하지만 이미 존재하는 장치라고 말해주면 이것을 개선하기 위해 새로운 아이디어를 내는 데 있어 매우 창의적이고 열정적으로 참여한다. 이미 기본적인 문제가 풀렸다는 것을 알고 난 후 추가적인 개선 아이디어를 찾을 때는 자신감을 가지고 임하게 되지만, 이 세상에 존재하지 않는 혁신적인 아이디어를 찾아내야 한다고 생각하면 너무 벅차게 느껴지는 것이다.

실제로 특정 기술에 대해 어느 정도의 과학적 진보가 이루어졌는지는 자신이 매우 잘 아는 분야가 아니면 평가하기도 어렵고 남들의 말을 믿기도 어렵다. 잡지, 신문, TV의 과학 프로그램은 대중들에게 피상적인 지식만 전달한다. 이런 매스미디어는 단지 관심을 끌어서 잡아두는 데만 관심이 있기 때문이다. 그래서 새로운 발견이나 제품에 대해서도 지나치게 과도한 평가를 하게 된다. 예를 들면 언론에서는 컴퓨터나 다른 전자 제품들이 10년 전에 비해 엄청나게 성능이 좋아졌다는 얘기를 되풀이한다. 물론 틀린 말은 아니다. 하지만 직접 CCD 카메라에 얼마나 많은 픽셀이 있는지 찾아보거나 컴퓨터 칩의 속도를 몸소 체험하지 않은 상태에서는 얼마나 발전이 되었는지 자신 있게 평가하기 어렵다.

더구나 개선 정도를 100만 배의 1,000배라는 식의 숫자를 제시하면 보통 사람들에게 그것은 그냥 '많다'라는 것을 의미할 뿐이다. 우리는 큰 숫자에 익숙하지 않으므로 실생활에서 경험해보지 못한 숫자를 이야기할 때 그 의미를 확실히 이해하는 것은 거의 불가능한 일이다. 이럴 경우 개인적으로 실감할 수 있는 물리적 크기의 차이로 표현해주면 어떤 일이 발생했는지 확실히 느낄 수 있다. 예를 들면 과학자인 나도 원자핵의 지름이 전체 원자 크기에 비해 10만 배나 작다고 하면 비록 그 말이 사실이란 것은 알지만 그 크기가 실제 어느 정도인지는 전혀 감을 잡을 수 없다. 하지만 이 비교를 축구 경기장과 풀잎 한 장의 두께 차이라고 표현하면 대강 감이 온다. 물론 여전히 그 정도 크기의 차이를 머리로 상상하는 과정은 거쳐야 한다.

전자 장치의 성능과 크기가 그동안 얼마나 많이 변해왔는지 설명하기 위해 무선 송신기를 예로 들어보겠다. 2차 세계 대전 초기에 영국 비밀 요원이 프랑스에 무선 송신기를 설치한 적이 있었다. 1942년 당시 기준으로 최첨단 휴대용 무선 송신기는 송신 범위가 500마일 정도였다. 대신 크기는 서류 가방만 했고 무게는 15킬로그램에 달했다. 뿐만 아니라 전원을 공급하기 위해서는 6볼트의 차량용 배터리가 필요했고, 신호를 송출하기 위해서는 수 미터 높이의 안테나도 설치해야 했다. 이런 준비 작업이 완료되고 난 후에라야 조심스럽게 송신 주파수를 무선 송신을 할 수 있게 된다. 당시 무선 송신기는 음성을 직접 송신하는 것이 아니라 모스 코드를 사용하였다. 그리고 장시간 같은 주파수로 송신을 할 경우 적국에 발각되었다. 이를 피하려면 송신 주파수를 변경해야 하는데 이는 장치의 일부 부품을 물리적으로 바꾸어야 가능한 일이므로 쉬운 일이 아니다. 당시 무선 송신기를 사용하던 비밀 요원이 발각되지 않고 활동할 수 있는 시간은 몇 주 되지 않았다. 당시만 하더라도 비밀 요원은 발각되면 처형되었으나 비밀 요원을 모집할 때 이러한 사실은 잘 설명하지 않는다.

1943년에 무게를 줄인 소형 첨단 무선 송신기가 개발되었다. 이후로도 계속해서 개선이 이루어졌으나 1950년대에 와서도 여전히 비밀 무선 송신기의 크기는 큰 서류 가방 정도였고 무게는 9킬로그램에 달했다. 하지만 더 이상 자동차 배터리는 필요 없어졌고 모스 송신뿐 아니라 음성 송신도 가능하게 기술이 발전하였다. 송신 범위도 2,000마일로 늘어났다. 현재 우리가 사용하고 있는 휴대용 스마트폰에서는 음성뿐 아니라 암호화된 사진도 즉시 송신할 수 있다. 그동안 전자기기가 얼마나 발전했는지 실감할 수 있다. 실제로 오늘날의 휴대폰은 성능과 속도면에서 1940년대에 사용되던 암호 해독 컴퓨터보다 훨씬 강력해지고 빨라졌다. 당시 아폴로 발사에 사용되었던 NASA의 중앙 통제 시스템과 비교해도 1,000배 이상의 성능에 해당한다.

비슷한 정도의 발전이 비밀 작전을 위해 필요한 카메라, 원격 센서, 도청 장치에서도 이루어졌다. 덕분에 오늘날 많은 사람들이 이 기술들을 쉽게 사용할 수 있게 되었다. 지금은 비밀 감시 업무는 물론이고 농업 분야에서 수확 시기를 파악하기 위한 용도로 소형 드론을 쉽게 사용하고 있다. 포도밭의 경우 드론에 센서를 장착하면 어느 포도를 수확할 수 있는지 정확히 알려준다. 적외선 센서가 포도의 당도를 모니터할 수 있기 때문이다.

농업 분야나 군사적 정찰 업무에 매우 중요한 역할을 하고 있는 드론은 갈수록 더 기능이 향상되어 향후 비밀 첩보 업무나 다른 사람의 사생활을 파헤치는 범죄에 많이 이용될 것으로 생각된다. 가격은 떨어지고 있고 성능은 나아지고 있기 때문이다. 드론의 응용 범위는 점점 더 확대될 것이고 곧 범죄의 목적으로 사용될 것이 불을 보듯 뻔하다. 이는 특정 분야의 기술이 발전하여 보편화면서 나타나는 전형적인 현상이다.

아마 우리는 집 안에 있을 경우 누가 우리를 감시하기 어려울 것이라 생각할 것이다. 물론 과거에는 어댑터의 플러그나 전화 소켓처럼 보이는 송신기를 몰래 방에 놓고 가야 했다. 요즘은 더 이상 이런 도청 장치를 설치하기 위해 방에 들어갈 필요가 없어졌다. 해커들은 악성코드를 이용하여 컴퓨터에 설치된 카메라나 마이크에 접근할 수 있다. 보통은 카메라나 마이크가 작동되면 불빛이 반짝반짝하게 되지만 이런 경우는 표시도 나지 않는다. 휴대폰에 악성코드를 심어놓으면 꺼졌다고 생각하는 중에도 감시가 가능하다. 현재로서는 우리가 상상할 수 있는 모든 도청 기술이 기술적으로 가능하다고 보면 된다. 따라서 민감한 대화나 접촉이 필요한 생활을 하고 있고 이상하게 휴대폰의 배터리가 빨리 닳을 경우 휴대폰에 악성코드가 없는지 점검해보아야 한다. 기술 발전은 훌륭한 일이다. 하지만 여기에는 동시에 기술의 오용이나 남용이 따른다는 점도 기억해야 한다.

휴대폰, 자동차, 집

최근 휴대폰으로 통신, 사진 촬영, 인터넷 접속 등이 가능하다는 사실은 모두 잘 알고 있다. 하지만 사용자들이 잘 모르고 있는 사실 중 하나는 전화를 거는 사람과 받는 사람의 위치를 송신 기지국에서 정확히 알려준다는 점이다. 심지어는 우리 위치를 알려주기 위해 전화할 필요도 없이 휴대폰 위치를 추적할 수 있다. 이러한 기능은 현재 미아를 찾거나 위험에 처한 사람을 구하기 위해 매우 유용하게 쓰이고 있다. 하지만 동시에 이런 정보에 접근이 가능한 사람이라면 우리가 움직인 이동 경로와 만난 사람들에 대해 속속들이 파악할 수 있다는 것을 뜻하기도 한다. 개인 정보 보호 차원에서는 매우 바람직하지 않은 일이다. 요즘에 와서는 집에 있는 기기에 원격으로 접근할 수 있는 기술들이 속속 나오고 있다. 원격으로 히터를 켜고 커튼을 치고 오븐을 작동시키는 것이 가능해졌다. 문제는 이런 동작들이 모두 휴대폰을 통해 이루어진다는 데 있다. 휴대폰의 보안을 뚫고 접속할 수 있는 사람이라면 우리 집에 동일한 일을 할 수 있게 되었다는 것을 의미한다. 그런 의미에서 집이나 차고의 출입문에 핸드폰으로 원격 조종이 가능한 도어락을 설치하는 것은 매우 위험한 생각이다. 어쩌면 보험 약관에 위배될지도 모르겠다.

그동안 핸드폰이나 다른 방식을 이용해 자동차를 열 수 있도록 하는 많은 기술들이 등장했다. 어떤 기술은 등장을 예상했던 것이고 어떤 것들은 전혀 예상하지 못했던 것이다. 영국에서는 고급 승용차를 중심으로 전통적 자동차 키 대신 전자식 스마트키로 문을 열고 닫는 것이 보편화되고 있다. 조금만 생각해보면 자동차나 스마트키의 배터리가 방전이 될 경우 문제가 생길 것이란 것을 쉽게 예측할 수 있을 것이다.

이러한 문제 때문에 자동차 제조사에서는 간단히 보안을 해제하고 차량 제어 컴퓨터에 접속할 수 있는 권한을 자동차 수리점에 부여하고 있다. 만약 이를 악용하여 자동차 수리점이 사용하는 것과 동일한 방법으로 스마트키를 리셋한다면 차를 훔치거나 차량 내부에 있는 물건을 훔쳐가는 일이 매우 쉬워지게 된다. 실제로 일부 보험 회사에서는 스마트키를 이용하는 고급 승용차에 대한 보상 범위를 제한하고 있다. 이렇게 되면 차량 도난을 방지하기 위해서는 운전대에 큰 자물쇠를 채우는 것으로 돌아가는 것이 나을지도 모르겠다.

뿐만 아니라 요즘은 차량에 탑재된 제어 컴퓨터가 엔진의 성능에 대해 많은 정보를 기록하여 차량 운행시 최적의 조건으로 엔진이 가동되도록 끊임없이 미세 조정을 해주고 있다. 환상적인 차량 기술의 발전이라 할 수 있다. 운전자는 이렇게 숨어서 작동하고 있는 전자 제어 시스템에 대해서는 알기 어렵다. 단지 빠른 속도로 코너를 돌아도 차가 미끄러지거나 휘청거리지 않는다는 사실에 신기해할 뿐이다. 사실은 차량에 탑재된 컴퓨터 칩이 파워스티어링 장치를 제어하여 차가 미끄러지지 않고 가속을 하거나 제동을 할 수 있도록 해주는 것이다.

사실 컴퓨터는 이것보다 훨씬 더 뛰어난 능력을 가지고 있다. 타이어 공기압을 모니터하거나 에어백을 터뜨릴 수 있으며 GPS를 통해 위치와 속도를 알아낼 수도 있다. 여러 가지 센서를 통해 운전자의 운전 능력이나 기술을 측정할 수도 있다. 어떤 보험회사는 이러한 정보를 이용하여 젊은 운전자라 하더라도 운전을 잘하는 것으로 평가되면 일반적으로는 높게 책정되는 보험료를 낮춰주기도 한다. 뿐만 아니라 휴대폰에 접속하여 어떤 데이터라도 외부와 주고받을 수 있고 충돌 사고가 발생하면 자동으로 전화를 해서 도움을 청하고 위치를 알려주는 것도 가능하다. 과속시에는 이를 처벌하기 위한 증거 자료로 컴퓨터 데이터를 사용할 수도 있다. 거리를 측정하는 센서는 자동으로 평행 주차를 할 수 있게 해주며, 주위 교통의 흐름에 따라 차의 속도를 올릴 수도 있고 낮출 수도 있는 가변 크루즈 컨트롤도 가능하다. 이런 여러 기술들로 인해 더 이상 차 운전 기술이 인간의 능력에 달려 있지 않게 되었다. 대신 많은 부분이 차량 제어 컴퓨터에 의해 조정된다. 따라서 차량 제어 시스템에 접근할 수 있는 사람이면 누구든 원격으로 내 차를 조종할 수 있는 것이다.

애초에 이러한 기술들은 모두 운전자를 위한 목적으로 개발되었다. 하지만 범죄를 저지르고자 하는 사람들에게 손쉽게 악용될 수 있는 약점으로 작용한다. 실제로 차량용 컴퓨터를 해킹하거나 CD 플레이어를 통해 악성코드를 심어 운전자의 움직임을 추적하는 일들이 모두 가능해졌다. 이렇게 되면 차량 제어 컴퓨터를 이용하여 마음대로 에어백을 터뜨리거나 주행 방향, 타이어 공기압, 크루즈 컨트롤을 변화시켜 사고를 일으킬 수 있다. 아마 앞으로는, 다른 나라에 앉아서 이런 식으로 원격으로 차량을 조정하여 치명적인 사고를 유발함으로써 살인을 저지르는 영화 같은 일도 보게 될 것이다. 이러한 범죄를 찾아내고 증거를 확보하려면 상상력이 풍부하고 컴퓨터에 대해서도 잘 아는 탐정이 필요할 것이다.

사실 SWIFT(국제 은행 간 통신 협회) 송금 사기와 원격 자동차 제어는 자세한 내용을 책에 실어야 할지에 대해 많이 고민했다. 모방 범죄에 악용될 소지가 있기 때문이다. 하지만 이런 수법들은 이미 언론에도 보도된 바 있으므로 그냥 싣기로 했다. 실제로 차의 제어 권한을 빼앗아 속도를 조정하고 도어락, 라디오, 운전대를 마음대로 움직일 수 있다는 것에 경악한 피아트 크라이슬러는 140만 대의 차량을 리콜하기도 했다. 이 사례를 통해 기술 개발 프로젝트에 참여하는 사람들이 객관적 시각을 가지고 향후 발생할 수 있는 문제점까지 예상하고 기술을 개발하지는 않는다는 것을 알 수 있다. 설계자들은 제품의 성능에만 관심을 가지기 때문에 한발 물러서서 자신들이 개발한 기술이 다른 용도로 잘못 쓰일 수 있는지 살펴보기는 어렵다. 다행히도 아직까지는 이런 기술을 이용하여 보험금을 탄다든지 차량 사고를 일으킨다든지 하는 일이 일어나지는 않았다.

2016년에는 조종사로부터 항공기 제어 권한을 탈취하여 무선으로 조종하는 것이 가능하다는 것이 증명되었다. 이런 사실을 안다면 다음 번 비행기를 탈 때 즐거운 여행이 될 수 있을지 의문이다. 그 외에도 여러 종류의 범죄가 가능함을 알고는 있으나 이러한 수법들이 실제 사용되어 언론에 보도가 될 때까지는 밝히지 않을 생각이다.

내가 미처 생각하지 못한 범죄도 있었다. 바로 차량의 제어 컴퓨터를 조작하여 배기가스 검사시에 엔진의 동작을 조정하는 것이었다. 이것은 제조사에는 큰 영향을 주지 않으면서도 자동차 마케팅에는 엄청난 영향이 있는 수법이다. 2015년에 주요 자동차 제조사 중의 하나가 공식 배기가스 검사 과정에 이런 수법을 사용하여 엔진 작동을 조작함으로써 배기가스 결과에 영향을 미쳤음이 폭로되었다. 처음에 제조사에서 인정한 것은 이런 경우에 해당하는 차량이 100만 대 정도라고 했다. 이 숫자는 그 이후에 1,100만 대로 늘었다. 하지만 놀랍게도 지금에 와서는 대부분의 주요 자동차 제조사에서 동일한 수법이 사용되어 왔음이 밝혀지고 있다.

영국에서는 배기가스 테스트 결과가 판매와 세금에 큰 영향을 미친다. 이러한 범죄는 판매량에 인위적인 조작을 가하고 정부가 거둬들이는 세금에도 막대한 손실을 끼친다. 뿐만 아니라 2륜구동과 4륜구동에 따른 배기가스 검사 결과 차이를 이용하여 의도적으로 배기가스 결과를 조작한 일도 드러났다. 영국에서의 배기가스 시험 결과는 전륜구동 차량에 국한된다. 이 시험조건 하에서는 차량 제어 컴퓨터를 조작하면 배기가스를 최저로 낮출 수 있다. 하지만 일단 차량이 실제 도로에서 사용되려면 4륜구동으로 전환해야 한다. 이럴 경우 일부 모델에서는 배기가스 시험을 위해 컴퓨터 소프트웨어에 걸려 있던 제한이 풀려 성능이 급격히 향상된다. 판매량 향상에는 도움이 많이 될 것이다. 하지만 시험 때와는 달리 배기가스가 매우 큰 폭으로 증가되게 된다. 심지어 10배에 이르는 사례도 있었다.

매우 정교한 음성 인식 시스템의 개발을 통해 자동차 시동키를 없애는 것뿐 아니라 집의 출입 시스템과 차고 문을 여닫는 키까지 없애려는 시도가 있다. 가장 안전한 모델의 경우에도 배터리가 방전되거나 전력 공급이 끊어지면 문을 열 수 없다. 이 경우 물론 집에 들어갈 수 없게 된다. 또 다른 문제점은 심한 감기에 걸리거나 술에 취한 상태에서 발생한다. 목소리가 변하게 되므로 출입문에 설치된 센서가 인식을 못할 수 있다. TV에 나오는 성대모사를 잘하는 사람을 보면 다른 사람들의 목소리를 매우 흡사하게 흉내 낸다. 이런 사람들이라면 대량 생산으로 싼 값에 공급되는 수준 낮은 음성 인식 시스템은 쉽게 속일 것이다.

의료 기록

의료 기록을 전자적으로 데이터베이스화하고 관리하는 것이 갖는 장점은 명확하다. 집을 떠나 있는 사람이 병원에 가야 할 필요가 생겼을 때는 물론이고, 데이터베이스를 잘 분석하면 지역별로 많이 발생하는 질병이나 병명, 의사나 병원의 수준에 대해서도 중요한 정보를 얻어낼 수 있다. 더불어 이런 정보들은 전국적인 의료 시스템을 계획하고 향상시키는 데 매우 유용하게 사용될 수 있다. 하지만 이러한 정보에 대해 누구나 자유롭게 접근하도록 허락하는 것은 절대 바람직하지 않다. 데이터베이스에 수록된 사람들의 보험 가입 여부, 직업, 그 외의 여러 가지 개인 정보를 얻어낼 수 있기 때문이다. 따라서 이 경우 해당 정보들을 사용해서 얻게 되는 긍정적인 효과와 부정적인 효과가 미묘하게 균형을 이루고 있다고 볼 수 있다. 의료 시스템을 다루는 사람들은 의료 기록상에 나타난 실명을 공개하지 못하도록 되어 있고 접근 권한도 1만 명 정도로 제한하고 있다.

이는 실제로는 의료 정보의 보안이 매우 취약하다는 것을 의미한다. 1만 명 중 일부는 정보를 다룰 때 별로 조심하지 않거나 필요 없는 정보까지 자세히 들여다볼 수 있다. 또한 자신들의 접근 권한을 불법적인 목적을 위해 사용할 가능성도 적지 않다. 영국의 경우 이런 상황에서 불법을 저지르는 사람들이 그다지 많지 않고 정보를 다루는 데 있어 훨씬 더 조심할 수 있다. 살인과 같은 극단적인 범죄는 1년에 대략 1만 명당 1명의 비율로 발생한다. 이런 비율이라면 취득한 정보의 고의적인 오남용 같은 극단적이지 않은 범죄의 경우는 훨씬 발생 비율이 높을 것으로 봐야 한다. 이것이 현실이다. 상세한 데이터베이스를 구축하여 많은 사람들이 접근할 수 있게 하면서도 완벽한 보안을 유지한다는 것은 사실상 불가능하다.

2016년 미국에서는 의사가 발행한 처방전, 의약품 판매, 의료 기록과 같은 데이터로부터 필요한 정보를 추출하는 발전된 방법에 대한 연구가 시작되었다. 이런 데이터들은 보통 환자의 익명성을 보장하기 위해 암호화되어 있다. 하지만 여전히 나이와 성별 그리고 환자가 거주하는 지역의 우편번호, 치료 방법, 그리고 이전 의료 기록을 볼 수 있는 링크는 포함되어 있다. 일반적인 정보이기는 하지만 의약품 복용, 국지적으로 발생하는 질병과 질병의 확산 경향을 파악하는 데 매우 유용하게 사용될 수 있다. 또한 문화적, 경제적, 직업적 요소가 질병에 미치는 영향도 찾아낼 수 있다. 뿐만 아니라 처방전을 발행하는 패턴을 분석하여 비정상적인 치료 사례를 찾아내는 데 이용할 수도 있다. 끝으로 이러한 자료들을 통해 개인의 귀중한 정보가 제약 업계와 국가 보건 기관에 넘어갈 가능성이 높다.

모든 사람들은 각각 고유한 의료 기록을 가지고 있다. 데이터베이스에 접근하면 나이, 성별, 환자와 의사가 속한 지역을 통해 그 정보가 구체적으로 어떤 사람들의 기록인지 알 수 있다. 특히 작은 마을에서는 특정한 나이와 병력에 해당하는 사람이 몇 명 되지 않기 때문에 더 간단하다. 더 큰 도시를 상대로도 이러한 작업이 가능하다. 이런 정보들이 알려지면 여러 가지 이유로 부작용이 나타난다. 이미 건강과 관련된 정보를 비밀로 유지하는 시대는 끝이 났다고 봐야 한다. 이로 인해 보험료가 올라가거나 심지어 협박용으로 정보가 사용되는 일도 일어날 수 있다. 이러한 정보들은 CD, USB 메모리 혹은 컴퓨터에 간단하게 저장할 수 있기 때문에 보안은 더 취약해졌다. 과거 이런 정보들이 삭제되거나 복사된 예가 많이 있다. 여기에는 엄청난 양의 의료 정보들이 포함되어 있을 수밖에 없다. 이렇게 누출된 정보들이 범죄자에게 흘러들어갈 가능성도 배제할 수 없다.

양날의 검이 될 수 있는 또 다른 사례로 DNA 정보를 습득하고 저장하는 것을 들 수 있다. 요즘은 출생시에 DNA 검사를 하기 때문에 전국적으로 쉽게 정보를 축적할 수 있다. 이렇게 축적된 DNA 데이터베이스를 이용하면 건강에 문제가 생겼을 때 원래부터 유전자에 문제가 있었는지 혹은 이후에 변화가 생겼는지 알 수 있게 된다. 나아가 환경적인 이유 때문에 지역적으로 사람들의 유전자에 문제가 발생하는지도 살펴볼 수 있다. 또한 유전자 정보가 축적되어 있으면 범죄 수사에도 유용하게 활용될 수 있다. DNA 정보와 이에 해당하는 사람의 이름과 거주 지역에 대한 접근 권한을 주는 데 있어서는 매우 철저한 보안과 관리가 필요하다. 매우 소수의 사람들에게만 그 권한이 주어져야 한다. 지역별 정보는 질병에 대한 환경적인 요인을 분석하기 위해 자유롭게 사용할 수 있어야 하지만 개인 정보에 대해서는 더 철저한 관리가 필요하다.

범죄 수사 목적으로 사용할 때에도 범죄 기록이 없는 사람의 DNA를 대조해보는 경우에는 비밀리에 철저한 보안 속에서 이루어져야 한다. 또한 이러한 사실이 법을 집행하는 기관에 소속된 다른 사람에게는 알려지면 안 된다. 이름이나 다른 개인 정보를 공개하는 것은 의료 기록에 대해 요구되는 수준보다 훨씬 높은 보안 수준이 필요하다. 많은 경우에 자세한 개인 정보가 필요하지 않음에도 불구하고 데이터를 남용하는 경우가 많다. 이러한 개인 정보는 보험회사나 고용인뿐만 아니라 범죄자들에게도 탐이 나는 정보다. 따라서 잘못된 용도로 사용될 가능성이 매우 많다.

많은 유전자 검사 결과에 따르면 어머니의 경우 자식과 DNA가 확실히 일치하지만 아버지의 경우에는 해석에 따라 견해가 다를 수 있다는 것이 밝혀졌다. 영국의 경우 현재까지의 DNA 검사 결과를 분석해보면 2~4퍼센트(25분의 1)는 생물학적인 아버지가 아닌 것으로 나타났다. 다른 나라의 경우에는 비슷하거나 더 높은 비율을 보이고 있다. 따라서 친자 확인 소송용 목적이 아닌 경우에도 DNA 검사 결과에 자유롭게 접근을 허용하면 많은 경우 가족 간 불화의 원인이 될 수 있고 심지어는 협박용으로도 사용될 수 있다. 대중, 배심원, 경찰들은 DNA 검사 결과에 맹목적인 신뢰를 보내는 경향이 있다. 현실적으로는 결과에 오류가 있을 수 있다. 이로 인해 많은 경우 검사 결과를 근거로 내려지는 결정에 오류가 발생하게 된다. 새롭게 등장한 기술에 대해 맹목적인 믿음을 갖는 것은 현명하지 못하다는 점을 기억하는 것이 좋다.

데이터의 왜곡

정보를 찾기 위해 일단 키워드를 입력하면 검색 엔진은 결과를 목록으로 보여준다. 이때 우리는 대부분 목록의 상위 정보부터 살펴보게 된다. 이러한 무의식적 행동으로 인해 상위 정보들은 갈수록 검색엔진에서 매기는 점수가 높아져서 결과적으로 순위가 더 상승하게 된다. 일반적인 정보 검색의 경우 상위 몇 개 사이트만 살펴보면 된다. 보통의 경우 순위가 낮은 사이트까지 보는 사람들이 얼마나 될지 의문이다. 이렇게 되면 자연스럽게 순위가 낮은 정보들은 사람들의 관심에서 멀어져 버리게 된다. 과학자로서의 나는 일반인들과는 조금 다른 방식으로 정보를 검색한다. 과학 관련 정보를 찾을 때 나는 검색 엔진에서 제시하는 목록에서 20개 이상의 사이트를 방문해 본다. 이렇게 할 경우 거의 내가 원하는 정보를 찾을 수 있다. 하지만 일반적인 문제에 대해 검색하면서 이렇게 하는 경우는 거의 없다.

이러한 과정에서 보듯 검색 엔진의 순위에 영향을 주는 것은 현실적으로 가능하다. 마음에 들지 않는 사이트를 제거하는 가장 손쉬운 방법은 검색 엔진에서의 순위에 영향력을 행사하는 것이다. 도서관에서 직접 정보를 찾을 때는 한쪽으로 치우친 결과를 주거나 검색에 영향을 주기 어렵다. 이런 면에서는 인터넷이 없던 시대에 비해 퇴보했다고 볼 수 있다. 도서관에서 정보를 찾는 일은 인내심과 집중력만 있으면 된다. 내 경험에 의하면 인터넷에서 계속해서 정보를 찾다 보면 많은 사이트들이 서로 상호 인용하고 있는 경우가 많다. 이렇게 되면 잘못된 정보나 실수가 일단 인터넷에 게재되면 수정되지 않고 계속 떠돌아다닐 수 있다. 파티 같은 곳에서 흔히 하는 귓속말 전달 게임에서, 처음에 준 메시지가 사람들을 거쳐 전달되는 동안 그 내용이 바뀌는 것과 유사한 현상이라 하겠다.

정보의 출처를 밝히지 않고 의도적으로 내용을 그대로 가져다 쓰는 것을 표절이라고 한다. 특히 인터넷 검색 엔진 결과에서 후순위에 묻혀 있는 사이트에서 정보를 가져다 쓸 경우 더 효과적이고 잘 발각되지 않는다. 이는 흔히 행해지고 있는 수법이다. 학생들이 인터넷 정보 검색을 이용하여 에세이를 작성할 경우 어느 정도의 표절은 있게 되어 있다. 이런 정보들을 적절하게 바꾸어 자기 언어로 표현하지 않을 경우 질책 받게 된다. 물론 지도 교수들도 표절을 많이 한다. 하지만 이 경우에는 출처를 밝히고 사용한다. 이러한 활동을 일컬어 연구라고 부른다. 표절을 당할 때 느끼는 감정은 좀 다양하다. 한번은 내가 썼던 글을 통째로 가져다가 책의 일부로 사용한 경우를 당했다. 물론 출처도 밝히지 않은 채 사용한 것이었다. 하지만 나로서는 저자가 사람 보는 안목이 있다는 생각이 들면서 약간은 기분이 좋았다. 또 다른 경우로는 같은 분야의 과학자로서 내가 저술한 과학 관련 서적에 대해 매우 호평을 해주는 사람을 만난 일이 있었다. 그는 심지어 내 책의 전자책 버전을 외장 드라이브에 저장하고 있었다. 내 책은 전자책 형태로 출판된 일이 없었다. 그가 속한 국가의 정부에서 국립 도서관에서 쓸 수 있도록 복사했음에 틀림없다. 그는 그 복사본을 심지어 나에게 주기까지 했다.

인터넷에 존재하는 정보는 자주 업데이트가 되거나 그렇지 않으면 삭제된다. 또한 그 정보가 얼마나 정확한지 판단하기도 쉽지 않다. 개인의 의견이거나 블로그에서 인용된 정보뿐만 아니라 믿을만한 기관에서 작성한 자료일 경우에도 상황은 비슷하다. 인터넷상의 자료는 문서고에 보관된 기록물이나 오래된 신문에서 찾아낸 '확인된 사실'과는 매우 다르다. 이런 의미에서 본다면 인터넷이 발달하기 이전 시대가 정보의 정확성과 있을지도 모를 편향성에 대해서는 더 나은 판단을 할 수 있었다고 보인다.

최근에는 사람들에게 나쁜 영향을 줄 수 있다는 이유로 인터넷에서 정보를 삭제하는 일도 있다. 이러한 일은 불법적으로 일어나거나 최소한 사회적으로 용인되지 않는 방식으로 일어남이 틀림없다. 여기 연루된 사람들이 부자가 되거나 영향력을 행사하는 위치에 올라가면 그들은 과거에 했던 일이나 뱉었던 말이 잊힐 권리가 있다고 주장할 것이다. 하지만 이는 절대 받아들일 수 없는 주장이다. 정보의 삭제는 근본적으로 데이터에 오류가 있을 경우에만 허용되어야 한다. 정치적으로 좋은 이미지를 주기 위해서나 범죄적 이미지를 없애기 위해서 허용되어서는 절대 안된다. 삭제된 정보들은 유명인이거나 부자인 사람들과 많이 관련되어 있다. 이는 매우 심각한 의미를 내포한다. 페이스북과 같은 소셜 네트워크상에서는 개인적이면서도 오류가 있는 자료 혹은 악의적인 자료가 많이 있다. 이러한 정보들은 수정되거나 삭제되어야 할 합리적인 이유가 있다. 하지만 정당한 기사임에도 부유하거나 영향력 있는 사람들의 입맛에 맞추기 위해 선택적으로 삭제하는 것은 독재자나 전쟁에 승리한 쪽이 자기들에 맞춰 역사를 다시 쓰는 것과 다를 바 없다.

　인터넷상에 인용해서 정보를 사용할 때 조심해야 할 것은 항상 그것이 정확하지 않을 수 있음을 염두에 두고 있어야 한다는 점이다. 원본 정보가 잘못되지 않더라도 그것이 중간에 인용되며 전파되는 과정에서 왜곡될 수 있다. 이러한 상황은 번역하거나 복사하는 과정에서 오류가 일어날 수 있는 텍스트의 경우에만 국한되는 것이 아니다. 사진도 마찬가지다. 잡지의 경우 원본 사진을 멋있게 수정하거나 손질하여 싣는 일이 비일비재하다. 경험 많은 사진작가들은 잘 알고 있겠지만 요즘은 디지털 이미지를 픽셀 단위에서 수정할 수 있다. 이런 기법을 이용하여 외관을 미적으로 손보거나 복부를 날씬하게 보이도록 하는 일은 쉽다. 머리숱을 많아 보이게 하기도 한다. 심지어 참석하지 못한 사람을 사진 속에 집어넣기도 한다. 사진이 거짓말을 못한다는 말은 이제는 더 이상 사용될 수 없게 되었다. 오늘날에는 디지털 이미지를 볼 때 주의가 필요하다. 사진을 개조하고 전자 문서를 고치는 데 사용되는 기술이 범죄적으로 혹은 정치적으로 동일하게 이용될 수 있다.

　보안 시스템이 얼마나 잘 갖춰져 있느냐에 대한 신뢰는 그 정보에 접근함으로써 이익을 보는 집단이 누구냐에 달려 있다. 강한 정치적 혹은 범죄 목적으로 정보에 접근하여 파괴하거나 바꾸고자 할 경우에는 어떤 보안 시스템도 완벽하게 막아내기 힘들다. 보안 시스템도 인간이 만드는 것이다. 따라서 보안에 필요한 소프트웨어를 만드는 사람이 있다면 비슷한 정도의 실력을 가진 사람들은 이것을 뚫을 수 있다. 범죄 수사에 있어서 감시 카메라 자료는 매우 유용하게 사용된다. 그러나 경찰에서 운영하는 감시 카메라 데이터가 상업적 클라우드에 저장된다는 사실이 밝혀지면서 보안 시스템에 대한 우려가 높아지고 있다. 많은 경찰 부서들이 이 데이터에 합법적으로 접근할 수 있다. 이럴 경우 데이터를 암호화하여 보안성을 완벽하게 유지하는 것은 불가능하다. 상업적으로 운영되는 클라우드 서비스는 정보를 개인적으로 저장하는 데는 유리할지 모르겠다. 하지만 거꾸로 공개되거나 악용되기 쉽다는 점도 유념해야 한다.

저장된 정보나 통신상 보안 수준을 향상시키기 위한 노력에서 암호화는 방어선을 하나 더 추가하는 것과 같은 의미가 있다. 걸려 있는 암호를 풀기 위해서는 상당한 수준의 컴퓨터 성능과 경험이 필요하기 때문에 이런 대책이 효과를 발휘한다. 하지만 대부분의 국가 기관에서는 개인 간의 통신이나 정보에 대해서는 어려움 없이 암호를 풀어낼 수 있다. 국가 기관의 정보나 통신을 보호하기 위해서는 보다 더 높은 수준의 보안과 장애물을 설치해야 한다. 첨단 기술에 대한 책을 집필한다면 꼭 다루어야 할 주제가 오랜 세월 동안 연구되고 있는 양자 컴퓨터다. 물론 매우 달성하기 어려운 목표이고 현재까지 성공적으로 증명된 것도 제한적인 수준의 결과밖에 없다. 하지만 미래의 어느 시점에서는 반드시 성공할 것이다. 일단 이 기술이 성공하면 지금 현재 존재하는 어떤 종류의 암호도 다 풀어낼 수 있게 될 것이다.

기술과 테러리즘

전쟁, 침략, 영토 확장, 제국화, 종교 탄압, 반대파의 대대적 숙청 등은 다분히 인간 본성에 근거하는 행위다. 이것은 지금까지 역사적으로 기록된 모든 사건들로부터 자명하게 드러나는 사실이다. 비록 지난 수천 년간 우리 생활이 질적으로 좀 나아졌을지는 모르나, 우리가 그동안의 역사로부터 많은 교훈을 얻은 것처럼 보이지는 않는다. 우리 본성에 깊이 뿌리를 둔 여러 문제들이 여전히 계속 되풀이되고 있기 때문이다. 같은 인류를 죽이거나 지배하는 데 더 효과적인 수단으로서 성능 좋은 무기류에 대한 연구를 계속해 오고 있지 않은가.

나로서는 이러한 목적의 기술 개발에 대한 비판을 제대로 하고 있지 못하다는 반성을 할 수밖에 없다. 현재 모든 국가들이 무기 기술 개발에 지원을 하고 있고 그 누구도 정치인들이나 무기 제조사들이 국가나 인류의 행복을 위해 일하기보다는 권력과 부에 더 관심이 있다는 사실을 지적하고 있지 않기 때문이다. 국가를 보호하고 우월한 국방력을 유지하기 위해 개발된 무기나 기술에 대한 접근이 사회의 다양한 부문에 허용되어 있다. 이로 인해 이런 기술들이 범죄나 테러를 위한 도구로 거래되고 있는 것도 사실이다. 기술적 진보라는 관점에서는 틀림없이 커다란 성과를 이룬 것을 부인하기 어려우나, 동시에 우리 사회의 안전에 대한 위협이 통제하기 어려울 정도로 커져가고 있다는 점도 기억해야 한다. 테러리즘은 매우 단순한 활동이다. 원칙도 없고 제네바 협정을 따르지도 않는다. 맹신적 원리주의 입장에서는 테러리스트가 작전 중에 죽는 것은 행운이고 천국으로 가는 지름길이다.

중세시대에 비기독교의 성지를 공격하기 위해 십자군을 모집할 때 똑같은 논리가 사용되었다. 그 논리에 의하면 싸움에 나가서 전사하는 군인들은 정의와 성전을 위한 뜻 깊은 죽음을 맞는 것이고 이들은 천국에서의 영생으로 보상받게 된다. 십자군을 정치적으로 이용할 목적으로 종교적 논리를 편 것인데 정말 터무니없는 이야기다. 십자군이 지키고자 하는 종교에서 설파하고 있는 것이 무엇인가? 바로 다른 사람을 용서하라는 것이다. 이 사건은 중세시대의 사악하고 비정상적인 단면을 드러내는 극단적인 사례일 뿐이다. 연루된 모든 사람들이 단지 순수한 목적만으로 참가한 것은 아니었다. 잘 알려지지 않았으나 많은 사람들이 이 과정에서 이루어진 약탈과 토지 강탈로 부를 쌓았다. 물론 일부 십자군은 매우 순수한 목적을 가지고 있었다. 예를 들면 콘스탄티노플을 점령하기 위해 진로를 바꾼 베니스 군대와 같은 경우다.

오늘날의 테러리즘이 수세기 전과 다른 점은 몇 명 안 되는 사람들을 죽이기 위해 더 이상 위험을 감수하고 군대를 보내고 폭탄을 터뜨릴 필요가 없어졌다는 것이다. 지금은 원격으로 수천 명의 사람을 무차별적으로 살상할 수 있는 무기나 폭탄이 개발되어 있다. 마음만 먹으면 솜씨 좋은 개인이 얼마든지 사이버 상에서 이러한 무시무시한 무기에 접근할 수 있다는 것을 생각하면 오싹하다. 무기를 내키는 곳에 마음대로 쓸 수 있기 때문이다. 더구나 뉴욕의 세계무역센터에 대한 테러를 떠올려보면 굳이 최첨단의 무기도 필요도 없다. 민항 항공기만으로도 충분하다.

이런 식의 기술 발전으로 인해 지금은 테러리즘과 싸우는 것이 매우 힘들어졌다. 아직까지는 테러리스트들이 칼, 총, 폭탄과 같은 재래식 수단에 의존하고 있다. 훨씬 더 파괴력 있는 생화학 무기를 사용하는 것으로는 아직 진화되어 있지 않다. 그 이유는 아마도 생화학 무기는 눈에 보이는 강한 충격이 없어서 자신들이 주장하는 요구조건을 관철시키기 어렵기 때문일 것이다. 또한 일단 전염병과 같은 질병이 시작되면 통제하기도 힘들고, 그럴 경우 공격의 대상이 되는 사람들뿐 아니라 자신들까지 위험에 처할 수 있다는 우려도 이유가 될 것이다. 하지만 극단주의자나 미치광이들은 이런 식의 고려를 하지 않을 것이다. 따라서 아직까지 우리는 기술 발전이 초래한 테러리즘의 진정한 어두운 면을 경험하지 못한 상태라고 봐야 할 것이다.

범죄의 미래

이 장에서 언급한 몇 가지 사례로 보면 미래가 암울하다고 생각하게 될 것이다. 기술 발전의 주된 수혜자가 범죄 집단이나 테러리스트이기 때문이다. 컴퓨터, 인터넷, 통신을 대상으로 한 범죄는 폭발적인 성장세를 보이고 있는 일종의 활황 산업이다. 뛰어난 수익성을 보이면서도 적발과 처벌이 어렵다는 점에서 범죄는 갈수록 늘어날 것이다. 이런 이유로 개인뿐 아니라 정부 기관을 포함한 우리 사회의 모든 계층들이 조심해야 한다. 나로서는 책을 준비하면서 여기 나온 여러 사례보다는 훨씬 많은 범죄 사례와 기술에 대해 알게 되었다. 이러한 것들을 공개하지 않은 이유는 직업을 바꿀 계획이 없기도 하거니와 왜 사람들이 사이버 범죄를 저지르고 싶은 유혹에 빠지는지 알기 때문이다. 탐욕, 정치적 목적, 종교적 이유, 악의적 행동 등이 그 원인이다. 그리고 분명한 것은 이런 욕구는 우리 삶의 일부분이며 절대 없어지지 않을 것이라는 사실이다. ⁝

11장
기술 발전이 정말 모두를 '연결'해줄까?

기술이 불러온 사회적 고립

여러 가지 부작용이 우려된다고 해서 기술 발전을 근본적으로 막을 수는 없다. 기술 발전은 많은 경우 바람직한 혜택을 가져온다. 물론 동시에 값비싼 대가를 치러야 하는 일임에는 틀림없다. 그중 하나로 새로운 기술 발전이 이루어질 때마다 그 변화를 이해하거나 적응하지 못하고 뒤처지는 사람들이 생겨나는 것을 들 수 있다. 이런 사람들에게 새로운 기술은 사회적 고립을 의미하며 이로 인해 불편함을 느끼고 이는 실업으로 이어지게 된다. 이 장에서 여러 계층의 사람들이 새롭게 등장한 기술로 인해 어떤 영향을 받고 어떻게 고립되는지 살펴보도록 하자. 아이러니한 점은 이러한 사회적 고립은 뒤처지지 않으려고 노력하는 사람들에 의해 가속화된다는 사실이다. 좋은 의도와 현실적 결과가 항상 일치하지는 않는 법이다.

이 현상을 고찰할 때 가장 쉬운 방법은 사람들을 세 부류의 나이대로 나눠보는 것이다. 첫째 그룹은 학생 혹은 십대들이다. 둘째 그룹은 일을 해야 하는 중년들이고, 셋째 그룹은 노년층이다. 물론 그룹을 나누는 나이를 정확하게 정의하는 것은 힘들다. 사람들마다 신체적 혹은 정신적 상태가 너무 다르기 때문이다. 또한 가난한 사람들과 부유한 사람들 간의 격차도 크고 사람들이 살고 있는 지방이나 국가에 따라서도 편차가 너무 크다. 예를 들면 영국과 같은 경우 지방마다 건강, 부, 수명의 차이가 매우 크다.

사회에서 우리가 어떤 계층에 속하느냐를 결정하는 데 있어 우리 모두가 넘어야 할 첫 번째 관문은 사랑이 깊고 지적이며 부유한 부모 밑에 태어났느냐 하는 것이다. 이런 사람들은 후에 돈을 잘 버는 직업을 가질 확률도 상당히 높아질 것이다. 일반적으로 사회적 우위를 점하고 있는 사람들은 윤택한 삶을 살게 될 가능성이 높을 뿐만 아니라 수명도 길다. 실제로 비슷한 일을 하더라도 임금이 높은 사람들이 수명이 더 길고 건강 상태도 양호한 경향이 있다. 물론 돈이 전부는 아니다. 같은 임금을 받더라도 스스로 자기 삶을 결정하는 사람들이 일과 삶에 수동적으로 끌려가는 사람들보다는 훨씬 오래 산다. 그 차이는 크게는 5년까지 벌어질 정도로 영향이 크다. 식생활, 지역 사회의 분위기, 그리고 유전적인 요인들도 큰 역할을 하게 된다.

기술 발전이 사회에 미친 영향과 변화를 파악하고자 할 때 다양한 그룹의 사람들을 수명, 소득, 신체적 조건, 건강과 같은 요인을 기준으로 나누어 비교해보는 것은 가능하다. 보통 이러한 요인들은 서로 밀접하게 연관되어 있으므로 그 영향을 명확히 나눈다는 것은 쉬운 일이 아니다. 또한 정부에 의한 조사와 학계의 연구 결과가 서로 다른 결론에 이르거나 완전히 반대되는 판단을 내리게 되는 일이 허다하게 일어난다. 기술 발전이 매우 긍정적인 결과를 가져온다는 시각을 갖고 있는 사람들도 있지만, 그러한 긍정적인 결과는 피해를 보는 사람들의 희생으로 인해 가능하다는 생각을 하는 사람들도 있다. 여기서 나는 기술 발전이 가져오는 문제점 중 사회적 고립을 초래하는 부분에 대해서만 집중적으로 다루도록 하겠다.

새로운 기술의 등장으로 금전적, 신체적, 사회적 피해를 입는 사람들은 전체 인구의 10~20퍼센트 정도이다. 영국의 경우 500만에서 1,000만 명에 이르는 사람들이 타격을 입게 되는 것이다. 이 숫자는 런던시에 거주하는 전체 인구와 맞먹는다. 피해를 보는 사람들이 단지 일부라는 이유로 무시될 수 있을 정도의 숫자가 아니다. 영국을 예로 들어 설명하고 있지만 전 세계적으로도 비슷한 비율의 사람들이 어려움을 겪고 있을 것이다.

앞서 나눈 세 그룹의 연령대는 각각 전 인구의 3분의 1 정도를 점하고 있다. 젊은 세대라면 10대 후반까지 포함하는 인구가 될 것이고 중년 세대는 한창 일을 하는 사람들이 될 것이다. 여기에는 주부나 집에서 어떤 역할을 하고 있는 사람들도 포함된다. 노년 세대라는 개념은 나이뿐 아니라 삶에 대한 마음가짐이나 다소 정서적인 면까지 포함하고 있다. 영국을 예로 들면 은퇴한 사람들에 해당하는 60대 중반 이후의 사람들이 될 것이다. 하지만 이 기준이 절대적인 것은 아니다. 어떤 나라에서는 노년 세대가 현실적으로는 40세나 그전부터 시작되는 경우도 있다. 뿐만 아니라 70대 중에 많은 사람들은 생활 방식이나 정신적인 면에서 아직 스스로를 노년으로 생각하고 있지 않은 경우도 많다. 더불어 요즘은 수명에 대한 생각도 많이 바뀌고 있다. 예를 들면 홍콩에서 2016년에 태어난 사람들은 84세까지 살 것으로 예상된다.

기술 발전이 초래한 사회 고립의 종류

내가 보기에 사회적 고립을 야기하는 주범은 젊은 세대들의 휴대폰과 컴퓨터를 이용한 상시적 소통에 대한 집착이다. 사실 이런 소통 방식은 진정한 인간적 접촉으로 보기 어렵다. 사이버 상에서는 어조의 차이를 보여줄 음성적 전달이 없다. 따라서 같은 단어가 위협, 애정, 비꼼, 유머, 말장난 중 어떤 용도로 쓰였는지 알 방법이 없다. 편향된 시각으로 글자를 잘못 읽거나 듣고 싶은 내용으로 해석하는 등 오해를 하는 일이 많아진다.

이러한 문제점들은 로봇을 디자인할 때도 필히 고려해야 할 중대한 사안들이다. 이런 요소들을 극복해야만 시장에서 잘 팔릴 수 있는 제품을 만들어낼 수 있기 때문이다. 하지만 인간들 사이의 소통에 있어서는 문제들을 얼버무리듯 넘어가는 경우가 많다. 전자기기를 이용한 소통의 경우 매우 미묘한 느낌을 전달하기는 어렵다. 직접 만나서 얼굴을 보고 이야기하면 표정이나 신체 언어를 읽을 수 있고, 의식하지 못하는 사이에 분비되는 페로몬이나 다른 화학적 신호에 반응하게 된다. 기계는 의식적으로 설계된 장치를 통해 불완전하고 완충된 형태의 대화만을 전달할 수 있을 뿐이다. 직접 대화를 나눌 때 느낄 수 있는 단어와 소리가 일으키는 주파수와 그 힘이 제대로 전달되지 않는 것이다. 전자기기를 통한 대화는 아무리 노력해도 부분적 접촉밖에는 되지 않는다.

이러한 약점을 가지고 있음에도 요즘 세대들은 멀리 있는 사람들과 소통해야 한다는 강박적 필요에 사로잡혀 있다. 이 집착으로 인해 주위에 있는 사람들과의 대화보다 같이 있지 않은 사람들과의 소통을 더 중요하게 생각한다. 이런 현상은 카페 같은 곳에서 쉽게 관찰할 수 있다. 친구들끼리 모인 테이블에서 각자 휴대폰을 가지고 멀리 있는 사람들과 대화하거나 문자를 보내거나 이메일을 쓰고 있는 모습을 쉽게 볼 수 있다.

음성을 통한, 그리고 시각적, 신체적 접촉은 단지 성인들에게만 필요한 것은 아니다. 이것들은 부모와 아기 간에 가족적 유대 관계를 형성하는 데 필요하다. 그리고 아이들과 부모 모두 심리적으로 발달하는 데에 있어서 꼭 필요한 자극이다. 하지만 전자기기를 통한 소통은 불행히도 삶을 결정하는 중요한 요소들을 파괴한다. 특히 가족 간의 유대 관계를 형성하는 데 중요한 영유아기에 이런 일이 일어날 경우 그 영향은 매우 크다. 물론 의도적이지는 않겠지만 우리는 친구들과 휴대폰 통화를 하느라 아기나 어린 아이들을 방치하고 있다. 부모들이 유모차나 흔들의자에 아이들을 눕혀 놓고 휴대폰으로 잡담을 나누면서 아이에게는 전혀 관심을 기울이지 않는 모습은 흔히 보는 광경이다.

아이들이 태어난 후 초기 몇 개월은 엄청나게 중요한 시기다. 이때 부모와 아기 간에 이루어지는 대화, 눈 맞춤, 신체 접촉이 아이의 삶을 결정하는 귀중한 경험이 된다. 이러한 경험이 없으면 아이는 사회적으로 혹은 정신적으로 꼭 필요한 능력에 손상을 입게 된다. 불행히도 어릴 때 이러한 기회를 잃게 되면 다시는 회복하기 어렵다. 이로 인해 아이들뿐만 아니라 부모들 그리고 나아가서는 사회 전체가 피해를 입게 된다. 스스로 환영받지 못하고 사랑받지 못하는 부족한 존재라고 느끼며 사회 구성원들과 적절히 소통하는 능력을 갖추지 못한 새로운 세대를 키워내는 것이기 때문이다. 이들은 후에 육아가 필요한 시기가 되어도 여전히 미숙한 상태로 아이들을 키우게 되므로 이 현상은 계속될 것이다.

오늘날 부모와 아이들 간의 관계가 단절되게 된 이유 중의 하나로 나는 유모차의 디자인을 의심하고 있다. 옛날 유모차들은 아이들이 밀어주는 부모를 쳐다보도록 디자인되어 있었다. 하지만 현대식 유모차들은 아이들이 밀어주는 부모 대신 앞을 보도록 설계되어 있다. 이럴 경우 아이들은 부모와 눈을 마주치지 못하게 된다. 옛날 방식의 유모차 디자인으로 돌아가거나 요즘 나온 유모차에 후방 거울을 다는 식의 새로운 기술을 더할 필요가 있다고 생각된다. 이런 아이디어가 상품화해서 판매하기에 어렵다면 다른 제안도 있다. 스크린과 카메라를 설치해서 아이와 부모가 서로의 얼굴을 볼 수 있게 하면 어떨까?

　　보통은 사람들 간 직접 접촉의 중요성을 과소평가하기 쉽다. 하지만 단지 글자만 읽으면 상대방이 말을 할 때 느낄 수 있는 미세한 변화를 알아차릴 수 없다. 이로 인해 직접 대화할 때와는 달리 오류와 모호함이 생기기 쉽다. 글을 쓸 때 생기는 모호함은 어떤 때는 유용하기도 하고 의도적으로 사용되기도 한다. 개인적으로 경험한 사례를 들면, 일전에 사람을 뽑을 때 다음과 같은 추천서를 받은 적이 있었다. '이 사람이 당신을 위해 일할 수 있게 된다면, 당신은 매우 운이 좋은 것입니다.' 직접 통화를 해 본 후에야 추천서를 쓴 사람이 말하고자 하는 의미가 무엇인지 정확히 알 수 있게 되었다. 통화 후에 나는 다른 사람을 뽑았다.

　　우리가 매일 문자 메시지나 이메일과 같은 방식의 전자식 소통에 의존함에 따라, 직접 대화할 때 느껴지는 상대방의 말하는 패턴, 의사 전달 방법, 멈춤, 세기, 고저, 어조, 전달 속도와 같은 확실한 의미 파악 수단을 잃어버리게 되는 문제를 안게 되었다. 이러한 것들은 매우 중요하지만 쉽게 간과되고 있다. 문자를 이용한 커뮤니케이션의 약점은 아무리 조심스럽게 문장을 작성해도 직접 사람을 만나는 것을 따라갈 수 없다는 점이다. 우리는 원래 직접 만나서 대화하는 것을 선호하도록 되어 있다. 개인용 로봇 개발을 위한 최첨단 기술 연구에서는 로봇이 단순한 명령에 따르는 것을 넘어 우리의 감정에 반응하도록 하는 매우 심도 깊은 개발이 진행되고 있다. 이것이 현실화되면 로봇은 우리 목소리의 톤이 달라지거나 말하는 속도나 크기가 변하는 것을 알아채게 될 것이다. 또한 우리가 단어를 선택하는 패턴도 인식하게 될 것이다. 실제로 우리는 아이들에게 얘기할 때, 친구와 대화할 때, 우리가 싫어하거나 질투하는 대상과 대화할 때, 그리고 권위 있는 사람과 대화할 때 등 여러 상황 맞춰 각각 다르게 말을 하게 된다. 만약 로봇이 말하는 사람의 감정까지 파악하게 된다면 우리는 인간과 전자적 방식으로 소통하는 것보다는 우리의 말에 공감해주는 로봇과의 대화를 더 선호하게 될 것이다. 로봇은 오로지 우리를 걱정해주고 공감해주도록 프로그램될 것이기 때문이다. 이렇게 되면 사람들은 더욱 더 다른 사람과는 멀어지게 될 것이다.

이러한 추측에는 명확한 이유가 있다. 로봇은 절대 우리를 비난하거나 공격적이지도 않고 우리에게 거짓말을 하지 않도록 프로그램될 것이다. 이렇게 되면 이들을 대할 때 우리의 자존감은 매우 높아질 것이고 그들과 있을 때 행복감을 맛보게 된다. 물론 현실과는 동떨어진 일이지만 많은 사람들에게 로봇은 마약과 같이 끊을 수 없는 습관이 될 것이다. 로봇을 통해 사람들의 자존감이 높아지고 세로토닌이 분비되면 뇌에서 행복할 때 일어나는 여러 가지 반응이 나타날 것이기 때문이다. 로봇 제조사들은 상업적으로 큰 성공을 누리겠지만 실제로 사람들에게 얼마나 도움이 될지는 불명확하다.

유아 시절부터 부모와의 접촉 기회가 줄어든 요즘 아이들이 나이가 들어 학교에 가더라도 별로 상황은 나아지지 않는다. 최근 아주 어릴 때부터 핸드폰을 사용하기 시작하는 경향을 보이고 있다. 물론 휴대폰은 유용한 문명의 이기다. 하지만 이것에 의존하게 되면서 전자적 소통에 중독되는 패턴을 보이게 되고, 점점 사람과 유대 관계를 맺는 능력은 저하되게 된다. 여기에 새로운 모델의 휴대폰을 가져야 한다는 또래 문화의 압력으로 인한 경제적 부담도 늘어난다. 더불어 유행 앱과 게임을 다운로드 받아야 하고 가정용 컴퓨터도 갖춰야 한다. 더 많은 컴퓨터 게임도 구입해야 한다. 이러한 최신 유행에 따라가지 못하면 낙오자로 낙인 찍히므로 아이들의 세계는 어른들이 생각하는 것보다 살아남기 힘든 세계인 것 같다.

젊은 세대들은 어른들보다는 삶에 대한 지혜도 부족하고 불안한 상태에 있다. 따라서 그들은 전자식 소통의 시대에서 경험하게 되는 갖가지 함정과 부정적 영향에 대처할 준비가 되어 있지 못하다. 부정적 영향은 다양한 모습으로 나타난다. 우선 다른 아이들과 자주 연락하지 않으면 혼자 동떨어진 것처럼 느끼고 무리로부터 소외당한 것처럼 느끼게 된다. 이 경우 만남의 질보다는 만나는 횟수가 훨씬 중요해진다. 이러한 소셜 네트워크가 가진 부정적인 면은 사람들이 자기 의견을 별 생각 없이 페이스북에 올리거나 의도한 것과는 전혀 다르게 보일 수 있는 댓글을 익명으로 올리는 경우에 두드러지게 나타난다. 이러한 댓글은 깊이 생각했을 때는 쓸 수 없는 즉흥적인 글들이다. 소셜 네트워크를 통해 퍼진 이러한 댓글들은 사실이 아니거나 문맥과 다를 수 있지만 일단 한번 작성하고 나면 다시 주워 담을 방도는 없다. 원래 가장 첫 번째 글이 가장 강한 인상을 주는 법이다. 따라서 철회하거나 수정해도 첫 번째 글이 남긴 인상을 지울 수는 없는 것이다.

사이버 세계에서 일어나는 괴롭힘이나 소문을 퍼뜨리는 행위에도 마찬가지 원리가 적용된다. 이것은 매우 심각하고 중요한 문제다. 이러한 일들이 익명으로 행해지고 댓글을 다는 사람들은 자기 글이 어떤 충격을 주는지 잘 이해하지 못한다. 더 중요한 것은 이런 글은 직접 만나서 면전에 대고 얘기할 용기가 없는 어리석은 사람들이 내뱉는 것들이기 때문에 더 심각한 부작용을 낳는다. 아이들은 어른들보다 훨씬 더 이러한 일에 민감하다. 이러한 전자식 소통의 파괴적 양상은 한 개인에게 감정적으로 깊은 상처를 남기게 된다. 요즘 사이버 상에서 벌어지는 괴롭힘은 일반적인 사회 현상이 되었다. 피해자에게 회복할 수 없는 상처를 주지만 그것을 막기는 매우 어려운 실정이다.

십대 청소년들은 사이버에서 맺은 우정에 의해 특히 상처받기 쉽다. 그들은 인터넷상에서 새로 사귄 친구가 보내온 사진이 실제와는 다를 수 있다는 생각을 하지 못한다. 보내온 사진이나 개인 신상이 완전히 거짓일 수도 있다. 실제로 많은 젊은 사람들은 인터넷에서 사귄 친구에게 자신의 나체 사진이나 포르노성 사진을 보내는 경우가 많다. 이러한 사진을 보내도록 유도한 다음 협박용으로 사용하는 범죄자들도 많다. 이로 인한 심리적 압박을 견디지 못하고 자살한 어린이들도 많다. 이런 일들의 빈도나 심각성에 대해 추산하기는 어려우나 갈수록 점점 증가하고 있는 것은 사실이다.

휴대폰이나 컴퓨터 혹은 TV 시청에 쓰는 시간이 급격히 늘어나고 있다. 지난 10년간 두 배 정도로 증가했다는 보도도 있다. 영국과 미국에서 실시된 연구에 의하면 특히 어린이들과 젊은 세대에서 꾸준하게 늘고 있다는 것이 확인되었다. 사람들 간의 직접 접촉으로부터 단절될 경우 사람들은 장기적인 사회적 능력에 손상을 입게 된다. 이러한 현상은 특히 불안 심리가 강하고 상처를 쉽게 받는 사람들이나 다른 방향으로 유도해줄 수 없는 가정에 속한 사람들에게 더욱 심하게 나타난다. 많은 연구에서 휴대폰, 인터넷, TV 시청에 보내는 시간이 하루에 6시간에서 10시간에 이른다는 결과가 나타났다. 많은 어린이들이 학교에 잠자러 간다는 이야기를 하고 있다. 밤에 자기가 쓴 글에 답글이 달렸는지 소셜 네트워크를 계속 체크하느라 잠을 못 자기 때문이다.

불행하게도 이것이 부작용의 끝은 아니다. 컴퓨터 스크린이나 휴대폰에 얽매여 있는 삶을 살게 되면 우리는 대부분 필연적으로 나쁜 자세를 가지게 된다. 이럴 경우 당연한 수순으로 건강을 해치게 된다. 눈이 피로해지며 운동이 부족하게 된다. 또한 집 안에만 있음으로 해서 그에 따른 문제점들이 나타난다. 나쁜 식습관도 생긴다. 21세기에 급증한 근시도 모두 이런 이유 때문이다. 서유럽과 북미에서 약 75퍼센트 가량 근시가 증가했다는 보고가 있다. 지금 젊은 세대들은 부모 세대들보다 같은 나이 기준으로 신체적 능력에서 뒤져 앞으로 10년 내에 체력과 스피드 면에서 부모 세대보다 떨어지는 첫 번째 세대가 될 것이다. 이런 문제는 눈에 잘 띄지 않는다. 세계 인구는 늘어나는 상황에서 뛰어난 젊은 운동선수들이 많이 배출되고 있기 때문이다. 언론에 그들의 활약상이 많이 등장하지만 정작 그들은 매우 소수라는 사실을 간과하기 쉽다. 비슷한 예로 수백만 명의 사람들이 축구, 크리켓, 럭비, 야구를 시청하고 그것에 대해 토론하는 고정적인 팬이지만 구경꾼으로서 스포츠에 참여할 뿐 직접 경기에 뛰지는 않는다.

운동을 하는 시간과 운동 능력은 측정이 가능하므로 이런 것들이 감소하는 추세를 조사하여 보고서화 할 수 있다. 하지만 심리적 요인에 의한 행동 변화와 마음가짐의 변화는 정량적으로 측정하기 힘들다. 피상적인 사이버 상에서의 관계 맺기에 대한 의존도가 높아질수록 깊이 있게 오래 지속되는 우정은 사라져 가고 있다. 많은 사람들은 사람을 만나고 데이트해서 결혼하거나 파트너 관계를 형성하는 데 있어 인터넷이 매우 효율적인 방법이라고 주장한다. 하지만 실제로는 많은 웹사이트들이 단지 스쳐 지나가는 섹스 파트너를 찾기 위한 목적으로 이용되고 있다.

또한 인터넷을 통해 포르노, 사이버 섹스, 폭력적 컴퓨터 게임이나 영화를 쉽게 접할 수 있다는 문제도 있다. 사회학자들은 젊은 세대들이 이런 것들에 많이 노출된다 하더라도 큰 영향 없이 유연하게 받아들일 수 있다는 주장을 한다. 하지만 계속하여 이런 것에 노출된다면 도덕적 기준에 혼란이 올 것이다. 결과적으로 완전히 비현실적이 되거나 감수성을 잃어버리게 될 것이다. 다른 사람들을 어떻게 대할지 모르게 된다. 심하게는 전쟁이 단순히 폭탄, 폭발, 총이 등장하는 스크린상의 게임이 아니라 살아 있는 사람들이 고통 받고 괴로워하는 일이란 것을 깨닫지 못하게 된다. 놀라운 사실은 컴퓨터 게임을 통해 무감각한 태도를 군인들에게 가르치는 것이 이미 군사 훈련의 일환으로 사용되고 있다는 점이다. 이렇게 인간성을 제거하는 교육을 받은 군인을 다시 평범한 시민의 삶을 살 수 있도록 되돌리는 과정은 매우 어렵다. 이런 현상들을 놓고 볼 때 사람들이 이런 것들에 계속 노출되면 인성이 잔인해지고 문명화된 사회에 적응하기 힘든 사람이 된다는 사실은 분명해 보인다.

계속 같은 내용을 반복하는 것처럼 보일 수 있겠으나 이런 문제가 초래하는 좀 더 미묘한 부작용들에 대해 얘기할 필요가 있다. 그중 하나는 전자적으로 저장된 정보에 대한 접근이 쉽고 효율적이 되면서 많은 사람들이 더 이상 어떤 내용을 기억하려 하지 않게 되었다는 점이다. 내가 아는 많은 지적이고 성숙한 사람들에게도 마찬가지 현상이 일어나고 있다. 언제든지 필요할 때 컴퓨터에서 찾으면 되기 때문에 더 이상 정보를 찾고 기억하기 위한 노력을 하지 않아도 되게 되었다. 하지만 머릿속에 기억이 남아 있지 않으면 비슷한 주제에 대해 생각을 해야 할 필요가 생겼을 때 정보를 유용하게 사용하지 못하는 문제점이 발생한다. 해박한 지식을 뽐내며 친구들에게 깊은 인상을 줄 수도 없게 된다. 두 번째 문제점은 인터넷에 모든 정보를 의존하게 될 경우 대도시를 벗어나 인터넷에 접속할 수 없게 되는 경우 정보의 한계에 부딪히게 된다는 점이다. 마지막은 내가 개인적으로도 피해를 본 경우로서, 매우 유용한 정보를 담고 있던 웹사이트가 없어지거나 접속이 차단되거나 내가 찾고자 하는 정보가 사라진 채 업데이트 되어 있는 경우이다. 나는 강의 준비를 할 때 다른 대학에서 운영하고 있는 과학 분야의 인터넷 수업 사이트를 자주 들러본다. 물론 표절하는 것이 아니고 연구 활동의 일환이다. 하지만 후에 새로운 자료를 인용할 필요가 있어서 다시 들렀을 때 그 사이트가 수업이 개설되는 동안만 유지된다는 것을 알고 낭패를 본 경험이 있다.

노인들을 더욱 고립시키는 기술 발전

전자식 시스템과 기술의 발전은 일정 연령대 이상의 사람들의 '디지털 고립'을 초래하게 된다. 기기를 가진 사람들은 소통과 접근이라는 측면에서 유리해지지만 그렇지 않은 사람들은 점차 사회로부터 격리된다. 전자기기를 소유한 사람과 그렇지 못한 사람 사이의 분리와 함께 오는 것이 소득과 부의 격차다. 가난한 사람과 부유한 사람 간의 격차가 현대적 기술에 대한 접근 여부에 의해 결정되고 이 격차는 갈수록 더 커지고 있다. 뿐만 아니라 많은 사람들이 지정학적인 위치로 인해 전자 통신이 주는 혜택에 물리적으로 접근하지 못하는 문제점도 있다. 사람들 간에 격차가 벌어지는 것의 주요 원인은 교육과 빈부 격차지만 여기에는 다른 이유도 존재한다.

　교육적인 측면에서 보자면 인터넷은 지식을 제공하고, 이전이라면 전문 도서관을 찾아가지 않으면 구할 수 없었던 자료들을 찾아볼 수 있게 해준다. 또한 이미 방송되었거나 다른 곳에서 녹음되었던 자료들을 들으면서 외국어를 배우거나 토론을 시청하고 음악을 들을 수 있게 해준다. 라틴어를 배울 수도 있고 배관이나 가스관을 연결하는 기술을 공부하는 등 매우 다양한 분야의 지식을 습득하는 데 있어서도 큰 도움을 준다. 또한 싼 가격에 물건을 사거나 상품에 대한 다른 사람들의 의견을 찾아볼 때도 인터넷은 유용하게 사용된다. 이러한 것들은 특히 가난한 사람들에게 더욱 도움이 되는 경제적 정보이지만 인터넷 요금을 지불할 수 없거나 이러한 기술을 이해하지 못한다면 혜택을 받을 수 없게 되는 것이다.

　이런 사람들은 현재 점점 더 인터넷상에서만 공지되는 추세에 있는 훌륭한 정부 자료나 정보에 대한 접근 기회도 잃어버리는 셈이다. 인터넷을 통할 경우 소득세 반환 신청, 차량 등록, 연간 도로세, 전자 뱅킹, 가스 및 전기 회사 연락을 위해 전화를 붙들고 사소한 질문에 대한 답을 얻으려고 하루 종일 인내심을 가지고 기다릴 필요가 없게 된다. 의료 및 법률에 관한 도움이 필요할 때도 전자식 데이터베이스는 매우 유용하게 사용된다. 요즘 가정에서 사용하는 각종 기기에 관한 수리 매뉴얼과 사용법은 더 이상 제품과 함께 제공되지 않고 인터넷에서 확인할 수 있는 형태로 변하고 있다. 인터넷에 접속할 수 있는 사람들에게는 이런 변화가 매우 바람직하다. 인터넷에 나와 있는 정보들이 과거 제품과 함께 제공되던 간단한 설명서보다 더 나은 경우가 많기 때문이다. 하지만 인터넷에 접근하지 못하는 사람들에게는 끔찍한 일이 아닐 수 없다.

인터넷 쇼핑이 보편화되면서 작은 마을이나 소도시에 있던 많은 상점들이 사라지고 은행들도 문 닫는 일이 늘어났다. 또한 현금보다는 신용카드 사용이 많아졌다. 이로 인해 소득이 적은 사람들이 아무 생각 없이 인터넷 쇼핑을 하다가 감당하기 어려운 수준까지 빚이 쌓이는 일도 많아졌다. 과소비로 신용카드가 정지되는 경우 인터넷 접속 가능 여부에 상관없이 매우 곤란한 상황에 처하게 된다. 신용카드 정지는 파산한 사람들이 겪는 대표적인 어려움이다. 2014년에 실시된 미국 통계 조사에 의하면 신용카드를 소유할 수 있는 사람들 중 70퍼센트 정도가 실제로 신용카드를 가지고 있는 것으로 나타났다. 또한 신용카드 소지를 원하는 사람들 중 7퍼센트는 파산하거나 과거 신용 기록이 좋지 않아 사용이 정지되어 있는 상태로 나타났다. 7퍼센트라는 숫자는 통계학자들에게는 유용하겠지만 우리 같은 일반인들에게는 현실적으로 다가오지 않는다. 사람 수로 바꾸어 생각을 해보자. 예를 들면 영국에서 두 번째로 큰 도시로 100만 명이 좀 넘는 인구를 보유하고 있는 버밍햄의 경우 인구 중 반정도가 신용카드 소지를 원하는 성인이라고 가정하면 신용카드 소지가 불가능한 7퍼센트는 3만 명 정도가 된다. 이미 경제적 어려움을 겪고 있는 많은 사람들이 전자화폐 기술을 사용하지 못함으로써 추가적인 고통 속으로 내몰리고 있는 상황이다. 3만 명은 세인트앤드루스 축구장 혹은 미국 메이저리그 야구장에 입장하는 관람객의 수와 비슷하다. 어느 정도 규모인지 상상해보라.

일자리 구하기

일자리를 구할 때 컴퓨터 능력이나 경험이 있는지 여부를 매우 중요하게 여긴다. 해당 직업이 그러한 지식을 필요로 하지 않을 때에도 마찬가지다. 요즘은 많은 회사들이 구인 광고신문에 하지 않는다. 대신 인터넷에 광고하거나 구인센터 내 유사한 방식으로 공고를 내고 있다. 이럴 경우 지원은 온라인으로 해야 한다. 대부분의 사람들이 단지 온라인 지원에 필요한 능력을 따로 훈련받은 적이 없기 때문에 경험이 없는 사람들에게는 이 작업이 쉽지 않다. 따라서 이런 작업에 서투르면 자신이 가진 가치나 능력을 충분히 표현하지 못하고 스스로 저평가되도록 지원을 하게 된다. 이로 인해 직업을 구하지 못한 상태로 계속 머물게 되는 것이다. 온라인 지원에 필요한 컴퓨터 기술이나 훈련이 부족한 사람들은 결국 이런 식으로 불이익을 당하게 된다. 실질적으로 그 사람이 가지고 있는 직무와 관련된 능력이나 경력보다는 지원서에 자신을 표현하고 문장을 구사하는 기술에 의해 평가받기 쉽다는 게 온라인 지원의 맹점이다. 특히 컴퓨터 능력이나 자기 소개 요령이 전혀 필요 없는 단순 노무직의 경우에는 문제가 더 심각하다.

　　미국 같은 나라에서 시행되고 있는 컴퓨터를 이용한 원격 면접은 컴퓨터에 익숙하지 않은 사람들에게 더 심각한 문제다. 이런 식의 인터뷰에 경험이 없는 사람들에게는 재앙에 가까운 일이다. 내 생각에는 이런 인터뷰는 고용자에게도 심각한 문제가 될 수 있다. 인터넷을 통한 원격 면접으로는 직접 사람을 만나서 얼굴을 보고 대화할 때 얻을 수 있는 중요한 정보를 얻을 수 없으므로 같이 일할 사람을 뽑는 방법으로는 적당하지 않다. 내 개인적인 경험으로 봐도 직무에 적합한 능력이나 적성을 판단하는 데 있어 글로 작성된 추천서와 직접 면접은 그 차이가 놀랄 만큼 크다.

　　이러한 구직 실태에서 특히 피해를 보는 사람은 저임금 노동자들이다. 이런 사람들일수록 온라인 구직 신청에 필요한 기술을 배우거나 사용해본 경험이 없을 확률이 높기 때문이다. 더구나 이런 사람들은 직장을 옮기는 일이 더 빈번하다. 영국의 경우 사무실, 상점과 같이 책상에 앉아서 일하는 직종을 가진 25~35세 사이의 사람들은 평균 3년에 한 번 정도 직장을 옮기는 것으로 조사되었다. 연령이 높은 사람들은 수치가 좀 더 높아 5년 정도다.

직업을 구할 때 광고를 찾아보고, 온라인 지원을 하고 인터뷰까지 하는 데 필요한 컴퓨터 능력이 일반화된 것은 지난 10년 사이에 일어난 일이다. 현재로서는 저임금 노동자를 비롯해 컴퓨터 기술에 자신 없는 사람들이 가장 많은 피해를 보고 있다. 이런 온라인 시스템이 적합한 사람을 골라주지 못한다는 사실을 고용하는 입장에서도 깨닫게 되면 인력을 충원하는 방식도 진화해갈 것이다.

앞에서 잠깐 언급한 내용으로 전자 공학의 발전이 로봇 기술을 견인할 것이란 예측이 있었다. 실제로 이 분야의 기술 발전이 매우 빨리 진행되고 있다. 자동차 제조 공정에만 국한되지 않고 농업 분야에서도 비슷한 수준의 발전이 이루어지고 있다. 젖소에게 사료를 주고 우유를 짜는 과정이 완전한 자동화가 가능하게 되었다. 또한 씨를 심고 추수를 하는 과정 또한 인공위성의 위치 정보를 통해 농기계를 움직여서 인력의 도움 없이 경작 가능한 수준이 되었다. 이런 모든 작업은 컴퓨터에 의해 통제될 수 있다.

로봇 기술 분야에 있는 사람들에 따르면 로봇을 잘 응용하기만 하면 여러 분야에서 경제적으로 매우 도움이 되고 실력 있는 사업가들은 큰 부를 축적할 수 있을 것이라고 한다. 의심의 여지가 없는 이야기이다. 로봇에 열광하는 사람들은 이 기술이 따분하고 단순하고 위험한 일에서 사람들을 해방시켜줄 것이라고 믿는다. 이로 인해 사람들은 더 많은 여유 시간을 갖게 될 것이라고 주장한다. 부유한 사람들에게는 맞는 말이다. 하지만 여기에 속하는 사람들은 인구의 10퍼센트를 넘지 않으므로 나머지 90퍼센트의 사람들에게 로봇 기술의 발전은 곧 실업을 의미할 수 있다는 사실을 간과한 주장이다. 따분한 일일지라도 일자리를 잃은 사람들에게는 중요한 수입원이고 삶의 목적을 느낄 수 있게 해주던 대상이다. 갈수록 로봇 기술이 발전하리라는 것은 분명한 사실이다. 하지만 그로 인해 발생하게 될 사회적 문제의 심각성에 대해서는 누구도 이야기하지 않는다. 따라서 이러한 논의를 시급히 시작해야 한다. 로봇으로 인한 대량 실업 사태가 반드시 일어난다고 단정하긴 어렵지만 지난 세기를 거치면서 경험했던 일자리 변화의 역사적 패턴을 고려한다면 매우 가능성이 높은 이야기다.

신속한 소통 수단

앞서 강조한 바 있듯이 분명한 장점에도 불구하고 우리가 전자식 소통 방법에 너무 많이 의존함으로써 심각한 불평등과 폐해가 생기고 있다. 하지만 전자통신을 이용한 신속한 소통은 21세기를 지배하고 있는 현상이다. 이로 인한 문제점을 인지하는 일은 쉽지도 않고 문제가 어디까지 발전하게 될지도 예측하기 어렵다. 전자기술에 접근할 수 있는지 여부가 계층 간 분리와 빈곤 문제에 복잡하게 얽혀 있으며 기술의 장점과 단점이 서로 충돌을 일으키고 있는 상황이다. 통신 속도를 높임으로써 얻게 되는 장점은 분명하게 존재한다. 하지만 휴대폰이나 인터넷 같은 일반적인 통신 수단의 경우 선진국에서조차 전 지역에서 사용할 수 있는 것이 아니다.

이 분야의 마케팅 보고서는 몇몇 대도시에서만 가능한 현존하는 가장 빠른 시스템에 대해 주로 다루고 있기 때문에 실제 상황과 동떨어진 결론으로 끌고갈 수 있다. 예를 들어 90퍼센트의 인구가 최첨단 고속 통신 시스템에 접근할 수 있다는 주장은 심각하게 왜곡되어 있다. 현실을 정확히 표현하자면 대도시에 거주하면서 고속 통신 서비스를 이용할 용의가 있고 경제적으로 여유가 있는 사회경제적 집단의 90퍼센트가 혜택을 입는다고 표현해야 할 것이다. 나아가서 광통신 네트워크의 경우 도시 외곽과 시골 대부분 지역에는 설치되어 있지 않다.

현재도 라디오와 인공위성이 닿지 못하는 지역이 많이 있으며 이런 지역에서는 데이터 속도가 눈에 띄게 떨어진다. 인공위성의 경우에도 신호가 빛의 속도로 전달되므로 그만큼의 송신 지연이 발생한다. 음성을 교환하는 데는 문제없지만 데이터를 고속으로 주고받기에는 적합하지 않다. 영국에서 그렇게 외딴 곳도 아닌 지역에서 걸어 다녀보면 인공위성을 이용한 내비게이션이 작동하지 않는 경우를 자주 경험하게 된다. 휴대폰 네트워크가 모든 지역에 다 설치되어 있지 않기 때문이다. 위성전화를 사용하면 좀 낫긴 하지만 대부분 너무 크고 일반 휴대폰에서 제공하는 기능이 탑재되어 있지 않다.

미국에서 조사된 통계를 보면 광대역 정보망에서 소외됨으로써 피해를 입는 계층이 누구인지 명확하게 드러나고 있다. 미국은 영토가 매우 방대하므로 시골의 경우 광대역 정보망이 상대적으로 열악할 수밖에 없다. 이런 지역에서는 광대역 정보망을 제공하는 회사가 몇 안 되기 때문에 사람들은 비싼 요금을 내고 서비스를 이용할 수밖에 없다. 따라서 시골에 거주하는 가난한 사람들은 불이익을 당하게 되는 구조다. 광대역 정보망을 통해 제공되는 주문형 비디오, 온라인 의료 서비스, 지식, 데이터베이스, 인터넷 강의, 인터넷 학교와 같은 다양한 서비스를 받을 수 없게 된다. 미국 사회에서 빈곤 계층들은 일반인들에 비해 느리고 열악한 전자 통신 서비스만이 가능하다. 불행하게도 이러한 상황은 날이 갈수록 더욱 악화되고 있다. 특히 구직 활동시 온라인으로 지원할 수 밖에 없는 경우에는 더 큰 불이익을 당한다. 교육과 기회의 제공이라는 측면에서 볼 때 가진 자와 그렇지 못한 자 사이에 큰 격차가 있는 것이 사실이다. 최근의 조사에 의하면 연소득 2만 5천 달러 이하의 미국 가정에서는 열 가구 중에 네 가구만이 인터넷을 사용하고 있는 것으로 나타났다. 반면 연 소득 10만 달러 이상인 가정에서는 열 가구 중 아홉 가구 이상이 인터넷을 사용하고 있다. 미국의 조사 결과는 인종적인 요인과 높은 연관성을 보였다. 백인의 경우 흑인이나 히스패닉 가구보다 인터넷을 사용하는 확률이 50퍼센트 이상 높았기 때문이다.

전반적으로 볼 때 미국 인구의 30퍼센트는 무선 인터넷에 접속을 하지 못하고 있었다. 서비스가 제공되지 않는 지역도 있고, 스마트폰보다 더 저렴한 대체적 수단을 사용하는 것도 이유가 된다. 하지만 이런 대체 수단들은 속도가 매우 느려 데이터를 다운받는데 스마트폰보다 심지어 10배까지 더 많은 시간이 걸린다. 또한 휴대폰으로 큰 용량의 파일을 다운받을 경우 비싼 요금을 내는 경우도 있다. 여러 회사들이 지역을 나누어 독점하는 구조이기 때문에 속도가 빠른 상품의 경우 얼마든지 요금을 올릴 수 있도록 되어 있다. 이러한 미국 시스템은 분명한 약점을 가지고 있다. 일본이나 스웨덴과 같은 다른 나라들에서는 정부가 가격 결정 권한을 가지고 있어 고속 인터넷을 더 많은 사람들이 이용할 수 있다.

이 때문에 미국에서는 디지털 격리 현상이 증가하고 있다. 조사 결과에 따르면 교육 수준이 낮은 저소득 가구의 아동들이 비디오를 시청하거나 컴퓨터 게임을 하는 시간이 중산층 가정에 비해 두 배나 많은 것으로 나타났다. 영국의 경우에도 비슷한 현상이 관찰되나 전체 시간이 미국보다 짧다. 불행히도 이러한 문제는 시간이 지날수록 더 악화될 전망이다. 더 나은 교육을 받은 인구들이 증가하여 TV나 비디오보다 나은 서비스를 요구하기 전까지는 상황이 달라질 것 같지 않다. 이러한 문제들은 결국 개인뿐 아니라 국가에도 재앙적인 결과를 낳게 될 것이다.

휴대폰이 보편화되었지만 컴퓨터의 대형 스크린과 키보드보다 어떤 의미에서 건강에 더 해로운 영향을 주고 있다. 미국의 조사에 따르면 십대들은 하루에 보통 100통 정도의 문자 메시지를 주고받는 것으로 나타났다. 한 달이면 2천 통이 넘는 문자를 보내는 것이다. 영국의 경우도 마찬가지로 한 달에 주고받는 문자 메시지는 모두 14억 통에 이르는 것으로 집계되었다. 이 숫자에는 과다하게 문자 메시지를 이용하는 사람들의 약 40퍼센트가 척추 만곡증, 시력 감퇴, 손목과 엄지 통증과 같은 건강상의 문제가 있다는 점은 감추어져 있다. 그 외에도 문자 메시지와 관련된 것으로 보이는 엄지 관절 교체 수술의 급격한 증가, 문자 메시지 중독과 같은 문제와 더불어 불안감, 우울증, 낮은 자존감 같은 심리적 장애도 나타나고 있다. 이러한 현상은 전 세계 주요 국가들에서 공통적으로 발생하고 있다.

노년 세대들의 전자기기 사용

전 연령대를 놓고 볼 때 노년층으로 갈수록 앞서 살펴본 경제적 이유로 인해 나타났던 것과 유사한 접근 제약 문제가 관찰된다. 하지만 노년층들의 경우 성장기에 컴퓨터를 접할 기회가 아예 없었다는 점이 고려되어야 한다. 이 때문에 노인들은 컴퓨터에 겁을 먹고 배울 수 있다는 자신감을 갖지 못하게 된다. 이와 함께 노인들에게는 비용적인 면도 부담이 된다. 노인들의 경우 접근해오는 사람이 순수한 의도인지 아닌지를 구별하지 못해 컴퓨터 범죄에 쉽게 당하는 문제도 있다. 물론 노인들은 직접 만나는 사람에 의해 이용당하기도 쉽지만 특히 글로 작성된 이메일 같은 것에 더 쉽게 속아 넘어가는 경향이 있다. 직접 눈으로 보는 것이 아니기 때문에 그 사람이 진실한지 아닌지를 알아차리기 힘들기 때문이다. 이러한 이유로 노년층에서 인터넷을 사용할 때는 더 세심한 주의가 필요하다.

인터넷에 대한 접근이 어려운 것이 노년층에만 국한된 것이라 생각하면 오산이다. 2014년에 조사된 영국의 통계에 따르면 성인 5명 중 1명은 인터넷을 사용해본 적이 없다고 한다. 4명 중 1명은 집에 컴퓨터가 없다. 반면 25세 이하에서는 인터넷 사용율이 90퍼센트를 상회한다. 65세 이상으로 넘어갈 경우 이 비율은 40퍼센트로 떨어지게 된다. 앞으로 자라나는 세대들은 컴퓨터와 전자기기에 익숙할 것이므로 이 40퍼센트라는 숫자는 갈수록 줄어들 것이라는 주장이 있다. 이 논리는 일부만 옳다. 기술의 발전 속도는 사람들이 배우고 나이 드는 속도보다 훨씬 빨라지고 있다. 이로 인해 빈곤한 노년층들은 점점 더 빠르게 사회와 고립되는 시대로 진행되고 있다고 보는 것이 맞을 것이다.

뿐만 아니라 사람들이 갈수록 오래 살게 되어 정신적 활동을 온전히 할 수 없는 나이에 이르는 사람들이 많아질 것이다. 이렇게 될 경우 컴퓨터를 사용하는 것이 많은 사람들에게 더 힘든 일이 될 수 있다. 영국과 미국 모두 알츠하이머로 고통 받는 사람들의 숫자가 5백만 명에 이른다는 사실을 생각하면 정신이 번쩍 든다. 영국의 경우 이 숫자는 열 명 중 1명에 해당하는 것이며 거의 모든 가족이 이로 인해 영향을 받고 있다고 보면 된다. 수명이 연장되면서 이 문제가 확대되고 걱정도 늘어나게 되었다.

인플레이션과 사회적 고립

나이 많은 사람들, 특히 은퇴하고 연금으로 살아가는 사람들에게 잠재되어 있는 문제는 그들의 모든 생각이 젊었을 적 소득과 생활 비용에 맞춰져 있다는 점이다. 따라서 그들의 눈에는 상품과 서비스 그리고 소프트웨어와 같은 것들이 모두 매우 비싸게 보인다. 하지만 직업을 가진 젊은이들의 경우 같은 대상을 보고도 합리적인 가격이라고 느낀다. 이런 현상이 나타나는 것은 어쩔 수 없다. 지금 은퇴한 사람들은 그동안 진행된 인플레이션으로 인해 가격에 대해 판단 기준이 바뀌어왔다. 예를 들면 지금 70세인 어른은 십대 때 처음 받았던 월급과 그때 물건들의 가격을 기억한다. 지금 맥주 한 잔의 가격이나 빵 한 덩어리의 가격을 그때와 비교해보면 50배 이상 뛰었다. 물론 평균 임금도 이러한 가격을 지불할 수 있을 정도로 같이 상승되었지만 그들은 이런 점은 고려하지 않고 단지 가격만 본다. 사람들은 처음 어떤 물건의 가격을 보았을 때의 기억이 강하게 남아 그에 의해 좌우되기 쉽다. 이러한 현상은 주택 가격의 경우에 더 심하게 나타난다. 주택 가격은 그동안 매우 급격하게 상승되었기 때문이다. 이런 면에서 노년 세대들의 소비 경향이 조심스러운 것은 어쩔 수 없다. 비록 현재로서는 경제적으로 문제가 없다 하더라도 앞으로 갈수록 자신들의 경제 사정이 안 좋아질 것이라고 생각하기 때문이다.

이러한 이유로 노년 세대가 컴퓨터나 인터넷 사용 측면에서 최신 기술을 구매하여 앞서가기는 힘들다. 국가에서 주는 연금에 의존하는 사람의 경우 소프트웨어 하나만 구입해도 몇 주간의 소득에 맞먹는 돈을 지불해야 한다. 이런 사람들을 위해 소프트웨어를 구입하는 대신 매달 얼마씩 돈을 내고 쓰는 계약을 하도록 유도하는 것도 큰 위험을 내포하고 있다. 국가 전체의 건강한 경제를 위해 이런 접근 방법은 수준이 낮은 대책이다. 이런 식의 상품이 출시되는 것을 금지하는 법을 발의해야 할지도 모른다. 사용 계약을 연장하지 못할 경우 렌트한 소프트웨어로 작성된 문서, 편지, 사진 등을 더 이상 열어보지 못하는 일이 생길 수 있기 때문이다.

이런 식으로 사고가 흘러가는 것에 대해서는 우려를 금할 수 없다. 대기업의 경우 소프트웨어를 렌트해서 사용하는 것이 바람직할 수도 있다. 기업체를 대상으로 한 소프트웨어 대여 시장이 대세가 된다면 소프트웨어 제조사나 서비스 제공업체는 이런 모델을 매출 증가를 위한 효과적인 사업으로 인식하고 이들을 위한 서비스에 집중하게 될 것이다. 대신 아주 가끔씩 사용하는 사용자에 대해서는 관심을 가지지 않을 것이다. 특히 노년 세대나 빈곤 계층이 이런 사용자 계층의 대부분을 차지할 경우에는 더 무신경해질 것이다.

컴퓨터와 스마트폰으로 겪는 신체적 어려움

노년 세대들이 컴퓨터를 사용하기 꺼려하는 이유는 새로운 기술을 습득하는 데 대한 저항감뿐 아니라 '지금까지 안 배우고도 잘 살았으므로 필요 없다'라는 사고방식도 크게 작용한다. 노년 세대는 종종 온라인 쇼핑에 대해 전혀 모르고 있거나 사용을 꺼려한다. 온라인으로 쇼핑을 함으로써 어떤 이득이 있는지를 이해 못하거나 실제 제품을 눈으로 직접 보지 못하는 것을 꺼리기 때문이다. 많은 단체들이 노인들의 컴퓨터 사용을 늘리기 위해 노력하고 있다. 하지만 불행히도 그 결과가 항상 바람직하게 나타나는 것은 아니다. 많은 경우 처음에는 바람직해 보일 수도 있으나 결국 노인들은 사이버 범죄나 협박에 매우 취약하게 노출될 수 있다는 것을 깨닫게 될 것이다. 노인들은 전자식 소통 방법이 그들의 삶 속으로 들어옴에 따른 도전과 위협을 제대로 처리해내지 못하기 때문이다.

컴퓨터나 휴대폰으로 인해 노인들이 겪는 가장 큰 문제점은 시력적인 부분이다. 노인들의 경우 떨어진 거리에서 오랫동안 컴퓨터 스크린에 집중하기 어렵고 어떤 경우에는 시력이 영구히 흐릿해지기도 한다. 컴퓨터는 젊은 세대에 의해 디자인되고 사용된다. 시인성이나 조작 편의성은 젊은 세대를 기준으로 맞춰진다. 하지만 노년 세대들을 위해서는 글자 크기가 최소한 14포인트는 되어야 편안하게 보이며 키보드 상의 키 간격이나 버튼의 크기도 표준 키보드보다 훨씬 커야 한다. 아마 50퍼센트 정도는 더 커져야 노인들이 쓰기에 편해질 것이다. 또한 스크린에 표시되는 색채를 고를 때도 더 신중해야 한다. 사람은 나이가 들면서 색채에 대한 감각이 변한다. 특히 노인들은 가시광선 스펙트럼상 푸른색 끝에 위치하는 색을 인식하지 못한다. 뿐만 아니라 색조의 차이를 분별하는 능력도 떨어지게 된다. 하지만 노인들에게 나타나는 이러한 문제들에 대해 인식하고 있는 사람은 소수에 지나지 않는다.

나는 지금까지 노년 세대라는 개념을 조금 느슨하게 적용하고 있다. 영국에서는 이 말을 나보다 적어도 20년 이상 나이가 든 사람을 지칭할 때 주로 쓰거나 혹은 은퇴한 사람에 대해 사용하고 있다. 하지만 나이가 들면서 비록 정신 활동 능력은 우수하더라도 신체적 문제가 나타날 수 있다. 일반적으로 손을 쓰는 능력이 떨어지므로 터치스크린과 같은 것을 다루기 힘들어 진다. 물론 선천적으로 손이 크거나 평생 육체노동만 해서 컴퓨터나 타이핑을 해본 적이 없는 사람들은 컴퓨터를 능숙하게 다루기 힘들다. 이럴 경우 점점 더 대중으로부터 격리될 수밖에 없다. 이런 사람들을 대상으로 하는 컴퓨터와 휴대폰에는 큰 키보드가 필요하다.

나이와 휴대폰

요즘 휴대폰들의 키패드와 스크린 설계를 살펴보면 노인들이 보기에는 스크린의 글자가 너무 작고 자판이 지나치게 민감하게 반응하는 것을 알 수 있다. 이러한 문제점들은 노인들의 시력과 신체적 노화 때문에 발생한다. 노화가 진행되면 시력이 흐려지고 손가락은 뻣뻣해진다. 질병이나 노화로 인해 손이 떨리게 되는 경우 상황은 더 안 좋아진다. 70세 이상 노인의 절반 정도는 백내장이나 시력 감퇴로 고생을 하고 있다. 이로 인해 상당한 숫자에 해당하는 사람들이 전자식 소통에 어려움을 겪게된다. 유선전화의 경우에는 노인들을 위해 특대 키패드와 함께 원터치로 응급실이나 비상연락망에 연결할 수 있도록 미리 입력시키는 등의 조치를 해놓을 수 있다. 하지만 휴대폰의 경우 비교적 큰 키패드의 제품은 찾아보기 어렵다. 그나마 이런 제품의 경우 사양이 너무 기본적이고 젊은 세대들이 사용하는 유용한 기능들은 들어 있지도 않다.

휴대폰 제조사 측에서는 노인들을 위한 휴대폰 시장이 꽤 큰 규모라는 사실을 파악하지 못하고 있는 것 같다. 그나마 나와 있는 모델들을 살펴보면 숫자는 크게 표시가 되어 있지만 정작 텍스트를 입력할 때 화면상 글자 크기는 커지지 않았다. 휴대폰을 설계했을 젊은 디자이너들에게는 잘 보이겠지만 제품이 목표로 하고 있는 노년층에게는 맞지 않는 디자인인 것이다. 이러한 문제를 해결하기 위해서는 나이든 사람들을 고문으로 고용해야 한다. 큼직큼직한 스타일의 휴대폰의 경우 보통 스마트폰이 가지고 있는 기능들을 거의 갖추고 있지 않은 경우가 대부분이다. 너무 많은 기능이 있을 경우 노인들이 오히려 혼란스럽게 느낄 것이라는 가정하에 설계를 했기 때문이다. 이로 인해 노인들은 어떤 기능들을 자주 사용하고 화면에 보이게 할 것인지에 대한 선택의 기회를 박탈당한다.

휴대폰에 큰 키보드와 스크린이 필요할 수 있다는 사실에 대한 사례를 내가 지금 살고 있는 도시에서 찾을 수 있다. 우리 시에서는 현재 주차 요금을 내는 미터기를 스마트폰 어플리케이션으로 대체하는 작업이 진행되고 있다. 이로 인해 많은 사람들이 이제는 시내로 차를 몰고 들어오기 불가능하게 되었다고 느끼고 있다. 스마트폰을 갖고 있지 않고, 필요하지도 않을 뿐더러 구입할 여력도 없기 때문이다. 혹여 스마트폰이 있다 하더라도 사용에 많은 어려움을 겪게 될 것이다.

손 떨림에 의한 문제를 해결하는 방법 중 하나가 음성 인식으로 휴대폰을 조작하고 문자 메시지를 보내는 방법이다. 음성 인식 소프트웨어는 지난 몇 십 년간 비약적인 발전을 해왔다. 하지만 이런 음성 인식 기술도 초기에는 많은 문제가 있었다. 실리콘 밸리가 위치한 캘리포니아 악센트를 사용하는 젊은 사람들에 의해 소프트웨어가 개발되었기 때문이다. 이로 인해 목소리가 하이피치인 여자들이나 어린이들이 사용할 경우 인식률이 매우 떨어지게 되었다. 뿐만 아니라 노인들이나 악센트가 다른 사람들의 경우에도 인식률이 떨어졌고 지방 사투리를 사용하는 사람들이나 외국어를 사용하는 이민자들의 경우에도 마찬가지 현상이 발생했다.

지금까지 살펴본 여러 가지 예를 통해 드러난 메시지는, 일단 퇴직한 후 다시 직업을 얻지 못하고 소형 휴대폰을 다루는 데 어려움을 겪는다면 나머지 세계에서도 잊히게 된다는 것이다. 갈수록 노년 세대의 비율이 늘어나고 있는 우리 사회에서는 받아들일 수 없는 현상이다. 이런 상황을 그대로 인정한다는 것은 비즈니스 전략면에서도 문제가 있다. 인구의 상당수를 차지하고 있는 노년 세대를 대상으로 한 적합한 상품을 제작하여 판매한다면 시장에서 큰 기회를 잡을 수 있기 때문이다. 유일하게 위안이 되는 점은 현재 젊은 프로그래머들도 시간이 흐를수록 노년 세대로 편입할 것이고 그럴 경우 스스로 노년 세대가 겪는 고립 현상을 똑같이 느끼게 되리라는 것이다.

젊은 세대들에게는 50세가 넘는 사람들은 나이 많은 세대로 보일 것이고, 70세가 넘는 사람들에 대해서는 여전히 살아 있는 것이 놀랍다고 생각할 수도 있다. 나도 스무살 때는 그렇게 생각했었다. 현실을 보면 영국에서 50세 이상 된 사람의 숫자는 2,200만 명 정도고 65세 이상인 사람은 1,450만 명, 그리고 75세 이상인 사람은 훨씬 숫자가 적은 250만 명 수준이다. 건강한 상태로 70세에 이른 사람들이 많다는 통계는 매우 희망적이라고 할 수 있다. 이 중 반 정도의 사람들이 90세까지 생존할 것이기 때문이다. 100세까지 사는 사람들은 여전히 소수지만 비율적으로 본다면 지난 50년 사이 10배나 증가했다.

전자기기를 디자인하는 젊은 사람들에게 내가 강조하고 싶은 점은 비슷한 또래의 사람들만 보지 말고 2,000만 명이 넘는 은퇴한 사람들에 의해 생기는 시장도 같이 보라는 것이다. 알기 쉽게 설명하자면 2,000만 명은 스코틀랜드 인구의 4배에 해당하는 사람들이다. 혹은 광역 런던 전체에 사는 사람보다 많은 수의 사람들이다. 휴대폰 판매를 위한 마케팅이나 같은 또래 그룹의 구매 압력면에서 본다면 15세 이하의 연령대가 타깃이 될 것이다. 이 연령대의 경우 꽤 숫자도 많고 감수성이 예민한 그룹으로서 최신 휴대폰을 구매할 사람들이기 때문이다. 하지만 순수하게 사람들의 숫자만 놓고 본다면 65세 이상의 사람들이 훨씬 더 많다. 잡지라든지 다른 미디어에서 만들어내는 이미지와는 다르겠지만 실제로 판매 기회면에서는 나이 많은 세대에 적합한 전자 제품을 만들어서 공략하는 것이 더 큰 매출을 달성할 수 있을 것이라는 점을 기억해야 한다. 더

불어 이러한 제품들은 더 적정한 가격으로 팔아야 한다. 지금은 버튼이 큰 휴대폰이 작은 버튼의 휴대폰보다 가격이 비싸서 합리적이지 않기 때문이다.

텍스트 예측 기술

현재 정보 처리 기술 개발에 많은 노력들이 경주되고 있다. 그중 타이핑할 텍스트를 미리 예측하여 보여주는 기술은 손을 마음먹은 대로 자유롭게 사용하지 못하는 사람들을 위해 매우 유용하다. 이런 기술은 키보드를 사용할 때는 매우 편리하지만 터치스크린에서는 감이나 반응이 잘 오지 않는다. 손놀림이 자유롭지 못한 사람들의 경우 촉각적인 피드백이 꼭 필요하다. 여기에도 노인 차별 요소가 존재한다. 이 기술을 개발한 사람들이 젊은 세대이고 타깃을 젊은이들에 맞추기 때문이다. 대부분의 휴대폰에서 사용하고 있는 텍스트 예측 기술은 나이든 사람들과는 어울리지 않는 문체나 단어를 제시하고 있다. 내 경우에도 이 기술을 써보면 내가 젊은 세대는 아니구나 하는 생각을 하게 된다. 텍스트 예측 기술은 다양한 연령대나 사회 계층에 맞춰 선택 사양을 준비하여 마케팅되어야 한다. 연령대별로 사용하는 언어의 문법, 어휘 그리고 속어가 모두 틀리기 때문이다.

이미 많은 종류의 복잡한 예측 기술이 존재하고 있으므로 이것은 그다지 어려운 기술적 도전이 아니다. 중국어의 경우 26문자의 라틴계 알파벳으로 구성된 핀인이라는 발음기호로 글자 예측을 하고 있다. 핀인은 중국어의 발음을 표기하는 방법이다. 알파벳을 한두 개만 쳐도 글자 예측 시스템이 5,000여 개의 자주 사용되는 한자 중에 가능성이 높다고 생각되는 글자들을 보여주기 시작한다. 물론 잘 사용하지 않는 특별한 한자의 경우 알파벳을 더 많이 입력해야 맞는 글자를 찾을 수 있다. 제시되는 한자들 중에 의도했던 글자를 선택하는 식으로 문장을 작성하면 매우 빠른 속도로 한자를 타이핑할 수 있다. 한자의 경우 이런 방법을 이용하면 일반적으로 글을 쓰는 것보다 훨씬 빠르다. 하지만 이 경우에도 노인들이나 시력이 안 좋은 사람들은 작은 화면에 표시되는 글자를 알아보는 데 애를 먹는다.

나이에 따른 소리와 빛의 변화

나이가 들면서 쇠퇴하는 것이 신체 부위를 사용할 때의 정밀도만은 아니다. 노화는 음성, 시력, 청력 모두에 영향을 미친다. 특히 우리의 청력은 20세에서 70세까지 살면서 1,000배(30dB)까지 떨어진다. 이것은 단지 소리의 크기에만 국한되는 현상은 아니다. 특히 고주파수 영역에 해당하는 소리에 대한 청력이 급격하게 떨어지므로 소리 혹은 음악 자체가 근본적으로 다르게 들린다. 이로 인해 노인들은 젊은 사람들에게는 크게 들리는 새 울음소리나 소음을 듣지 못한다. 이것은 일반적인 노화 현상이지만 특히 요즘 젊은 세대들은 시끄러운 소리에 많이 노출되기 때문에 갈수록 그 경향이 더 심해질 것이다. 이런 이유로 휴대폰, 라디오, TV와 같은 전자 제품에 주파수 범위를 조정할 수 있는 기능이 포함된 제품이 나온다면 틈새시장이 틀림없이 존재하지만 지금까지는 그런 제품이 없다. 단순히 음량을 키우는 것만으로는 부족하다.

음악을 하는 사람으로서 나 역시 나이가 들면서 청력에 변화가 생기고 있음을 느낀다. 음량과 주파수 측면에서 다 청력 저하가 일어나고 있고 이로 인해 수년간 내 귀에 들리는 음악이 변하고 있다. 지금은 CD로 음악을 들을 때 볼륨을 훨씬 높여서 듣지 않으면 안 되는 상황까지 왔다.

한때는 나도 상태가 좋았었다. 내가 분명하게 기억하는 것이 중간 크기의 거미가 나무 바닥을 기어가는 소리가 3미터 정도 떨어진 곳에서 책을 읽고 있다가 들었던 적이 있다. 그때가 30대였으므로 신체적으로 전성기는 이미 지난 시점이었음에도 그 정도였다. 요즘 30대는 아마 그런 정도의 소리에 대해 예민함을 가지고 있지 않을 것이다. 음악을 들을 때 헤드폰이나 스피커의 볼륨을 높이고 듣는 경향이 많고 디스코텍을 가거나 시끄러운 도시의 교통 소음 등에 많이 노출된 탓에 청력 손실이 급격하게 일어나기 때문이다. 그 결과 요즘 십대들은 옛날 시골에 살던 70대 노인들보다 떨어진 청력을 가지고 있다. 이런 현상이야말로 기술 발전으로 인해 인간의 중요한 감각이 퇴화되는 현대 과학의 어두운 그림자라고 할 수 있다.

사람들의 행동이나 기술 발전에 의해 초래되는 청력 손실은 새로운 일도 아니다. 예를 들면 빅토리아 시대의 소음 심한 공장에서 일하던 노동자들이 급격하게 청력을 잃어갔다는 사실은 잘 알려져 있다. 산업계에서는 소음 관련 법안을 제정함으로써 개선이 가능하지만 헤드폰이나 스피커를 통해 과하게 시끄러운 음악을 듣는 자기 파괴적인 행위까지 해결할 수는 없다.

기술, 색채 인지, 노화

색채와 관련해서 노년 세대들에게서 나타나는 많은 문제점들은 전자기기를 디자인하고 판매하는 젊은 세대들에게는 큰 관심 사항이 아니었다. 색채를 인지하는 능력은 나이에 따라 변하고 빛의 세기에 대한 민감도도 변한다. 일반적으로 건강한 성인의 경우 아이들에 비해 강한 빛을 필요로 한다. 따라서 빛의 산란이나 눈부심으로 인한 문제가 많이 발생한다. 더불어 빛의 세기가 변할 때 반응도 느리고 명암이나 색조 변화에 대한 민감도도 떨어진다. 작은 글씨에 집중하거나 거리를 분별하는 능력 역시 떨어진다.

컴퓨터 스크린에서 발생하는 눈부심 현상은 많은 사람들이 경험하는 불편함이다. 특히 백내장이나 노안을 겪고 있는 사람들의 경우 정도는 더 심해진다. 이러한 불편함을 해소하기 위해 필요한 기술은 매우 단순하다. 여기서 세 가지 방법을 제안하도록 하겠다. ① 백그라운드를 백색에서 연녹색과 같은 색조로 바꾼다. ② 컴퓨터 스크린에서 발생되는 빛은 편광도가 심하므로 편광 안경을 쓰면 백그라운드에서 나오는 빛을 줄일 수 있다. ③ 스크린에 유색 필터를 씌운다(예를 들면 투명한 색조가 든 포장지). 색채의 범위를 줄이면 색 수차로 인한 번짐 현상을 최소화할 수 있다. 난독증과 같은 증상을 앓고 있는 사람들에게는 컬러 필터를 쓰는 것이 매우 도움이 된다.

우리 시야에서 일어나는 변화를 감지하는 훌륭한 수단으로서 우리 눈은 끊임없이 눈 근육을 사용하여 미세하게 움직이고 있다. 만약 어떤 사물에 시선을 고정하면 매우 짧은 시간 내에 시야에 있던 물체가 흐릿해지게 된다. 이렇게 시야 내 물체의 변화에 대해 집중하도록 진화된 것은 생존본능이 작용한 결과이다. 눈은 나이가 들면서 근육이 약해지고 따라서 미세한 움직임의 속도가 떨어지게 된다. 이로 인해 시야 내 미세한 변화를 감지하는 능력도 떨어지게 되는 것이다. 빛의 강도면에서 볼 때 70세 노인은 20대 청년에 비해 3~4배 정도로 강한 빛이 필요하며 빛의 파장에 따라 이 수치는 다르게 나타난다. 소리와 마찬가지로 높은 주파수 범위의 빛에 대한 민감도가 가장 많이 떨어진다. 빛으로 보면 빨간색 계열보다는 파란색 계열에 대한 인식 능력이 더 빨리 저하된다는 의미다.

파란색에 대한 민감도는 10세에서 20세로 가면서 반으로 줄어들고 40세가 되면 거기서 반이 떨어지고 70세가 되면서 또 반이 줄어들게 된다. 반도체를 광원으로 하는 기술 발전이 눈부신 상황에서 이러한 신체적 변화는 매우 우울한 일이다. 현실에서는 모든 초점은 사용자가 아니라 새로운 기술로 인한 색채 구현에 맞춰져 있다. 현재는 청색 발광 다이오드의 대량 생산이 용이하기 때문에 침대 옆에 두는 시계부터 TV나 라디오의 디스플레이까지 광범위하게 사용된다. 노화에 따른 색채 인식의 변화 관점에서 본다면 청색광을 사용한 것은 매우 부적절한 선택이다. 노인들뿐만 아니라 많은 사람들이 흑색 플라스틱 배경 안에 디스플레이 장치를 넣을 경우 글자가 흐릿해지고 읽기 어렵다. 따라서 나이 많은 사람들은 청색 LED 디스플레이를 사용한 시계 화면이 표시한 정보를 전혀 읽을 수 없는 경우가 많다. 이를 해결하려면 녹색을 쓰는 것이 이상적이다. 우리가 가장 민감하게 인지할 수 있는 색상이기 때문이다. 우리는 녹색에 대해 민감하게 반응하도록 진화되었다. 햇빛이 대기권을 통과할 때 녹색 영역에서 최대 강도를 보이기 때문이다.

CD나 TV용 디스플레이와 관련하여 가장 문제가 되는 부분은 까만색 배경에 발광소자가 심어져 있는 식이라 대비 효과가 매우 떨어진다는 점이다. 처음에는 이것을 디자인의 한 방법으로 채택했으나 지금 와서 깨달은 것은 디스플레이를 만들 때 생기는 검은 반점의 양을 조절할 수 없으므로 어쩔 수 없이 까만색 배경을 사용한다는 점이다. 만약 배경을 백색으로 하는 디스플레이를 사용할 경우 검은 반점으로 인한 불량률이 매우 높아질 수밖에 없다. 흑색 배경을 사용하면 반점이 드러나지 않게 되므로 대량 생산을 위해서는 어쩔 수 없는 선택이었을 것이다. 생산 기술의 한계로 인해 결국 디스플레이의 질이 저하되는 결과가 나타나게 된 것이다.

　마케팅과 디스플레이가 모든 사람들을 다 고려하지 못한다는 현실과 관련해 두 가지 지적을 하도록 하겠다. 첫째로는 백인 남성 중 10퍼센트는 색맹이라는 점이다. 둘째는 정도의 차이는 있으나 노인들 중 반 정도는 백내장 증상을 가지고 있다는 것이다. 색맹이란 단어는 사실은 부적절한 용어이다. 색맹을 측정하는 방법이 배경에 심어져 있는 그림이나 숫자를 인식할 수 있느냐 하는 것기 때문이다. 정상적인 눈의 경우 색상 패턴을 인식하여 그림이나 8과 같은 숫자를 볼 수 있다. 반대로 색채 스펙트럼을 인식하는 데 있어 일반적인 사람들과 민감도가 다를 경우 테스트에서 패턴을 틀리게 인식하게 된다. 이 경우 이미지를 읽어낼 수 없거나 8이란 숫자 대신 3이 보이게 된다.

　이러한 분야에 대해 잘 알고 있는 이유는 내가 색맹 테스트를 통과하지 못하기 때문이다. 나는 적색의 경우 정상적인 경우보다 더 넓은 파장 영역까지 색깔을 감지하고 있는 것이다. 사실 색깔을 서로 맞추거나 컬러 이미지를 즐기는 데 필요한 색상 민감도 측면에서 보자면 아무 문제가 없다. 오히려 색상 보는 것을 즐기고 있다. 나뿐만 아니라 색맹이라고 규정된 많은 사람들의 경우도 마찬가지다. 무엇인가를 잃어버렸다고 느낄 필요가 없는 것이다. 오히려 더 넓은 영역의 색상을 인지하고 있으므로 우월함을 느껴야 할지도 모른다. 예를 들면 안개가 낀 상태에서 운전을 할 경우 색맹이라고 규정된 사람들은 적색에 대해 확대된 반응 능력을 가지고 있기 때문에 더 깨끗한 시야를 확보할 수 있다. 짧은 파장을 가지고 있는 청색이나 녹색에 비해 파장이 긴 적색은 산란이 덜 하기 때문이다.

　어떤 사람들은 선천적으로 색상에 반응하는 원추세포가 없이 태어난다. 이럴 경우 그들이 바라보는 세상은 흑백이다. 이런 사람들은 색깔을 즐기지는 못하지만 흑백의 대비를 감지하는 간상세포의 숫자는 훨씬 많다. 간상세포는 컬러를 인식하는 세포보다 100배 이상의 민감도를 지니고 있으므로 이런 사람들은 일반적인 사람들보다 매우 뛰어난 광 감지 능력을 보유하게 된다.

백내장은 흔하게 발생하는 병이다. 이로 인해 이미지가 번져 보일 뿐만 아니라 청색 영역의 빛을 강하게 흡수하게 되므로 백내장이 진행될수록 우리 눈에 보이는 이미지는 노란색을 띠다가 병이 진행되면 나중에는 빨간색으로 변하게 된다. 결과적으로 어떤 일이 일어나는지 알고 싶은 사람들은 모네의 그림이 있는 웹 사이트를 찾아보기 바란다. 모네의 정원에는 작은 연못과 다리가 있었고 여러 해에 걸쳐 이것들을 그림으로 그렸다. 그의 그림을 보면 그가 앓던 백내장이 어떻게 진행이 되었는지 놀랄 만큼 정확하게 알 수 있다. 섬세한 묘사는 투박한 붓 터치로 변했고 색상은 점점 더 빨간색 계열로 바뀌었다. 나중에 백내장을 제거한 후에 자기가 그린 그림을 본 모네는 경악을 금치 못했다고 한다. 의학적으로 볼 때는 백내장 증상을 훌륭하게 기록해놓은 작품이라 할 수 있겠다. 시장이 분명히 있음에도 불구하고 정교한 색상의 표현이나 그것을 위해 필요한 조정 작업이 가능한 제품에 대해 디스플레이를 생산하는 측에서는 별로 관심을 가지고 있지 않은 것 같다.

앞에서 설명한 것과 같이 노화라는 자연 현상으로 인해 젊은 사람들에게 매우 적합한 제품이 나이든 사람들에게는 적합하지 않거나 열등한 제품이 되는 현상은 불가피하게 일어난다. 제품을 설계하는 디자이너들이 이러한 상황을 인식하고 이를 바꾸기 위한 노력이 필요한 이유이다. 인식 변화가 아직 일어나고 있지 않지만 나는 희망적으로 보고 있다. 단순히 인류애적인 이유에서가 아니라 선진국에 매우 많은 노년 인구가 존재하고 이들의 구매력이 막강하기 때문이다. 노인을 대상으로 한 시장은 매우 크고 수익성 높음에도 불구하고 제대로 공략되지 못하고 있는 셈이다.

발전된 의료센터

전자 제품에서만 기술 발전이 이루어지고 있는 것이 아니다. 불행히도 이렇게 취약한 사회 계층을 고립시키는 경향은 다른 영역에서도 동일하게 나타나고 있다. 빈곤층과 노년층이 관련된 예를 하나 더 들어보겠다. 의약품의 경우 많은 비용이 소비되는 영역이다. 특히 비싼 의료기기나 경험 많은 의료진이 없는 일부 지역에서는 진료 대신 약으로 치료하고 있다. 이러한 일이 일어나고 있는 논리적 혹은 경제적 이유는 분명하다. 경험 많은 의료진을 효율적으로 쓰기 위해 특정 지역에 집중시켜 놓고 있기 때문이다. 하지만 이런 의료진들에게 진료를 받기 위해서는 환자들이 그 지역으로 이동할 수 있을 만큼 신체적 여건이 되어야 하고 더불어 여행을 감수할 수 있는 상황이 되어야 한다는 것이 전제 조건이다. 하지만 거의 대부분의 환자들에게는 불가능한 상황이다. 이런 식으로 의료 기술의 발전으로 인해 오히려 의료 기술이 필요한 사람과 제공하는 장소가 격리가 되는 일이 발생하고 있다.

노인들을 보살피는 지역 기반의 시설에 근무하는 사람들과 이 문제에 대해 토론한 결과 심각한 어려움을 겪고 있는 것으로 나타났다. 어떤 지방 병원은 도시에서 40킬로미터 정도 떨어진 특수 의료센터로 경험 많은 의료진들과 전문가들을 이동시키는 과정에 있다. 하지만 이곳은 대중교통을 이용하여 한 번에 갈 수 있는 곳이 아니다. 환자들의 상태가 좋아 대중교통 수단을 이용할 수 있다고 하더라도 버스를 세 번 갈아타고 두 시간을 가야 도착할 수 있는 위치에 있다. 뿐만 아니라 이 의료센터는 아침 8시부터 진료를 시작하기 때문에 대중교통을 이용해서는 도저히 시간을 맞출 수 없다. 심지어 유일하게 그곳까지 운행하는 버스도 배차 간격이 너무 넓다. 따라서 노인 요양 시설에서 이곳까지 환자를 실어 나르기 위해서는 택시나 개인 승용차에 비용을 지불할 수밖에 없다. 하지만 여기에 소요되는 비용은 그들의 예산 범위를 넘어선다. 대부분의 환자들도 그럴 능력이 없는 것은 마찬가지다. 결과적으로 많은 경우 환자들이 치료를 받을 수 없게 되는 것이다.

이러한 현상은 전국적으로 많은 노인들이나 빈곤층에 속하는 사람들이 겪고 있는 문제다. 또한 대도시에 살지 않는 사람들도 마찬가지다. 이런 문제는 병원 정책을 결정하는 사람들이 대부분 젊은 사람들로서 경제적 여유가 있고 대중교통이 잘 발달된 대도시에 거주하는 사람들이기 때문에 더 심화된다. 이와 비슷한 어려움은 점점 더 늘어나고 있다. 내가 우리 지역에서 들었던 또 다른 문제점은, 환자가 너무 많은 의료센터의 경우 3시간가량 걸리는 150킬로미터 떨어진 특수 의료센터로 환자들을 보내고 있다는 것이었다. 연금으로 생활하는 사람들로서는 이곳까지 가는 경비를 감당할 수 없고 이동도 쉬운 일이 아니다. 이런 이유 때문에 많은 사람들이 적절한 치료를 받지 못하게 된다.

개선이 가능할까?

지금까지 삶의 각 단계에서 나타나는 기술 발전의 부작용에 대해 여러 연령대에서 예를 들어 살펴보았다. 대부분 가난하고 약하고 나이 많은 사람들이 훨씬 더 큰 피해를 입고 있음을 알 수 있다. 지금 현재도 분명히 일어나고 있는 일이고 인류 문명을 통해 계속해서 반복되고 있는 패턴이다. 변화의 속도는 빨라졌고 문제에 대한 인식도 높아졌다. 따라서 현재 실생활에서 많은 문제가 발생하고 있고 가난한 사람과 부유한 사람, 건강한 사람과 병든 사람, 젊은 사람과 나이든 사람 사이에 격차가 많이 벌어져 있음에도 불구하고 나는 우리가 이런 문제점을 개선하기 위해 계속해서 노력할 것이라는 희망적인 생각을 가지고 있다. 내가 이런 생각을 하는 이유 중의 하나는 노년층을 위한 제품이 팔릴 수 있는 미개척 시장이 확실히 있다고 믿기 때문이다. ⁞

12장
과학기술이 소비와 폐기를 조장한다면?

기술과 본능, 그리고 마케팅

　동물들의 세계에서 그들의 행위를 지배하는 동력은 먹이와 번식이다. 번식을 위해 수컷들은 암컷을 차지하는 싸움을 벌인다. 크리스마스 카드를 배달하는 캐릭터로 잘 알려진 꼬마 울새에 대해 우리가 가지고 있는 순수한 이미지는 잘못된 것이다. 다 자란 수컷 울새의 10퍼센트 정도는 영역 싸움이나 암컷을 차지하기 위한 싸움에서 상대 수컷을 죽인 경험을 가지고 있기 때문이다. 우리 인간들도 기본적인 본능에서는 동물들과 다를 바가 전혀 없다. 문명이라는 얇은 층이 덧씌워져 있을 뿐이다. 그 층은 바로 부와 소유물이다. 이를 통해 우리 삶으로 과학기술이 침투해 들어오게 된다. 좋은 기술은 좋은 제품을 만들어내고 우리의 본능이 그 제품을 원하게 되는 구조다. 하지만 새로 출시된 멋진 장난감을 사려면 돈이 필요하다. 노래 가사에도 있듯이 돈은 악마가 가진 힘의 근원이다. 모든 사람들에게 다 해당되는 말은 아니겠지만 가난하든 부유하든 대부분의 사람들에게 돈이 높은 우선순위로 인식되는 것은 본능에서 비롯되는 일이다.

사회적 위치와 이미지

부유한 나라를 움직이는 것은 고도의 마케팅 기술과 높은 소비 수준이다. 하지만 이것이 주는 폐해는 상당하다. 유행에 뒤쳐져 폐기되는 제품이 늘어나고 유행을 좇아가지 못해 사회적으로 격리되는 계층이 생겨난다. 사회적 고립 현상에 대해서는 앞에서 다룬 바 있다. 장기적으로 보다 더 나은 세상으로 나아가기 위해서 우리가 해야 할 일 중의 하나가 쓰레기를 줄이고 유행에 뒤쳐져 폐기되는 물건을 최소화하는 것이다. 분명 폼 나는 일은 아니다. 지금 정치인들이나 언론에서는 어떻게 하면 소득을 늘릴 수 있을지에 대해서만 떠들고 있다. 반면 절약해야 하는 이유와 방법에 대해 심각하게 고민하고 방향을 제시하는 사람들은 극히 드물다. 정치적으로 이러한 주장이 인기가 없는 이유는 명백하다. 표를 얻는 데 별로 도움이 되지 않기 때문이다. 일반적인 언론이나 TV 역시 이런 주제를 다루지 않는 이유는 광고 수익을 올리는 데 도움이 되지 않기 때문이다. 대부분의 신기술 광고에 별로 관심이 없는 나는 아마도 사회에 잘 적응하지 못하는 사람일지 모르겠으나 나로서는 그런 것보다는 미래에 대한 걱정이 더 깊다.

상업적으로 조장되는 제품 폐기

제품의 폐기에도 여러 이유가 있을 수 있다. 첫째로는 제품의 성능이 개선되는 것으로, 원래 제품이 가지고 있던 문제를 해결한 제품이 나오는 경우다. 이런 경우 원래 제품을 폐기하는 것은 아무런 문제가 없다. 이젠 아무도 냉장고 대신 얼음집을 지으려는 사람은 없을 것이다. 고장을 혼자 수리할 수 있거나 그것 자체를 즐기는 사람이 아니라면 나온 지 50년 된 자동차를 매일 사용하는 용도로 일부러 구매하는 사람도 없을 것이다. 자동차, 의복, 세탁기와 같은 물건들은 시간이 지나면서 노후되고 마멸되고 부식되어 결국 교체할 필요가 생긴다. 어쩔 수 없는 현상이다. 인간도 나이가 들면서 노화가 진행되고 병이 들지 않는가. 진정한 의미의 개선으로 인해 촉발되는 제품 폐기 현상은 분명 존재한다. 뿐만 아니라 자기 주관이 강하거나 고집이 셀 경우에는 패션계를 이끄는 사람들에 의해 만들어지는 변화를 거부할 수도 있고 혹은 과감히 따라갈 수도 있다. 패션 부문에서는 유행에 뒤쳐진 것을 버리는 것에 정당성이 부여될 수 있다. 우리에게 선택권이 있기 때문이다.

하지만 우리에게 강요된 고의적인 폐기도 있다. 단순히 신경을 좀 거슬리는 것부터 도저히 받아들일 수 없는 것까지 다양하다. 간단한 예를 들어보자. 슈퍼마켓에서 밀대형 바닥걸레를 사고 나서 시간이 지난 후에 걸레 부분만 교체하려고 봤더니, 슈퍼마켓에서 다른 회사 제품으로 바꿔버리는 바람에 사놓은 바닥걸레를 쓸 수 없게 되는 일이 발생한다. 이처럼 우리에게 선택의 기회가 주어지지 않고 아무 문제없이 잘 사용하고 있는 물건을 버려야 하는 일이 생기는 경우 정말 받아들이기 힘들다.

산업계에서도 똑같은 현상이 발생할 수 있다. 예를 들면 광섬유를 이용한 통신이 늘어나면서 케이블 회사들은 1년에 신호 처리 능력을 최대 두 배 가량씩 증가시키지 않으면 안 되는 상황에 놓이게 되었다. 기존에 존재하는 기술로는 변화를 감당할 수 없으므로 새로운 기술을 개발하는 수밖에 없다. 이러한 기술 개발에는 많은 시간이 걸리고 엄청난 노력과 투자가 요구된다. 따라서 기업들로서는 새롭게 개발된 기술이 또 폐기되기 전에 빨리 개발에 소요된 비용을 회수하지 않을 수 없다. 이러한 기술 개발 경쟁은 속도전이다. 조금만 늦어도 경쟁사가 시장에 진입할 빌미를 주게 된다.

현실적이고도 실용적인 유일한 방법은 앞선 시스템은 잊어버리고 새로운 기술로 갈아타는 것이다. 이러한 경향은 광섬유 기술에만 국한된 것은 아니고 과학기술을 기반으로 하는 많은 부문에서 일어나고 있다. 이런 절박한 기술 개발을 위한 노력은 대중들에게는 잘 알려져 있지 않다. 기술 개발이 실패하면 인터넷 통신에 체증이 생기고 혼란에 빠지게 된다. 다행히 지금까지 그런 과부하 사태는 일어나지 않았지만 언제든 일어날 수 있는 일임에는 틀림없다. 그런 일이 발생하면 우리에게 정말 필요한 인터넷 트래픽이 어떤 것인지 검토하고 다시 생각해볼 필요가 생길 것이다. 아마도 그때는 이메일 트래픽의 반 이상을 차지하는 것으로 추산되는 스팸이나 광고성 메일을 차단하기 위한 대책이 실현될 것이다. 유저들로서는 매우 환영할 만한 일이다. 아마 요금을 올리면 스팸이나 광고성 정크메일에는 치명적인 타격을 주면서도 케이블 회사는 여전히 이익을 낼 수 있지 않을까 싶다.

장거리 통신 분야의 비약적인 기술 발전에 대해서는 놀라움을 표시할 만하다. 역사적으로 볼 때, 깃발이나 일광 반사와 같은 시각적 신호를 이용하던 시절에는 대략 1초에 하나 정도의 신호만 보낼 수 있었다. 따라서 60글자로 된 문장을 보내려면 1분 정도가 소요되었다. 이것만 하더라도 200백 년 전에는 매우 앞서가던 기술이었다. 19세기 중반에 개발된 전자회로를 이용한 모스 코드 전신 기술은 분당 송신 가능 글자를 200개로 늘렸다. 20세기 들어서면서는 진공관을 이용한 라디오나 TV의 개발로 송신 속도가 100만 배 이상 증가하는 획기적인 발전을 이루었다. 반도체 전자공학과 광섬유 통신 기술의 결합으로 광섬유 하나당 100개 채널까지 송신이 가능해졌다. 이로 인해 한 채널당 데이터 송신 속도는 초당 1억 배가 넘는 수준으로 발전했다. 즉 200년 만에 송신 효율이 100만 배의 100만 배로 빨라지게 된 것이다. 이러한 발전은 믿을 수 없을 만큼 인상적이긴 하지만 모두 이전 기술을 완전히 버리고 새로운 기술을 개발했기에 가능한 일이었다. 즉 의식적으로 행해지는 통제된 폐기 행위라고 할 수 있다. 불행하게도 대중들은 이러한 기술 개발에 대해 엄청난 사용량의 증가로 반응했다. 요구 수준은 점점 증가하여 이제는 신호 용량의 발전 속도가 미처 대처하지 못하는 지경에 이르렀다. 가까운 미래에 인터넷 트래픽 체증이 일어나거나 과부하로 마비가 일어날 가능성이 점점 더 높아지고 있는 것이다.

휴대폰 신호 처리 용량에 있어서도 비슷한 문제가 발생하고 있다. 특히 하루에 송수신되는 사진의 수가 몇 백만 장에 이르고 있다. 이렇게 송신된 사진의 기대 수명이라고 해봐야 기껏 수 분에 지나지 않는다. 이런 의미에서는 신호 처리 용량을 효율적으로 사용하고 있다고 보기 힘들다. 몇 백만 명이 보는 블로그나 다른 소셜 미디어 사이트도 신호 처리 용량에 마찬가지 영향을 미치고 있다.

이러한 통신 시스템은 정부가 보안상의 이유로 테러리즘 또는 범죄와 관련된 키워드가 이메일이나 인터넷상에 있는지 모니터링함으로써 더 과부하가 걸리게 된다. 우리가 달가워하지 않더라도 이런 활동은 꽤 효과가 있기 때문에 막기 어렵다. 반면 우리의 관심 사항이나 생활 방식에 대한 정보를 수집하여 개인별 프로필로 만드는 방식은 쉽게 받아들일 수 없는 프라이버시 침해 요소를 지닌다. 요즘은 수집된 프로필 데이터를 활용하여 자동으로 그것에 맞는 광고를 제공하도록 프로그램되어 있다. 이러한 모니터링 작업이 인터넷 활동에 대해서도 상당히 많이 이루어지고 있다. 더 걱정되는 것은 프라이버시 침해성 모니터링 활동이 자국 정부에 의해서만 이루어지는 것이 아니라는 사실이다. 국내 혹은 국외로 나가는 이메일을 대상으로 다른 국가들이 동일한 감청 활동을 하고 있다는 사실을 알면 오싹할 것이다.

반면 제품의 질이 개선되면서 일어나는 폐기 현상은 명확하게 드러나지 않는다. 특히 자동차라든지 2중 혹은 3중 창문과 같은 비싼 제품들은 어느 정도 제품의 질이 개선되었는지 판단하기 어렵다. 제품의 질에 대해 판단할 수 있는 유일하게 명확한 힌트는 제품 보증기간이다. 보증기간이 짧다는 것은 제품의 질이 좋지 않다는 것이고 반면 길 경우에는 좋은 제품일 가능성이 높다고 해석할 수 있다. 특히 특성상 보증기간 내에 다른 사람에게 팔리는 일이 자주 일어나는 제품인데 보증기간이 원구매자에게만 적용되는 경우에는 조심해야 한다. 예를 들면 주택 소유주가 이사를 가면서 집을 파는 것과 같은 경우가 되겠다. 제품 보증기간은 제품의 질에 대한 합리적인 판단 기준이 될 수는 있지만 완벽한 것은 아니다. 매우 인기 있는 자동차도 녹 방지 비용 같은 것을 줄임으로 해서 매우 싼 가격에 공급하는 경우도 있기 때문이다. 새 자동차의 경우에는 잘 드러나지 않지만 오래된 모델은 중고 가격이 폭락하는 추세를 잘 살펴보면 언제 이런 문제가 나타나는지 추측할 수 있다.

매우 드물지만, 제품을 만든 쪽에서 교환이 필요함을 스스로 밝히는 경우도 있다. 내 친구가 전해준 운하용 보트와 관련된 일화는 매우 예외적으로 솔직한 경우다. 로프로 만든 선체 보호구를 새로 구입하면서

싼값에 너무 훌륭하게 잘 만들어진 물건에 감탄하여 그 가격으로 판매해도 사업을 유지하는 데 문제가 없는지 물어보았다고 한다. 그랬더니 그 제품은 일부러 로프를 삭게 만들지 않았으므로 교체할 필요가 없을 것이라고 얘기했다고 한다. 다른 제품의 경우 만들 때 중간에 석회를 넣어 로프를 삭게 만들어 사업을 유지한다는 사실이 함축된 대답이다.

폐기 전 교체

컴퓨터 운영 시스템과 소프트웨어 분야에서는 어쩔 수 없이 제조사가 밀어붙이는 대로 제품을 교체하게 된다. 물론 새로 나온 제품이 그전 제품과 비교하여 기술적으로 진보가 이루어졌을 수도 있지만, 대부분의 사람들에게는 추가로 포함된 기능들이 꼭 필요한 것은 아니다. 새로운 제품이 기술적으로 진보했을 수도 있다는 식으로 조심스럽게 이야기하는 이유가 있다. 보통 새로운 소프트웨어에서 기술적으로 나아졌다고 하는 기능은 우리가 원치 않는 기능일 경우가 많다. 더구나 우리 중 대부분은 그전까지 사용하던 제품과 비교하여 기능과 처리 능력이 엄청나게 개선되었다고 느끼지 못하는 경우가 많다. 심지어 그런 기능이 새로 설치한 소프트웨어에 존재하는지조차 모르는 사람들이 태반이다.

새로운 소프트웨어가 컴퓨터 메모리를 훨씬 많이 차지하고, 오류를 고치기 위한 것으로 보이는 업데이트를 자주 실행함과 동시에 이전에 사용하던 프로그램들이 더 이상 작동되지 않을 경우도 있다. 이때 새로운 소프트웨어로의 업그레이드는 매우 비효율적이다. 심지어 컴퓨터 전체가 제대로 작동하지 않아 운영 시스템을 바꿔야 할 필요가 생기기도 한다. 휴대폰과 소프트웨어에서 흔히 경험해왔듯이 소비자들이 1~2년 사이에 새로운 제품을 구입하도록 하는 수단으로 업그레이드를 사용하고 있는 실정이다.

　업그레이드하는 과정에서 발생하는 정말 화나는 일은, 포맷이 바뀌고 새로운 장치로 교체하면 이전 포맷으로 만들어졌던 문서들은 이전 버전의 소프트웨어에서만 읽어들일 수 있기 때문에 더 이상 접근이 안 되는 것이다. 아무리 소프트웨어 회사에서 모두 새로운 포맷으로 업데이트를 해야 한다고 떠들어도 현실적으로 보면 불가능하다. 한때 사업 관련 서신, 은행 정보, 가족 기록 등은 모두 종이 문서로 출력해서 이후에 혹시 확인할 필요가 있을 때를 대비하여 찬장에 보관하던 시절이 있었다. 하지만 지금은 모든 데이터가 전자 형태로 되어 있어 새로운 시스템에서 읽어들일 수 없으면 사라져 버리게 된다. 더 심각한 것은 노련한 해커들이라면 그래도 얼마든지 들여다볼 수 있다는 점이다. 전자적으로 저장된 사진은 소프트웨어나 사진 포맷이 바뀌면 사라지게 된다. 전자적으로만 저장된 어떤 기록들도 장기적으로 볼 때 안전을 확신할 수 없다.

　물론 업데이트가 꼭 필요한 경우가 있다. 인터넷을 통해 시스템에 몰래 접근할 수 있는 허점이 우리가 많이 사용하고 있는 운영 체계 중의 하나에 존재했었다는 사실이 최근에 알려졌다. 이렇게 구체적으로 밝혀지기 전까지 20년 동안 그런 약점이 존재하는지도 모르고 있었던 것이었다. 그렇다고 허점을 찾아낸 것이 우리의 신뢰를 강화시켜주진 못한다. 날이 갈수록 사생활, 컴퓨터, 데이터, 참고자료에 대해 외부에서 몰래 접근하는 문제는 점점 더 심각해지고 있다. 국제적인 기업과 국가기관 역시 보안이 뚫려 피해를 입는 사례가 많이 발생하고 있는 상황이다. 그렇게 본다면 일반 개인들은 이러한 범죄에 얼마나 취약하겠는가. 전혀 근거 없는 피해망상은 아니다. 앞에서 예로 들었지만 크레믈린의 경우 보안을 유지하기 위해 특수한 전자 타이프라이터에 5만 유로라는 거금을 지출할 정도이다. 우리가 잊지 말아야 할 것은 역사적인 기록물들이나 손으로 작성한 은행 장부는 수세기를 거쳐도 살아남는다는 사실이다. 그런 의미에서 미래에는 옛날식 장부나 일기장에 대한 새로운 시장이 형성될지도 모른다는 생각이 든다.

무기와 전쟁

제품 폐기 현상이 믿기 어려울 만큼 자원 낭비적이고 비용이 드는 일이지만 전 세계적으로 이미 확고하게 자리를 잡고 있다. 경제적 관점에서의 주장들은 판매와 생산을 지속적으로 늘리기 위해서 인위적 폐기가 꼭 필요하다는 논리를 펴고 있다. 이런 식의 접근이 지속 가능한 대책이 아니라는 지적은 사회의 모든 계층에서 별로 호응을 얻고 있지 못하다. 새로움에 대한 요구와 당장 만족감을 얻고 싶은 욕구가 다음 세대들에게 필요한 것이 무엇일까에 대한 진지한 고민을 방해한다.

탐욕과 소비만이 우리의 유일한 단점이라면 아마도 인류는 좀 다른 형태로 발전해왔을 것이다. 하지만 작고 예쁜 울새와 마찬가지로 인간도 다른 인간을 죽이는 데 있어서 별로 거침이 없는 본성을 타고 태어났다. 우리가 사자나 북극곰이라면 먹이를 차지하기 위해 다른 방법이 없기 때문에 충분히 받아들일 수 있는 일이다. 하지만 동료 인간을 차지하기 위해서도 마찬가지 일이 일어나는 데 문제가 있다. 탐욕은 그늘의 땅을 정복하고 그들이 소유하고 있는 것을 빼앗도록 우리를 조종한다. 이런 식으로 노예제도가 생겨났고 자신들의 이데올로기나 종교적 생활방식을 강요했다. 세상이 움직이는 원리에 대한 지배자의 사고방식을 받아들이도록 강제하는 것이다. 이런 논리 속에서 피지배자들의 문학, 문화, 언어를 파괴하는 것이다.

그동안 인간은 살인, 전쟁, 학살을 통해 지배를 쟁취해왔다. 이러한 지배를 가능토록 한 것은 다양한 분야에서 이루어진 과학적 발전이었다. 소위 문명이라는 것이 발전하는 동안 진보된 기술에 의해 죽거나 지배를 당한 사람의 숫자가 수십 억 명에 달한다는 추산도 있다. 여기서 기억해야 할 것은 항상 역사는 지배하는 자가 쓴다는 점이다. 그 과정에서 어떤 잔혹한 일이 벌어지고 대량 학살이 감행되었는지는 남아 있는 기록이 별로 없다.

아이들이 학교에서 라틴어를 배울 때 가장 처음 접하는 교재는 율리우스 시저가 쓴 라틴어 책이다. 『카이사르의 갈리아 전쟁기』에는 그가 어떻게 프랑스에 살던 켈트족을 정복했는지 서술되어 있다. 책에는 그들의 군사 전술에 대해 칭송하고 용감함에 대해 논하지만 침략하기 전에 지금 프랑스라고 불리는 지역에 거주하던 켈트족의 수가 3백만에 달했다는 이야기는 어디에도 없다. 전쟁이 끝날 무렵 시저의 군대가 죽인 켈트족의 수는 100만 명에 이르고 100만 명은 노예로 만들었다. 나머지 100만 명은 그들 고유의 문화, 종교, 언어를 잃었고, 유럽 본토에서 켈트족의 명맥은 끊어지게 되었다. 하지만 남겨진 역사책에 의하면 시저는 성공한 위대한 장군이었을 뿐 대학살을 주도한 사람으로 기억되지는 않는다.

하지만 역사가 거듭되어도 그런 군사적, 정치적 행동이 없어지기는커녕 인간을 좀 더 효과적으로 죽일 수 있는 무기를 만드는 데 필요한 기술이 더욱 진보하고 있는 상황이다. 물론 기술적인 면 자체만 놓고 본다면 매우 놀라운 발전이다. 엄청난 기술 발전의 결과 지금은 인류 전체가 멸망할 수 있는 수준의 군사 기술 단계까지 와 있다. 새로운 무기 개발을 위해 계속되고 있는 엄청난 투자는 단지 무기 존재의 정당성을 증명하기 위해 무기를 사용할지도 모른다는 우려를 하지 않을 수 없게 만들고 있다.

　동료 인간을 죽이는 영역에서 이룬 우리의 과학적 발전과 창의성에 대해서 목록을 만들고 기술적 가치를 평가하는 것은 쉬운 작업이다. 그러자면 먼저 그동안 이루어진 많은 기술 발전이 어떤 이유로 나타나게 되었는지 다루어야 한다. 기술 발전의 단계로 볼 때 처음에는 사냥을 위해 활과 화살 그리고 돌칼을 만드는 것에서 시작하였다. 그후 동과 철을 다루는 기술이 개발되어 검과 갑옷과 같은 고고학적 유물로 살아남아 있다. 인구 증가로 인한 사회적 압박이 거의 없던 그 시절에 오로지 파괴적인 목적을 위해 금속을 다루는 기술을 발전시킨 것이었다. 다시 말해 사무라이 칼과 같은 것을 만들 정도로 쇠를 다루는 기술이 발전했으나 좋은 쟁기를 만들기 위한 목적은 절대 아니었던 것이다. 이러한 추세는 폭발물, 기관총, 잠수함, 육상 및 해상 지뢰, 폭탄으로 이어졌다. 요즘에는 원격으로 조종되는 미사일과 드론을 이용하여 최첨단 파괴력을 멀리서도 뽐낼 수 있게 되었다. 파괴력 측면에서는 핵분열이든 핵융합이든 무관하게 원자폭탄 하나면 도시 하나를 완전히 초토화시킬 수 있는 수준이 되었다. 예전에는 하나의 활이나 검으로 비교적 가까운 거리에서 하나의 적군만을 죽일 수 있었다. 그때는 스스로도 위험을 감수해야 했기 때문에 그만한 용기가 필요했다. 요즘 개발된 폭탄들은 안전한 곳에서 발사하면서도 수백만 명의 동료 인간들을 죽일 수 있게 되었다. 혁신적인 기술 개발로 인해 생화학 무기를 전쟁에 사용할 수도 있게 되었으며 비행기와 미사일은 높은 속도로 긴 거리를 움직여 관성, 위성, 레이저를 이용하여 정확하게 목표물을 타격할 수도 있게 되었다.

　종류는 헤아릴 수 없이 많지만 이 모든 기술 발전의 역사를 통해 우리가 깨닫는 메시지는 동일하다. 우리는 파괴적인 기술을 개발하기 위해 그동안 기꺼이 돈과 노력과 혁신적인 인간 지성을 투입해왔다는 사실이다. 그런 면에서 보면 내가 처음에 세웠던, 과학기술의 발전으로 인해 오히려 부작용이 나타날 수 있다는 명제는 처음부터 완전히 틀렸을 수도 있다. 다른 사람들과 마찬가지로 나 역시 스스로를 현혹시키고 있을지도 모른다. 인류가 혜택을 입었던 많은 새로운 과학기술들은 애초부터 동료 인간을 죽이기 위한 목적에서 시작되었다는 주장이 훨씬 더 설득력 있게 들리기 때문이다. 모든 긍정적인 기술 발전의 영향은 단지 원래 목적을 달성하는 과정에서 떨어져 나온 우연한 부산물일 뿐일지도 모른다. 의학과 생물학 역시 우리의 일반적인 인식을 뒤집어 생각해 볼만한 요소들이 있다. 이러한 분야의 대부분의 지식들은 전쟁에서 부상당한 군인이나 전사들을 치료하면서 습득이 되었다. 보철의학이나 성형수술의 발전 역시 전쟁이 없었으면 불가능한 일이었다. 현실적으로도 나는 이러한 두 가지 측면을 분리하기 어렵다고 생각한다. 인간의 본성에도 동료 인간을 대하는 태도에 긍정적인 측면과 부정적인 측면이 혼재하기 때문이다.

　지구를 벗어나 우주 전체에 문명이 존재하는 행성이 있을 것인가 하는 질문으로 논의를 넓혀보자. 이때 우리가 고려해야 할 항목 중에는 그들을 발견할 수 있을지 없을지에 대한 것도 포함시켜야 할 것이다. 프랭크 드레이크가 우주에 다른 문명을 가진 외계인이 존재할 가능성을 따져보기 위해 고안한 공식이 있다. 이에 따르면 여러 가지 인자를 고려해야 한다. 먼저 우주 전체에 행성이 몇 개나 있고 그중에 생명체가 살 수 있을 만한 것이 몇 개나 되는지가 변수다. 이 공식에는 그 외에도 그 생명체들이 지적인 발전을 이루어 우리와 통신을 할 수 있을지와 같은 불확실성 변수도 포함되어 있다. 타이밍에 관한 문제 역시 까다롭다. 설사 그런 생명체가 있었다 하더라도 이미 멸종했을 수 있다. 우리가 받는 신호는 이미 오래전에 사라진 역사상의 지적 존재가 보낸 것일 수도 있기 때문이다. 우주는 방대하므로 먼 행성에서 보낸 신호가 우리에게 도달하기까지 수천 년이 걸릴 수 있다.

이러한 엄청난 불확실성에도 불구하고 외계 생명체가 보낸 신호를 수신하기 위한 시도가 활발하게 이루어지고 있다. 동시에 우리도 지구 밖으로 우리의 존재를 알리는 신호를 송출하고 있다. 물론 TV와 라디오에서 나오는 모든 신호가 이러한 역할을 하고 있다고 볼 수 있으나 보다 더 조직적인 노력을 하는 것이다. 지난 50년간 외계로부터 오는 신호를 감지하기 위한 노력을 기울였으나 아직까지 잡힌 것은 없다. 어쩌면 그런 신호가 없다는 것이 우리에겐 다행스러운지도 모르겠다. 그런 신호를 보낼 정도로 발전된 사회를 이룬 생명체라면 인간과 마찬가지로 자기 파괴적이고 확장주의적일 가능성이 높기 때문이다. 그들이 지구를 발견한다면 틀림없이 지구를 공격해올 것이고, 지구가 보유하고 있는 자원을 약탈함과 동시에 인류는 사라지게 될 것이다. 이 방식은 인류의 초기 문명사에서 다른 대륙을 정복하고 사람을 죽이고 자원을 파괴하던 역사와 별로 다를 바 없다.

물론 외계인들이 우리보다 조금 더 지적이라면, 탐욕을 좇으며 다른 종을 지배하기 위한 힘을 가질 필요를 느끼지 않을 수도 있다. 그런 의미에서 우리가 어떤 신호도 받지 못하고 있다는 사실이 좋은 소식일 수도 있다. 그들이 평화적이고 이상적이며 낭만적인 사회를 이루고 있다는 반증일 수도 있기 때문이다. 그렇다면 그들의 기술은 행성 간 통신, 우주여행, 약탈과 같은 주제가 아닌 다른 용도에 사용되고 있을 것이다.

인간을 제외한 다른 외계의 세상이 존재한다는 사실이 매우 흥분되고 인간을 겸허하게 만드는 소식일 수는 있겠으나 그들과의 접촉이 인간에게는 엄청난 재앙이 될 수도 있다. 지난 20년간 발전된 기술에 의해 우리는 다른 항성 주위를 돌고 있는 많은 행성들을 발견했다. 연구는 아직 초기 단계지만 매우 짧은 시간 동안 2만여 개에 달하는 행성들이 비교적 우리와 가까운 항성들의 주위를 공전하고 있음을 알게 되었다. 주변에서만 이 정도 숫자의 행성을 발견했다는 것은 은하를 넘어서 우리가 볼 수 있는 다른 은하계까지 관찰 대상을 확장하면 지적인 생명체가 살 수 있는 행성이 수백만 개에 이를 수도 있다는 것을 의미한다. 하지만 외계 문명이 많이 존재할 수도 있다는 것이 직접적으로 지구에 살고 있는 생명체에 영향을 미칠 가능성은 적다. 그럼에도 불구하고 지구 외 다른 행성에 생명체가 존재하거나 존재했었다는 사실을 알게 되면 인간이 스스로를 바라보는 시각에는 엄청난 변화가 올 것은 틀림없다. 우주는 인간을 위해서만 만들어지지 않았다는 것을 의미하는 것이기 때문이다.

이렇게 되면 우리는 우주의 아주 작은 조각에 같이 살고 있는 다른 생명체를 위해 지구를 어떻게 보존해야 할 것인지를 고민할 것이다. 우리 스스로를 재평가하는 과정에서 자원을 파괴하고 다른 생명체를 죽이는 일에 제동이 걸리게 될지도 모른다. 더불어 인구 증가 속도를 조절하고 제한된 자원의 소비를 억제하는 방향으로 이어질 수도 있다. 현재 일어나고 있는 자원 파괴 현상의 상당 부분은 상업적 목적에 의한 의도적 제품 폐기 활동으로 인한 것이기 때문이다.

종교적 신념을 가지고 있는 사람들에게는 그들의 사고 범위를 다시 검토해야 할 필요가 생길 것이다. 창조라는 행위를 매우 미소한 지구라는 행성에 국한하여 볼 것이 아니라 우주 전체를 대상으로 생각해봐야 하기 때문이다. 창조자에 대한 생각도 마찬가지로 범위가 확대될 필요가 있다. 코페르니쿠스는 지구가 우주의 중심이 아니라 태양계에 존재하고 있는 하나의 행성일 뿐이라는 견해 때문에 박해를 당했다. 그가 활동하던 시대의 편협한 시각으로 볼 때 그의 주장은 인간의 중요성을 심각하게 훼손한다고 생각했기 때문이다. 만약 그 시각을 우주 전체로 확대한다면 아마도 인간의 중요성은 수백만분의 일로 축소될 것이다. 하지만 종교적 사고가 좀 더 지적으로 발전한다면 아마도 이렇게 논의의 범위가 확대되는 것을 환영할 것이다. 이런 논리로 보면 창조자의 능력이란 것이 인간이 상상해오던 것보다 수십억 배나 더 위대하다는 것을 의미하게 되기 때문이다. 과학이 창조를 부정한다는 일반적인 믿음과는 반대로 오히려 더 합리적이고 확장된 범주에서 창조를 바라볼 수 있도록 사고의 단계를 격상시키는 역할을 하게 될 것이다.

13장
과연 모두가 새로운 지식과 정보를 환영할까?

우리는 얼마나 배움에 열성적인가?

인간의 진보에 대한 과장된 이미지 때문에 인간은 늘 새로운 아이디어나 기술을 배우는 데 매우 관심이 많은 것으로 알고 있다. 하지만 현실은 다르다. 실제로 인간은 새로운 아이디어가 제시되면 이를 적극적으로 거부하고 설사 새로운 정보가 사실일지라도 믿으려 하지 않는 경향을 가지고 있다. 처음에는 이러한 인간의 성향이 이해가 잘 되지 않을 것이다. 왜 새로운 사실이나 관념을 배우고 싶어 하지 않고 이해하지 못하는 것에 대해서 모른 체하는 것일까? 그러나 이것은 선생님들이라면 잘 알고 있는 매우 명확한 사실이다. 비단 초등학생들만 공부하기 싫어하는 것이 아니라 그보다 높은 단계인 대학에서도 마찬가지 현상이 나타난다. 이것은 단지 관심이 없거나 집중을 못하기 때문이 아니라 인간이 원래부터 새로운 아이디어를 무시하도록 DNA에 프로그램 되어 있을 수도 있다는 사실이 밝혀지고 있다. 배움이 매우 선택적으로 일어나는 행위일 수 있다는 사실이다. 이런 이유로 새롭게 제시된 아이디어가 이미 우리가 이해하고 있는 것과 괴리가 있다면 심리적 저항이 있게 된다. 물론 특별히 우리를 끌어당기는 대상들에 대해서는 그런 저항감이 줄어들 것이다. 그런 특별한 것들을 제외하면 새로운 아이디어는 언제나 매우 힘들게 받아들여지거나 거부되거나 둘 중 하나다. 이러한 사실을 알게 되고 인간의 행동에 대한 이해도가 좀 더 높아지면서 내 강의를 무시했던 많은 학생들에 대해 미안한 마음을 가지게 되었다.

스스로 학습하는 기술들은 새로운 시도와 그에 따른 경험을 통해서 길러진다. 예를 들면 낯선 음식을 먹어보는 것과 같은 일들이다. 이런 면에서 아기나 어린이들이 익숙하지 않은 음식을 시도할 때 조심하는 태도를 취하는 것은 매우 현명한 전략이다. 새로운 아이디어에 대해서도 이와 같은 원리가 적용될 수 있다. 조심하는 행위는 친구를 고르거나 투자를 하거나 새로운 활동을 시작하거나 새로운 아이디어를 믿거나 하는 인생의 모든 면에서 취할 수 있는 매우 합리적인 태도라 할 수 있다. 반면 우리가 비슷한 경험이 이미 있을 경우에는 새로운 영역으로 나아가는 데 있어서 별로 거리낌이 없어진다. 이렇게 자신의 신념과 일치하는 정보는 받아들이고 신념과 일치하지 않는 정보는 무시하는 조심스러운 태도를 확증 편향(Confirmation Bias)이라고 한다. 이러한 본능적 성향으로 인해 인지부조화라는 용어로 불리는, 생각과 행동 간의 불일치를 보여주기도 한다. 결론적으로 우리의 경험과 동떨어진 아이디어는 아무리 강한 증거를 가지고 있어도 처음에는 본능적으로 거부된다. 반면 우리가 옳다고 믿는 것과 비슷한 아이디어는 긍정적으로 생각되고 받아들여질 가능성이 높아진다. 좀 이상하게 들릴 수도 있으나 우리가 이해하고 있는 것에 대해 듣는 것은 즐겁지만 우리가 잘 모르는 것에 대해 듣는 것은 괴롭다는 사실을 떠올려보라. 우리가 잘 알고 익숙한 것에 대해 들을 때 우리 뇌에서는 도파민이나 세로토닌과 같은 행복감을 느끼게 하는 호르몬을 분비한다. 반면 새로운 아이디어는 이와 반대되는 현상을 일으킨다. 이와 같은 인간의 본능은 결정을 내리는 많은 순간에 미묘하게 작용한다. 자동차 운전시 실수나 비행기 충돌과 같은 사고도 익숙한 것을 따르는 우리의 성향과 관련이 있다. 어려운 결정의 순간에 상황을 정확히 파악하여 옳은 선택을 해야 함에도 이런 성향 때문에 그러지 못하는 것이다.

새로운 아이디어를 거부하는 것이 영구적이지는 않다. 시간이 주어지면 점점 우리는 새로운 생각을 받아들이는 쪽으로 조금씩 변화한다. 또한 새로운 아이디어에 대한 신뢰는 그것을 제공하는 사람이나 아이디어가 나온 배경에 대해 믿음을 가지고 있을 때 눈에 띄게 향상된다. 특히 그 분야의 전문가라고 하는 사람이 이야기 할 경우에 더 그렇다. 우리는 평소에 부모, 선생님, 성직자, TV 스타와 같은 사람들이 하는 말을 믿도록 길들여져 있다. 전문가라고 부르는 범주의 사람들이 이야기를 할 때도 마찬가지다. 하지만 보통 새로운 아이디어는 환영 받기 힘들며 사람들은 이미 존재하는 익숙한 개념을 더 선호한다.

철학이나 종교는 생각을 바탕으로 이루어진 분야이므로 여기에 새로운 생각이 유입될 때 저항이 심한 것은 놀라운 일도 아니다. 하지만 확실하고 반복하여 증명 가능한 증거를 바탕으로 하는 과학 분야에서조차 새로운 아이디어를 거부하는 태도는 이성적이지 않다. 과학계에서도 이전과 전혀 다른 개념이 제시되면 거의 예외 없이 처음에는 배척당했다. 그런 후에 거의 20년 정도가 지나야 점진적으로 받아들여지는 과정을 거처 완전히 인정을 받게 된다. 일단 유행을 타게 되면 이상하다고 여겨지던 혁신적인 아이디어가 어느 순간 대세가 된다. 이후에는 심지어 틀린 생각도 아무런 저항 없이 받아들여진다.

사회적 측면에서 본다면 사람들의 생각이 바뀌는 것은 매우 느리게 진행되는 과정으로, 보통 한 세대 이상 걸리게 된다. 영국에서 노예 제도를 폐지하는 법안이 통과되기까지는 거의 100년이라는 시간이 소요되었다. 또한 사회의 여러 부분에서 평등이 실현되기까지도 오랜 시간이 걸렸다. 여전히 수많은 영역에서는 전혀 진보가 이루어지지 않고 있다.

전문가가 제시하는 지식을 더 긍정적으로 받아들이는 경향은 시행착오를 거쳐 발전하고 지식을 쌓아가는 인간의 본성에 부합하는 것이기는 하나 그 자체로 심각한 오류를 내포하고 있다. 모든 전문가들이 항상 옳은 것은 아니기 때문이다. 만약 전문가들의 생각이 틀렸더라도 이에 반하는 의견을 제시하기는 매우 힘들다. 그들은 자신의 의견에 반대하는 것을 용납하지 않는다. 다음과 같은 경우를 한번 생각해보자. 나는 새로운 학설을 제시하고 싶지만 여러분들은 본능적으로 새로운 아이디어를 거부하는 상황을 가정해보자. 이 경우 나는 속임수를 좀 쓴다. 미리 어떤 의약품에 대한 의견을 다른 곳에 제시해둔다. 그런 후에 그것을 인용하면서 내 주장을 편다. 그렇게 되면 여러분의 무의식에서는 내가 제시하는 생각이 더 이상 새로운 것이 아니라고 느껴지게 된다. 이렇게 되면 여러분은 훨씬 쉽게 내 말을 믿게 되고 여러분의 뇌에서는 행복 호르몬이 흐르게 될 것이다.

이 방법은 매우 효과가 좋아서 이미 종교와 정치 분야에서 광범위하게 사용되고 있는 수법이다. 그중 하나가 반복적인 음악과 함께 크게 주문을 외우는 식으로 세뇌를 시키는 방법이다. 많은 사람들이 모여 있을 때 나를 제외한 모든 사람들이 같은 말을 한다면 나 혼자 다른 의견을 내기 매우 어려워지는 것이다. 시간이 지나면 어느새 당신도 덫에 걸려서 종교에서 제시하는 가르침을 믿게 될 것이다.

20세기 중반이 되기 전까지는 의사나 권력을 가진 사람들을 대하는 우리의 태도가 매우 굴종적이었다. 이런 사람들에 맞서서 어떤 질문도 하기 어려웠다. 의사는 전문적인 지식을 가지고 있었고 사람들은 그들이 절대 잘못을 범할 리가 없다고 단정했다. 그러므로 그들에게는 어떤 질문도 하면 안 되었다. 최근에 들어서 인터넷을 통해 쉽게 그 방면의 지식과 주장에 접근할 수 있게 되면서 일반인들도 다양한 영역에서 서로 상충하는 의학적 의견이나 반대 의견이 존재한다는 것을 알게 되었다.

TV에서는 콜레스테롤 저하제인 스타틴이나 호르몬 대체 요법과 같은 주제부터 고혈압에 소금이 미치는 영향에 이르기까지 다양한 사례들을 집중 조명해왔다. 많은 치료법이 있지만 효과를 발휘하는 경우도 있고 그렇지 않은 경우도 있으므로 우리는 자연히 전문가의 의견을 따르고 싶어 한다. 하지만 이 경우에도 효과가 나타난 일부 사람들을 제외한 대부분의 다른 사람들에서는 장기적으로 부작용이 나타날 수도 있다. 가끔은 원래 겪고 있던 문제보다 치료로 인한 부작용이 더 심각한 경우도 있다. 우리로서는 전문가들에게 명쾌한 결론을 얻길 원하지만 실상은 그렇지 않다. 같은 통계 데이터로도 전문가들마다 완전히 다른 결론에 이르는 경우가 드물지 않다. 이러한 상황은 우리를 매우 혼란스럽게 한다.

의학이나 생물학 분야에서 잘못된 이해, 부정확한 모델을 이용한 잘못된 예측, 새로운 약의 부적절한 처방과 같은 문제는 상당히 흔하게 일어나는 일이다. 고려해야 할 인자들이 너무 많기 때문이다. 인간이든 동물이든 생명체를 대상으로 한 실험에서는 늘 같은 결과를 주는 시험 대상이란 존재하지 않는다. 어떤 특별한 효과를 찾고 있을 때 특정 연구에서 그런 결과를 얻게 되면 우리는 자동적으로 제시한 가설을 뒷받침하는 확실한 증거라고 생각하게 된다. 그런 상태에서 다른 연구 결과에서 가설과 대치되는 결과가 나오면 우리는 그것을 단순히 비정상적인 결과라고 무시해버린다. 젊었을 때 우울증 약을 먹었던 사람과 나이 들어 알츠하이머 증상이 나타나는 사람 간의 관계를 조사하는 통계 자료를 해석할 때에도 비슷한 어려움이 따른다. 한쪽 견해는 우울증 약이 알츠하이머 증상의 원인이 된다는 것이고 다른 쪽 견해는 우울증과 알츠하이머 증상이 상관관계가 없다는 것이다. 이런 문제에 대해서는 통계 데이터만으로는 결론을 내리기 힘들다.

우리의 일반적 인식이 완전히 잘못된 사례를 보자. 1920년대에는 흡연을 하면 살이 찌지 않는다는 믿음 때문에 여자들에게 흡연을 권장하기도 했었다. 통계적으로만 보면 이것이 사실처럼 보일 수 있다. 하지만 완전히 다른 이유에 의해 나타난 현상일 가능성도 있는 것이다.

특히 우리가 알고 있는 것이 많지 않은 공학, 기술, 의학 분야에서 새로운 과학적 아이디어가 제시될 경우 문제가 발생한다. 많은 경우 이런 문제들은 우리가 판단할 수 있는 범위를 넘어서 있다. 따라서 우리에게 유일한 방법은 전문가를 믿는 것이다. 하지만 한 가지 과학 분야에서 뛰어난 전문가라 하더라도 다른 분야에서는 전혀 무지할 수 있기 때문에 이 역시 좋은 전략은 아니다. 더구나 한 분야에서 인정받고 있는 전문가는 그 분야에서 오랫동안 경험을 쌓고 훈련을 받아왔기 때문에 자신의 분야에 완전히 새로운 아이디어가 출현했을 때 오히려 그것을 수용하기 매우 어렵다. 특히 새롭게 출현한 아이디어로 인해 전문가들이 오랫동안 잘못을 범하고 있었음을 인정해야 할 때는 더욱 힘들다. 자존심과 익숙함은 사실에 근거한 논리보다 훨씬 강력하게 작용한다. 오랫동안 권위를 인정받던 전문가들일수록 그들이 경험해온 지식으로부터 자신들을 분리시켜 새롭게 제시되는 아이디어를 객관적으로 바라보기 어렵다. 반면 아웃사이더로 분류되던 사람들의 경우 그런 저항감이 전혀 없으므로 오히려 더 쉽게 새로운 방법을 발견하고 제시할 수 있다. 이 경우 아웃사이더들의 고민은 이미 자신의 분야에서 실력을 인정받고 전문가라고 생각되고 있는 사람들을 어떻게 설득할 것인가 하는 것이다. 아웃사이더들 역시 공식적으로 전문가라고 인정받고 있는 사람들에 도전하는 것을 두려워한다. 어떻게 보면 우리가 흰색 가운을 입고 있는 사람에게 경의를 표하고 질문하기를 두려워하는 것과 같은 증상일 것이다.

전문가들이 하는 이야기가 항상 옳은 것은 아니다. 따라서 우리로서는 누구를 믿어야 할 지 선택함에 있어서 매우 신중을 기해야 한다. 유명한 사람들이 했던 말이 후에 완전히 틀린 것으로 드러난 사례를 찾아보면 매우 재미있다. 웹 사이트를 검색해보면 많은 사례를 발견할 수 있다. 그렇다고 무작정 비판하기보다는 당시 알려졌던 지식을 기준으로 현재 생각과 비교해볼 필요가 있다. 또한 그 사이에 이루어진 발전으로 그 당시 그들의 말과 의견이 가졌던 의미가 변했을 수도 있다는 사실을 기억해야 한다. 19세기나 20세기 초반의 실수가 지금 와서 보면 당연하게 생각되듯이, 21세기를 살고 있는 우리가 현재 당연하게 생각하고 있는 것들도 미래의 어느 시점에 돌이켜본다면 핵심적인 개념이 빠져 있는 생각이라고 결론내려지지 않는다고 장담하기는 어려울 것이다. 다음은 이전 시대에 일어났던 잘못된 주장과 착각을 정리한 것이다.

1840년대 콜라돈과 배비넷은 유리나 물속에서 빛을 구부려 곡선 경로를 지나가게 하는 방법을 각각 다른 방법으로 찾아내었다. 이들의 아이디어는 분수나 무대에 설치하는 조명에 응용되었다. 하지만 같은 아이디어를 내시경이나 통신에 적용하는 것은 불가능하다고 믿었다. 1960년대가 되도록 산업계의 선두주자들은 광섬유는 실험실에서나 가능한 속임수이며 절대 라디오 통신을 대체할 수단은 될 수 없다는 생각을 바꾸지 않았다.

1876년 전화는 통신수단으로 사용되기에는 너무 많은 단점을 가지고 있기 때문에 개선될 여지가 없다. 이 장치는 우리에게 아무 가치가 없는 것이다. - 웨스턴 유니언(미국의 전보 회사)

1878/80년 파리 박람회가 끝나고 나면 전구도 함께 끝날 것이고 그 후에는 그에 대해 들을 일이 없을 것이다. 전구는 명백한 실패작이다. - 전기 조명과 유사한 논쟁

1883년 엑스레이는 사기임이 드러날 것이다. - 로드 켈빈(당시 왕립학회의 학회장)

1903년 말은 없어지지 않고 계속 여기 머물 것이나 자동차는 장난감이다. 한때의 유행일 뿐이다. - 자동차 회사 포드에 투자를 반대하던 한 은행의 이야기 1903년에는 도로가 매우 열악했기 때문에 이런 권유가 꼭 나쁜 것이었다고 보기 어렵다. 모터의 힘이 우월함을 보여주는 사례는 기술 발전의 우울한 역사에서 찾을 수 있다. 1차 세계 대전 중에 수백만 마리의 말이 무기와 탱크 때문에 죽었다. 전쟁에서 말을 사용할 때의 약점이 잘 드러난 예였다.

1946년 TV는 곧 사라질 것이다. - 20세기 폭스사

1959년 전 세계 복사기 시장은 기껏해야 5천대가 최대일 것이다. - IBM 당시 제조된 복사기 판매량을 보면 틀린 말은 아니었다.

1977년 개인이 집에 컴퓨터를 가지고 있을 이유가 하나도 없다. - DEC 합리적이지 않은 생각은 아니었다. 당시 상당한 계산 능력을 가지고 있던 컴퓨터는 엄청나게 크고 유지비도 비쌌기 때문이다.

물론 이와 같은 발언들은 무지하거나 앞날을 예측하지 못했기 때문

에 나온 말들이다. 하지만 희망하는 바를 표현하거나 편견에 기초한 발언들도 있었다. 여러 분야에서 기술 고문으로 일하면서 이런 식의 편향되거나 좁은 시야의 생각들을 많이 접했다. 고문 일을 하다 보면 처음 접하는 분야에 대해서는 거의 아는 것이 없는 상태로 일을 시작하게 된다. 이 경우 그들이 해결하고 싶어 하는 문제점이 무엇인지, 과거에는 어떤 식으로 일을 해왔는지, 왜 그런 방법을 선택해서 일을 했는지에 대해서 의뢰자에게 매우 꼼꼼하게 질문을 던지는 것으로부터 일을 시작하곤 했다. 그런 질문에 대해 가장 일반적인 답은 자기들은 늘 그런 식으로 해왔고 아무도 그것에 대해 의문을 제기하는 사람이 없었다는 것이다. 그럴 때는 편견에 사로잡혀 있지 않은 외부 사람으로서 새로운 아이디어를 제안하는 것이 가능하다. 이런 종류의 고문 일을 할 때는 그들이 돈을 지불하고 있고 문제를 해결해달라고 나에게 먼저 접근해왔기 때문에 아무리 내부의 전문가들이라 할지라도 내 의견을 듣는다. 하지만 묻지도 않은 것에 대해 외부인이 자발적인 제안을 할 경우 대부분의 회사들은 그 의견을 무시할 것이다. 또한 컨설팅 비용이 비쌀수록 회사들은 컨설턴트의 의견을 수용할 확률이 더 높다고 한다. 현명한 컨설턴트로부터 들은 이야기이다. 이러한 현상은 별로 특별한 일도 아니다. 가격을 올림으로써 제품의 가치를 높이는 것은 훌륭한 마케팅 전략의 흔한 사례로서 향수, 옷, 자동차 등에 잘 통한다. 예상치 못한 현상이 아닌 것이다.

불신과 정보 거부

앞서 우리가 가지고 있던 경험과 너무 동떨어진 새로운 아이디어는 쉽게 받아들이지 않도록 본능적으로 반응하게 되어 있다는 점을 설명했다. 이러한 태도는 어떤 면에서 상당히 이해가 가는 측면도 있다. 하지만 새로운 아이디어나 정보가 꽤 믿을만한 증거와 함께 제시됨에도 완전히 불신할 때가 있다는 것은 매우 놀라운 사실이다. 사람들이 증거와 함께 통보되는 사실까지도 전혀 믿지 않는 사례를 TV에서 본 적이 있다.

한 TV 프로그램에서 쓰레기를 리사이클링하는 것이 얼마나 중요한지에 대해 다루고 있었다. 리사이클링을 뒷받침하는 논리는 명백하다. 새로운 자원의 소비를 최소화하면서 원재료 조달 가능성을 증가시킬 수 있다는 것이다. 또한 재료를 가공할 때 드는 비용을 절감할 수 있다. 매립되는 쓰레기양을 감소시키고, 경영만 효율적으로 잘하면 이것을 운영하는 시에 상당한 경제적 이익을 줄 수도 있다. TV 프로그램에서 한 번도 쓰레기를 리사이클링하려는 시도를 해보지 않은 사람들 중 일부를 대상으로 인터뷰를 진행했다. 이 사람들은 시의 공식적인 발표가 있었음에도 시가 그런 활동을 한다는 사실을 믿지 않았다. 시나 중앙 정부에 대해 불신을 갖는 것은 이해가 되나 리사이클링 공장을 방문하여 눈으로 확인시켜줬음에도 불구하고 여전히 믿지 않는 것을 보고 놀랐다. 그들은 계속하여 쓰레기를 재활용하여 만든 제품을 보여주고 그로 인해 시에 어느 정도의 수입이 발생하는지 세세히 알려주고 나서야 재활용이 여러 가지 측면에서 의미가 있고 쓰레기를 다루는 영속 가능한 방법임을 깨닫게 되었다.

최초 의견에 대한 지나친 집착

우리는 어떤 문제나 아이디어를 이미 잘 알고 있다고 믿게 되면 시야가 좁아지는 경향이 있다. 전체적인 조망으로부터 오는 중요한 정보를 무시하고 애초에 가졌던 견해에 맞추고자 하기 때문이다. 이것은 편견이라기보다는 타고난 인간의 본성에 가깝다. 예상하지 못했던 이런 식의 정보 거부는, 우리가 처음 사람들을 만나거나 새로운 상황에 처했을 때 빠른 판단을 내려야 하는 필요성에 의해 생겨난 현상이다. 이것은 인간의 생존에 매우 훌륭한 전략이라고 할 수 있다. 재빠르게 적과 아군을 판단해낼 수 있기 때문이다. 하지만 일단 결정을 내리고 나면 우리는 무의식적으로 선택한 판단을 뒷받침해줄 증거를 찾도록 프로그램되어 있다는 점이 문제다. 만약 처음 견해와 다른 정보를 접하게 될 때 인간은 몇 가지 선택의 기로에 놓이게 된다. 첫째는 새로운 정보를 무시하는 것이다. 둘째는 그 정보를 재해석하여 처음 가졌던 생각과 일치시키는 것이다. 둘 중 어떤 경우라도 우리는 스스로를 속이는 것이 된다. 셋째는 우리가 틀렸음을 인정하는 것인데 불행히도 이것은 매우 드물게 일어나는 일이다.

자신이 틀렸음을 인정 못하는 것은 매우 일반적인 행동 양태다. 특히 불안 성향이 있는 사람들은 더하다. 그리고 이러한 반응은 우리가 정보를 다룰 때 전방위적으로 일어나는 현상이다. 과학계에도 많은 뛰어난 과학자들이 자신들에게 큰 도움이 되었을 중요한 정보들을 놓친 예들이 많다. 사회생활에서도 우리는 비슷한 실수를 저지르고 있다. 특히 심각한 결과로 이어지면서도 일반적으로는 잘 알려지지 않은 것이 바로 법정에서 배심원들이 범하는 실수다. 인간은 본능적으로 위험에 처하게 되면 순간적으로 '싸울지 도망갈지' 결정한다. 이와 동일한 원리로 기소된 사람을 처음 보는 순간 배심원들은 자신도 모르는 사이에 첫 인상만 가지고 그 사람이 유죄인지 무죄인지에 대한 판단을 무의식적으로 하게 되는 것이다. 일단 결정이 내려지고 나면 배심원들은 자신의 첫 결정과 배치되는 증거들을 무시하는 경향을 보인다. 따라서 법정에 갈 일이 생긴다면 무죄인 것처럼 보이기 위해 할 수 있는 노력을 다하도록 하라. 첫 인상이 결정되고 나면 또 다른 기회는 없다.

　의사들이 엑스레이 사진을 보면서 어떻게 암을 찾아내는지 연구할 때 눈동자의 움직임을 추적하거나 얼마나 자주 전체 사진을 보는지 파악한다. 이때 흔하게 일어나는 현상으로 일단 의심스러운 부위가 발견되면 모든 주의를 그곳에 집중하는 것을 볼 수 있다. 일단 이렇게 되면 의사 스스로는 전체 사진을 잘 살피고 있다고 생각을 하지만 실제로는 다른 부위들은 스치듯 지나가고 계속해서 의식은 의심스러운 부위를 향하고 있는 것이다. 이렇게 되면 사진의 다른 부위에 실제 암일 가능성이 있는 흔적이 나타나도 그냥 넘어갈 확률이 높다. 이상해 보이는 곳을 한 군데 찾고 나면 그것에 집중하게 되고 사진의 다른 부위에 존재할 수 있는 정보에 대해서는 별 관심을 기울이지 않게 되기 때문이다. 이것은 경험 없는 신참 의사에게만 해당되는 일이 아니고 경험 많은 의사들에게도 마찬가지로 일어나는 일이다.

　멀티태스킹에 가장 뛰어난 뇌라 하더라도 다룰 수 있는 정보와 일의 숫자는 매우 한정적이다. 따라서 사진이 매우 복잡한 경우라면 전체적으로 제대로 훑어본다는 것이 불가능하다. 이러한 인간의 타고난 약점으로 인해 의료 분야에서는 이미지 분석을 포함하여 컴퓨터를 이용한 패턴 인식의 장점이 부각되고 있다. 이 경우 인간적인 특성이 전혀 관여되지 않게 되고 사진의 모든 부분을 동일한 기준하에서 조사될 수 있기 때문이다. 집중해서 봐야 할 부분이 선별되고 나면 전문가들은 컴퓨터의 의견을 받아들여 모든 부위를 놓치지 않고 관찰할 수 있게 된다. 정보에 대한 태도에 개인적인 의견이 덜 반영되어 있으므로 한 부위에만 국한하거나 다른 부위를 무시하는 경향은 없어질 수 있는것이다.

　어릴 때부터 종교, 사회 계층, 지역적 문화 등에 의해 각인된 생각이 새롭게 등장한 아이디어 혹은 정보와 충돌할 경우 일단 거부감을 갖게 되는 것은 자연스러운 현상이다. 이와 관련해서는 논란의 소지가 있는 사례들이 많이 있다. 이중 극단적인 예를 들기보다는 17세기 존재했던 학파에 의해서 일어났던 일에 대해서 언급하고자 한다. 아일랜드 출신의 주교 어셔는 인류 문명이 얼마나 오래되었는지를 그가 가지고 있던 기록 문서를 이용하여 증명하려 했었다. 그 결과 서양 세계에는 적어도 기원전 4000년까지 거슬러 올라가는 기록물들이 존재함을 성공적으로 증명했다. 하지만 불행히도 그에게는 더 오래된 중국 기록물에 대해서는 접근할 기회가 없었다. 이로 인해 그가 추산한 기록물의 나이는 곧 이 세상이 창조되었던 사건과 연결되었고 그것은 결국은 우주의 나이가 되어 버렸다. 이 과정에 숨어 있는 문제는 인간은 근본적으로 이기적이라는 점이다. 따라서 우주에서 가장 중요한 피조물이 인간이고 우주는 인간을 위해 창조되었음을 믿고 싶어 하는 마음이 무의식적으로 있다. 하지만 이것은 엄밀히 말하면 '버릇없는 아이'와 다를 바 없는 생각이다. 인간이 원시적 생명체로부터 진화되어 나온 많은 동물들 중의 하나라는 것을 증명하는 수많은 증거는 인간의 이러한 자기중심적 거만함에 심각한 타격을 주므로 여전히 많은 사람들이 이런 증거들을 부인하고 있는 것이다.

21세기까지 축적된 데이터를 근거로 보면 지구는 수십억 년 동안 진화해온 행성이며 우리가 탐지한 바에 의하면 우주는 138억 년 동안 팽창을 계속하고 있다. 물론 이러한 과학적 증거들이 어셔 시대에는 존재하지 않았다. 지금까지 축적된 이러한 데이터에는 우주가 신에 의해 창조되었다는 증거가 어디에도 없다. 따라서 인간만을 위해 특별히 창조되었다는 증거를 찾기보다는 우주 전체가 만들어진 엄청난 사건에 대해 정확히 파악하는 것이 더 중요할 것이다. 하지만 버릇없는 아이와 같은 우주관에서 벗어나면 전체 우주에서 인간은 아주 미미한 존재로 전락하게 된다. 따라서 이에 대한 인간들의 본능적 반응은, 존재하는 사실에 당당히 맞서 상상을 초월하는 크기의 우주를 정확히 이해하려 하기보다는 과학적 데이터에 오류가 있다고 주장하는 것으로 나타났다. 오늘날 우주물리학자들은 탐지 가능한 우주의 너머에 우주의 전신에 해당하는 것이 있는지 혹은 숨겨져 있는 평행 우주가 존재하는지에 대한 질문을 던지고 있는 상황까지 발전해 있다. 물론 이것은 대부분의 사람들이 이해할 수 있는 범위를 넘어선 질문이다.

데이터 과다로 인한 정보 소실

정보가 생성되는 속도가 너무 빠르거나 그 양이 지나치게 방대하면 생성된 모든 정보를 처리해서 분석한다는 것이 현실적으로 불가능해진다. 잘 알려진 예가 인공위성으로 촬영한 사진이다. 많은 나라에서 다른 나라의 군사적인 움직임을 감시하거나 지역마다의 농업 수확량을 조사하기 위한 목적으로 인공위성을 쏘아 올리고 있다. 군사 지역을 모니터링하거나 다른 나라의 군대 이동을 감시하기 위해 인공위성은 하루에도 수천 곳의 사진을 매우 상세하게 촬영하여 데이터를 만들어낸다. 요즘은 트럭이나 탱크 한 대의 모양까지 자세히 알아볼 수 있을 정도로 사진의 해상도가 뛰어나고 이는 군사적으로 매우 중요한 정보가 된다. 이런 식으로 하루에 수천 장의 이미지가 얻어지면 그 결과는 수백 명의 사람들에 의해 검토된다. 일반적으로 많은 양의 데이터를 거르고 처리 가능한 양으로 축소하는 과정을 거친다. 얻은 이미지를 검토하는 사람들은 자기들이 보고 있는 사진 내에서 어떤 것이 중요한지 결정해서 상위 관리자들에게 보고한다. 마지막으로는 가장 최상위 관리자가 이러한 정보들을 분석하여 판단을 내리는 작업을 하게 된다.

하지만 주요 국가를 감시하는 데 있어서 이러한 프로세스는 현실적이지 않다. 내가 들은 바에 의하면 60퍼센트에 달하는 정보들은 검토조차 되지 않고 나머지는 참고할 용도로 저장만 해둘 뿐이라고 한다. 이렇게 되면 의사결정 과정은 본능, 편견, 지상에서 수집된 정보 그리고 행운에 의존할 수밖에 없게 된다. 비판하는 것이 아니라 단지 정확한 사실을 이야기할 뿐이다.

많은 데이터가 과도하게 얻어지는 조사나 측정의 경우도 있다. 예를 들면 입자물리학 분야에서는 특수한 장비를 사용하여 엄청나게 빠른 속도로 발생하는 데이터를 저장하고 이중에 특이한 반응을 찾아내기 위해 노력한다. 인간이 직접 이 데이터들을 모두 분석한다는 것은 불가능할 정도의 정보가 얻어진다. 따라서 보통은 특정한 반응을 찾아내도록 하는 소프트웨어를 만들어 이 일을 수행하도록 한다. 이런 작업이 일반적인 유형의 프로세스에서 발생하는 익숙한 상황을 타깃으로 할 때는 비교적 수월하게 수행된다. 하지만 예상치 못했던 새로운 반응이 있을 때는 이런 상황을 구별해낼 수 있는 소프트웨어가 아니라면 아무것도 잡히지 않고 넘어가게 될 것이다. 이 경우 엄청난 비용과 시간을 들여 찾고자 노력했던 그 특이한 현상은 그물망 사이를 빠져나가 유유히 사라져 버릴 것이다.

방대한 데이터베이스를 검색하고자 할 때는 그 성공 여부가 분석 소프트웨어를 만드는 사람이 얼마나 통찰력이 있느냐에 달려 있다. 컴퓨터 검색엔진 스스로 어떤 패턴을 인식하는 것이 아니기 때문이다. 컴퓨터를 대상으로 하는 검색에 대해 비판하고자 하는 것은 아니고, 오히려 입자물리학 사례는 왜 컴퓨터를 이용한 분석이 필요한지를 정확하게 보여주는 예라고 할 수 있다. 힉스 보손이라고 불리는 입자를 찾기 위해서는 고에너지의 양성자를 서로 충돌시켜 그때 나오는 파편들을 조사해야 한다. 하지만 이러한 실험은 통상적인 입자 파편화 시험이 아니라는 점이 문제다. 1,000조 번에 한 번 일어나게 되는 일을 검출하는 것이기 때문이다. 더구나 데이터 오류나 계산상의 에러가 아니라는 확신을 가지려면 충분히 여러 번 이것을 검출해야 하는데 그러려면 엄청난 횟수의 검색 과정을 거쳐야만 한다. 이 실험에는 상상하기도 힘든 규모의 데이터 처리 과정이 수반되는데 이럴 경우 컴퓨터를 이용하여 분석하는 것만이 유일한 방법이라고 할 수 있다.

사례 1 : 판 구조론

지금 우리가 논하고, 있는 인간의 새로운 정보에 대한 반응 양태는 상당히 보편적으로 나타나는 현상이다. 새로운 아이디어를 발견하거나 받아들이는 데 있어 발생하는 문제 중 관련 분야 이외의 사람이 아이디어를 제안했을 때 어떤 거부반응이 일어나는지 사례를 들어보겠다. 판 구조론에 대한 학설이 제시되었을 때다. 이 이론은 지구의 표면에서 대륙 크기의 지각이 어떤 방법으로 흘러다닐 수 있는가에 관한 것이다. 아이디어를 제안한 사람은 알프레드 웨그너였다. 그는 독일 기상학자로서 상당히 다양한 과학 분야에 있어서 식견을 가지고 있는 사람이었다. 그가 우연히 발견한 것은 지도상 남미 대륙의 형태가 아프리카의 해안선과 비슷하게 맞아 떨어진다는 것이었다. 우리들도 학교에서 지도를 볼 때 같은 사실을 깨닫곤 했다. 그는 여기서 더 나아가 직접 양쪽 대륙의 해안선을 따라 발견되는 화석과 지층의 순서를 조사했다. 조사의 결과로 그는 양쪽 대륙의 해안선에서 발견한 것들이 매우 유사하게 일치한다는 사실을 발견했다. 형태가 서로 맞아떨어지는 지역에서는 양쪽 대륙의 화석과 지질학적 구조가 일치했다. 대서양을 사이에 두고 양쪽 지층의 기저 구조가 화강암, 점판암, 사암으로 동일하다는 사실을 발견한 것이었다. 이때 웨그너는 상상의 나래를 펴서 고대에는 두 대륙이 서로 붙어 있었다가 어떤 시점에 두 개로 쪼개진 후 서로 멀어져 가게 되었다는 가설을 세웠다. 그는 이러한 견해를 묶어 1912년에 책으로 출판하게 되었다. 하지만 불행하게도 그는 지질학자가 아니었다. 그런데다 그의 생각이 당시 학계에서 받아들이기에는 너무나 혁명적이었기 때문에 결과적으로 그의 연구 결과는 배척당했고 쓰레기 취급까지 당했다. 이로 인해 그의 명성은 심각한 타격을 입었고 심지어 새로운 직업을 구해야 하는 지경까지 이르게 되었다. 책이 출판되는 시기도 불운했던 측면이 있었다. 1914년은 독일이 전쟁을 일으켰던 해였기 때문이다.

또 한 가지 문제로 지적될 수 있는 것은 그를 비판하던 사람들은 웨그너의 주장을 이해하지 못했고, 웨그너도 비판하던 사람들의 주장을 제대로 이해하지 못했다는 점이다. 왜냐하면 웨그너는 그의 주장을 독일어로 했고 비판하는 사람들은 영어를 사용했기 때문이었다. 그 당시 웨그너는 양 대륙의 해안선을 매우 합리적인 방법으로 서로 맞추어 보았다. 하지만 웨그너의 주장은 1950년대의 인도 지각판에 대한 고지자기 변화 연구와 1960년대 대서양 해저 잠수함 조사로 아프리카와 남미 대륙이 화산 활동으로 분리되어 멀어지고 있다는 사실이 밝혀지고 나서야 증명될 수 있었다. 흥미롭게도 1960년대 해저 잠수함 조사는 지질학 연구 목적으로 진행된 것도 아니었다. 잠수함 전쟁을 대비하기 위해 군사 목적으로 수행된 연구에서 수집된 해저 지형 데이터를 이용한 것뿐이었다. 대서양 해저 산맥의 상세한 조사로 인해 두 대륙이 분리되어 멀어져 갔던 연대

별 움직임까지 추적이 가능하게 되었다. 다행히 웨그너가 주장했던 모델은 현재 제대로 인정받고 있으며 교과서에 통상적으로 실리는 내용이 되었다. 그러나 웨그너는 이후 탐험에 나섰다가 동사한 탓에 이러한 사실은 모르고 죽었다. 안타까운 사실이다. 지각판의 움직임은 수많은 화산과 지진을 일으키는 근본 원인으로 작용하므로 이것을 정확히 파악하는 것은 매우 중요한 일이다. 이렇게 중요한 현상에 대해 인간이 이해하고 믿기 시작한지 고작 50년밖에 되지 않았다는 사실이 놀라울 뿐이다.

사례 2 : 코페르니쿠스의 고난

코페르니쿠스가 겪었던 고난은 여러 가지였다. 첫째 그는 태양이 고정되어 있고 그 주위로 지구를 비롯한 모든 행성들이 원형 혹은 타원형 공전궤도를 따라 돌고 있다는 사실을 세상에 알려야 했다. 이 이론이 매력적이었던 이유는 태양을 중심으로 행성들이 돌아갈 때의 궤도가 지구를 중심으로 태양과 행성들이 돌아갈 때의 엄청나게 복잡한 궤도보다는 훨씬 이해하기 쉬웠기 때문이다. 사실 이것은 완전히 새로운 생각은 아니었다. 기원전 3세기 그리스의 아리스타르코스는 태양을 중심으로 돌아가는 행성의 움직임에 대해 논하기도 했었다. 하지만 불행히도 코페르니쿠스는 성직자였고, 교회에서는 지구가 우주의 중심이 아닐 경우 인간이 우주의 중심이라는 근간이 흔들린다는 생각을 했다. 이로 인해 코페르니쿠스는 이 사실을 알고서도 수십 년이 지나서 이 개념을 발표했다. 그리고 집필한 책은 그가 사망한 해가 되어서야 발간될 수 있었다. 그 책을 교황에게 헌정한 것은 매우 현명한 정치적 판단이었다고 생각된다.

그의 이론을 수용하는 데 있어 두 번째 난관은 당시 완벽하게 받아들여지고 있던 한 가지 과학적 사실을 극복하는 것이었다. 티코 브라헤는 천문학적으로 매우 뛰어난 발견을 해낸 사람이다. 태양을 중심으로 행성이 공전하는 것은 매우 훌륭한 모델이었다. 하지만 이 모델에 의하면 별이 고정되어 있는 것처럼 보이게 된다는 점이 문제였다. 이 문제를 해결하려면 행성들이 현재의 거리보다 훨씬 멀리 태양계로부터 떨어져 있어야만 했다. 그러나 별들이 모두 같은 거리에 있을 가능성은 극히 낮다. 더구나 우리 눈에는 별의 크기가 모두 비슷해 보이고 행성들에 비해 그렇게 작아 보이지도 않는다. 그렇게 멀리 떨어져 있는 물체치고는 별이 너무 크게 보인다는 것이 문제였다.

이러한 브라헤의 주장과 비판은 당시로는 옳은 것이었다. 하지만 이로부터 200년이 채 지나지 않아 빛에 대한 우리의 이해도는 크게 향상되었고 빛이 파동의 특징을 지닌다는 사실을 깨닫게 되었다. 즉 매우 작은 이미지의 경우 우리가 보는 점의 크기는 망원경과 우리 눈이 일으키는 광학적 현상에 의해 좌우될 뿐, 별까지의 거리와는 무관하다는 사실을 알게 된 것이다. 지구상에서는 멀리 있는 물체가 가까운 곳에 있는 것보다는 훨씬 작아 보인다. 하지만 어떤 물체가 우주 공간상에 멀리 떨어져 있고 그 크기가 매우 작은 경우에는 좀 더 복잡한 물리학을 동원해야 한다. 현재로서는 이런 현상을 빛의 파동적인 성질을 이용하여 잘 설명할 수 있게 되었다. 결론적으로 이 사례는 우리가 단지 편견 때문이 아니라 정확한 판단을 내리기 위해 필요한 정보가 충분히 없는 경우에도 새롭게 제시된 아이디어를 거부할 수 있음을 보여준다.

누구를 믿어야 하나?

앞서 나는 새로운 아이디어를 제시하는 사람이 누구냐에 따라서 우리가 받아들이거나 거부하는 경향이 바뀔 수 있다는 점을 지적했다. 내가 사례로 든 예들은 일부러 과학 분야에서 골랐다. 데이터가 측정 가능하고 반복될 수 있으며 정량화가 가능하기 때문이다. 이 경우에는 올바른 결정을 내릴 확률이 높을 것이라는 희망을 가질 수 있게 된다. 하지만 웨그너의 경우 다른 분야에 속해 있었다는 점과 그의 이론을 다른 사람들이 검증하기 어려운 상황이었다는 점 때문에 실패했다.

1827년 학교 선생님으로서 게오르그 옴은 전류(I)가 금속 조각을 통과할 때는 걸려 있는 전압(V)과 금속의 저항(R) 사이에 V=IR의 관계가 있음을 발표한 바 있다. 오늘날에는 전기회로상에서 일어나는 이러한 사실을 부정하는 사람은 없지만 1827년 당시만 하더라도 그가 제시한 이 아이디어는 철저하게 배척당했다. 독일 과학계에서는 그의 실험 결과를 하찮은 것으로 취급했다. 그의 아이디어는 프랑스에서 발표된 수학적 연구와 배치되는 요소가 있었다. 심지어 그의 이론이 너무 간단하고 이해하기 쉬운 것이어서 교수가 되기 위한 업적으로는 적합하지 않다고까지 생각되기도 했었다.

반대로 주장의 내용보다는 그것을 주장하는 사람의 지위가 더 중요하게 작용할 위험이 항상 존재한다. 많은 경우, 사람에 대한 존경과 찬양이 일반적으로 충분히 제기할 수 있는 비판까지 차단하는 일이 벌어진다. 아인슈타인은 아마도 20세기 가장 위대한 과학자라고 해도 과언이 아닐 것이다. 그의 전문 분야에 있어서는 의심할 여지가 없는 이야기다. 그런 아인슈타인도 북극의 빙산이 움직이면 지각의 급작스러운 움직임을 일으키게 되고 이런 현상은 매우 빠른 속도로 진행될 것이라는 하프구드의 주장에 동조하는 실수를 범했다. 하프구드의 주장은 웨그너가 주장한 판구조 이론을 무시하거나 충돌을 일으키는 것이었다. 어쨌거나 아인슈타인은 이러한 이론을 담은 하프구드의 책에 신중한 지지를 표현한 서문을 써주었고 서문을 쓴 사람의 유명세로 인해 하프구드의 이론은 한때 유행이 되기도 했다. 물론 결국에는 사실이 아닌 것으로 결론이 났지만 말이다.

아인슈타인의 일반 상대성 이론은 현대 우주론의 근간이 되는 이론으로, 당시 한창 연구가 진행 중이던 우주 생성 원리에 대한 이론과도 잘 부합되기 때문에 누구도 의문을 제기하는 사람이 없었다. 물론 훌륭한 이론인 것처럼 보이기도 한다. 하지만 어느 누구도 이 이론이 현대 우주론을 뒷받침하는 수많은 실험적 관찰이 이루어지기 훨씬 이전에 만들어진 것이라는 점을 지적하지는 않는 것 같다. 이 이론도 오늘날 알고 있는 지식을 바탕으로 한 수정이 필요하다는 지적은 합리적인 문제 제기가 아닐까 싶다. 그러나 아인슈타인이 과학계에서 차지하고 있는 위치로 인해 그의 이론에 대한 재평가는 불가능해 보인다. 어느 누구도 논란에 휩싸여 자신의 명성에 상처받는 일을 하고 싶지는 않기 때문이다. 하지만 결국은 시간이 지나면 재평가와 수정은 어쩔 수 없이 이루어지게 될 것으로 본다.

우리는 모두 많은 노벨상 수상자들을 과학계의 영웅으로 받아들이고 있다. 하지만 노벨상 수상자들에 대한 맹목적인 믿음이 현명한 일은 아니다. 특히 그들이 주장하는 영역이 그들의 전문 분야가 아닐 경우에는 더욱 그렇다. 리누스 파울링의 예는 매우 유익한 교훈을 주는 사례다. 파울링은 의심할 여지없이 훌륭한 화학자이다. 그는 노벨상을 공동 수상하지 않은 단 두 사람 중 한 사람이다. 그가 주장하는 것이라면 주제에 상관없이 신뢰도가 두 배로 높아진다. 한때 파울리는 비타민 C의 역할에 대해 다소 극단적인 주장을 한 적이 있었다. 비타민 C가 감기를 예방하고 치료할 수 있다고 주장했을 뿐만 아니라 후에는 암 치료에도 도움을 준다고 했다. 이런 주장은 그런 분야의 책이 많이 판매되는 데 도움이 되었으며 이로 인해 상을 받고 연구소까지 설립하게 되었다. 그의 주장으로 활황을 맞게 된 비타민 C 산업의 규모는 미국에서만 한 해에 수천억 원대에 이른다. 하지만 불행하게도 그가 비타민 C의 효능에 대해 논할 때 사용하였던 데이터를 현대적 관점에서 다시 분석해본 결과 매우 선택적이고 편향적인 인용이 있었음이 밝혀졌다. 이후에 이루어진 많은 연구 결과에서 얻어진 데이터들은 한결같이 파울링의 주장을 반박하고 있다. 이러한 사실에도 불구하고 비타민 C 산업은 여전히 번성하고 있는 것이 현실이다.

대개 과학계의 사례들은 철학이나 정치 분야와는 비교할 수 없을 정도로 논란이 적다. 확실한 데이터에 근거하지 않는 철학이나 정치 분야의 독선적인 주장의 경우에는 항상 그와 대립하는 다른 견해가 분분하기 마련이다. 하지만 이런 과학계에서도 특히 논란이 없는 극단적 분야가 바로 수학이다. 고등수학의 경우 매우 이해하기 힘들고 상당한 수준의 지적 능력을 갖추지 않고는 접근하기 힘든 분야다. 이로 인해 다음과 같은 결과가 나타난다. 첫째, 모든 과정을 다 풀어보고 다른 가능성이 없을지에 대해 고민해본 후 수학적 아이디어나 증명에 대해 의문을 제기하기 극히 어렵다. 둘째, 우리가 이해하지 못한다는 것을 인정하는 것은 몹시 체면을 구기는 일이다. 따라서 이럴 경우 전문적인 과학자를 비롯한 대부분의 사람들이 취할 수 있는 손쉬운 방법은 복잡한 수학적 증명이 옳다고 가정해버리는 것이다. 하지만 이렇게 되면 우리는 정당하지 않은 이유로 검증되지 않은 아이디어를 받아들이는 오류를 범하게 되는 것이다.

나는 노벨상 수상자인 이론 물리학자 폴 디랙의 강의에서 이러한 오류의 대표적인 예를 들을 수 있었다. 그 강의는 과학 관련 분야의 청중들에게 그의 초기 연구에 대해 이야기하는 자리였다. 그는 강의를 이런 말로 시작했다. "제 강의는 여기 모인 여러분 중 아주 소수를 위한 것임을 잘 압니다."(이 말은 유머였지만 사실이기도 했다.) 그후에 그는 1930년대 말에 발표된 그의 매우 유명한 공식에 대해 말을 이어갔다. 그의 공식은 당시 매우 광범위하게 사용되고 있었다. 그러나 그는 그렇게 오랫동안 사용되었던 그의 공식에 오류가 있었고 스스로 오류를 깨닫기 전까지는 10여 년 동안 아무도 그 사실을 알지 못했다는 사실을 강의에서 이야기했다. 그의 명성으로 인해 그 누구도 연구 결과에 대해 의문을 제기하거나 도전하지 못했던 것이었다.

결론적으로 이야기하고 싶은 것은 우리는 때때로 매우 권위 있는 곳에서 제시된 새로운 아이디어에 대해서는 별 다른 의심 없이 그것이 사실이라고 간주해버리는 경향이 있다는 점이다. 특히 우리가 잘 모르고 있다는 사실을 인정하는 것이 창피하다는 생각이 들 때는 더욱 그렇다. 또 다른 익숙한 예로 외래 용어에 대해서 잘 이해하지 못함에도 불구하고 쉽게 그것에 대한 의문 제기를 포기하는 것을 들 수 있겠다. 이 때문에 질문을 못하게 하도록 하기 위해 의사, 변호사, 성직자들이 의도적으로 라틴어에서 유래된 단어를 사용한다고 생각하는 사람들도 많다.

선생님과 학생 간에 아이디어가 전달되는 과정에 문화적 영향이 작용하는 경우도 있다. 예를 들면 선생님이 틀렸다는 것을 알게 되더라도 학생이라는 상대적 위치 때문에 그 사실을 말하지 못하게 되는 상황이 분명히 있다. 이러한 경우는 나도 개인적으로 자주 경험했다. 내가 가르쳤던 많은 학생들은 나보다 훨씬 똑똑했고 현재도 그렇다. 하지만 내가 실수를 할 때 학생들은 그 사실을 지적하길 매우 주저했다. 결국 내 스스로 그걸 깨닫고 물어본 적이 있다. "왜 내가 틀린 걸 얘기해주지 않았지?" 학생들의 성장 환경에 따라 대답은 여러 가지였다. "선생님이니까요, 저보다 나이가 많으셔서요, 선생님은 남자고 저는 여자잖아요."

이런 사례들은 하나같이 정보의 소실 혹은 왜곡이라는 측면에서 현재의 상황이 쉽게 나아지기 어렵겠다는 생각을 하게 한다. 우리에게 주어진 기본 정보나 그에 대한 이해에 오류가 있을 경우 우리의 지식은 훼손되고 진보는 가로막히게 되기 때문이다. 그로 인해 영감이 떠오르거나 깊은 통찰이 생기는 것도 저지당하게 된다.

지리적 격리, 외국 혐오, 종교, 편견으로 인한 거부감

우울하게도 전쟁이나 종교적 이유로 의도적으로 정보들이 파괴되는 사례는 너무 많다. 하지만 그와 더불어 정보나 지식이 외국 혐오 현상으로 인해 배척되는 미묘한 사례들도 많다. 편견이 작용하는 방식은 무척 다양하다. 첫 번째는, 우리가 쉽게 접하지 못했거나 이해도가 낮은 역사적 시기에 존재했던 국가의 언어로 씌어 있다는 단순한 이유로 정보나 아이디어를 거부하는 사례다. 역사적으로 이런 무지가 반복되어 나타났지만 그에 대한 인식이 전혀 없어서 많은 국가와 역사에서 같은 현상을 볼 수 있다. 예를 들자면 직삼각형의 세 변의 상대적 길이에 대한 피타고라스의 법칙이 이에 해당한다. 현재까지 밝혀진 바에 의하면 이 법칙은 피타고라스보다 몇 세기나 앞서 사용되던 공식이었다. 이미 이집트 테베에서는 피라미드 건설에도 사용되고 있었을 정도였다. 피타고라스의 경우 이집트에서 공부하기 위해 꽤 오랫동안 머물렀다고 한다. 따라서 피라미드에 새겨진 이 법칙에 대해 그가 이집트에 머무는 기간에 알게 되었는지 혹은 완전히 스스로 이 공식을 창안했는지는 불명확하다. 하지만 이 법칙을 명쾌하게 증명해내고 널리 퍼뜨린 것에 대해서는 그의 공로를 인정해주어야 할 것이다. 그 외에도 과학계 내에 다른 여러 사례들이 있다. 그동안 서양의 수학자들은 고대 문명들 중에 깊은 수학적 진보를 이룬 곳은 없다고 생각해왔다. 하지만 실제로는 중국, 이집트, 인도, 페르시아가 서양보다 수학적으로 훨씬 앞서 있었다는 사실이 밝혀졌다. 근대의 수학자들에 의해 인용되는 고전적 사례로 보면 0에 대한 개념에 있어서는 서양보다 수백 년이나 빨랐다는 것이 드러났다.

교류 부족으로 인한 무지는 과학적 지식뿐만 아니라 문학, 미술, 음악에 이르는 문화의 전 부문에서 나타나는 현상이다. 특히 음악은 지역별로 각자 떨어져 진행되는 활동이기 때문에 격리 사례가 많이 발생하는 분야이다. 음악의 경우 언어적 문제는 결코 아니다. 음표는 적어도 서양 고전음악계에서는 공통된 표기 방법이었기 때문이다. 영국에서 고전음악을 들어보면 방송에서 틀어주거나 콘서트에서 주로 연주되는 음악은 매우 적은 수의 작곡가들로 한정되어 있음을 알 수 있다. 훌륭한 작곡가가 극히 드물었거나, 유행이나 어떤 분리 요인이 작용하여 다른 훌륭한 작곡가의 음악을 우리가 망각했거나 둘 중 하나가 이유일 것이다. 이러한 현상은 방송에서 최고의 음악만 걸러서 들려준다는 점도 작용했겠지만 암묵적인 애국주의의 영향으로 낮은 수준이지만 자국 음악에 대해 더 관대하다는 점도 작용했을 것이다. 많은 경우 음악 평론가들이 특정 작곡가나 연주가를 우상화하는 경향도 적지 않은 영향을 미친다. 이로 인해 다른 음악가들의 훌륭한 작품들이나 연주가들의 음반이 관심 밖으로 밀려나기 때문이다. 예를 들면 핀란드 작곡가에 대해 물어보면 많은 사람들은 시벨리우스는 알지만 그와 동시대를 살았던 음악가들에 대해서는 전혀 모르고 있음을 알 수 있다.

또한 현재 고전음악 채널에서 채택하고 있는 방식에도 문제가 있다. 이들이 하는 방식은 방송국에서 가지고 있는 100곡이나 200곡의 명단을 대상으로 인기투표를 실시하고 그중에 상위에 드는 곡을 방송하는 것이다. 이럴 경우 그 명단에 있는 곡들만 자주 방송될 수밖에 없다. 그러면 그 곡들만 끝없이 반복되고 당연히 인기투표에서 더 상위에 올라가게 된다. 이렇게 되면 상업적으로는 수많은 훌륭한 음악들을 대중화시키려는 노력보다는 지극히 안전한 영역에서만 머물게 된다.

물론 특정한 작곡가나 음악 스타일이 대중적인 인기를 얻는 것에 대해서 과소평가해서는 안 된다. 바흐는 지금은 매우 인기 있는 작곡가이지만 그가 사망하고 난 후 50년까지는 거의 잊혀진 작곡가였다. 단지 음악적 훈련을 하는 사람들만이 찾아서 연주하는 정도에 지나지 않았다. 100년이 지난 후 당시 인기 있는 작곡가였던 멘델스존에 의해 바흐 음악이 재조명되게 되었고 그것이 지금까지 이어지고 있는 것이다. 바흐와 동시대에 존재했던 많은 인기 있던 음악가들은 우리의 집단적인 기억 속에서 다 지워지고 남아 있는 사람이 없다. 대중적인 취향은 변덕이 심하고 쉽게 조작이 가능하다. 이로 인해 훌륭하고 유익한 음악을 쉽게 잃어버릴 수 있다. 이런 경우는 정보가 기록된 재료의 물리적 손상에 의한 것보다는 인간이 벌이는 활동에 의해 소실되는 사례에 해당한다.

대중적 인기에 편승하지 못한 작곡가들의 음악은 모국을 벗어나지 못하기 때문에 관심을 받지 못하는 면도 있다. 나는 고전음악에 관심이 많은데 종종 이름 없고 방송도 되지 않는 작곡가들이 쓴 음악이 깜짝 놀랄 만큼 훌륭하다는 것을 깨닫게 된다. 내가 살고 있는 지역의 음악 도서관에는 잘 알려진 작곡가들의 CD는 매우 많지만 이런 식으로 잊혀진 음악가들의 작품은 몇 개 되지 않는다. 하지만 그들의 작품이나 연주의 질은 매우 훌륭하다. 왜 그들이 주목을 받는 작곡가가 되지 못했는지 의아할 뿐이다. 내가 발견한 이유 중 한 가지는 그런 작곡가들은 대개 그들의 모국이 외국의 침략을 받거나 정치적으로 독재자들이 지배하던 시기에 활동하던 사람들이 많았다는 사실이다. 이럴 경우 그들은 외국으로 여행할 수 없었고 정부에서도 외국에서 그들을 찾아와 방문하는 것을 환영하지 않았을 것이다.

이러한 좋은 예를 19세기 초에 태어난 폴란드 태생의 작곡가 쇼팽과 도브르진스키의 비교에서 찾아볼 수 있다. 그들은 동시대 인물로서 바르샤바에서 엘스너의 학생으로 같이 공부했다. 둘 다 뛰어난 학생이었지만 엘스너는 도브르진스키를 작곡가로서 더 높게 평가했다. 그러던 중 쇼팽은 폴란드를 떠나 유럽 전역을 돌아다니며 충분한 명성과 지위를 얻었고 수많은 추종자를 거느리게 되었다. 반면 도브르진스키는 쇼팽과 달리 폴란드에 머무르는 것을 택했다. 그 당시 폴란드는 1830년 11월에 일어난 폭동으로 정치적 혼란에 빠져 있었다. 그는 그 혼란을 이기고 살아남아 계속 작곡 활동을 했지만 폴란드가 정치적으로 격리된 상태에 있었기 때문에 그의 작품들은 폴란드 국민들에게만 알려지고 평가받았을 뿐 외국에는 알려질 기회가 없었다. 도브르진스키뿐 아니라 그와 비슷한 상황에 놓여 있던 유럽 전역의 많은 사람들이 비슷한 이유로 바깥세상에는 알려지지 않은 훌륭한 업적들을 이루었을 것이다. 이러한 일들은 정치적 사건이나 국가주의적 편향으로 인해 정보들이 사라지거나 배척당한 좋은 사례다.

철학에서 과학에 이르는 언어가 관련된 모든 영역에서는 잘 알려지지 않은 가치나 관심의 결과물이 어디엔가 숨어 있을 가능성이 매우 높다. 다양한 언어로 번역되어 널리 알려지는 과정에서도 정확한 의미까지 잘 전달되기는 쉽지 않기 때문이다. 과학자로서의 나는 내 연구 분야와 관련된 정보에 한해서는 그것이 출처가 어디든 별로 개의치 않는다. 결과와 아이디어가 잘 정리되어 있기만 하다면 그것이 어느 나라에서 왔든, 정치적 상황이 어떻든 중요하지 않다고 보기 때문이다. 나는 여러 나라에서 일을 해본 경험이 있기 때문에 나의 이런 생각이 일반적인 경우라고 하긴 어려울지도 모른다. 일반적인 연구자들의 태도는 나와 다를 수도 있다.

서양 도서관들은 동구권에서 발간되는 논문은 구독 신청을 잘 하지 않는 경향이 있다. 동구권에서는 충분한 연구자금이 지원되지 않으므로 독창적인 아이디어나 데이터가 나오기 어렵다고 생각하기 때문일 수도 있다. 또 다른 사례로, 정치적인 반감이나 배척으로 인해 특정 지역에서 발표된 연구 결과는 아예 읽지 않으려는 경우도 있다. 그 사례에 해당되는 나라에서 근무해본 적이 있기 때문에 나는 정확히 같은 태도가 상대방 나라에서 나타나고 있음을 알고 있다. 그런 상호 배타적인 현상이 과학 분야에서 나타난다는 것은 매우 슬픈 일이다. 과학은 두 나라 간에 존재하는 종교적 혹은 정치적 차이와는 전혀 무관해야 하는 학문이기 때문이다.

편견과 혐오는 심지어 겉으로 보기엔 진보적인 사람들에게도 종종 나타난다. 더구나 정치나 일반 생활과는 다른 객관적 세계라고 할 수 있는 과학 분야에서도 쉽게 발견된다. 보통 과학자들은 연구비 지원서라고 불리지만 사실은 돈을 구걸하는 편지를 쓰는 데 많은 시간을 보낸다. 그리고 지원을 받고 나면 그 결과를 저명한 저널에 실음으로서 자신의 명성을 높이려 한다. 이 경우 대부분의 사람들은 평가, 지원, 거부의 전 과정이 그 분야에 정통한 전문가에 의해 어떤 편견도 없이 진행될 것이라고 믿는다. 하지만 불행히도 이런 판단 과정은 종종 이름, 명성, 국가, 제출하는 연구 기관 같은 것들에 의해 흐려지게 된다. 명망 있는 연구 기관의 유명한 사람들은 이런 면에서 매우 유리하고 그로 인해 채택되는 비율도 높아진다. 사실 이 문제는 잘 알려져 있다. 어떤 저널에서 이름과 연구 기관을 바꾼 후 논문을 심사위원에게 보내는 실험을 한 적이 있었다. 예상했던 대로 정확히 같은 논문이 저명한 저자나 유명한 연구 기관에서 제출된 것으로 표시될 경우 훨씬 높은 채택률을 보였고 비판적인 지적도 적었다. 반면 이름 없는 저자와 수준이 낮은 것으로 인식되는 연구 기관에서 제출된 것으로 표시된 논문은 더 많은 비판적 지적과 함께 탈락률이 높았다.

또한 과학 분야에서의 연구비 지원과 논문 게재는 비록 결과가 혁신적이지 않더라도 분야 자체가 인기가 있으면 훨씬 쉬운 편이다. 이러한 점을 잘 이해한다면 연구비 지원서나 논문 작성시 유명한 저자나 연구소를 포함시켜 성공 확률을 높이는 것이 얼마든지 가능하다. 내 경험에 의하면 이러한 보여주기식 치장이 지금까지는 도움이 될 때가 많았다.

이름도 중요한 역할을 한다. 과학계에서는 다른 논문에서 얼마나 많이 인용했는가 하는 것으로 논문의 질을 짐작하는 관행이 있는데 특히 논문 저자들 중에 첫 번째에 표시되는 사람의 이름이 중요하다. 논문을 주도적으로 집필한 사람을 뜻하기 때문이다. 하지만 어떤 나라에서는 관습적으로 알파벳순으로 표기하기도 한다. 이럴 경우 다른 나라에서는 그런 관습을 알 수 없으므로 제1 저자를 다른 사람으로 오해하고 잘못 평가하게 된다. 입사 면접 시험에서도 지원자들이 제출한 서류는 알파벳순으로 배열되므로 이름이 A, B로 시작하는 사람들이 더 이익을 보는 경우가 많다.

이번에는 악기의 성능을 평가하는 경우를 살펴보자. 음악 시험의 경우 보통 스크린 뒤에서 연주하는 경우가 많은데 예를 들면 같은 음악을 다섯 대의 다른 바이올린으로 연주한다고 해보자. 처음에는 신경을 곤두세우고 다음 곡을 다 들을 때까지 기다려야 한다고 생각하게 된다. 하지만 결국에는 따분하게 느끼게 된다. 따라서 이런 경우에는 순번이 중간 정도에 위치할 경우 가장 채택도가 높아진다. 심지어 같은 악기로 음악을 여러 번 연주하더라도 같은 결과가 나타난다. 이때 5개의 악기 중 가장 좋은 것을 골라야 한다는 사실을 알고 평가에 임할 경우 결과는 좀 달라질 것이다. 뿐만 아니라 각 악기의 제조사 정보를 알고 평가하게 되면 유명 제조사의 악기가 높은 순위가 될 확률이 올라간다는 사실은 그다지 놀랍지 않다. 이 경우 악기별로 제조사 정보를 틀리게 가르쳐준 후 평가를 해봐도 결과는 실제 악기에 따라가지 않고 제조사 이름을 따라가게 된다.

감정을 자극하는 단어가 들어 있는 이름의 경우에도 우리의 판단을 비슷하게 왜곡시키는 경향이 있다. 〈사이언티픽 아메리칸〉이라는 저널에 실린 논문에서 멸종 위기에 놓인 종들에 대한 보호를 주제로 이런 문제를 다룬 적이 있었다. 예를 들면, 매의 경우 애국자 매(patriot falcon) vs 킬러 매(killer falcon), 독수리는 아메리칸 독수리(American eagles) vs 양 먹는 독수리(sheep-eating eagles), 수달의 경우 아메리칸 수달(American otters) vs 털코 수달(hairy-nosed otters) 중 어느 쪽을 보호해야 하느냐는 질문을 한 후 그 결과를 게재하였다. 결과는 덜 매력적으로 들리거나 안 좋은 감정을 불러일으키는 후자보다 전자가 50퍼센트 가량 더 높은 지지를 받았다.

비슷한 예를 이민자들이 이민 간 나라에 맞는 이름으로 바꾸는 현상에서 찾을 수 있다. 이름을 바꾸는 이유는 그 나라 철자법에 잘 맞고 발음하기도 쉽기 때문이다. 또한 원래 나라에서 쓰던 이름을 그대로 쓸 경우 새 나라에서는 그 이름에 다른 함축된 의미가 있을 수도 있기 때문이다. 1차 세계 대전이 일어났을 무렵 영국에서 왕실 이름을 쓸 때는 원래 앨버트 공을 통해 들어온 독일 이름인 작센-코부르크-고타를 사용하고 있었다. 빅토리아 여왕도 알고 보면 독일 하노버 왕조의 혈통이다. 유럽 군주제 입장에서 볼 때 두 이름은 매우 훌륭한 혈통의 후손임을 의미하는 것이었다. 하지만 1914년에 발발한 전쟁이 독일과의 싸움이었으므로 이런 이름은 영국민들이 애국적인 지지를 보내기엔 적합하지 않았다. 이런 이유로 1917년쯤 영국 왕실의 이름은 윈저 왕족으로 바뀌게 된다. 윈저는 매우 영국적인 도시로서 많은 멋진 성이 있을 뿐만 아니라 1215년에 대헌장이 서명되었던 러니미드와 가까우므로 매우 영국적인 이름이라 할 수 있다. 이러한 여러 가지 사례들을 통해 우리가 알 수 있는 사실은 우리가 항상 합리적인 결정을 내리는 것은 아니며 우리도 모르는 사이에 편견을 가질 수 있다는 점이다.

뉴스에 나오는 기사

언론에 의해 전해지는 뉴스는 언론을 통제하고 영향을 미칠 수 있는 힘이 있는 사람들에 의해 편향될 수밖에 없다. 뉴스에서 다루는 주제를 선택적으로 정할 수 있다는 것은 곧 사람들의 의견이나 세상을 바라보는 시각을 바꿀 수 있다는 것을 의미한다. 일단 사람들의 생각 속에 자리 잡게 되면 그 '사실'이라고 하는 것이 매우 견고해서 쉽게 바뀌기 어렵다.

우리들은 대부분 지역주의적인 성향을 강하게 띠고 있어서 알고 있는 장소나 사람들이 나오는 지역 뉴스에 특히 관심이 많다. 하지만 인터넷을 통하면 전 세계의 다른 시각에도 쉽게 접근할 수 있다. 특히 위성

TV를 통해 접하게 되는 외국 매스컴은 자국 TV보다는 더 다양한 의견을 제공해준다. 많은 위성채널에서 심지어 정치적이 아닌 주제에 대해서도 같은 사건을 매우 다양한 관점에서 보도한다는 사실을 깨닫고 깜짝 놀란 적도 있다. 이것은 기술 발전이 갖는 매우 긍정적인 측면이라 할 수 있겠다.

전달자가 누구냐에 따라 스토리 뒤에 숨겨진 진실이 달라진다는 사실을 보여주는 것이 위성 TV 채널만은 아니다. 우리가 살고 있는 도시에서 일어나는 지역 사건의 경우에는 실제로 사람들이 보도되는 내용 이면에 감춰진 실상을 알고 있는 경우도 많다. 매스컴에 나온 내용들은 보도하는 과정, 정확한 취재원을 접촉했는지 여부, 시간상의 제약, 신문 판매 부수를 늘릴 필요 등으로 인해 실상을 안다면 완전히 동의하기 어려운 내용이 보도되는 일이 종종 발생한다. 따라서 세계적으로 일어나고 있는 많은 정치적 사건에 대한 보도가 얼마나 정확하고 객관성을 지니고 있는지에 대해서도 의문을 제기할 필요가 있다. 부분적이고 부정확한 정보는 아예 모르는 것보다 더 나쁜 영향을 미친다.

의도적으로 편향되거나 꾸며낸 허위정보가 돌아다니는 것은 정치권에서만 나타나는 현상은 아니다. 과학이라는 이름으로 제시되는 정보에서도 적지 않게 일어나는 현상이다. 이런 사례는 하얀 실험실 가운을 입은 과학자 이미지를 이용해 제품에 효험이 있는 것 같은 인상을 주는 마케팅 수법부터 유명한 실험실이나 유명인을 통해 이미지를 만들어낸 제품에 이르기까지 다양하다. 언론 보도에도 비슷한 왜곡현상이 많이 숨어있다. 한번은 TV 프로그램에서 나를 인터뷰한 일이 있었다. 그때 방송국 직원이 내가 하얀 실험실 가운을 입고 있지 않은 것에 대해 불만을 토로했다. 그들의 이야기에 따르면 하얀 가운을 입고 있어야 시청자들에게 훨씬 신뢰를 줄 수 있다는 것이다. 그들은 하얀 가운을 과학자의 권위를 나타내는 상징으로 간주하고 있었다. 이렇듯 공식적인 유니폼은 종종 잘못된 이미지를 제공하기도 한다. 간호사가 유니폼을 입고 혈압을 체크하면 우리의 스트레스 지수에 영향을 주어 항상 높은 혈압이 나타나는 현상은 잘 알려져 있다. 방법적인 오류로 인해 정보가 왜곡되는 전형적인 경우라고 할 수 있다.

의도적으로 정보를 왜곡하는 경우도 적지 않다. 어떤 실험실의 경우 연구비 지원 신청 절차를 밟고 있던 중에 제출한 서류에 잘못된 데이터가 있었음이 밝혀졌음에도 불구하고 그것을 정정하지 않았다는 사실을 알게 된 적도 있었다. 이 경우는 정치적 의도나 평판 등이 관여되어 있었기 때문에 별로 놀라운 일도 아니었다. 마음에 걸리는 것은 그 외에도 얼마나 많은 일들이 내가 알아차리지 못하고 지나갔을까 하는 점이다.

한 국가의 언론에만 의존하는 경우 자신도 모르는 사이에 외국을 배척하게 되고 편견에 사로잡히기 쉽다. 과거 올림픽 게임을 개최하는 나라에 여행을 가서 지역 TV를 시청한 적이 있었다. TV만 보고 있던 나는 개최국이 매우 좋은 성적을 낸 줄 알았다. 개최국 선수들만 TV에 계속 나왔기 때문이다. 하지만 곧 TV에서는 그 선수들의 경기 결과로 순위가 어땠는지에 대해서는 아무런 언급이 없다는 것을 깨달았다. 자국 선수들이 메달을 딴 경우가 아니면 경기 결과에 대해서 아무런 말이 없었던 것이었다. 국수주의적인 심리에 영합하거나 그것을 자극하는 태도라고 할 수 있다.

똑같은 압력이 정치적 지도자에게도 가해진다. 다른 나라와 문제가 생겼을 때 지도자는 강한 모습을 보여야 하고 자국의 이익을 지켜내야 한다. 따라서 그들은 자국민들이 좋아하지 않을 정보나 결정을 피하고 싶어 한다. 선거에서 지거나 국내 여론에 나쁜 영향을 주고 싶지 않기 때문이다. 고위 정치인에게 정보를 걸러서 전달해주는 정보기관에서도 똑같은 편향성이 나타난다. '아는 것이 힘이다'라는 흔한 속담이 있지만 실상 정치적 힘은 '얼마나 정보를 잘 걸러서 선별적으로 유권자들에게 공유할 수 있느냐'에서 나오는 듯하다.

자원 활용 실패

기술 발전은 핵심이 되는 아이디어를 상업적으로 잘 활용함으로써 이루어진다. 하지만 사회의 발전은 훨씬 복잡하게 진행된다. 보통은 발전을 요하는 원인이 발생하고 전체 국가에 도움이 되는 방향으로 진행될 때 진보가 이루어진다. 군사적 혹은 종교적 힘으로 지배되는 독재국가에서는 인구의 대부분이 국가로부터 사회적 풍요로움이라는 혜택을 받지 못할 뿐만 아니라 그 과정에 기여하기도 어렵다는 심각한 문제점을 지니고 있다. 정치적으로 볼 때 이것은 국가가 보유하고 있는 잠재적인 자원을 충분히 활용하지 못하는 것이므로 매우 불행한 일이다. 그럼에도 불구하고 심지어 영국과 같은 나라에서조차도 많은 면에서 독재국가와 비슷한 상황이 벌어지고 있다.

영국의 경우 다양한 문화가 혼재되어 있기 때문에 잠재적 사회적 자산이 매우 풍요롭다 할 수 있다. 런던에는 약 300여 개의 다른 언어를 사용하는 사람들로 이루어진 대표기구나 기관이 존재한다. 물론 이토록 다양한 인구 구성을 가진 도시를 운영한다는 것은 매우 어렵고 도전적인 일이긴 하다. 하지만 이럴 경우 다채로운 관점이 존재하게 되고 이것이 국가의 발전에 상당한 기여를 할 수 있게 된다. 불행히도 다양한 이유로 인하여 이러한 장점이 전혀 발휘되고 있지 못하다. 오히려 다양성이 비생산적인 방식으로 작용하고 있다고 보인다. 그 결과 계급, 종교, 문화, 인종의 차이로 사회적 단절이 생기고 남성과 여성이 평등하게 대우받고 있지 못하는 현상이 더 심화되고 있다. 비슷한 난관이 다른 종교 집단이나 인종 간의 소통에서도 나타나고 있다. 소통의 단절은 늘 그렇듯이 혐오와 분노로 이어진다. 이러한 문제는 특히 대도시에서 더 극심하게 드러나고 있다. 런던과 같은 경우가 매우 극단적인 예라고 할 수 있다.

국회의원과 활동

선거에 의해 선출된 의회를 가지고 있지만 의원들은 대중을 진정으로 대표하고 있다고 보기 어렵다. 2010년의 경우 영국 의원의 3분의 1이상이 사립학교 출신이었다. 일반 국민은 10퍼센트 정도만이 사립학교 출신이다. 게다가 의원의 20퍼센트 정도는 이튼스쿨 출신이다. 어떤 면에서는 이런 통계가 놀라운 것은 아니다. 이튼은 매우 뛰어난 학문적 전통을 가지고 있고 학생과 교직원 모두 우수한 성적을 얻기 위해 엄청난 노력을 하고 있기 때문이다. 이러한 태도와 능력이 전국 어떤 학교에서도 찾아보기 힘든 것도 부인할 수 없는 사실이다. 또 다른 통계도 있다. 일반 국민은 비슷한 연령대에 10퍼센트 정도만이 대학을 졸업했으나 의원들의 경우에는 대학 졸업자가 90퍼센트에 육박한다. 그럼에도 불구하고 많은 대학에서 이루어지고 있는 다양한 영역의 교육을 대변하고 있지도 않다. 1721년 이후 55명의 수상들 중에 41명이 옥스포드나 캠브리지 대학을 졸업했기 때문이다.

이런 의미에서 본다면 영국 정부는 정치 외에는 일상적인 생활이라곤 해본 적이 없는 매우 소수의 사람들이 지배하는 곳이다. 이들을 가르쳤던 선생님들 또한 교육계를 벗어나서 현실 세계를 경험해본 적이 없는 사람들이다. 이러한 집단의 사람들은 정치적 집단을 이룰 때도 그렇고 내각을 구성할 때도 그렇고 자신들이 편안하게 대할 수 있는 자신들과 유사한 사람들을 고르게 된다. 이런 이유로 결국은 다수의 국민들이나 의견의 다양성과는 무관하게 매우 제한적인 소수의 사람들이 선택하는 프로세스를 따르게 된다. 그에 의해 나라 전체가 좌지우지되는 상황인 것이다. 이런 상황에서는 정부가 국민 대다수의 생각과 요구사항을 직접 체감하기는 매우 어렵다고 봐야 한다.

이런 식의 정보와 지식의 편향은 국가 전체에 직접적인 영향을 미치게 된다. 물론 비단 영국에만 국한되는 문제는 아니다. 비슷한 종류의 문제가 수많은 나라의 정부들에서도 나타난다. 군대나 독재자에 의해 정권이 강제되거나 대물림되지 않고 선거라는 민주적 절차를 거쳐 정치 지도자가 선출됨에도 불구하고 나타나는 현상인 것이다. 예를 들면 미국은 주요 정당에서 주별 투표를 통해 잠정적 대통령 후보군을 선별한 후 열띤 유세와 선전을 통해 최종 후보를 선정하는 시스템을 가지고 있다. 이런 선거전에는 엄청난 비용이 들기 때문에 상당한 재산적 여유를 가진 사람만이 지지자를 끌어들이기 위한 언론 광고를 할 수 있다. 선거가 끝나고 공개된 자료들을 찾아보면 후보 개인적 재산은 얼마나 사용되었고 지지자들로부터 지원된 금액은 얼마인지 알 수 있다.

이런 자료들을 잘 살펴보면 선거에서 살아남은 사람들이 백만장자이거나 억만장자임을 발견하는 것은 놀라운 일이 아니다. 그 정도 규모의 재산이라면 유산으로 물려받았거나 큰 사업체를 경영함으로써 축적되었을 것이다. 이것은 정치인들의 성격이 공격적이고 단호한 이유에 대한 설명이 되기도 하지만, 동시에 국민 대부분의 생활에 대해서 이해하는 것이 매우 어려울 것임을 시사하기도 한다. 또 다른 문제는 선거 유세 과정에 필요한 후보의 자질이 나라를 이끌어가는 행정가로서 갖추어야 할 덕목과 꼭 일치하지는 않는다는 점이다. 현재 후보 선택 방식으로는 여성이나 소수 인종을 대표하는 후보가 당선될 확률이 몹시 낮다는 점도 큰 문제다. 물론 문제점을 비판하기는 쉬우나 현존하는 민주적인 시스템 하에서 지도자나 정권을 선택하는 최선의 방법을 찾아서 실제로 적용한다는 것은 대단히 까다롭고도 어려운 일이긴 하다.

우리가 나아가야 할 길

이 장에서는 새로운 아이디어를 배우거나 사실적 증거들을 인정하고 제대로 평가하는 과정에서 겪는 어려움에 대해 집중적으로 살펴보았다. 본능에 깊이 새겨져 있는 이러한 태도는, 매사에 조심하고 경험해보지 못한 새로운 방향으로 무턱대고 뛰어가는 것을 경계하도록 해준다는 면에서는 바람직하지만 동시에 그로 인한 많은 부작용을 낳게 되는 이유이기도 하다. 경험해보지 않은 새로운 아이디어가 주어지면 일단 거부하게 되어 있다는 점은 곧 우리가 제한된 지식을 가질 수밖에 없고 편향적 시각에 사로잡히기 쉽다는 것을 의미한다. 따라서 진보되는 과학기술의 혜택을 입기 위해서는 좀 더 폭넓은 정보를 이해하는 힘이 필요하다. 이를 위해서는 국가의 발전 방향을 결정하는 지도자들을 단순한 훈련 수준을 넘어 훨씬 더 깊이 있는 과학적 고찰을 할 수 있는 수준까지 끌어올리는 것이 필요하다.

하지만 불행히도 오늘날 과학기술은 많은 주요 국가에서 폄하되는 풍조가 있다. 이것은 매우 이해하기 어려운 현상이다. 선진국의 경우 통신, 전기, 원재료, 식량, 의료, 무기 같은 다양한 분야에서 과학기술에 전적으로 의존하고 있기 때문이다. 생물학, 화학, 지질학, 수학, 물리학,

동물학과 같은 다양한 분야에 대한 과학적 지식 없이는 기술 발전으로 인한 부작용을 정확히 파악하기 어렵다. 이런 분야의 발전이 어떻게 지구를 변화시켜 천연자원의 고갈을 가져오고 다양한 공해물질을 배출시키며 태연하게 생물의 멸종을 불러오는 일들을 행하게 되는지 전 지구적 실태를 파악하기 위해서는 깊이 있는 과학적 지식이 필요하다.

그동안 기후 변화에 대해서는 끊임없는 논의가 계속되어 왔다. 그 결과 금전적 손해를 보는 것을 포함하여 정치적 혹은 경제적 이유로 지구 온난화를 사실로 인정하는 것에 대해 부정적이던 사람들까지 최근 나타나고 있는 집중 호우와 같은 기후 패턴의 변화는 인정하고 있다. 이와 관련하여 많은 국제회의와 학회가 열리고는 있지만 미래에 닥칠 기후 변화를 막기 위한 실천적 행동은 거의 찾아볼 수 없다. 예를 들면 항공기를 이용한 여행이나 화물 운송과 같이 기후 변화에 엄청난 영향을 줄 수 있는 오염원에 대해서는 고려조차 되지 않고 있는 것이 현실이다. 앞서 1962년에 레이첼 카슨의 저서 『침묵의 봄』에 대해 언급했었다. 그 당시 그녀가 전달하고자 했던 메시지가 오늘날에 와서 많은 경우 사실인 것으로 드러났음에도 불구하고 반세기가 지난 지금도 문제는 여전히 없어지지 않고 남아 있다. 심지어 그동안 새로운 화학물질과 제조 공정이 출현하여 현상이 더 심화되고 있는 상황이다. 이 글을 읽고 있는 많은 독자가 속해 있는 선진국들을 위해 현재 지구는 많은 희생을 하고 있다. 하지만 한 세대 혹은 두 세대가 지난 후에도 지구가 오늘날과 똑같은 양상의 희생을 계속할 정도의 여유가 있으리라는 보장은 어디에도 없다.

나의 바람은 우리가 지식을 습득하고 이를 전파하여 올바른 판단을 내림으로써 인류가 오랫동안 살아남기 위해 적절한 행동을 취할 수 있게 되는 것이다. 이를 위해 가장 필요한 것은 기술 발전을 견인하고 있는 과학에 대한 올바른 이해와 책임감이다. 과거 문명보다 훨씬 과학의 중요성이 커진 지금, 미래의 지도자들에게 교육을 통해 각인시켜야 한다. 내가 과학자이어서가 아니라 인류가 역사적 사건으로부터 교훈을 배우지 못하고, 깨닫는 데 너무 시간이 많이 걸리기 때문에 비판적인 태도를 갖지 않을 수 없다.

내가 원하는 것은 새로운 생각이 제시될 때 우리가 보이는 무의식적 혼란에 가까운 반응이 교육을 통해 좀 더 합리적이고 침착하게 바뀌는 것이다. 이 점에서 우리가 성공한다면 비로소 우리 사회는 국제적으로 소통할 수 있게 되고, 눈앞의 이익이나 쾌락을 위해 자원을 파괴하고 남용하기보다는 미래 세대까지 생각할 수 있게 될 것이다. 이런 생각의 변화를 만들어내는 과정에서 겪게 될 어려움은 사회의 모든 계층에서 골고루 나타날 것이다. 하루아침에 변화가 일어나지는 않겠지만 꼭 필요한 일임에는 틀림없다. ⦙

에필로그
희망의 싹을 틔우기 위해

문명과 기술에 대한 의존

이제 앞서 언급했던 논점들을 전체적으로 다시 한 번 되짚어보고 주요한 이슈들이 무엇인지 요약해보도록 하겠다. 더불어 가까운 미래에 우리에게 꼭 필요한 것이 무엇인지에 대해서도 이야기하도록 하겠다. 이전 장들에서는 사실을 근거로 한 데이터를 이용하여 논지를 전개해왔다. 하지만 여기서는 극단적으로 보일 수도 있는 제안이나 아이디어도 제시하도록 하겠다. 이 책을 통해 전하고자 하는 메시지는 우리 인간이 큰 자연재해 앞에 지극히 나약한 존재일 뿐만 아니라, 과거에는 별 영향이 없었던 자연적 현상에 대해서도 현재는 과학기술의 발전으로 인해 몹시 취약해졌다는 것이다. 가장 우려되는 점은 우리가 지구의 자원을 파괴하고 남용하여 인류 스스로를 종말로 몰아가고 있는 사실이다.

간단하게 인류 앞에 놓인 세 가지 도전에 대해 살펴보자. 첫째, 소행성 충돌을 들 수 있다. 이 사건은 인간의 능력을 벗어난 영역에 해당하는 일이고 발생 가능성도 극히 희박하지만 만약 이런 일이 일어난다면 인류는 거의 확실히 멸종될 것이다. 그것은 우리가 어떻게 손댈 수 없는 인류의 운명이라고 할 수 있다. 나는 이 문제는 고려 대상에서 제외하고 싶다. 우리가 어느 정도는 준비할 수 있는 위기 상황도 많기 때문이다.

둘째는 흑점 폭발과 같은 자연 현상이다. 발생할 날짜를 정확히 예측할 수는 없으나 그동안 주기적으로 발생해왔던 일로서, 선진국과 같이 기술 발전에 대한 의존도가 큰 나라에는 엄청난 피해를 줄 수 있는 사건이다. 여기서 우리는 분명한 메시지를 발견할 수 있다. 충분히 결과를 예측할 수 있는 일이기 때문에 원하기만 한다면 피해를 최소화하기 위해 필요한 방어책을 강구하고 계획을 세울 수 있다. 대규모 흑점 폭발이 언제 덮칠지에 대해서는 정확한 시점을 예측할 수는 없다. 하지만 과거 기록을 보면 큰 규모의 흑점 폭발이 이번 세기 내에 닥칠 것이고 예상보다 매우 빨리 일어날 수 있다는 것은 분명하다.

여기서 우리의 선택은 분명하다. 즉시 준비할 수 있는 대비책은 기술적으로 얼마든지 실현 가능한 것들이며 비용이 많이 들지도 않는 것들이다. 이러한 비상사태에 대한 준비 태세는 선진국들로 하여금 큰 인명 피해 없이 재해를 극복할 수 있게 해주고 일관성 있는 발전을 지속할 수 있도록 해줄 것이다. 반면 미리 준비하고 계획하지 않는다면 전력망이 마비되고 위성통신이 소실되는 사태를 피하기 어려울 것이며 특히 기술적으로 진보한 사회일수록 더 심각하게 파괴될 것이다. 국제 경제에 미칠 파급 효과로 보자면 오늘날 문명사회를 심각하게 퇴보시키게 될 것이다. 유일한 위안은 기술적으로 덜 발달된 나라에서는 피해가 적을 것이라는 점이다. 대규모 재난이 일어난 후에는 인류의 미래가 그들 손에게 달려 있게 될 것이다.

　마지막은 우리가 지구 자원을 다루고 있는 방식과 함께 심해지고 있는 토지, 해양, 대기오염 그리고 급격하게 팽창하고 있는 인구 문제다. 이 모든 상황을 자초한 것은 우리 자신이지만 우리는 문제가 있다는 사실조차도 인정하려 하지 않는 것처럼 보인다. 이 문제를 막기 위한 대책이 매우 시급한 실정임에도 많은 논의와 제안은 있지만 실제 실행되는 것은 별로 없다. 우리가 일으키고 있는 파괴 현상 중에 아직은 멈출 수 있거나 심지어 되돌릴 수 있는 것도 남아 있다. 물론 그렇지 못한 것도 있을 것이다. 지금 즉시 행동하지 않으면 한 세대가 지나기 전에 인류 문명이 파괴되고 인류가 멸종되는 결과를 맞게 되지 않는다고 장담할 수 없다.

　과학기술이 가진 어두운 면은 세상에 많은 악을 풀어놓은 판도라의 상자에 비유할 수 있다. 보통 미래에 어떤 결과가 나타날지에 대해 전혀 알지 못한 상태로 새로운 기술을 개발하기 때문에 매우 적절한 비유라고 생각된다. 만약 과학기술이 순전히 눈앞의 이익을 위해 개발되고 그로 인해 어떤 결과가 발생할지에 대해서는 신경 쓰지 않는 일이 계속된다면 인류에게 미래는 없을 것이다. 판도라는 상자에서 다행히 한 가지 물건을 더 발견했다. 그것은 바로 희망이다. 이것 역시 신기술이 불러올 부작용을 통제하려는 우리의 노력에 빗대어 쓸 수 있는 비유가 되겠다.

　하지만 우리가 느끼는 희망은 너무 나약하고 왜소하다. 그런 목적을 달성하기 위해서는 내가 살고 있는 지역의 풍요롭고 편안한 삶을 선택하기보다 전 지구적인 공익을 위해 행동을 취해야 하기 때문이다. 나의 목표는 이런 작은 희망의 씨앗이 무럭무럭 자라날 수 있게 도와주는 것이다. 능동적이고 즉각적인 이타적 행동을 통해 자원뿐만 아니라 지구에 존재하는 모든 생명체들을 보호하는 데 책임감을 가지고 나서야 할 때이다.

현재 작은 희망의 씨앗이 여러 분야에서 싹트고 있다. 최근 들어 비교적 단순하고 논란이 적은 이슈들의 경우 해결을 위한 노력이 진행되고 있기 때문이다. 원자폭탄의 장기적 부작용에 대해서는 잘 알려져 있다. 물론 그렇다고 해서 기술력을 증명하기 위해 폭탄을 만들려는 국가들을 막을 수는 없다. 석면은 느리지만 시장에서 사라지고 있다. 프레온은 성층권에서 자외선을 차단하는 기능을 가진 오존층에 생긴 구멍이 회복될 수 있도록 사용이 금지되었다. 제초제가 가진 독성에 대해서는 많이 밝혀졌고 적어도 일부 국가에서는 그 사용이 제한되고 있다. 따라서 희망은 살아 있다고 하겠다. 하지만 이 책에서 내가 언급했던 핵심 분야에서도 희망의 씨앗이 싹틀 수 있도록 북돋워주고 행동을 취해야 한다. 뿐만 아니라 눈앞의 이익과 소비 지상주의로부터 우리의 관심을 돌려 미래 세대를 위해 지구를 보호하는 데 우선적인 주의를 기울이도록 해야 한다. 이 장에서는 시급하게 대책을 마련해야 하는 '위험 요인 목록'을 제시하도록 하겠다. 그와 함께 인간들의 행동을 바꾸기 위한 시도로서 다소 급진적인 제안도 해 보고자 한다. 위험요인에 대한 해결책 마련에 실패한다는 것은 곧 인류의 멸종을 의미하므로 우리가 왜 바뀌어야 하는지를 숙고해보는 것이 결코 헛된 노력은 아닐 것이다.

흑점 폭발 사례와 현대 기술

책의 첫 부분에서 지구의 극지방에서 나타나는 장엄한 오로라가 어떻게 환상적인 볼거리에서 현대적 전자 장비에 대한 잠재적 위협으로 바

꿰는지에 대해 설명했다. 오로라는 태양으로부터 무작위로 방출된 고에너지 입자가 지구의 자기장에 의해 휘어져 대기와 부딪히면서 일어나는 현상이다. 이때 대기권에서 빛이 발생하고 이 빛은 수백 메가와트에 해당하는 에너지를 보유하고 있다. 우리에게 위협이 되는 것은 흑점 폭발로 방출되는 입자들 중에 특히 방향이 지구 방향으로 향하는 것들이다.

태양은 지구로부터 1억 5천만 킬로미터 정도 떨어져 있다. 평상시 무작위로 방출되는 입자에 비해 흑점 폭발시에는 지구 방향으로 방출되는 입자가 5만 배 정도 더 많아진다. 또한 이 입자들은 통상적으로 방출되는 것보다 훨씬 높은 에너지를 지니고 있다. 흑점 폭발시 이러한 에너지 맥동이 지구 방향으로 방출되면 평소보다 수백만 배나 더 큰 에너지가 오로라 전자기폭풍에 공급된다. 이로 인해 통신과 전력망이 마비되고 선진국의 모든 관련 서비스를 일체 받을 수 없는 일이 벌어지게 된다. 일반 전구에서 나오는 빛과 레이저에서 나오는 빛에 비유할 수 있는데, 일반 전구에서 나오는 빛은 우리 눈에 문제가 없으나 레이저에서 나오는 빛은 매우 강열하여 바로 쬐면 눈을 멀게 할 정도로 회복 불가능한 피해를 가져오게 된다.

일반적으로는 고위도에 있는 국가들이 큰 위험에 노출되며 극지방에 가까울수록 피해는 더 커진다. 대규모의 오로라가 발생할 때는 멀리 남쪽 지방인 쿠바에서도 관찰된 경우가 있었다. 제한된 규모지만 오로라가 지중해 부근까지 내려온다면 전 유럽과 캐나다, 미국의 북부 지역, 일본, 중국 북부 지역까지 영향권에 들어가게 된다. 따라서 이 지역들이 태양 폭풍으로 인한 재난 발생에 있어서 최전선에 있지 않을까 생각된다. 더불어 대도시에서 발생하는 장기간의 정전 사태도 엄청난 피해를 일으킬 것이다. 이와 함께 인공위성의 마비는 국제적으로 영향을 미치는 장기 후유증을 낳을 것이다.

지역별로 시설들을 복구하는 것도 쉽지는 않다. 미국에서 연구한 바에 따르면 그리 크지 않은 규모의 흑점 폭발의 경우에도 적어도 한 달 정도는 전력망이 마비될 것이라고 한다. 때에 따라 이런 사태는 몇 년으로 길어질 수도 있다. 이런 보고서는 보통 실제로 닥칠 재난의 규모를 훨씬 축소하여 발표되므로 대중들의 걱정과 공포를 최소화하기 위한 정치적 의도를 포함하고 있다고 생각된다. 전력이나 통신이 한 달 동안 끊어진다면 특히 겨울철에는 수백만 명에 달하는 사망자가 발생하고 사회는 완전히 혼란 상태에 빠질 것이다. 이 보고서에서 사용하고 있는 모델에 의하면 미국의 경우 북부 주들만 영향을 받는 것으로 되어 있고 이 경우 나머지 주에서 식량과 전력 등 필요한 원조가 공급된다는 가정을 근거로 하고 있다.

흑점 폭발에 의한 재난을 예측해보는 것은 매우 중요한 일이다. 일어날 것이 틀림없는 재난이고 확률적으로 볼 때 가까운 시일 내에 엄청나게 큰 규모의 흑점 폭발이 있을 것으로 예상되고 있기 때문이다. 이에 대비한 계획과 투자가 문제를 완전히 해결할 수는 없겠으나 적어도 피해를 입은 지역의 완전한 붕괴는 막을 수 있을 것이다. 또한 이를 대비한 예방 대책을 세우는 일에는 흑점 폭발이 닥쳤을 때와 유사한 피해를 입히기 위한 테러 집단들의 공격에도 대비할 수 있다는 장점이 있다.

흑점 폭발로 인한 재해에서 두 번째 고려해야 할 점은 매우 정교하고 높은 수준으로 설계된 전력망에 비해서 통신 시스템은 형편없이 취약하다는 점이다. 현재 우리의 통신 시스템은 통신 위성에 전적으로 의존하고 있는 실정이다. 고에너지의 흑점 폭발이 일어났을 때 일시적으로 위성의 동작을 정지시키더라도 전자회로는 타 버릴 수 있고 설사 그렇지 않다 하더라도 위성을 다시 켰을 때 작동하지 않을 가능성이 높다. 만일의 사태에 대비하여 우리가 세울 계획 속에는 위성과 무관하게 작동할 수 있는 통신 시스템을 갖추는 것이 포함되어야 한다. 물론 위성을 이용한 통신 시스템이 매우 훌륭하긴 하나 이것에 전적으로 의존하는 것은 모든 계란을 한 바구니에 담는 것과 다를 바 없다.

대책을 수립할 때는 재난시 광섬유를 통한 인터넷 사용을 통제할 수 있는 방법을 포함시켜 중요하지 않은 사용은 손쉽게 막을 수 있도록 해야 한다. 특히 재난시에는 사람들끼리 기를 쓰고 연락하려 애쓰기 때문이다. 물론 현재도 인터넷 통제가 기술적으로는 가능한 일이나 효과가 즉시 나타날 수 있도록 시스템 설계가 이루어져야 한다. 인터넷 접속을 통제하는 것이 기술적으로 가능한 탓에 벌써 많은 국가나 테러 집단들이 정치적 혹은 경제적 목적으로 인터넷 접속을 차단하는 실험을 하고 있을지도 모른다.

인공위성의 경우 우리 생활에서 매우 훌륭한 역할을 수행하고 있기 때문에 갈수록 더 많은 위성이 발사될 것이다. 이러한 상황이 지속되어 인공위성의 숫자가 급속히 늘어나면 앞으로 수십 년 후에는 이로 인해 매우 심각한 재난에 처할 수 있다. 위성들의 수명은 유한하고 일단 파괴되면 매우 높은 에너지를 지닌 파편으로 변하여 다른 위성을 망가뜨릴 수 있기 때문이다. 충분히 예상되는 문제다. 이미 우주 공간에는 수만 개의 파편이 떠돌아다니고 있기 때문에 아마 10년 내에는 통제 불가능한 수준으로 문제가 커질 가능성이 많다. 이런 식으로 인공위성이 망가지게 되면 다시는 돌이킬 수 없는 상황이 되고 우리는 미래에 더 이상 인공위성을 이용한 기술을 사용할 수 없게 될 것이다. 이런 사태에 대한 예견은 현재에도 어느 정도는 존재한다. 그에 따라서 인공위성과 국제우주정거장이 충돌을 피하기 위해 자주 위치를 옮기고 있는 상황이다.

가장 중요한 것은 인공위성이 움직이는 궤도상에서 떠돌고 있는 파편들을 제거할 방법을 찾는 일이다. 그렇지 않고는 미래 세대에서 인공위성을 이용한 통신을 계속 이용한다는 것은 매우 위험하고 불가능에 가까운 일이 될 것이다. 이 문제를 해결하기 위해서는 기술력과 함께 상상력이 필요하다. 해답을 찾는 사람에게는 오늘날 오직 소수의 사람들이 연관된 연구에 쏟아지는 관심보다 훨씬 더 큰 명성과 함께 노벨상까지도 주어져야 한다고 생각한다. 이 문제를 풀지 않고는 우리가 계속 발전을 이어갈 수 있는 길은 없다. 따라서 학계나 산업계에서도 이 문제에 대한 과학적 중요성이 높아져야만 한다고 생각한다.

선진국들이 붕괴되고 대도시가 파괴되는 자연 현상에 대해 논할 때 좀 더 복잡하고 미묘한 부분이 바로 다른 저개발 국가들에는 별 피해가 없을 것이라는 사실이다. 어떤 시각에서 볼 때는 오히려 이러한 재난이 바람직한 현상으로 비쳐지기도 한다. 개인적으로는 매우 우려되는 현상이다. 다양한 정치적 혹은 종교적 시각 중에는 선진국의 몰락을 환영하는 견해도 존재하고 이러한 파괴 행위는 단지 존재하는 일반적 기술만 이용하더라도 얼마든지 가능하다. 현재 발생하고 있는 새로운 종류의 테러 행위들은 불행히도 이러한 내 걱정이 전혀 근거 없는 것은 아님을 증명하고 있다. 그중 통신을 차단하는 것은 테러리스트들이 가장 쉽게 취할 수 있는 행동 중의 하나이고 최근에 이미 특정 인터넷 사이트에 과부하가 걸리게 만드는 방법으로 접속을 차단하는 사례들이 발생되고 있다. 물론 지금까지는 일시적인 공격이기는 하였으나 나는 이것이 더 큰 공격을 위해 연습을 해보는 단계에서 일어난 일이라는 의심을 버릴 수가 없다.

통제 가능한 기술

우리 문명을 붕괴시킬 정도의 자연재해와 별개로 인류의 미래를 서서히 좀먹는 수많은 문제들도 있다. 단지 문제가 발생하는 속도가 느리다고 해서 안심할 수는 없다. 많은 경우에 나타난 후유증을 원래대로 회복할 길은 없고 기껏해야 부작용이 나타나는 속도를 늦출 수 있을 뿐이다. 이런 종류의 문제들 중 다시 한 번 반복하여 강조하고 싶은 분야로는 무분별한 천연자원의 사용, 지나친 식량 생산, 의료 분야에서 발생하는 자생적 문제가 있다. 그리고 무엇보다 이 문제를 더욱 악화시키는 요인으로 작용하는 인구 증가의 폭발적 증가도 잊어서는 안 된다.

만약 이런 문제들이 그렇게 중요하다면 이를 해결하기 위해 왜 아무런 행동도 취해지고 있지 않은지 그리고 이런 이슈들에 대해 왜 소수의 사람들만이 문제를 제기하고 활동을 하고 있는지 의문이 들 것이다. 더구나 이 소수의 사람들이 사회의 주목을 받기보다는 이상한 사람들로 취급받으며 사회에서 격리되고 있는 것이 현실이다. 사실 사람들은 젊고 평범한 옷차림의 수염 기른 환경운동가의 말보다는 말쑥하게 잘 차려입고 성숙해 보이는 기업가의 말을 더 신뢰하는 경향이 있다. 더구나 우리 모두는 세상에서 일어나는 일을 바라볼 때 자기중심적이다. 내 주위에서 일어나는 문제들을 해결하는 것에만 관심을 가지고 집중하게 된다. 한발 물러서서 우리의 행동이 넓은 범위에 어떻게 영향을 주는지에 대해서 고려하려 하지 않는 경향이 있다.

이미 너무 많이 언급했는지 모르지만 우리는 물질적인 것과 눈앞의 이익에 너무 집착하고 있다. 새 장난감, 새로운 음식, 여행, 더 나은 의료 서비스를 적은 돈으로 누리길 원한다. 이런 혜택을 계속해서 누리는 유일한 방법은 인구를 늘리고 시장을 확대하는 것이다. 현재 행해지고 있는 상업적 전술은, 같은 또래들 간에 보이지 않는 압력을 느끼게 하여 충분히 사용 가능한 오래된 물건을 버리고 멋져 보이는 새 물건으로 대체하게 하는 것이다. 이런 식의 폐기물 발생은 한 번도 사용되지 못한 채 버려지는 엄청난 식재료에도 적용되는 문제다. 우리는 더 값싼 물건을 원하고 이런 것들은 현대판 노예제도로 불리는 저개발 국가의 값싼 노동력을 이용해야만 생산이 가능하도록 시스템이 되어 있다. 또한 이를 위해서는 더 많은 전력과 광물이 필요하므로 광산, 삼림, 천연자원이 고갈되고 있다. 과도한 식량 수요는 농업과 어업에 나쁜 영향을 끼친다. 이런 우리의 행동으로 인해 건강과 교육의 가치는 훼손되고 우리 스스로 만들어낸 건강 문제를 풀기 위해 더 많은 의료 서비스가 필요하게 된다.

충분한 이해와 지식을 갖추면 우리는 본성에 깊이 각인된 이러한 태도들을 변화시킬 수 있을 것이다. 내가 희망하는 것은 인간의 행동이 획기적으로 바뀌는 시대의 도래다. 이런 시대에는 우리가 스스로의 행동에 대해 책임감을 느끼고 받아들일 것이다. 더 이상 선출된 지도자나 독재자의 뒤에 숨어서 모든 결정은 그 사람들이 내리는 것이라고 회피하거나, 우리는 인간일 뿐이고 운명은 신이 결정하므로 인간의 노력은 아무 소용없다는 식의 말을 하지 않게 되는 시대가 될 것이다. 이상적인 바람대로 된다면 우리 사회에서 부의 재분배도 자연스럽게 이루어질 것이다. 현재 대부분의 국가에서는 95퍼센트의 부가 5퍼센트의 사람들에 의해 독점되고 있다. 극빈자 구제기관인 옥스팸은 2016년에 발간한 책자에서 62명의 사람들이 보유한 재산이 세계 인구의 반인 36억 명이 보유한 재산과 같다고 기술하고 있을 만큼 이러한 경향은 부의 다양성을 해치고 있다.

나는 여기서 새로운 시대라는 단어를 의도적으로 사용하였다. 우리가 최근 지구에 기술적으로 가한 충격은 이미 상당한 규모에 도달했고 이로 인해 국제 단층학회는 인류가 홀로세로부터 안트로포세로 불리는 새로운 지질세대로 돌입했음을 주장하고 있다. 그들의 주장에 따르면 인류가 초래한 돌이킬 수 없는 변화가 남긴 흔적은 훗날 지질학자들이 두 지질시대를 구분하는 표식으로 사용하게 될 것이라고 한다. 이렇게 지질시대가 바뀜으로 인해 머지않아 지구상에 존재하는 생물의 4분의 3이 사라지는 대멸종이 6번째로 오게 될 것이다. 우리에게 주어진 지적인 능력을 발휘해 문제를 인식하고 합리적인 변화를 만들어내지 않는 한 인류는 지구상에서 사라지는 생물 중의 하나가 될 것이다.

이런 불행한 결과를 피하기 위해서는 우리의 행동을 혁명적으로 바꾸는 진보를 통해 인류 진화 계통도상 새로운 종으로 거듭나야만 한다. 인류 진화 계통도상 매우 초기에 나타났던 종들은 아주 단편적인 흔적들만 남겼고 비교적 후반기에 나타난 네안데르탈인과 데니소바인들은 많은 뼈와 정보들을 남겼다. 칼 폰 린네는 1758년 현생인류의 이름에 사피엔스를 붙여 호모 사피엔스라고 명명하였다. 이는 산업혁명 전이었으므로 그 이후로 우리가 쌓아온 지식을 생각하면 인간에게 붙여진 사피엔스(지혜)라는 이름이 틀린 것은 아닌 것으로 보인다. 내가 주장하는 새로운 시대가 오면 인류에게 새로운 이름이 필요할 것이다. 그 이름은 지구를 보존하고 천연자원이나 생명체를 보호하겠다는 생각과 잘 부합하는 이름이어야 한다. 새로운 세대를 위한 이름으로 보살피는 과학적 인간(Caring And Scientific Humans)의 앞글자를 따서 'CASH'라고 붙여 보았다. 나름 정치인들이나 기업가들에게 매력 있는 단어이고 어려운 고대 언어의 덫에도 걸리지 않는 이름이란 생각이 든다.

미래 전망, 자원 그리고 식량

요즘 생태학자들에게 가장 핵심적인 단어는 '지속가능성'이다. 이 단어가 의미하는 것은 우리가 먹을 음식을 직접 기른다는 것뿐만 아니라 농업, 어업, 토지, 광물자원을 고갈되지 않는 방법으로 운용하는 것을 뜻한다. 물론 이렇게 되면 이익도 줄어들고 수확량도 작아질 것이다. 하지만 우리가 꿈꾸는 미래에는 스스로의 노력을 통해 비만이 줄어 건강한 사회가 될 것이고 달콤한 광고에 넘어가 멀쩡한 물건을 버리거나 음식을 낭비하지도 않게 될 것이다. 그렇게만 되면 설사 이익이 적게 나고 수확량이 줄어들더라도 별 문제가 되지 않는다. 기억을 상기시키자면 현재 50~75퍼센트의 식재료는 먹지 않고 버려지고 있다. 그렇게 보면 특히 선진국에서는 이를 절약할 수 있을 가능성이 매우 크다. 현재의 임금 혹은 월급의 범위를 보면 대기업의 경우 가장 높은 사람과 가장 낮은 사람 간의 차이가 20배가 넘는 것이 드문 일도 아니다. 전 세계를 대상으로 본다면 그 폭이 훨씬 더 클 것이다. 특히 초고소득층의 경우 구매력이 조금 줄어든다 하더라도 그들의 삶의 질에는 그다지 큰 영향이 없을 것이다. 하지만 이로 인해 자원면에서는 많은 절약을 가져올 수 있을 것이다.

식량을 생산하기 위해 엄청난 양의 인공 화학약품, 특수 성장 호르몬, 비료, 제초제, 항생제, 의약품이 투입되고 있고 최근에는 호흡기 질환에 강한 돼지와 같이 특정한 병에 저항력을 가지도록 유전적으로 변형된 생명체를 얻기 위한 노력까지 더해졌다. 여기에 투입되는 모든 노력들은 매우 높은 비용을 요하기도 하지만 관련된 물질을 철저하게 관리하는 것도 매우 힘든 일이다. 현재 미국과 같은 나라에서도 FDA가 제대로 통제하지 못하고 있다. 예를 들면 2013년에 FDA에서 제약 회사에 단순히 동물의 성장을 위해 항생제를 팔지 못하도록 요청했다. 동물의 크기는 생산자의 이익과 직결되는 문제이므로 산업계에게 자율적으로 통제하도록 맡겨 놓도록 한 이전의 결정은 매우 순진한 생각이었다. 이로 인해 과도한 약물이 인간이 먹는 동식물의 먹이사슬 내로 유입될 수밖에 없고 항생제에 대한 내성을 높이는 데도 크게 기여하게 되었다.

통상적으로 새로운 기술들의 단기간적 장점들은 매우 바람직하게 비춰지며 언론으로부터도 집중 조명을 받는다. 하지만 그 이면에 감춰진 부작용들은 수면위로 떠올라 이슈가 되기는 매우 어렵다. 우리가 이런 물질들을 섭취했을 때 일어나는 반응, 질병, 인간에게 영구적 유전변형을 주는 돌연변이 등에 대해서는 많은 자료들이 축적되어 있다. 우리로서는 매우 조심하고 걱정해야 한다. 이 분야의 과학은 우리로서는 경험해보지 못한 매우 낯선 영역이기 때문이다.

역사적으로 볼 때 나일강 유역의 황금 삼각주에 운하를 통해 물을 공급하는 것은 수천 년 전에는 매우 훌륭한 생각으로 여겨졌다. 하지만 결국 이것은 오랜 기간 동안 염분 퇴적, 수확량 저하를 통한 영구적 훼손으로 이어졌다. 이런 현상만 하더라도 관련된 과학적 원리는 단순하다. 하지만 현대 과학은 그후로 믿기 어려울 정도로 복잡해졌다. 우리는 그 중 아주 단편적인 영역만을 극히 좁은 시각에서만 이해할 수 있게 되었다. 눈에 보이지 않는 장기적 후유증이 축적되면 처음에는 간단히 해결될 수 있었던 문제도 매우 복잡한 양상을 띠게 된다.

미래 세대를 생각한다면 당장 눈앞에 보이는 이득을 감소시켜서라도 자원의 남용을 막는 것이 중요하다. 동물의 성장량이나 특정 질병에 대한 저항력을 약물에 의존할 경우 이런 물질에 오염된 음식을 먹는 인간은 단지 좀 더 뚱뚱한 인간이 되는 데 그치지 않고 유전적으로 돌연변이를 일으킬 수도 있다. 영화나 책에서는 이외에도 인간에게 일어날 수 있는 많은 변화들에 대해 상상력을 발휘하고 있다. 슈퍼 영웅이나 악당이 나타날 뿐만 아니라 집단 불임 현상까지도 발생하는 것으로 묘사된다. 하지만 이러한 상상력들이 현실로 나타날 수도 있다. 가장 안전한 방법은 돌연변이를 일으킬 수 있는 약품을 사용하지 않는 것이다. 하지만 장기적 부작용에 대해 정확하게 알아내는 것은 불가능에 가깝다. 어떤 경우에는 유전적 돌연변이가 2세대 이후에나 나타나기도 하고 베트남전에서 사용한 고엽제인 에이전트 오렌지는 동물 실험에서 4세대가 되어서야 유전적 이상이 나타나기도 했다.

유일한 해결책은 먹이사슬 내에는 유전적 변이를 일으키는 어떠한 물질도 유입되지 않도록 하는 것이다. 하지만 이것은 매우 형편없는 전략이다. 예를 들면 유전자 변형된 염소가 생산한 우유에는 모유에 함유된 박테리아를 분해하는 효소인 라이소자임이 포함되어 있다. 이 성분은 설사를 효과적으로 막아준다. 많은 빈민국의 경우 현재 해마다 80만 명의 어린이가 설사로 인해 사망하고 있기 때문에 이런 우유가 공급된다면 획기적인 변화가 올 것이다. 저개발 국가의 유아 사망률에 있어서 9명 중 1명이 이에 해당한다. 하지만 입법 절차가 까다로워 이런 유전자 변이 염소 우유의 유통이 허가되지 않고 있고 이로 인해 유아들이 사망하는 일은 안타깝게도 계속되고 있다. 별로 상업적으로 이익이 발생하지 않기 때문에 발생하는 일이다.

건강 산업

지난 세기 동안 생물학, 의학, 제약, 새로운 수술 기법 등에서 환상적인 발전이 이루어졌다. 이로 인해 약품, 치료기기를 비롯하여 생각할 수 있는 전문 영역에서 엄청난 양의 산업 활동이 일어났다. 기술적 진보로 인해 인류가 엄청난 혜택을 입었음은 부정할 수 없는 사실이다. 하지만 우리는 이러한 기술적 진보의 어두운 면을 다루고 있으므로 부작용의 사례로 들었던 것들을 다시 한 번 되짚어보겠다.

인류의 평균 수명은 거의 모든 국가에서 연장되었다. 이것은 비단 고도의 의료 시스템을 보유한 국가에만 해당하지 않는다. 의료 분야에 가장 많은 비용이 소비되는 미국의 경우, 기대수명 순위가 남자의 경우 34위, 여자의 경우 36위에 해당한다. 영국은 무료 의료 혜택을 제공함에도 미국보다 약간 나은 수준인 20위와 25위를 기록하고 있다. 이런 사례를 통해 알 수 있듯 의료 시스템에 사용되는 비용을 늘리는 것이 평균수명을 연장시키는 것에 비례하여 작용하지는 않는다. 뿐만 아니라 환자가 실제로는 육체적으로나 정신적으로 견디기 힘든 상황에서 더 이상 생명을 이어가고 싶지 않음에도 불구하고 의미 없이 생명연장 기기를 가동할 경우, 통계상의 숫자들은 왜곡된 의미를 전달할 수 있다. 이러한 생명연장 현상은 오늘날 선진국에서 더 흔하게 일어난다. 평균 수명은 소득, 생활방식, 교육 등에 의해 좌우된다. 따라서 같은 국가 내에서도 지역별, 계층별 차이가 크게 나타난다.

알츠하이머나 치매와 같은 질병으로 인해 영국과 미국에서는 100만 명 이상이 고통을 겪고 있다. 더구나 이 숫자는 해마다 더 늘어나고 있다. 미국의 경우 연령대의 반대쪽 끝에서는 처음으로 젊은 세대들이 부모 세대와 같은 나이를 기준으로 비교해볼 때, 신체적으로 덜 건강하고 운동도 부족한 것으로 나타나고 있다. 습관 때문에 발생하는 비만과 관련된 질병은 갈수록 증가하는 추세에 있다. 적어도 영국에서는 금연을 위해 엄청난 활동이 이루어져 그동안 흡연으로 인해 발생하던 암이나 다른 질병들이 현저히 줄어들었다. 금연 교육에 소요되는 비용은 이로 인한 질병을 치료하기 위해 소요되는 국가 예산에 비하면 훨씬 적다. 물론 환자나 그 가족들이 겪게 되는 고통이나 어려움은 말할 것도 없다. 따라서 이런 식의 접근 방법은 비용적인 측면에서 매우 효율적이다. 정치인들도 예산 절감이 눈에 확연히 보이기 때문에 이런 활동을 보다 활발하게 추진할 것이다. 스스로 건강을 돌보고 앞날을 위해 관리하는 것이 암이나 비만과 같은 건강 문제에 있어서 매우 바람직한 결과를 나타내고 있음은 명백한 사실이다. 이러한 질병들의 3분의 1에서 3분의 2는 흡연, 음주, 마약, 과식과 같은 행동들의 결과로 나타나기 때문이다.

항생제와 다른 의약품의 경우 그 효율이 시간이 갈수록 떨어지는 현상이 나타나고 있다. 다양한 질병을 일으키는 병원균들에서 유전변이가 일어나서 이러한 약에 대해 내성을 갖게 되기 때문이다. 따라서 단순히 환자가 요구한다고 해서 약을 지나치게 처방하는 일은 최소화되어야 한다. 뿐만 아니라 동물이나 식물에 대한 사용도 좀 더 대상을 좁히고 가능한 줄일 필요가 있다. 박테리아나 균들이 유전적으로 변이를 일으키는 속도보다 더 빨리 신약을 개발하기는 어렵기 때문이다. 또한 의료 시스템은 치료, 시설, 숙련된 인력, 약, 의료 장비를 포함하는 모든 활동에서 고비용이 소요된다는 사실도 기억해야 한다. 의료의 질이나 비용은 국가 내 혹은 국가 간에도 매우 다양하지만 어쨌든 수익이 큰 것은 사실이므로 이런 방면의 매출을 늘리기 위한 마케팅은 활발하게 일어날 수밖에 없다. 우리가 단지 생활 방식을 바꾸기만 해도 매우 쉽게 건강한 삶을 살 수 있다는 사실에 언론들은 별 관심이 없다. 많은 자생적 그룹들이 알코올 중독, 마약, 사람들과의 관계 개선 방면으로 막대한 도움을 주고 있다. 이러한 예방적 방법이 매우 효율적이면서도 효과적이라는 사실은 분명하다. 인류의 시대로 명명되는 안트로포세에는 내가 제안한 것처럼 건강한 삶을 살기 위한 방법을 교육하는 데 더 많은 의료 예산을 사용하여야 할 것이다. 이를 통해 신체적 활동을 장려하고 과식, 마약, 술과 같은 유혹에 빠지지 않도록 하는 데 힘을 쏟는 것이 보다 합리적인 정책이될 것이다. 나는 이러한 정책이 성공할 것임을 믿어 의심치 않는다. 측정 가능하고 정량화가 가능한 경제적 이익이 각 분야에서 눈에 보이게 될 것이므로 정치적으로도 얼마든지 추진할 수 있는 정책이다. 이로 인해 사람들이 좀 더 날씬하고 건강하며 행복한 나라가 될 것이다. 유일한 부작용이라면 건강한 삶을 사는 재미를 느낌으로 인해 인구가 늘어나게되는 것 정도가 될까?

세계 인구가 줄어들면?

전 지구적 과제 중에 마지막으로 다뤄야 할 긴급한 이슈가 바로 급격하게 증가하고 있는 인구 문제다. 현재 우리가 세계 인구의 수로 알고있는 70억이라는 숫자에 현혹되면 안 된다. 인구는 지금 이 순간에도 부유한 나라의 빈곤 계층에서 급격하게 늘어나고 있고 저개발 국가에서도마찬가지 현상이 벌어지고 있다. 인구 증가에 대한 예측치는 다소 차이가 있으나 합리적인 추산으로는 2050년경에는 100억, 그리고 2100년경에는 150억에서 300억이 될 것으로 예상된다. 증가율을 낮추기 위해서는 현재 인구를 줄이는 것이 가장 이상적인 방법이며 이는 전 지구적으로 가장 시급한 일로 다루어야 한다. 그렇지 못할 경우 지구 전체에 식량과 자원 부족 현상이 일어날 것이다. 인구 증가율이 감소되지 않으면 지구 전체가 더 이상 버티기 어려운 상황이 되고 2050년에 이르기 전에 전염병이나 세계 대전이 일어날 것이 틀림없다. 더 비관적인 의견에 의하면 인구가 앞에서 예상한 것보다 훨씬 빠르게 증가할 것이며 이로 인한 갈등이 촉발되는 시점도 더 앞당겨질 것이라고 한다.

　인구 증가가 최근 어떤 속도로 진행되었는지 통계를 보면 1990년에서 2010년 사이에 나이지리아에서는 62퍼센트, 파키스탄 55퍼센트, 방글라데시에서는 42퍼센트의 인구 증가가 있었다. 더 발전된 나라인 인도나 미국에서도 많은 인구 증가가 있었다. 다른 국가들의 경우 안정된 인구 증가를 보이는 것으로 비쳐질 수 있으나 숫자 자체만으로는 정확한 상황을 알 수 없다. 한해 인구 증가율이 3퍼센트라고 하면 매우 증가율이 낮게 느껴진다. 수학적으로 이것이 어떤 의미를 갖는지 이해하려면 다음을 참고하면 된다. 수학적으로 인구가 매년 3퍼센트씩 증가하게 되면 25년 만에 인구는 두 배가 된다. 어떤 나라에서는 전쟁을 피해서 탈출한 사람들이나 기후 변화 혹은 흉작으로 인한 기근으로 대량 이주한 사람들이 있다. 작은 국가에서 정치적이나 종교적인 균형을 바꾸려는 의도에서 행해지는 대량 이주도 있다. 이러한 전략은 실제로 작은 국가의 법이나 사회 기풍을 바꾸기 위해 몇몇 종교 집단에서 공개적으로 제안하고 있기도 하다. 토착민들의 숫자를 능가하기 위해 대규모 이주와 높은 출산율을 유도하는 방법을 사용하는 것이다.

　소규모 인구 변화라도 장기적으로 축적되면 매우 큰 규모의 인구 증가로 이어진다. 인구가 두 배가 되는 현상의 중요성을 이해하기 위해 다음과 같은 상황을 생각해보자. 현재 영국의 인구에 프랑스나 이탈리아 혹은 다른 지역에 사는 인구 6천만 명을 옮겨놓는다면 어떨지 상상해보라. 이것은 단순히 숫자의 증가에만 국한되는 문제가 아니다. 다양한 문화적 배경을 가진 사람들이 뒤섞여 살게 되면서 소통 불능 문제가 대두될 것이다. 그리고 서로 동화되려거나 이주하는 국가의 언어를 배우려는 의도조차 전혀 없는 혼란스러운 상황이 발생하게 된다. 이럴 경우 합쳐놓은 국가는 매우 불안정한 상태가 되고 이러한 것들은 정치적 혼란이 발생하는 매우 전형적인 원인이 된다.

이런 사례는 우리가 고대 문명의 역사를 공부하면서 배우게 되는 매우 확실한 교훈 중 하나이다. 내가 예로 든 것은 영국이지만 이러한 원리는 어느 지역에나 적용될 수 있다. 미국의 경우 주 단위로 생각을 해보면 이해하기 쉽다. 미국의 몇 개 주는 일상생활에서 사용하고 있는 언어가 한 가지 이상인 다문화 사회다. 안정된 사회라면 두 가지 언어를 사용하는 것이 문제라기보다는 장점으로 작용한다. 따라서 토착민들의 언어가 사라지고 있는 지금 죽어가는 언어를 살리고자 하는 활발한 노력이 진행되고 있다. 실제로 미국 인디언이나 알래스카 원주민에 해당하는 인구는 240만 명이나 된다.

인구 조절을 위해서는 전 지구적으로 조직적인 협업이 필요하다. 교육 수준이 높은 지역에서는 자율적 조절에 의해 작은 규모의 가족을 유지하는 것이 어렵지 않다. 하지만 인구 증가를 줄이기 위해 국가적으로 대규모 정책이 시행된 예는 중국이 유일하다. 중국에서는 한 가정당 한 자녀만 허락하고 있다. 물론 매우 효율적인 정책이지만 지구상의 다른 지역에도 쉽게 적용할 수 있는 정책은 아니다. 중국의 경우 30년간 인구 억제 정책을 시행해본 결과 경제 성장과는 직접적 연관성이 없다는 것이 밝혀졌다. 사회적으로는 4명의 조부모와 2명의 부모 아래서 홀로 큰 아이는 꼬마 황제라고 불릴 정도로 버릇이 없어진다는 문제가 있음을 알게 되었다. 또 한 가지 문제는 부모나 조부모 세대의 경우 나이가 들게 되면 도움과 보살핌이 필요한데 지금 상황이라면 한 명의 손자가 6명의 부모 및 조부모를 돌봐야만 한다. 따라서 나는 곧 중국의 산아 제한의 기준이 두 명으로 늘어날 것으로 본다. 물론 일시적인 인구 증가는 있겠지만 곧 안정적인 수준에 도달할 수 있을 것이다.

　이런 식의 강제 정책은 지구상의 일부 지역에서는 환영받지 못할 수 있지만 이로 인한 결과는 통제할 수 없는 인구의 폭발적 증가로 인해 겪게 될 재앙보다는 훨씬 나을 것이다. 이상적인 목표는 전쟁, 기근, 질병에 의하지 않고 세계 인구를 조절 가능한 수준에서 줄여가는 것이다. 인구 증가 속도를 늦추는 것이 아니라 인구 자체를 줄여야 한다. 그렇게 되어야만 우리 모두가 질적으로 높은 수준의 삶을 유지하는 데 필요한 자원을 충분히 지속가능한 상태로 사용할 수 있기 때문이다. 물론 매우 이상적인 목표라는 것을 나도 알고 있다. 모든 국가가 이런 방향으로 나아가기 위해서는 각국이 동시에 노력해야 하고 정치적인 지도력도 필요하다. 이를 깨달은 정치인이나 대중들 중 일부는 이미 필요한 절차를 만들고 시행하기 위해 노력하고 있다.

　대부분의 대륙에서 여성 1인당 출산되는 자녀의 숫자는 1950년대를 기점으로 감소하기 시작했다. 산아제한이나 피임과 같은 것에 대해 역사적으로 종교 집단에서는 반대를 하고 있었다. 튀니지는 역사적 배경에도 불구하고 인구 증가 측면에서 훌륭한 희망의 씨앗으로 상징될 수 있다. 1957년에 튀니지의 첫 번째 대통령인 하비브 부르기바는 여성에게 완전한 시민권과 초등 교육 그리고 참정권을 보장했다. 또한 일부다처제를 금지하고 결혼 가능 연령을 상향 조정했으며 여성에게도 이혼할 권리를 부여했다. 피임은 그보다 후에 이루어졌다. 이러한 노력의 결과로 출산율은 7퍼센트에서 2.5퍼센트로 낮아졌다. 뿐만 아니라 경제적 성장까지 달성하였다. 정치적인 의지만 있다면 충분히 실현 가능한 일이란 것을 알게 해주는 사례가 되겠다.

인간 행동에 혁명적 변화를 일으킬 아이디어

인간 본성에 새겨져 있는 공격적이고 파괴적인 특성을 변화시키는 것은 인구를 줄이는 일보다는 훨씬 더 어려운 일이다. 인류는 부족적, 국수주의적, 종교적, 정치적 분열의 오랜 역사를 가지고 있다. 이로 인해 증오, 배척, 박해 그리고 전쟁이 탄생했다. 따라서 인간 본성을 바꾸어 행동의 변화를 이끌어내려는 노력은 엄청난 어려움에 직면할 것이 틀림없다. 그런 일은 일어나지 않을 것이고 50년에서 100년 사이에 인류는 스스로 파멸하게 될 가능성이 매우 높다. 이는 매우 불행한 일이다. 적어도 이 행성에서는 인류가 지금까지 존재했던 생물 중 가장 지적인 존재였기 때문이다.

이 세상은 지도자가 이끌고 나머지 사람들은 별다른 이견 없이 따르는 방식으로 흘러가고 있다. 따라서 우리가 원하는 변화를 이끌어내려면, 대다수의 사람들을 높은 교육 수준으로 끌어올려 여기에서 배출된 지도자들이 지역적인 문제뿐만 아니라 글로벌한 이유들까지 파악할 수 있도록 만들어야 한다. 현재 대부분의 국가 기관이 움직이는 방식에서 이러한 변화를 만들어내려면 정당 간의 치열한 당파 싸움과 단순한 진영 논리에서 벗어나야 한다. 우리는 우리나라를 위해 그리고 전 지구를 위해 모든 사람들을 하나로 묶을 공동의 목표가 필요하다. 현실적으로 이미 우리는 글로벌한 경제 환경의 영향을 받고 있다. 모든 해결책은 글로벌한 생존, 지속가능성, 복지의 관점에서 고려되어야만 하는 세상에서 살고 있는 것이다.

말로는 충분하지 않다. 이러한 방향으로 움직일 수 있는 손에 잡히는 변화가 필요하다. 좀 파격적인 이야기로 들릴지도 모르겠지만 기존의 시의회, 국회, 상원, 하원, 유엔 등과 같은 집단의 조직을 유기적으로 함게 움직일 수 있도록 재정비해야만 한다. 이를 위해 간단하고 기술적으로 실현 가능한 제안을 해보고자 한다. 이 제안이 성공하면 당파적인 분열과 이익 그리고 경쟁하는 집단끼리 서로 싸우는 인류의 본성으로 인한 문제를 해결할 수 있을 것이다. 우리에게 심어져 있는 부족적 유전자는 분열하는 것을 본능적으로 선호한다. 스포츠 시합, 폭동, 군대와 같은 곳에서 인간은 기꺼이 나뉘어져 한쪽 편을 들게 된다. 일단 한쪽 편에 서게 되면 같은 목표를 가진 사람들과 무리를 이루게 되고 이럴 경우 우리는 이성적으로 행동을 통제하기 어려운 상태가 된다. 이런 식의 군중심리에 이끌려 행동하는 것은 매우 비생산적이다. 이러한 태도를 억제하는 방법을 찾을 수 있다면 진보는 자연히 따라오게 될 것이다.

의회의 자리 배치

영국의 선거제도는 상당히 공정하게 의회 구성원을 선출할 수 있도록 되어 있다. 물론 우편을 이용한 투표제도나 대리투표제도는 동료나 가족 혹은 종교에 의해 영향을 받을 수 있는 위험을 안고 있긴 하다. 민주적인 투표제도의 또 다른 단점은 누구든지 투표권을 가지게 되는 것이다. 설사 그들이 무엇을 위해 투표하는지에 대해 잘 모르는 경우에도 투표권을 가지게 된다. 우리로서는 교육 수준이 높은 유권자가 많이 필요하다. 일단 치열한 투표 과정을 통해 선출되고 나면 의원들 중 수없이 벌어지는 토론회에 참여하는 의원은 극소수이다. 이런 점은 TV를 통해 잘 드러난다. 이런 극소수의 의원들은 의회에 울려퍼지는 표결 알림 소리를 듣고 달려가서 당의 요구대로 아무 생각 없이 투표하는 대다수의 의원들과는 확연하게 다르다. 표결에 의해 이루어지는 결정도 토론에서 이야기되는 내용과 전혀 다르다. 아마도 대다수의 의원들은 표결의 주제가 무엇인지도 제대로 이해하고 있지 못할 가능성이 많다. 당론과 의견이 다를 경우 의원들은 자기 의견이나 지역 유권자들의 생각을 표현하지 않는 것이 현실이다. 반대 의견을 내는 것이 그들의 정치 경력에 좋지 않기 때문이다. 항상 '자유 투표'가 이루어져야 함에도 그렇게 되는 경우는 거의 없다. 지역 시의회에서도 마찬가지 현상이 발생한다. 각 정당들은 시의회가 열리기 전에 사전 미팅을 가지고 다양한 안건에 대해 어떻게 투표할지 미리 결정을 한다. 그 후에 시의회에서 열리는 토론회는 그야말로 보여주기식 행위에 지나지 않게 된다.

정치인들이 주요 의제에 대해서 이야기할 때, 의회에서는 초등학교 운동장에서나 볼 수 있는 볼썽사납고 유치한 고성이 서로 오고 가는 것을 들을 수 있다. 고래고래 떠드는 이야기를 들어보면 결국 '우리가 최고고 너는 틀렸어'라는 식이다. 이러한 상황은 전혀 토론이라고 보기 힘들다. 이를 보는 유권자인 우리들에게 전달되는 가장 중요한 메시지는 상대방을 깎아내릴 수만 있다면 그들에게 내용 같은 것은 전혀 중요해 보이지 않는다는 점이다. 많은 의회 지도자들은 모두 비슷한 경력을 가지고 있기 때문에 의회에 상정되는 다양한 안건에 대해 누가 좌파이고 누가 우파인지 전혀 구분이 가지 않는다. 그들이 정상적으로 독립된 한 인간으로서 행동한다면 모든 안건에 대해 당과 의견이 동일하게 되는 일은 절대 없을 것이다.

나에게 권한을 준다면 사소하지만 간단한 기술적 변화를 시도해 보겠다. 의원들이 의사당에 들어서면서 신분증을 제시하면 자리 배치를 무작위로 해서 좌석표를 나눠주는 기계를 설치하겠다. 이때 의원들은 자신에게 무작위로 배정된 자리에 앉아야 한다. 이렇게 되면 지금과 같은 유치한 소리 지르기 싸움은 더 이상 하기 힘들어진다. 옆자리에 다양한 의견을 가진 의원들이 뒤섞여 앉을 것이기 때문이다. 애초에 적대적인 두 정당 사이에 공간을 두고 자리를 배치한 것은 지나친 싸움을 억제하기 위한 목적이었다. 의사당 밖에 검을 두고 들어가도록 걸이 대를 설치한 것도 같은 이유에서였다. 하지만 지금은 이런 자리 배치가 아무런 소용이 없어졌다. 이런 자리 배치의 기원은 영국 의회의 서로 마주보는 좌석 구조에 국한되지 않고 미국 상원이나 유엔 그리고 모든 국가의 의회에 적용되고 있는 반원형 구조에도 동일하게 적용된다.

지금과 같은 자리 배치 하에서는 상대방에 대한 공격 시에 군중심리가 작동하여 함께 상대 진영을 쓸어버리자는 식이 되고 그 결과 논의되고 있는 의제와 관련되어서는 통일된 하나의 목소리만이 남게 된다. 하지만 상대방과 섞여 앉는 자리 배치가 되면 상대방에 대해 극단적으로 모욕적인 발언을 하기는 어렵다. 물론 이러한 나의 생각에 대해 이견이 있을 수는 있다. 하지만 어떤 문제도 간단하고 명확한 해법이 존재하는 경우는 많지 않다. 정치적 견해에 따라 다른 시도들이 가능하겠지만 적어도 이런 자리 배치 하에서는 눈에 보이는 상대 진영이란 것이 존재하지 않으므로 다른 당의 정책 실패에 대해 비난하는 것이 불가능해진다는 측면이 있다.

영국 의회에 적용할 수 있는 두 번째 기술적 변화는 표결시 알림을 주는 벨을 나누어주는 것이다. 벨이 울리면 근처 술집에 있던 의원들도 표결에 참가할 수 있다. 이 경우 표결은 앞에서 얘기했던 대로 표결할 의원이 무작위로 배정된 자리에 앉는 경우에만 할 수 있다. 배정된 좌석에 앉으면 세 개의 버튼으로 구성된 표결 시스템이 작동한다. 다른 자리에 앉는 경우 표결 시스템이 작동하지 않는다. 세 개의 버튼은 찬성, 반대, 기권이다. 표결 결과는 완전히 비밀로 하여 외압에 의한 것이 아니라 의원 스스로의 의견으로 투표할 수 있도록 되어야 한다. 기권 버튼이 중요한 이유는 당의 의견과는 다르지만 주요 안건에 대해 강한 반대의사를 표명할 정도는 아닐 경우에 이용할 수 있도록 하기 위함이다.

물론 이러한 조치들이 모든 정치적 문제들을 해결해줄 수는 없다. 그럼에도 이러한 무작위식 자리 배치는 토론의 방식을 상당히 변화시켜 우리가 현재 목격하고 있는 쓰레기 같은 싸움 대신 훨씬 더 합리적인 토론이 가능하도록 해줄 것이다. 지역 정치계뿐만 아니라 전국적 혹은 세계적 이슈에 대한 회의에서도 토론의 수준을 높여줄 수 있을 것으로 본다.

완전한 여성 평등이 가져오는 혜택

교육 수준이 높은 지역, 국가는 발전, 이해, 관용의 수준이 매우 높다. 교육 대상에 대한 우선순위는 다를 수 있으나 드물지만 성공적인 교육 시스템들은 공통점을 가지고 있다. 주변 사람들 대부분의 생각과 다를 경우에도 합리적인 결정을 내리도록 장려하고 도와주도록 되어 있는 시스템이다. 이러한 사람들이 불이익을 받지 않는 구조다. 물론 매우 이타적인 생각이며 현실에서 찾아보기는 쉽지 않다. 특히 여자의 경우 남자와 비슷한 수준의 교육을 받기가 매우 어려운 것이 현실이다. 상당히 발전되어 있다는 사회에서도 마찬가지다. 직장에서의 평등, 직업 기회, 월급 등에서 남성과 다르다는 것은 엄연하게 존재하는 현실이다. 우리가 간과하고 있는 것은 이러한 사회에서의 피해자는 단지 여성에만 국한되지 않는다는 것이다. 결국은 그들이 살고 있는 나라 전체가 피해자가 되게 된다.

인간의 역사를 통틀어 등장했던 많은 사회들이 보여주었을 뿐 아니라 현재도 나타나고 있는 것이 여성에 대한 야만적 태도와 대접이다. 여성들은 교육의 기회를 박탈당하고 남성이라면 아무런 처벌도 받지 않을 행위나 범죄에 대해 무거운 형벌을 받는다. 그들에게 주어져야 할 권리를 행사하지 못한 채 완전히 다른 계층으로 대접받고 있는 것이다. 지금도 뉴스 프로그램, TV, 그 외 다른 언론에서 알게 모르게 이런 끔찍한 태도를 매일 보여주고 있다.

역사적 기록들을 통해 많은 지역, 국가, 종교에서 그와 같은 사례들을 찾아볼 수 있다. 사실 여성을 그런 식으로 처벌하는 것에 대놓고 반대하는 것은 매우 힘들었다. 특히 종교적인 이유가 바탕이 되어 있는 경우 그 처벌을 비난하는 것은 상황을 더 어렵게 만드는 개입 행위로 비춰진다. 이에 대한 생산적인 접근 방법은 여성을 소외시킴으로써 우리 사회가 무엇을 잃고 있는지를 물어보는 것이다. 이러한 질문은 영국과 같은 사회에도 동일하게 유효하다. 평등함과 투표권에 대한 입에 발린 말만 난무하고 정작 여성은 직장에서는 제대로 평가 받지 못하고 있고 월급은 남성보다 낮은 것이 현실이기 때문이다.

강하고 부유한 사회를 건설하기 위해서는 지적 능력이나 기술을 이용하고 지식을 축적하는 데 힘써야 한다. 이런 점을 감안할 때 구성원의 반에 해당하는 인구를 무시하거나 폄하하는 사회는 그들이 가지고 있는 실제 가능성에 훨씬 미치는 못하는 수준의 성과밖에는 낼 수 없음은 분명하다. 여성을 교육하고 그들에게 동일한 기회를 부여하는 데 실패하는 것은, 단지 이로 인해 지식과 지성이 반으로 줄어드는 것보다 훨씬 더 심각한 문제를 야기한다. 아이들에게는 삶을 형성하는 단계의 매우 초기에 배우게 되는 태도, 정보, 경험이 미치는 영향이 막대하다. 이때 아이들은 주로 엄마 혹은 조부모와 교류하게 되는데 엄마가 제대로 교육받지 못한 상태이면 남자아이든 여자아이든 그들이 가지고 있는 진정한 가능성에 훨씬 못 미치는 심리 발전 단계에 머무르게 될 것이다. 아이가 태어나고 첫 몇 달 혹은 몇 년 내에 적절하게 심리적인 자극을 받지 못할 경우 회복이 불가능한 손상을 입게 된다.

　이런 상황은 남편과 아내와의 관계에 있어서도 동일하게 일어난다. 부부 사이에도 정신적으로 서로를 자극해줄 필요가 있는데 서로의 교육 수준이 비슷할 경우에만 이것이 가능하기 때문이다. 남성뿐 아니라 여성에게도 높은 수준의 교육이 국가적으로 꼭 필요하며 이것은 설사 그들이 직업 세계에 뛰어 들지 않더라도 필수적이다. 세속적이든 종교적이든 모든 정치 지도자들에게 있어 여성의 교육에 실패한다는 것은 곧 그들이 이끌고 있는 국가의 발전과 경제적 성장의 실패를 의미한다. 선진국과 같이 경제의 기술 의존도가 높은 나라에서 이는 곧 국가의 부와 삶의 질의 50퍼센트를 내동댕이치는 것과 다름없다. 여성을 교육시킴으로써 그 나라의 경제와 문화적 수준을 두 배로 끌어올릴 수 있음을 깨닫는 지도자가 실제로 그것을 실행에 옮긴다면 국민에게 칭송받을 것이며 미래의 세대에게는 영웅으로 전해질 것이다.

　인류 역사의 초창기에는 남자가 가진 힘의 우위가 사냥이나 몸으로 하는 일에 매우 도움이 되었으나 오늘날에는 그것이 통하지 않는다. 예를 들면 전투에서 사용되는 고도의 장비들은 더 이상 신체적인 강도를 필요로 하지 않게 되었다. 대신 전자장치를 이해하고 조종하는 능력이 더 필요한 시대가 되었다. 미사일이나 드론의 경우 성인 남자와 마찬가지로 젊은 여성 역시 목표를 정하고 조종을 할 수 있게 되었다. 민간 영역에서는 높은 비율로 남성이 컴퓨터를 이용한 사무실 업무나 책상에 앉아서 하는 일 혹은 기계의 힘을 빌려 이루어지는 일에 종사하고 있다. 이런 종류의 일에는 남성과 여성의 차이가 없다. 20세기에 발발한 두 번의 세계 대전에서 남자들이 전쟁터로 떠나고 난 후 육체노동이 필요한 공장이나 농장의 남은 일들은 모두 여자들이 떠맡아서 했음을 기억할 필요가 있다. 가능성은 희박하지만 국가기관의 고위직을 여성들로 많이 채울 경우 몇 천 년 동안 인류 역사를 지배해왔던 남성호르몬에 의한 공격성을 상당히 완화시킬 수 있을 것이다.

남성과 여성이 평등한 기회, 월급, 교육을 받아야 한다는 주장이 가지는 가치와 논리는 매우 분명하다. 오늘날 성공적으로 발전한 주요 국가들은 모두 이러한 성 평등성이 높은 나라들이다. 아직 진정한 평등이 실현된 것은 아니지만 선진국에서는 점차 여성이 어떤 직업이나 경력에도 진입할 수 있고 산업계나 정치계에서도 핵심 위치까지 올라갈 수 있도록 바뀌고 있다. 물론 아직 만족하기에는 이르다. 여성이 제대로 평가받고 있지 못한 많은 나라들에 압력을 넣거나 독려하는 일은 여전히 사회적 혹은 정치적으로 시급한 일로 남아 있다.

마지막으로 여성에 대한 교육과 평등이 이루어지고 있는 나라에서는 출산율이 현저히 떨어지고 건강과 기대수명이 향상되는 매우 긍정적인 현상이 일어나고 있다는 점을 강조하고 싶다.

전쟁으로 인한 교육 재앙

여성의 기술과 지적 능력을 제대로 이용하지 못하는 현상은 주로 종교적인 이유에 기인하는 경우가 많으나 그나마 제대로 교육받지 못한 남자들에 의해 더 악화되는 양상을 띤다. 이럴 경우 지식 대신 남성호르몬이 지배를 하게 되고 모든 영역에서 공격성이 나타나는 결과로 이어진다. 역사적으로 이러한 특성을 증폭시켜 군사력을 강화하기 위한 목적으로 지식을 쌓지 못하도록 억압한 사례가 많이 있다. 초기 유럽의 미개인들이나 아시아를 휩쓸었던 침략자들 혹은 십자군이나 식민 개척자들이 이런 사례가 될 것이다.

하지만 같은 종류의 잔혹한 행동이 오늘날 우리의 최전선 부대에서 일어나고 있다. 심지어 고문을 도구로 사용하고 있는 실정이지만 이러한 사태에 대해 비난할 수 있는 용기가 우리에겐 부족해 보인다. 소위 문명 사회라고 불리는 많은 나라의 군대에서 이러한 행위들이 장려되기까지 하고 있는 것이 현실이다. 군대에서 이루어지는 이런 훈련 방법은 금지되는 것이 옳다. 심리적인 이유로도 그렇고 군인들이 다시 정상적인 사회생활로 돌아가는 데도 어려움을 겪게 되기 때문이다. 군사력의 증강과 헌신을 위해 어느 정도까지 인간의 본성을 파괴해야 하는지를 결정해야 하는 것은 매우 어려운 문제이다.

오늘날에도 여러 국가들이 내전이나 정치적 혹은 종교적 이유로 발생한 분쟁에 수십 년간 갇혀 있다. 지역적으로뿐만 아니라 국제적으로도 매우 불행한 일이다. 이로 인해 세대 전체의 교육 기회가 박탈되고 사회적 불안정 속에 살인과 고문 문화에 노출되고 무감각해지는 과정을 거치게 된다. TV에 방영된, 무기를 소지한 10살짜리 어린이가 세뇌를 통해 살인 무기가 되는 장면은 무참하기까지 하다. 현재 진행되는 전쟁이 얼마나 빨리 끝날지 모르지만 우리는 그동안 무지, 무자비, 전쟁이 만연한 세상을 만들어왔고 미래에도 이러한 세상은 오랫동안 이어질 것이다. 전쟁은 기술 발전이 만든 결과물이며 그 암울한 그림자는 미래 문명사회 전체를 위협하는 피해로 작용할 것이다.

과학기술의 두 얼굴

과학기술의 발전으로 우리는 높은 기대치를 가지고 되었고 인구는 증가했으며 생활 수준에 대한 요구는 더욱 높아졌다. 인류가 요구하는 이런 지나친 욕심을 충족시키기 위해 생명체를 파괴하고 지구의 많은 부분이 피해를 입는 대가를 치르면서 식량을 생산하고 철광석, 광물, 물, 전력을 공급해왔다. 내가 이 책을 통해 전달하고자 하는 메시지는 매우 명료하다. 과학기술은 우리에게 엄청난 발전과 부를 가져다주었으나 동시에 우리 스스로를 파멸시킬 씨앗으로 자라고 있음을 알아야 한다. 이러한 행위나 의도를 바꾸지 않는 이상 인류 문명이 파멸되는 것을 막을 수는 없다. 불행히도 이런 사건은 가까운 미래에도 일어날 수 있다. 긍정적인 전망과 함께 희망의 씨앗으로 삼을 수 있는 것은, 일부의 사람들이라도 이러한 위험성에 대해 인지하고 당장 조치를 취한다면 문명의 붕괴를 막고 새로운 세계 질서를 구축할 수 있는 가능성을 믿고 있다는 것이다.

우리가 변하지 않으면 안 된다는 여러 증거들이 있음에도 불구하고 이를 위해 필요한 조치들은 정치적으로 혹은 산업적으로 반대에 부딪혀 실행이 늦어질 것이다. 이런 조치들이 실행되면 특히 선진국에서 시장 성장이 둔화될 수 있기 때문이다. 그럼에도 불구하고 우리는 지금 당장 행동에 나서야 한다. 그렇지 않으면 국제 무역과 우리가 쌓아온 지식은 붕괴할 것이고 이것은 필히 전쟁, 기근, 질병으로 이어질 것이다.

현재 시점에서 인류 파멸에는 두 가지 시나리오가 있다. 첫 번째 시나리오는 자연재해로 인해 기술 발전에 지나치게 의존하고 있는 우리 문명이 붕괴되는 것이다. 이 경우 선진국이 먼저 붕괴될 것이다. 우리처럼 선진국에서 많은 혜택을 입고 사는 사람들에게는 불행한 일이지만 저개발 국가의 사람들에게는 환영할 만한 결과가 될 것이다. 두 번째 시나리오는 더 처참하다. 과학기술의 어두운 그림자는 세계 전쟁을 촉발시켜 인류 전체가 멸종하는 사태로 이어질 것이다. 원자폭탄 혹은 화학 무기가 사용되고 이어지는 전 지구적 기아로 인해 인류는 이 땅에서 자취를 감추게 될 것이다. 이런 일이 일어난 후 지구는 회복 단계를 거쳐 새롭게 진화한 생물이 지구를 지배할 것이다. 미래에 지구상에 출현하게 될 지적 생명체는 우리가 남긴 흔적을 보고 짧은 시간을 살다간 종이라는 것은 알아내겠지만 우리가 과학기술의 발전으로 인해 스스로 괴멸되었다는 것을 알아챌 수 있을지는 모르겠다.

나는 우리 인류가 지적 생명체로 이 지구상에서 계속 생존하기를 원한다. 따라서 우리 스스로가 원인으로 작용하는 재난 시나리오들에 대해 알림으로써 우리가 내디딜 수 있는 가장 첫 번째 작은 발걸음을 이끌어내려 한다. 그것은 다름 아니라 이러한 위험이 엄연히 존재하고 있음을 인정하는 행위이다. 우리가 실수하고 있다는 사실을 알아차리면 적어도 그것을 바로잡기 위한 시도를 할 수 있다. 대중에서부터 정치인과 기업인들까지 모든 사람들의 생각을 바꾸어 즉시 전 지구적인 변화를 이끌어내는 것은 쉬운 일은 아니다. 하지만 지금 하지 않으면 안 되는 중요한 일이다. 이 책을 여기까지 읽었다면 여러분은 틀림없이 지적 능력과 앞날을 내다보는 힘을 갖춘 분들일 것이므로 그냥 앉아서 재앙을 기다리기보다 적극적으로 이 책에서 주장하는 메시지를 주변에 퍼뜨려주시길 당부드린다. ⋮

이 책과 함께 더 읽으면 좋은 책들

　내가 재미있게 읽었던 몇 가지 관련 서적 중 본문에서 언급한 목록을 아래에 실었다. 이 책이 다루고 있는 분야는 실로 방대하다. 수많은 기사들을 읽고 참조하였고 〈사이언티픽 아메리칸〉과 〈뉴 사이언티스트〉에 실린 글들과 일반 언론 그리고 많은 웹사이트를 조사하였다. 이러한 자료들을 통해 또 다른 참고문헌을 찾아보게 되었다. 같은 주제라 하더라도 참고문헌은 전혀 다른 견해를 드러낼 수 있다. 여러 주제에 대한 논문이나 의견들을 찾는 데 있어서 언론 기사뿐만 아니라 인터넷의 검색엔진이 도움이 되었다. 정부나 과학 단체에서 발간된 공식적인 문서는 특히 많은 도움이 되었다. 반면 심사 과정을 거치지 않은 논문들은 매우 다양한 수준을 보였다. 어떤 것들은 도움이 되었지만 어떤 것들은 확실한 오류가 있었다. 그리고 어떤 분야에서는 개인적 혹은 정치적 의견이나 편견이 내용을 흐리는 경우도 많았다. 그럼에도 불구하고 적어도 다양한 의견이 존재함을 발견하고 아이디어를 얻는 데 많은 도움이 되었다.

　독자들 중에 특별한 주제에 대해 관심이 있다면 검색엔진의 가장 상위에 올라 있는 글만 읽지 말고 10위나 20위에 있는 글들도 잘 인용은 안 될지라도 귀중한 정보를 담고 있을 수 있으니 찾아서 읽어볼 것을 권한다. 논문의 질이나 중요성과 인용되는 횟수와는 아무런 관련이 없다. 일반적으로 많은 사람들에 의해 논의되고 있는 흔한 주제들이 더 많은 인용횟수를 기록한다. 종종 매우 혁신적인 결과와 아이디어들은 10년 넘게 주목을 받지 못하고 있다가 누군가가 그 특별한 주제에 대한 연구를 시작할 때가 되어서야 발견된다. 내가 본문 중에 언급한 책들은 다음과 같다. 대부분의 책들이 여러 편집본으로 출간되었다.

- 『침묵의 봄』, 레이첼 카슨, 1962
- 『음식의 제국』, 에번 프레이저, 앤드루 리마스, 2010
- 『배드 사이언스』, 벤 골드에이커, 2009
- 『생각에 관한 생각』, 대니얼 카너먼, 2011
- 『이것이 모든 것을 바꾼다 : 자본주의 대 기후』, 나오미 클라인, 2015
- 『인간생존확률 50:50』, 마틴 리스, 2003
- 『음악의 소리(Sound of Music)』, 피터 타운센드, 2014 (국내 미출간)
- 『나쁜 아이디어?(Bad Ideas?)』, 로버트 윈스턴, 2010 (국내 미출간)

*도서는 국내 출간 제목으로 표기하였고 미출간 도서는 원서명을 병기하였으며 출판년도는 원서 기준입니다.